DE L'ORGANISATION DE LA DÉFENSE SANITAIRE

contre

LA PESTE, LE CHOLÉRA ET LA FIÈVRE JAUNE

d'après la Convention de Paris 1903

par

Le Docteur Jean FOY

Ancien interne des hôpitaux

AVEC UNE PRÉFACE

de

M. A. MÉRIGNHAC

Professeur de droit international public à la Faculté de Droit de l'Université de Toulouse
Associé de l'Institut de Droit international

AVEC FIGURES ET CARTES DANS LE TEXTE

1907

PARIS

LIBRAIRIE J.-B. BAILLIÈRE ET FILS

19, rue Hautefeuille, près le boulevard Saint-Germain

1907

Tous droits réservés

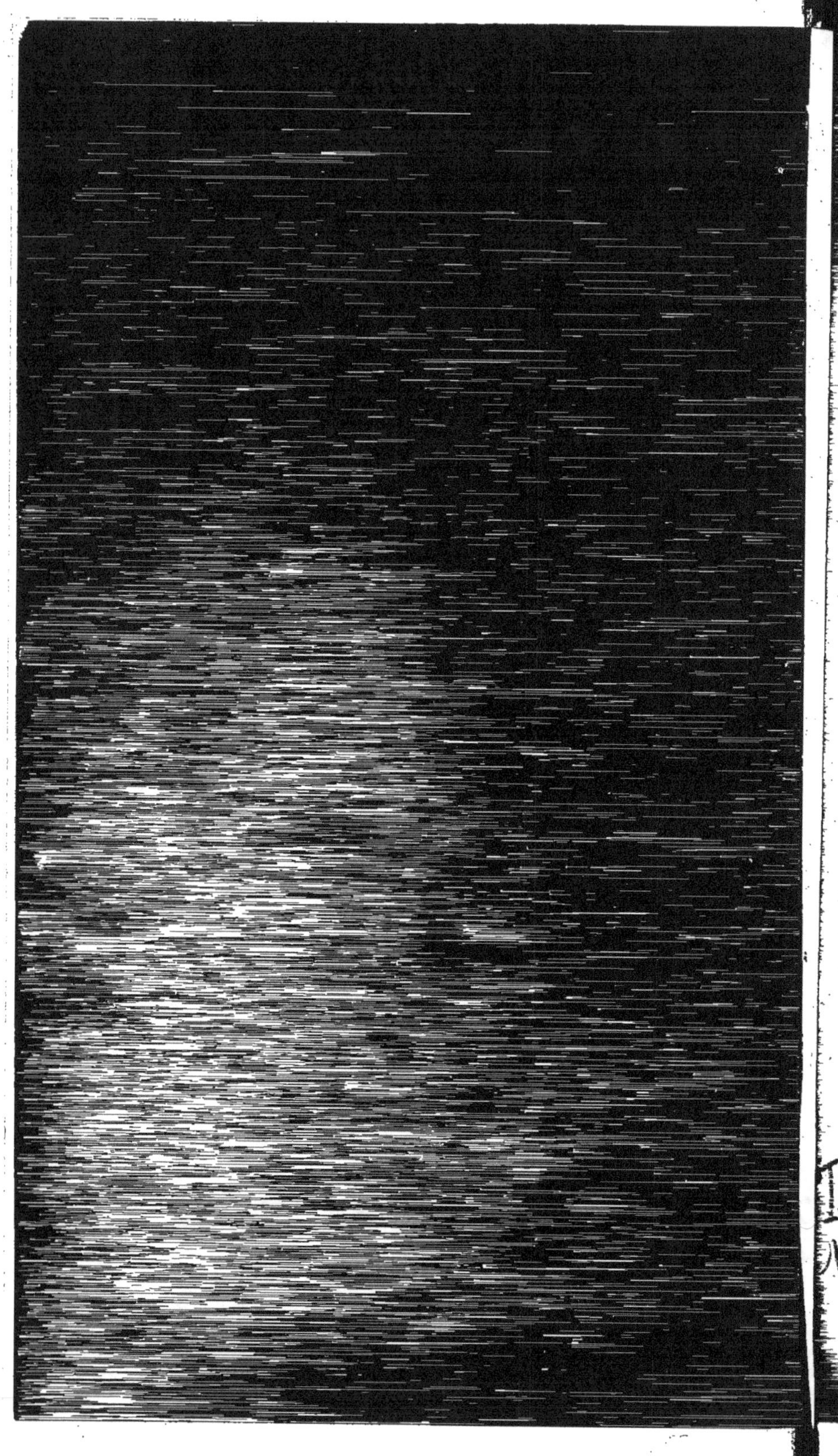

LA RÉGLEMENTATION

DE

LA DÉFENSE SANITAIRE

DU MÊME AUTEUR.

Glycosurie et Psychoses. Lyon, 1895.

Sur l'emploi du chlorhydrate d'apocodéine. Communication au Congrès de Bordeaux, 1895.

Variétés cliniques du délire de persécution. En collaboration avec le Dr Taty. Mémoire récompensé par la Société Médico-Psychologique de Paris, 1896. (*Ann. Méd. Psycholog.*, janvier à décembre 1897.)

La mélancolie. En collaboration avec le Dr Taty. Mémoire récompensé par l'Académie de Médecine de Paris, 1896.

Evolution et pathogénie du délire de persécution. En collaboration avec le Dr Taty. Communication au Congrès international de Médecine de Moscou, 1897.

Le péril alcoolique. *Soc. d'Anthropologie*, Lyon, 1899.

L'alcool et le régime des aliénés. *Tribune Médicale*, 1900.

LA RÉGLEMENTATION

DE LA

DÉFENSE SANITAIRE

CONTRE

LA PESTE, LE CHOLÉRA ET LA FIÈVRE JAUNE

D'APRÈS LA CONVENTION DE PARIS 1903

PAR

Le Docteur Jean TOY

ANCIEN CHEF DE CLINIQUE A LA FACULTÉ DE MÉDECINE DE LYON,
DOCTEUR EN DROIT

AVEC UNE PRÉFACE

DE

M. A. MÉRIGNHAC

Professeur de Droit international public à la Faculté de Droit de l'Université de Toulouse,
Associé de l'Institut de Droit international.

AVEC FIGURES ET CARTES HORS TEXTE

PARIS

LIBRAIRIE J.-B. BAILLIÈRE ET FILS

19, RUE HAUTEFEUILLE, PRÈS DU BOULEVARD SAINT-GERMAIN

1905

AVANT-PROPOS

Dans cette étude analytique de la Convention de 1903, nous nous sommes proposé de faire connaître la future organisation internationale de la protection de la santé publique. — Nous l'avons fait suivre d'un rapide exposé de la Réglementation française de la défense contre les maladies pestilentielles. Enfin, nous donnons en annexes le texte des documents que nous avons analysés ou qu'on peut avoir à consulter.

Ce livre s'adresse aux médecins et aux administrateurs, et s'il peut leur être de quelque utilité, nous nous estimerons largement récompensé de notre effort.

M. Mérignhac, dont les savants ouvrages font autorité en matière de droit public international, nous a fait le grand honneur d'écrire la Préface de ce volume. Après avoir, en quelques pages magistrales, lumineusement exposé le mécanisme de la défense de la santé publique contre les maladies pestilentielles et montré le rôle si hautement humanitaire des organisations internationales existantes ou projetées, l'éminent Professeur de l'Université de Toulouse a bien voulu donner, en termes beaucoup trop élogieux pour l'auteur, son appréciation sur ce modeste travail. Nous le prions de nous pardonner cette réserve et d'agréer la respectueuse expression de nos plus sincères remerciements.

J. T.

Toulouse, mai 1905

PRÉFACE

Les progrès de la science moderne ont démontré la
complète inefficacité des moyens à la fois odieux et ri-
dicules par lesquels nos ancêtres essayaient de se garder contre ces fléaux redoutables qui s'appellent la
peste, le choléra, la fièvre jaune. Sans remonter jusqu'aux procédés empiriques des anciens médecins qui
s'affublaient pour aller voir les malades d'un costume
spécial et ne les touchaient que du bout d'une longue
baguette, la quarantaine elle-même a fait son temps.
On a compris ce qu'elle avait d'inhumain et surtout
d'inutile; et c'est sur une base vraiment scientifique
qu'est fondée la nouvelle organisation sanitaire internationale. On sait, en effet, aujourd'hui, que les rats
et les moustiques, réputés naguère inoffensifs, sont les
plus redoutables, ou même les seuls agents actifs de
dissémination de la peste et de la fièvre jaune, ainsi que
nous l'ont appris les admirables découvertes des bac-
tériologistes. Dès lors tout était à changer dans le
système ancien des mesures prophylactiques. Il fallait surtout s'entendre entre nations si l'on voulait
arriver à un résultat utile, car les précautions prises
ne peuvent avoir d'effet que si elles sont acceptées

d'un commun accord. On l'a compris partout et l'on s'est mis partout résolument à l'œuvre.

Le but d'une Convention sanitaire consiste à protéger efficacement la santé publique contre l'invasion des affections pestilentielles, tout en n'imposant que le minimum d'entraves aux relations internationales. Basée sur la science épidémiologique, la réglementation doit se modifier comme elle, et n'imposer au commerce que des mesures dont l'efficacité soit certaine. Ainsi, depuis la Convention de 1897, le rôle des rats dans la propagation de la peste a été bien mis en lumière; or, les mesures adoptées à cette époque à Venise ne visaient que les personnes; il a donc fallu en prendre de nouvelles contre les rongeurs.

La même remarque se vérifie à propos des moustiques, dont on ne connaît bien le rôle dans la transmission de la fièvre jaune que depuis les belles expériences du comité médical qui a définitivement débarrassé Cuba du fléau qui y fauchait les existences par milliers, comité dont l'un des membres a payé de sa vie le bienfait de l'orientation nouvelle dans la lutte contre la meurtrière épidémie!

Tout en tenant compte des progrès scientifiques réalisés, la Convention de 1903 devait élaborer une réglementation plus rationnelle et plus efficace en diminuant dans une sensible proportion les entraves imposées à la navigation. Les résolutions de la Commission Technique, de la Commission des Voies et Moyens et le texte de la Convention indiquent très nettement comment ce résultat a été atteint. Voici quelques points qui

se détachent plus spécialement dans l'ensemble des
mesures adoptées. Le rôle si considérable des rats dans
la propagation de la peste était inconnu en 1897; admis
sans contestation en 1903, il a amené une série de mesures de destruction. De même en ce qui concerne les
moustiques, dont on ignorait auparavant le rôle dans
la transmission de la fièvre jaune, la Conférence engage
les Puissances intéressées à modifier leurs règlements
sanitaires de manière à les mettre en harmonie avec les
données actuelles de la science. La durée de l'incubation de la peste est réduite à cinq jours, alors que la
conférence de Venise, exagérant la prudence, l'avait
fixée à dix jours. Egalement, la Convention de 1903 mar-
que un autre progrès en délimitant plus étroitement la
circonscription contaminée. Cette délimitation nouvelle
est d'une importance considérable, à cause des mesures
de défense que peuvent prendre les autres pays contre
les provenances de la région contaminée. D'autre part,
jusqu'en 1903, le décès et la guérison étaient les seuls
points de départ des délais adoptés; or, un malade mé-
dicalement isolé n'est plus dangereux et l'inscription
de ce principe dans la Convention nouvelle sera un sti-
mulant énergique pour les services d'hygiène. Enfin, la
quarantaine disparaît définitivement, car les voyageurs
non malades ne pourront en aucun cas être retenus en
vertu d'un texte international. Mais, pour protéger efficacement la santé publique, il conviendra d'organiser
sérieusement la « surveillance » à l'aide du passeport
sanitaire. Le passager devra donc déclarer exactement
son nom, sa résidence, se rendre à l'endroit par lui

désigné et être soumis dans cette localité à une visite médicale par l'autorité.

Relativement à la question des « Voies et Moyens » propres à réaliser les décisions par elle prises, la Conférence de 1903 accuse encore un progrès considérable sur la situation antérieure. Bornons-nous à signaler la création du *Bureau sanitaire international* qui est l'innovation la plus remarquable. Déjà nombre de bureaux internationaux existaient relativement aux communications télégraphiques et postales, aux poids et mesures, à la propriété industrielle, littéraire et artistique, aux mesures géodésiques, à la répression de la traite, à la publication des tarifs douaniers, aux transports internationaux des marchandises par chemins de fer.

Sur tous ces points ont été créées des Unions internationales, véritables personnalités du Droit international, devant mettre leur activité au service d'intérêts communs dont l'évidence est aujourd'hui incontestée. Si l'on eût parlé à nos pères d'administrations internanales, dit un auteur qui s'est beaucoup occupé de ces questions[1], c'eût été leur tenir un langage qu'ils n'eussent pas compris, « car ils ne concevaient l'action collective des Gouvernements que pour répondre à des situations passagères.... c'était l'époque où chaque nation se cantonnait dans son individualité propre, où la croyance à l'antagonisme des intérêts régnait sans partage... » De nos jours on saisit sans peine tout le profit

---

1. MOYNIER, *Les Bureaux internationaux des Unions universelles.* Genève, Paris 1892, p. 7 et 8.

que retireront les Etats d'une entente relative aux postes et télégraphes ou à la protection de la propriété
industrielle, littéraire et artistique. Et la création nouvelle en matière sanitaire complétera heureusement la
liste des Unions antérieures. En effet, s'il est un point
où l'intérêt commun apparaît, c'est bien quand il
s'agit de lutter contre la peste, le choléra ou la fièvre
jaune ! Seuls les Anglais, retranchés dans leur position
insulaire, ont pu retarder à cet égard le progrès commun ; mais pour les nations continentales la preuve de
la nécessité de l'entente se fait d'elle-même, avec une
force sur laquelle il serait superflu d'insister, quand
éclate l'épidémie meurtrière.

Le Bureau sanitaire projeté sera absolument international, indépendant, autonome, subventionné par les
Etats participants et créé sur le modèle du Bureau des
Poids et Mesures. Il centralisera les renseignements
concernant toutes les maladies épidémiques, publiera
des rapports et au besoin un Bulletin périodique analogue à ceux des Bureaux internationaux pour la publication des tarifs douaniers et pour la protection de la
propriété industrielle. Il siégera à Paris, à la diffé-
rence des Bureaux des autres Unions qui ont en général leur siège en Suisse ou en Belgique. Toutefois, le
Bureau des Poids et Mesures est également établi à
Paris, et l'on ne saurait nier que les renseignements de
toutes sortes qui parviendront constamment à l'Office
sanitaire dans une ville où résident les sommités médicales dont le rôle a été prépondérant dans la Conférence de 1903, ne soient de nature à contribuer de la

façon la plus précieuse au succès de la lutte entreprise contre les épidémies.

Dans l'organisation de la défense contre ces dernières, la Conférence a dû se préoccuper d'une foule de points de détail. Il a fallu prendre, au point de départ, des mesures spéciales à l'égard des provenances susceptibles de véhiculer des germes de peste ou de choléra, pour s'opposer à l'introduction de ces germes à bord par l'intermédiaire des personnes ou des marchandises, — et également à l'arrivée dans les ports européens. Mais ce sont surtout les navires à pèlerins qui ont dû sur mer attirer l'attention des délégués comme les pèlerinages l'ont attirée sur terre.

Tels sont les problèmes auxquels la dernière Conférence sanitaire internationale, réunie à Paris le 10 octobre 1903 et close le 3 décembre, a consacré son activité et ses travaux. C'était la onzième des Conférences sanitaires internationales (la première datant de 1851); vingt-quatre puissances y étaient représentées, et elle groupait tout ce que l'Europe et l'Amérique comptent de spécialistes autorisés dans la science épidémiologique. M. Toy, docteur en médecine et docteur en droit, en offre au public le premier Commentaire, et nous avons saisi avec empressement, en acceptant la dédicace du livre, l'occasion qui nous est offerte de dire tout le bien que nous pensons de ce travail.

Après avoir exposé dans ses grandes lignes l'œuvre des Conférences précédentes, le commentateur du projet émané de la Conférence de 1903 suit avec raison, dans ses explications analytiques et critiques, le plan tracé dans ce projet lui-même, actuellement soumis à la ratification des États. Avec la plus grande netteté, une précision extrême, en un style vif et imagé, M. le Dr Toy indique les précédents de la Conférence, fait l'histoire des maladies épidémiques qu'elle a pour but de combattre et la genèse des mesures prophylactiques auxquelles elle s'est arrêtée. On lira avec le plus vif intérêt les développements consacrés à la peste, au choléra et à la fièvre jaune, soit dans le passé soit à notre époque, et l'on applaudira à la conclusion de l'auteur affirmant que, tout au moins dans le cas qu'il étudie, la science n'a point fait faillite, bien au contraire. On méditera enfin les critiques dirigées contre les insuffisances de la réglementation actuelle qui, bien que constituant un sensible progrès, est cependant encore susceptible de bien des perfectionnements. Dans son travail, le Dr Toy préconise spécialement les mesures suivantes : 1° Dératisation systématique et préventive sur les navires et dans les ports. — 2° Obligation pour tous les navires touchant les ports d'Orient d'être approvisionnés de sérum antipesteux en quantité suffisante pour vacciner, le cas échéant, tout le monde à bord. — 3° Suppression de l'internement au lazaret, en cas de navire infecté de peste, pour les passagers qui accepteraient l'inoculation préventive de sérum et remplacement de l'internement par une surveillance de cinq jours. — 4° Création d'un corps unique de médecins sanitaires en France, comprenant : 1° les médecins actuels de la santé dans les ports; 2° les médecins actuels de paquebots (ces derniers, à la solde des Compagnies, n'ayant pas une indépendance suffisante). Tous ces médecins seraient nommés par le Ministre de l'Intérieur et délégués du Gouvernement. A l'arrivée, les formalités sanitaires seraient souvent supprimées et toujours simplifiées, si les déclarations du médecin de bord n'avaient plus à être contrôlées ; après une entente entre les Puissances, et l'équivalence des titres des médecins constatée et contrôlée par le Bureau international, les déclarations de ces agents pourraient être acceptées, par toutes les Puissances signataires, au même titre que celles de leurs médecins nationaux. — 5° Enfin, le point capital consisterait à porter la lutte au foyer même des épidémies ; il conviendrait d'assainir ces régions, de donner aux indigènes quelques notions ou quelques habitudes d'hygiène élémentaire ; de modifier ou tout au moins de rendre aussi inoffensives que possible certaines coutumes singulières telles que celle des musulmans Schiites, transportant, pour les inhumer dans les lieux saints, leurs morts sommairement enveloppés de feutres laissant suinter des liquides organiques fort dangereux en temps d'épidémie ; celle des Hindous, abandonnant aux eaux du Gange de nombreux cadavres à demi brûlés ou putrifiés ; celle des Parsees, qui font dévorer par des vautours les cadavres des gens de leur caste. — Enfin, il faudrait protéger les eaux de boisson, détruire les insectes, la vermine, les rongeurs et favoriser la création de médecins de colonisation, d'écoles ou d'infirmeries indigènes.

Comme on le voit, ainsi que le fait très exactement remarquer M. le Dr Toy, toutes les Conférences ont organisé une protection sanitaire internationale purement défensive, caractérisée par une série de mesures ayant pour but soit d'empêcher les agents des maladies pestilentielles de quitter leurs pays d'origine, soit de détruire ces mêmes agents pathogènes en cour de route ou à leur arrivée dans les ports européens. Dans l'avenir, il faudra faire plus et mieux; il faudra prendre l'offensive, attaquer le mal à sa source par l'assainissement méthodique de ces régions où se perpétuent ces redoutables foyers épidémiques qui sont une menace permanente pour la santé publique.

Les propositions pleines de sagesse que formule le Dr Toy, et que nous venons de résumer ci-dessus, ne pourront que trouver des défenseurs convaincus dans le monde des médecins et des juristes. Souhaitons, dans l'intérêt général, que le livre de l'éminent praticien se répande le plus possible en France et à l'étranger. Son auteur a fait suivre son étude de la Conférence de 1903 de celle de l'organisation française qui devra être mise en concordance avec les dispositions de la Convention. Mais tous les pays signataires de cet instrument diplomatique sont également intéressés dans la question et devront à leur tour mettre leur législation interne en harmonie avec les principes posés par la Conférence. A tous ceux qui écriront sur le même sujet dans leurs pays respectifs, le présent ouvrage fournira un modèle autorisé qu'ils auront tout intérêt à suivre. Et, de même que les opinions et les méthodes des savants français ont été prépondérantes dans la confection de l'Acte international sorti des délibérations de la Conférence sanitaire, de même, nous en sommes convaincu, l'œuvre du premier commentateur de cet Acte aura à l'étranger une égale autorité et fournira une nouvelle contribution au développement de l'influence de la science française dans le monde.

A. MÉRIGNHAC.

PREMIÈRE PARTIE

Notions Géographiques et Historiques.

CHAPITRE PREMIER.

DISTRIBUTION GÉOGRAPHIQUE DES AFFECTIONS PESTILENTIELLES :
PESTE, FIÈVRE JAUNE, CHOLÉRA. — FOYERS D'ENDÉMICITÉ. —
VOIES DE PROPAGATION. — LES GRANDES ÉPIDÉMIES.

I. — La Peste.

On a cru, pendant longtemps, que la peste était une maladie
relativement peu ancienne, puisqu'elle se serait montrée, pen-
sait-on, pour la première fois en Egypte, au sixième siècle de
notre ère. Pariset[1] attribuait l'apparition de cette épidémie à
l'abandon par les Egyptiens — sous l'influence des idées chrétiennes — de leur antique coutume de l'embaumement ou plus
exactement de la *salaison* des cadavres. Il voyait dans cette pratique une condition essentielle de la salubrité générale, sans
laquelle la civilisation n'eût pu apparaître, ni surtout acquérir
ce remarquable degré de développement dont nous parlent les
historiens.

[1]. PARISET, *Mémoire sur les causes de la peste et sur les moyens de la détruire*, in *Ann. d'Hyg. publ.* Paris, 1831.

BIBLIOGRAPHIE : La littérature loïmographique est extrêmement riche, et
nous avons dû limiter nos indications aux ouvrages et mémoires les plus
importants.

La religion nouvelle peupla les déserts égyptiens de solitaires fervents « dont l'ardent prosélytisme proscrivait comme autant de sacrilèges tous les anciens usages. L'admirable police des sépultures fut abolie; ce qu'un faux zèle faisait faire à Constantinople, à Rome, à Milan, dans toutes les métropoles des deux empires, on le fit en Egypte. Les cadavres des martyrs et des fidèles remplirent les maisons, les églises, les cimetières, comme on le fait encore aujourd'hui, et après un siècle ou un siècle et demi, cette nouvelle façon d'honorer les morts fit éclater la peste de Péluse, la plus effroyable que l'histoire ait signalée jusqu'ici[1] ».

L'opinion de Pariset eut un retentissement considérable; mais elle n'a pu survivre aux recherches de la critique moderne, et depuis les travaux de Daremberg[2] et de Hirsch[3] elle est totalement et définitivement abandonnée. Il est constant que la peste s'est montrée en Egypte avant l'abandon de l'embaumement des morts, deux ou trois cents ans environ avant J.-C. Et même, d'après certains loïmographes, elle existerait depuis la plus haute antiquité; ces auteurs ont, en effet, dressé des tables chronologiques des épidémies de peste remontant jusqu'au dixième et au quinzième siècle avant J.-C. (1491 av. J.-C., d'après Papon).

Mais les documents sur lesquels ils se basent sont bien loin d'être démonstratifs, et rien ne permet de voir la peste bubonique dans le fléau qui, d'après Moïse, aurait succédé aux quatre plaies d'Egypte[4]. Quant à l'épidémie d'Athènes, dont Thucydide nous a conté les ravages (430), il est impossible d'en préciser la nature exacte; les uns croient à la variole, d'autres au typhus, mais tous pensent que ce n'était pas la peste.

Le premier document certain que nous possédions sur l'histoire

---

1. Pariset, *loc. cit.*

2. Daremberg, *Note sur l'antiquité et l'endémicité de la peste en Orient, et particulièrement en Egypte,* in *Rapport de Prus,* p. 231 et s. Paris, Baillère, 1846.

3. Hirsch, *Handbuch der historich-geographischen Pathologie.* Erlangen, 1860.

4. Exode, chap. IX, vers. 9 et 10.

de la peste bubonique a été révélé par le cardinal Angelo Maï :
c'est un passage d'Oribase, savant compilateur du quatrième
siècle de notre ère, où nous lisons que Ruphus d'Ephèse —
qui vivait au premier siècle après J.-C. — parlait de la peste
dans des termes qui ne laissent aucun doute sur la nature de
l'affection décrite. —

« Les bubons pestilentiels, dit Rufus ('Εκ τῶν 'Ρουφου περὶ βου-
δῶνος), sont tous mortels et ont une marche aiguë, surtout ceux
qu'on observe en Libye, en Egypte, en Syrie : Denys le Tortu
(Διόνυσιος ὁ Κυρτός) en fait mention ; Dioscoride et Posidonius en
ont parlé longuement dans leur traité sur la peste qui a régné
de leur temps en Libye[1]. »

Or, Denys le Tortu vivait probablement au troisième siècle
avant J.-C. On ne saurait conserver le moindre doute sur l'ancienneté de la peste ; cette affection existait à une époque où
l'Egypte n'avait pas encore abandonné l'embaumement de ses
morts, ce qui réduit à néant la théorie de Pariset.

En Europe, la première épidémie de peste certaine est celle qui
éclata sous Justinien (de 530 à 580). Partie, croit-on, de Péluse,
elle envahit successivement le nord de l'Afrique, la Palestine, la
Syrie, Constantinople, l'Italie, la Gaule, la Germanie. A Constantinople, il périt jusqu'à dix mille personnes en un jour au
dire de Procope[2]. En France, où un navire infecté avait apporté
la peste par Marseille en 588, elle ne fit pas moins de ravages ;
Grégoire de Tours raconte, en effet, que « les cercueils et les
planches étant venus à manquer, on enterrait dix corps et même
plus, dans la même fosse[3]. »

Depuis cette époque et jusqu'au moyen-âge, l'Europe fut déso-
lée par de nombreuses épidémies sur lesquelles l'histoire ne

---

1. Mahé, *Peste*, in *Dic. Enc.* — Daremberg, *loc. cit.* — Osann, *De loco
Rufii Ephesii medici apud Oribasium servato, sive de peste Libyca dis-
putatio.* Giessen, 1833.

2. Procopii Cæsariensis *Historiarum sui temporis* lib. VIII, interprete
Claudio Maltreto, t. I, cap. xxii et xxiii, *Pestilentia prævissima.*

3. Gregorii Turonensis, *Opera omnia*, lib. IV, cap. xxxi, et lib. IX,
cap. xxii. — Evagrii *Hist. Ecclesiasticæ*, lib. IV, cap. xxviii, *De pestilento
morbo.*

nous a laissé que des documents très incomplets. La plupart, d'ailleurs, n'avaient de la peste que le nom, et il faut arriver jusqu'au milieu du quatorzième siècle pour rencontrer une épidémie bubonique incontestable. Celle-ci, décrite sous le nom de *peste noire, peste d'Orient*, est la plus terrible de toutes celles que nous connaissons.

Venue de la Chine, où il mourut 13 millions d'hommes (de Guignes) ou peut-être de l'Inde (Frascator)[1], elle gagna successivement la Tartarie, les bords de la Caspienne, la Mésopotamie, la Syrie, le nord de l'Afrique, les Balkans et presque toute l'Europe; elle n'épargna guère que l'Aragonnais, une partie de l'Ecosse, de l'Irlande et probablement l'Islande et le Groënland. La mortalité fut effroyable : il y eut environ 100.000 décès à Venise et à Londres, 70.000 à Sienne, 60.000 à Florence et à Avignon, 50.000 à Paris. L'ordre des Capucins perdit 126.000 de ses membres en Allemagne, celui des Minorites 300.000 en Italie. Elle dura huit ans (de 1346 à 1353), fit périr 25 millions d'hommes en Europe, et 43 millions dans le monde entier, d'après les rapports que se fit adresser le pape Clément VI.

Certains auteurs (Hecker[2], Hirsch) pensent que ce n'était pas la peste bubonique; cependant les descriptions que nous en ont laissées Guy de Chauliac, Raymond Chalin de Vinario, médecins à Avignon, Gabatius de Sainte-Sophie, médecin à Padoue, César Pallavicini, médecin de Crémone, l'empereur Cantacuzène, — se rapportent bien à la vraie peste; enfin le doute n'est plus possible depuis la publication par Littré d'un très curieux poème latin écrit en 1350, par un témoin oculaire[3]. L'auteur, Symon de Covino, décrit l'affection sous le nom de *pestis inguinaria*; il

---

1. Fracastor, *De contagionibus et contagiosis morbis et eorum curatione*. Venetiis, 1546.

2. Hecker, *Der schwarze Tod im vierzehnten Jahrhundert*. Berlin, 1832. — Hecker, *Die grossen Volkskrankheiten des Mittelalters*, 1865. — Ranchin, Opuscules ou traités divers et curieux en médecine, in *Histoire de la peste de Montpellier, 1629-1630.* Lyon, 1640. — Guy de Chauliac, *La grande chirurgie*, restituée par Laurent Joubert. Lyon, 1659.

3. Littré, *Opuscule relatif à la peste de 1348,* composé par un contemporain, publié in *Bibliothèque de l'Ecole des Chartes*, 1840-41.

signale son extrême *contagiosité*, la précocité des inflammations ganglionnaires, et ce fait constaté depuis lors dans toutes les épidémies, même les plus récentes, c'est à savoir que la maladie est beaucoup plus fréquente dans les classes inférieures.

« Celui, dit-il, qui était mal nourri d'aliments peu substantiels tombait frappé au moindre souffle de la maladie; le vulgaire, foule très pauvre, meurt d'une mort bien reçue, car pour lui vivre c'est mourir. Mais la Parque cruelle respecta les princes, les chevaliers, les juges; de ceux-là peu succombent, parce qu'une vie douce leur est donnée dans le monde. »

Symon de Covino, après avoir décrit exactement les symptômes de l'affection, cherche à en établir les causes et s'étend longuement sur les influences de certains phénomènes astronomiques. Mais la population était loin de partager les idées, au moins inoffensives, de Symon de Covino; on s'en prit aux Juifs dans lesquels on voyait des *boute-peste*, et des milliers de ces malheureux payèrent de leur vie cette stupide accusation[1].

Depuis le quatorzième siècle, de nombreuses épidémies de peste ont ravagé le monde; quelques-unes sont bien connues grâce aux travaux dont elles ont été l'objet[2].

---

1. Des malheureux accusés d'avoir empesté une ville en frottant des rampes d'escalier avec des emplâtres chargés de pus de bubons pestilentiels ont été livrés aux derniers supplices (*Arrêts notables du Parlement de Toulouse*, liv. III, tit. vii).

2. Rossi, *Tableau général, établi par ordre de temps et de lieu, des épidémies de peste qui ont affligé le monde durant une période de trente et un siècles.* — Papon, *La Peste*, table chronologique, t. II, p. 249. — Mahé, *Peste*, in *Dic. Enc.* — Mercurialis, *De pestilentia in universum, præsertim vero de Veneta et Palavina.* Venetiis, 1577. — Massaria, *De peste libri duo.* Venetiis, 1579. — Rondinelli, *Relazione sul contagio stato in Firenze l'anno 1630-1633.* Firenze, 1634. — Sydenham, *Opera omnia, Febris pestilentialis et pestis annorum 1665-1666.* — Hodges, Λοιμολογια *seu pestis nuperæ apud populum Londinensem grassantis narratio historica.* London, 1672. — Diemerbroeck, *De peste, libri IV.* Arnheim, 1646; Genève, 1721. — Muratori, *Del governo della peste e delle maniere di guarderesse, trattato politico, medico et ecclesiastico.* Milano, 1721. — Deidier, *Lettre sur la maladie de Marseille.* Montpellier, 1721. — Bertrand, *Relation historique de tout ce qui s'est passé à Marseille pendant la dernière peste.* Cologne, 1723. — Dale, *An historical account on the several Plagues that have appeared in the World since the year 1346.* London, 1755. — A. Chenot, *Tractatus de peste*, Vienne, 1766. —

Telles sont les épidémies de :

l'Italie,   1575-1578, décrite par Masaria, Mercurialis ;
Nimègue,   1635,   —   Diemerbroeck ;
Londres.   1665 1665,   —   Sydenham et Hodges ;
Marseille,   1720,   —   Chicoyneau, Verny, Deidier,
                                            Bertrand ;
Transylvanie,   1755,   —   Chénot ;
Moscou,   1771,   —   Mertens, Orreus, Samoïlowitz,
l'Egypte[1], 1798-1800,   —   Desgenettes, Larrey, Pugnet,
                                            Louis Frank.

Noja, de novembre 1815 à septembre 1816 (928 cas dont
        716 décès sur 5.300 habitants).

Depuis le milieu du siècle dernier, on compte environ quatre-
vingts apparitions plus ou moins graves de peste bubonique,
parmi lesquelles nous citerons celles de :

1878 à Wetlianka sur le Volga ; énergiquement combattue par
        le général Loris Mélikoff, elle ne fit périr que 431 per-
        sonnes ;

1894 à Hong-Kong, où elle fit 12.000 victimes et 180.000 à
        Canton ;

1896 à Bombay, qui dure encore et sévit avec une intensité
        croissante ;

1896 à Londres et 1898 à Vienne, qui se limitèrent à quelques
        cas isolés ;

1899 à Alexandrie ;

1899 à Oporto, où on observa une véritable épidémie.

Mertens, *Observationes medicæ de febribus putridis, de peste nonnullisque
aliis morbis*. Vienne, 1778. — Orreus, *Descriptio pestis quæ anno 1778
in Jassia et in 1771 in Moscua grassata est*. Pétersbourg, 1784. — Lange,
*Rudimenta doctrinæ de peste, quibus additæ sunt observationes pestis Tran-
sylvaniæ anni 1786*. — Mac Léan, *The Plague not contagious*. London, 1800.
— Desgenettes, *Histoire médicale de l'armée d'Orient*. Paris, 1802. —
Larrey, Précis de la maladie qui a régné dans l'armée d'Egypte pendant son
expédition en Syrie, in *Relation hist. et chirurg. de l'armée d'Orient*. Paris,
1803. — Morea, *Storia della peste di Noja*. Napoli, 1817. — Louis Franck,
De peste, dysenteria et ophthalmia Ægyptiaca, cum tab. lithogr. Vienne,
1820. — Caplet, *La peste au dix-septième siècle*. Th. de Lille, 1897-98.
1. Jusqu'en 1844, l'Egypte a été ravagée par la peste presque sans interruption.

Enfin à Glasgow (1900), Naples (1901), Marseille (1903), on a constaté quelques cas de peste peu nombreux grâce aux mesures appliquées. Les journaux médicaux signalent actuellement des cas de peste dans divers gouvernements de la Russie : Oural, Vologda, Viatka, et en Sibérie[1].

L'étude des épidémies de peste, de leur distribution géographique et de leur propagation aboutit aux conclusions suivantes[2] :

1° Dans aucun pays d'Europe, la peste n'existe à l'état endémique ;

2° Elle envahit le plus souvent les villes du littoral en premier lieu ; de là elle gagne l'intérieur des terres.

Pour les épidémies récentes, l'exactitude de ces propositions n'est pas douteuse. Pour les manifestations anciennes, les documents nous manquent parfois. Cependant, la peste de Justinien se propagea par les voies de communications maritimes sur les côtes de l'Afrique du Nord, de l'Asie mineure, de la Turquie ; Marseille fut la première ville française infectée (588). C'est aussi par un navire que la peste fut apportée à Marseille en 1720[3].

La transmission par les voies terrestres est certaine pour les auteurs anciens également.

En 1602, la peste de Flandre, portée à Santander, gagnait de là quatorze grandes villes d'Espagne (Tolède, Madrid, Alcala, Séville, la Puebla, etc.), disséminée par des fugitifs. En 1623, la peste, partie de la Turquie, envahit successivement la Pologne, l'Allemagne, la France, la Suisse, le nord de l'Italie.

---

1. *Progrès médical* du 14 et du 21 janvier 1905 ; *Semaine médicale* du 11 janvier 1905.

2. OZANAM (J.-A.-F.), *Hist. méd. gén. et partic. des maladies épidémiques*, 2e édit. Paris, 1835. — J. FRANCK, *Traité de pathologie interne*, traduit par Bayle, 1857. — THOLOZAN, *Note sur le développement de la peste bubonique dans le Kurdistan*, 1871. — MAHÉ, Peste, in *Dic. Enc. des S. M.* (nombreuses indications bibliographiques). — THOLOZAN, *La peste en Turquie dans les temps modernes, sa prophylaxie défectueuse, sa limitation spontanée*: Paris, 1880. — GLANOIS, *Étude historique et critique des épidémies d'origine exotique et en particulier de la peste, et des moyens successivement opposés à leur marche envahissante*. Th. de Paris, 1897-98.

3. En 1693, la peste fut apportée à Candie par les bateaux français nolisés par les Turcs à Alexandrie.

Au début du dix-huitième siècle, de Constantinople elle envahit la Hongrie, la Pologne, la Russie, la Prusse, le Danemark, la Suède.

Actuellement la peste existe à l'état endémique (V. *Carte I*) :

1° *Dans l'Assyr*, province montagneuse de l'Arabie, où depuis 1889 on a compté dix épidémies : 1889, 1890, 1891, 1893, 1894, 1895, 1896, 1897, 1900, 1901;

2° *Dans la Mésopotamie*, où on l'a signalée en 1856, 1857, 1859, 1860, 1861, 1867, 1873, 1774, 1875, 1877, 1880, 1892;

3° *Dans l'Inde*, au voisinage des sources du Gange, dans les provinces de Guhrwal et Kumaon, d'où elle serait originaire et où on l'a constatée à maintes reprises de 1823 à 1897;

4° *En Chine*, dans le Yunnam, où l'endémicité est démontrée depuis 1871;

5° *En Sibérie*, au voisinage du lac Baïkal, la peste se montre spontanément chez les *sarbagans*, sorte de marmottes qui contaminent les indigènes;

6° *En Afrique*, où Koch a signalé un foyer sur les bords du lac Victoria, dans l'Ouganda.

En ce moment, la peste, qui sévit dans les Indes anglaises depuis bientôt neuf ans, y fait périr environ 45.000 personnes par semaine, au lieu de 40.000 pendant la période correspondante de 1904 et de 29.000 en 1903. La mortalité augmente chaque année, comme le montre le tableau suivant[1] :

1897.......	56.000 décès.	1901.......	274.000 décès.
1898.......	118.000 —	1902.......	577.000 —
1899	135.000 —	1903.......	850.000 —
1900.......	93.000 —		

Enfin, pendant l'année 1904, le nombre des décès a dépassé un million (1.009.026)[2].

---

1. *British medical Journal*, 1903.
2. Ce chiffre nous a été donné par M. le Dr Torcl, de la Santé de Marseille.

Ces foyers permanents de peste sont une menace de tous les jours pour l'Europe, dont les chances de contamination ont été singulièrement augmentées par les progrès de la navigation, la fréquence des relations et la rapidité des moyens de transport.

II. — La Fièvre jaune.

La fièvre jaune ne se rencontre, à l'heure actuelle, en permanence que sur la côte orientale de l'Amérique et sur la côte occidentale de l'Afrique. A maintes reprises, elle fut importée en Europe, mais elle ne put jamais s'y implanter d'une façon définitive.

Elle est d'origine américaine ; les Européens firent connaissance avec elle lors du second voyage de Christophe Colomb. On sait, en effet, qu'elle décima rapidement les 1.500 Espagnols débarqués et employés à la construction d'une ville. Elle a pour berceau les côtes des Antilles et du golfe du Mexique ; de là, elle a rayonné à diverses époques et s'est installée dans les régions où elle a trouvé des conditions thermiques et géologiques favorables : au Chili et au Pérou en 1852, à San Salvador en 1867, au Brésil en 1849, à Cayenne en 1850, dans la partie inférieure du Mississipi en 1878. Si bien qu'aujourd'hui elle sévit au nord et au sud de l'équateur, de New-York à Rio de la Plata, sur une étendue de plus de 10.000 kilomètres de côtes, mais avec une intensité et une persistance variables. C'est ainsi qu'on distingue deux zones : la zone amarillogène et la zone amarille. Dans la zone amarillogène, la fièvre jaune est constante, avec toutefois des périodes d'exacerbation séparées par des périodes d'accalmie relative. On y comprend les Grandes Antilles : Cuba, Saint-Domingue, Porto-Rico, et les Petites Antilles : Guadeloupe, Martinique, etc. Dans la zone amarille, la fièvre jaune sévit très souvent, mais elle y est importée et n'y

à l'obligeance duquel nous devons les renseignements qui nous ont permis d'indiquer sur la carte les principaux points actuellement contaminés.

persiste pas : cette zone comprend tout le littoral sud-est des États-Unis et le Brésil.

Cette distinction de deux zones amarillogène et amarille à perdu à peu près toute signification à l'heure actuelle ; en effet, la fièvre jaune a disparu de la Havane depuis plusieurs années, tandis que dans certaines régions de l'Amérique du Sud elle sévit tous les ans. D'autre part, certains auteurs, et notamment Widal[1], reconnaissent à la fièvre jaune trois foyers permanents : au Mexique, au Brésil et en Afrique.

En Afrique, selon beaucoup d'observateurs, elle est endémique en Gambie et à Sierra-Leone. Les adversaires de cette opinion objectent que Sierra-Leone, Fernando-Po, Saint-Paul-de-Loanda, où l'épidémie débute toujours, sont précisément les points qui ont les relations les plus fréquentes avec l'Amérique ; c'est pourquoi ils estiment que le typhus amaril est toujours importé. Cette affirmation est peut-être trop absolue maintenant que nous connaissons bien l'agent de transmission de la maladie et que nous savons qu'il trouve sur la côte occidentale d'Afrique toutes les conditions nécessaires à son développement. Quoi qu'il en soit, l'importation a été prouvée pour diverses épidémies, notamment celles de 1816 et 1862.

En raison de sa proximité, le foyer africain est une menace permanente pour l'Europe ; il nous a valu les récentes épidémies de Bordeaux et de Dunkerque, et les trois épidémies observées en Angleterre : Wight (1845), Falmouth (1864), Swansea (1865).

La plupart des épidémies de fièvre jaune qui ont éclaté en Europe nous venaient de la Havane. Cadix fut atteint seize fois de 1730 à 1792, puis en 1800, 1804, 1810 et 1819. L'épidémie de 1800 fut très meurtrière ; les prières publiques et les processions ordonnées pour conjurer le mal n'eurent d'autre effet, nous dit Ozanam, que de multiplier les foyers de contagion[2]. Une grande partie de l'Espagne fut ravagée. A Cadix, sur une

1. WIDAL, *Fièvre jaune*, in *Traité de médecine* de Charcot et Bouchard, 2⁰ édition, 1904.

2. OZANAM, *Hist. méd. gén. et partic. des maladies épidémiques*, t. III. Lyon, 1835.

population de 280.000 personnes, 79.500 périrent. La ville de Malaga, sur 48.000 habitants, eut, en 1803, 26.000 cas de fièvre jaune et 6.884 décès ; en 1804, 18.000 cas avec 7,000 décès.

La France, à cette époque, fut aussi visitée par le fléau ; en 1802, les navires de l'amiral Villaret-Joyeuse l'apportèrent des Antilles au lazaret de Brest où la maladie s'éteignit après avoir provoqué 23 décès sur 42 personnes atteintes.

En 1821, Barcelone fut décimée par la plus meurtrière des épidémies européennes. La Havane en était encore le point de départ : 70.000 personnes furent atteintes et 20.000 périrent. Aux Baléares, il y eut 5.000 décès sur 12.000 habitants.

Le Gouvernement français envoya en Espagne une mission d'études composée de Bailly, François et Pariset[1], et l'année suivante il promulguait une loi de protection encore en vigueur, loi du 3 mars 1822, sur la police sanitaire.

L'épidémie avait gagné Livourne, où elle causa 1.500 décès, et Lisbonne, où elle coûta la vie à 7.000 personnes.

Le Portugal fut envahi depuis à diverses reprises : 1853, 1856 et 1857.

En France, l'épidémie de Saint-Nazaire (1861), si minutieusement étudiée par Mélier[2], fut apportée de la Havane par un petit voilier, l'*Anne-Marie* ; 44 personnes furent atteintes et 26 succombèrent.

Au cours de l'année 1865, il y eut quelques cas de fièvre jaune à Swansea, en Angleterre.

Une nouvelle épidémie fit périr plus de 3.000 personnes à Barcelone en 1870[3].

Nos lazarets de la côte atlantique reçurent en 1881 des navires contaminés de fièvre jaune, mais la France fut préservée.

---

1. BAILLY et PARISET, *Histoire médicale de la fièvre jaune observée en Espagne et particulièrement en Catalogne pendant l'année 1821*. Paris, 1823. — VICTOR BALLY, *Rapport fait au Conseil supérieur de Santé sur la fièvre jaune qui a régné au port du Passage, en 1823*. Paris, 1824.

2. MÉLIER, *Relation de la fièvre jaune survenue à Saint-Nazaire*. Paris, 1863.

3. FAUVEL, *Rapport au Comité d'Hygiène sur la relation de Dubroul, gérant du Consulat de France à Barcelone (épidémie de fièvre jaune, 1870)*,

Enfin, dans ces vingt dernières années, on a constaté plusieurs épidémies sur la côte africaine et au Soudan français ; à Saint-Louis, en 1900, du printemps au 19 septembre, il y eut 383 cas et 209 décès.

En résumé, la fièvre jaune persiste actuellement en Afrique et en Amérique; toujours les épidémies européennes furent importées par la navigation, et disparurent complètement au bout d'un certain temps après avoir fait des ravages plus ou moins considérables. Dans aucun pays d'Europe la fièvre jaune n'est endémique, et les pays qu'elle a le plus éprouvés sont l'Espagne et le Portugal[1].

III. — Le Choléra.

Le choléra asiatique est originaire de l'Inde, où il existe à l'état endémique. Les auteurs ne sont pas d'accord sur l'ancienneté de ses manifestations : les uns croient avec Tholozan que le choléra asiatique remonte à l'antiquité et qu'on le trouve décrit dans les auteurs sanscrits sous le nom de *metsoneïdan, medso-neïdan* ou *medno-neïdan;* d'autres estiment avec Daremberg qu'avant l'épidémie de Jessore (1817) les manifestations cholériques dans l'Inde étaient dues au *choléra nostras.* Quoi qu'il en soit, tous s'accordent à reconnaître qu'en 1817 le choléra a pris un caractère *envahissant* absolument inconnu jusqu'alors.

Depuis cette époque, il a fait en Europe six grandes apparitions.

La première épidémie, née à Jessore en 1817, ravagea tout l'Extrême-Orient, atteignit la Perse en 1822, puis gagna les bords de la Caspienne et s'éteignit à Astrakan en 1823.

La deuxième (1829-1837), partie également de l'Inde[2], gagna

1. Guichet, *Mémoires de médecine militaire,* 1878 (fièvre jaune à Madrid). — Auguste Hirsch, *Handbuch der historich-geographischen Pathologie.* Stuttgart, 1881. — Béranger-Feraud, *Traité théorique et clinique de la fièvre jaune.* Paris, 1891. — Dupuy, *La fièvre jaune,* 1899.

2. Garcia d'Orta, *Les simples, les drogues et les médecins de l'Inde.* Goa, 1563. — Keraudren, *Mémoire sur le choléra morbus de l'Inde.* Paris, 1825. — Leuret, Mémoire sur l'épidémie désignée sous le nom de choléra-

la Caspienne par l'Afghanistan et la Perse. De Salian, elle se dirigea : d'un côté, sur Tiflis et le Caucase ; de l'autre, sur Astrakan, d'où elle remonta le Volga, envahit la Russie et l'Europe. Un autre prolongement, parti de Kaboul et de Boukhara, traversa le Turkestan et se montra à Orembourg, en 1829. Le choléra atteignit le port de Sunderland en 1831, Edimbourg en 1832, puis Londres, Calais et Paris, d'où il rayonna sur presque toute la France (52 départements) où il fit périr plus de 100.000 personnes, et alla s'éteindre en Algérie.

La troisième épidémie (1844), comme les deux précédentes, envahit successivement la Perse, les bords de la Caspienne, la Russie, les ports de la mer Noire et l'Europe ; en 1850, elle s'éteignait en Algérie. Mais elle ne disparut définitivement qu'en 1855, après avoir fait 53.000 victimes en Angleterre et 110.000 en France[1].

morbus, qui a ravagé l'Inde et qui règne dans une partie de l'Europe, in *Annal. d'hyg. publ.*, *1831*, t. VI. — Double, *Rapport à l'Académie de Médecine sur le choléra-morbus de 1831.* — Moreau de Jonnès, *Rapport au Conseil supérieur de Santé sur le choléra morbus pestilentiel, ses irruptions dans l'Indoustan.* Paris, 1831, avec carte. — Du même, *Notes historiques sur le choléra morbus et sur les principales épidémies de cette maladie, depuis 1817 jusqu'au mois d'octobre 1831*, avec carte. Genève, 1838. — Bouillaud, *Traité pratique, théorique et statistique du choléra-morbus*, 1832. — Gerardin et Gaimard, *Du choléra morbus en Russie, en Prusse, en Autriche, pendant les années 1831 et 1832*, 2e éd. Paris, 1832, avec planches.

1. Pauwels, *Traité du choléra-morbus*, 1848. — Lasègue, De la marche du choléra dans la Russie méridionale, in *Arch. génér. de Méd.*, 1848, p. 114. — Nerollot, *Du choléra-morbus en 1845, 1846 et 1847, avec deux cartes indiquant sa marche pendant ces trois années, suivi de l'histoire du choléra-morbus à Constantinople en 1848.* Constantinople, 1849. — Blondel, *Rapport sur les épidémies de choléra de 1832 et de 1849.* Paris, 1850. — Briquet et Mignot, *Traité pratique et analytique du [choléra-morbus (épid. de 1849)*, 1850. — Brochard, *Du mode de propagation du choléra et de la nature contagieuse de la maladie.* Paris, 1851. — Snow, *On the mode of communication of cholera*, 1854 ; — divers articles sur la propagation et la prophylaxie du choléra, *London Médical Gazette* et *Médical Times and Gazette* de 1849 à 1858. — Pettenkoffer, *Untersuchungen und Beobachtungen über die Verbreitungsart der Cholera.* München, 1855. — Marc d'Espine, Esquisse des invasions du choléra en Europe, rôle joué par la Suisse en particulier et théorie de la propagation du choléra, in *Arch. gén. de Méd.*, 1857. — *Documents statistiques et administratifs concernant l'épidémie de choléra de 1854, publiés par le Ministre de l'Agriculture et du Commerce.* Paris, 1862.

La quatrième épidémie fut apportée, par des pélerins hindous, à La Mecque, où elle éclata au mois d'avril 1865 pendant les fêtes du Courban-Baïran ; la commission ottomane évalue à 15.000 et le consul anglais à 30.000 le nombre des pélerins qui succombèrent.

Au retour, des bateaux qui avaient eu du choléra pendant la traversée (*le Sydney*) purent, grâce à de fausses déclarations des capitaines, débarquer leurs passagers à Suez. Quelques jours après, l'épidémie éclatait, terrible [1], à Alexandrie, puis au Caire. La population, prise de panique, émigra en masse ; plus de 30.000 personnes s'embarquèrent à Alexandrie et portèrent le choléra dans tout le bassin de la Méditerranée et jusqu'en Amérique. Le tableau suivant donne les dates d'invasion des principales villes et montre la vitesse de diffusion de l'épidémie [2].

Alexandrie.	11 juin.	Altembourg (Saxe).	24	août.
Caire.	17 —	Toulon.	26	—
Smyrne.	24 —	Samsoun.	31	—
Constantinople.	28 —	Bassorah.	4	sept.
Jaffa (Syrie).	1er juill.	Séville.	6	—
Beyrouth.	1er —	Carthagène.	10	—
Dardanelles.	1er —	Acqui (Italie).	12	—
Larnaca (Chypre).	8 —	Southampton.	17	—
Ancône (Italie).	8 —	Paris.	18	—
Valence (Espagne).	9 —	Alger.	24	—
Gibraltar.	19 —	Bagdad.	25	—
Barcelone.	22 —	Theydon-Bois (c. d'Essex).	26	—
Marseille.	23 —	Prosecco (près Trieste).	27	—
San Severo (Italie).	25 —	Berditchew (Kiew).	27	—
Volo (Thessalie).	26 —	Trieste.	28	—
Borchi (Podolie).	28 —	San Giovanni (Naples).	28	—
Damas.	1er août.	Novomirgorod (Kherson).	1er	oct.
Salonique.	1er —	Elvas (Portugal).	1er	—
Trébizonde.	2 —	Porto.	1er	—
Odessa.	6 —	Jerusalem.	1er	—
Toultcha (Danube).	7 —	Naples.	6	—
Alep.	11 —	Tagaurog.	12	—
Madrid.	15 —	Pointe-à-Pitre (Guadel.).	20	—
Kertch.	17 —	New-York.	3	nov.
Palma (Baléares).	19 —	Vilna.	16	—
Galata.	20 —	Saint-Pétersbourg.	17	—
Erzeroum.	22 —			

1. 40.000 victimes en deux mois à Alexandrie, et plus de 60.000 en moins de trois mois dans l'Egypte.

2. LAVERAN, art. *Choléra*, in *Dic. Enc.*

Cette épidémie provoqua la réunion de la Conférence de Constantinople (1866)[1] et ne s'éteignit qu'en 1874[2].

La cinquième épidémie (1883-1887) débuta à Damiette, d'où elle rayonna sur toute l'Égypte. En 1884, le choléra éclatait à Toulon, d'où il gagnait tout le midi de la France, puis Paris, l'Algérie, l'Italie, l'Espagne, l'Autriche-Hongrie, la Roumanie, la Bosnie, l'Herzégovine. L'épidémie ne disparut qu'en 1887, après avoir fait périr 15.000 personnes en France, 75.000 en Italie et 150.000 en Espagne[3].

La sixième épidémie est celle de 1892. Le choléra, après avoir parcouru la Perse et l'Afghanistan, arrivait à Bakou; 100.000 personnes, fuyant devant le fléau, le disséminèrent dans le Caucase, dans la vallée du Volga, dans celle du Don; 61 provinces

1. Voici les conclusions de la Conférence de Constantinople :

1º Le choléra règne de préférence, comme maladie endémique, avec une tendance à devenir épidémique à certaines époques, dans le Bengale en général. Il sévit dans les stations de Cownpoor et de Allahabad, mais surtout dans la ville de Calcutta. Il se montre aussi à Arcot, près de Madras, et à Bombay.

2º Le choléra apparaît comme maladie épidémique, tous les ans ou presque tous les ans, à Madras, Coujeveram, Pooree, Tripetty, Mahadeo, Trivellore et d'autres localités où ont lieu des agglomérations de pèlerins hindous.

3º Il se montre encore comme maladie épidémique, mais à des époques indéterminées, dont les intervalles ne dépassent pas pour la plupart la période de quatre ou cinq ans, dans les provinces du nord-ouest de l'Hindoustan, en 1845, 1852, 1856, 1861, ainsi que dans toutes les parties des présidences de Madras, de Bombay et dans le Pégu.

2. LASÈGUE, Études cliniques sur l'épidémie de choléra asiatique, in *Arch. génér. de Méd.*, 1865, p. 513. — WORMS JULES, *De la propagation du choléra et des moyens de la restreindre*. Paris, 1865. — BRIQUET, Rapport sur les épidémies de choléra-morbus qui ont régné de 1817 à 1850, in *Mém. de l'Acad. de Méd.*, t. XXVIII, 1865. — FOING, *Étude sur le Choléra*. Th. de Paris, 1866. — JULES GIRETTE, *La Civilisation et le Choléra*. Paris, 1867. — JULES BESNIER, *Recherches sur la nosographie et le traitement du choléra épidémique*. Th. de Paris, 1867. — FAUVEL, *Le Choléra*. Paris, 1868. — THOLOZAN, *Rapport au roi de Perse*, 1869. — THOLOZAN, Le Choléra en Perse, in *Gaz. hebd.*, 1869. — THOLOZAN, *Durée du choléra asiatique en Europe et en Amérique*, Paris, 1872. — PROUST, Rapport de mission en Russie et en Perse, *Journal officiel*, 10 juillet 1870, 1re partie, 5. — PETTENKOFFER, Ueber Cholera auf Schiffen und den Zweck der Quarantänem, *Vierteljahrsschrift für öff. Gesundheitspflege*, 1872.

3. LAVERAN, art. «Choléra» in *Dic. Enc. d. S. M.* (nombreuses indications bibliographiques). — THOINOT, *Histoire de l'épidémie cholérique de 1884*. Th. de Paris, 1886.

de la Russie furent ravagées et 150.000 personnes succombèrent. En France, le choléra, qui fit 5.000 victimes, éclata à la maison de Nanterre (près Paris) ; de là il se dirigea vers la Belgique, à la rencontre du rameau épidémique venant de Russie.

Le choléra fit 9.000 victimes dans la ville de Hambourg, d'où il se ramifia sur toute l'Europe centrale.

La maladie se montra de nouveau en France en 1893 et 1894 et ne disparut de l'Europe qu'en 1896[1].

De l'étude des épidémies de choléra il ressort que cette affection, dans sa marche envahissante, suit les courants humains, et que la vitesse de sa propagation est en raison directe de la rapidité des communications. Elle a envahi l'Europe par voie de terre (Perse, Caspienne) et par voie maritime (mer Rouge, Égypte). Elle n'a qu'un berceau, l'Inde, où elle existe à l'état endémique, avec des exacerbations qui ont toujours précédé les épidémies européennes, comme l'indique le tableau ci-après :

Dates des recrudescences indiennes.	Dates des épidémies européennes.
1817	1820
1826	1831
1841	1846
1863	1865
1881	1884
1891	1892

1. Depuis l'an dernier, le choléra est signalé dans diverses régions de la Russie méridionale, où il serait actuellement en voie de diminution. (Voir *Progrès médical* des 10 décembre 1904 et 21 janvier 1905 ; *Semaine médicale* du 11 janvier 1905.

Étymologie. — Les auteurs ne sont pas d'accord sur l'origine du mot *choléra* : les uns l'ont fait venir, à tort, des mots hébreux *Choli-ra* (Ecclésiaste, chap. xxx, § 22), qui se traduisent par *mauvaises maladies*. — Pour d'autres (Krauss, Littré) il viendrait du grec χολερα, *gouttière*, par suite d'une comparaison au moins inélégante. — Enfin, dans une troisième opinion, *choléra* viendrait du radical χολ, de même que les mots χολη, *bile*, χολαδες, *les bilieux*. — Chez les anciens, le mot χολερα éveillait l'idée de maladies d'entrailles. D'après Celse, les Grecs en faisaient une maladie de la bile : « Ergo eo nomine morbum hunc χολεραν græci nominarunt. » (C. Celsi medicina, cap. xi, p. 219. Elzevir, 1657.) — Voy. LAVERAN, *loc. cit.*

CHAPITRE II.

HISTOIRE DES MESURES DE PROTECTION CONTRE LES AFFECTIONS
PESTILENTIELLES.

I. — Période des règlements locaux et nationaux.

L'histoire des mesures administratives destinées à protéger,
contre la peste, des collectivités plus ou moins importantes, ne
remonte pas au delà du quatorzième siècle. Sans doute, l'idée
de contagion immédiate est beaucoup plus ancienne, ainsi que
les mesures de protection purement individuelles. Évagre et
Procope[1], dans leurs relations de la peste bubonique de Justinien (542), notent que la maladie débute par les villes du littoral, puis de là *envahit* l'intérieur du pays. Cependant, au dire
de Mézeray, au moment (1348) où la peste faisait 1.500 victimes
par jour, « les danses, les pompes, les jeux et les tournois conti-
nuaient toujours ; les Français dansaient pour ainsi dire sur le
corps de leurs parents[2] » ; ce qui permet de penser que la trans-
missibilité de la peste était alors inconnue en France. Ailleurs,
c'était tout différent : Boccace fuyait Florence parce que le pestiféré transmettait son mal par le toucher, la parole, le regard,

---

1. EVAGRII *Hist. Ecclesiasticæ* lib. IV caput xxviii : De *pestilento morbo.*
— PROCOPII, *loc. cit.*

2. MÉZERAY, *Histoire de France.* — Pour certains auteurs, ces réjouissances
étaient destinées à relever le moral de la population, et c'est dans le même but
qu'à Marseille, en 1720, Chirac voulait « qu'on payât des violons et des tam-
bours pour donner aux jeunes gens occasion de s'égayer, et pour éloigner la
tristesse et la mélancolie ».

— et les Tartares, sous les murs de Caffa, lançaient avec des catapultes les cadavres de leurs pestiférés pour contaminer la ville assiégée.

La contagion médiate, par l'intermédiaire de personnes saines, était admise en 1348, comme l'écrivait un avocat de Plaisance fuyant la Crimée ravagée par la peste :

Heu nobis qui mortis jacula portabamus ; dum amplexibus et osculis nos tenerent, ex ore, dum verba loquebamur, venenum fundere cogebamur[1].

La population, terrifiée par les ravages de la peste noire, s'en prit aux juifs qu'elle accusait de propager le fléau ; ces malheureux furent traqués comme des bêtes fauves, massacrés ou envoyés au bûcher. Les chroniqueurs racontent qu'on en brûla 2.000 à Strasbourg dans leur cimetière, et 20.000 à Mayence. A la même époque, en Hongrie, puis dans toute l'Allemagne, apparurent les écœurantes exhibitions des *flagellants* ; pendant que les israélites étaient conduits au bûcher, des individus exaltés par le fanatisme s'en allaient demi-nus par les rues de la ville, brandissant une croix d'une main, et de l'autre ils se déchiraient les téguments à coups de discipline en criant : *Miséricorde, Seigneur !*

La peste noire fut l'occasion des premières mesures sanitaires prises par la ville de Venise, particulièrement exposée à la contamination en raison de l'activité de ses relations commerciales avec l'Egypte et les Echelles du Levant. Elle institua, en 1348, *trois provéditeurs de santé* (il y en eut six au siècle suivant), munis de pouvoirs exceptionnels et chargés de s'opposer à l'invasion du fléau. En l'absence de toute installation matérielle, ils ne purent que prendre certaines dispositions restrictives contre le débarquement en libre pratique des pestiférés[2].

La première ordonnance sanitaire que nous connaissions fut

1. Gabriel de Mussis, *Historia de morbo sive mortalitate quæ fuit anno Domini 1348*, manuscrit publié par Henschel.
2. Colin, *Quarantaines*, in *Dic. Enc.*

rendue en 1374 par Barnabo Visconti, seigneur de Milan et vicaire impérial, à l'égard des pestiférés de la ville de Reggio, sur le Tessone, dans le duché de Modène ; en voici le texte :

Nos Dominus Mediolani, etc. Imperialis Vicarius, etc. Volentes subditos nostros a contagione morbi quantò plus possumus conservare fecimus quædam decreta, quæ tibi in hoc inclusa mittimus, et quæ volumus in Rhegio observari, et in volumine Statutorum nostrorum inseri.

Data Mediolani 17 Januarii 1374. Nobili Viro Potestati nostro Rhegii.

Volumus, quod quælibet persona, cui nascentia, vel brosa veniet, statim exeat Urbem, vel Castrum, vel Burgum, in quo fuerit, et vadat ad campos in campannis, vel in nemoribus, donec aut moriatur, aut liberetur. Item qui servient, stent post mortem alicujus decem dies, antequam habeant consortium cum aliqua persona. Item Sacerdotes Ecclesiarum Parochialium inspiciant infirmos, et videant quod malum est, et statim notificent Inquisitoribus deputatis sub pœna ignis. Item quod omnia bona tam mobilia, quam immobilia applicentur Cameræ Domini. Item qui aliunde portaverint Epidemiam, similiter ejus omnia bona sint Cameræ Domini, de quibus nulla unquam fiat restitutio. Item quod sub pœna bonorum et vitæ nullus alius vadat ad serviendum infirmis, præterquam ut supra. Et de prædictis fiat omnibus subditis notitia [1].

Cette loi sauvage, qui confiait à des gens incompétents le soin de reconnaître la peste, qui confisquait, au profit du clergé, les biens des malheureux pestiférés, qui fut appliquée sans atténuation jusqu'en 1399, était vraisemblablement la rançon de quelque « concordat » octroyé à une conscience inquiète par le pouvoir religieux. D'ailleurs, que pouvait-on attendre de ce seigneur Barnabo Visconti, un des plus cruels parmi les brigands titrés de cette malheureuse époque, qui, lors de la peste de Milan, en 1361, quitta la ville, se cacha dans les profondeurs d'une forêt, faisant planter sur le chemin de son repaire une potence avec un écriteau menaçant de mort tout voyageur qui oserait passer outre [2] ; — qui, en 1373, ordonnait de détruire les maisons où se trouveraient des malades ou des cadavres de pesti-

---

1. Voy. *Chronicon Regiense*, auctoribus Sagacio et Petro de Gazata, Regiensibus, ab anno 1272 usque ad 1388 ; *in* MURATORI, *Rerum italicarum Scriptores*. Milan, 1731, t. XVIII, p. 82.

2. MURATORI, *loc. cit.*, t. XIV, p. 664.

férés, et de mettre à mort les pestiférés et leurs gardiens[1]?

L'ordonnance précitée ne fut assurément pas isolée; les villes du littoral de l'Adriatique durent prendre des mesures de défense contre les provenances du Levant. La période de dix jours pendant laquelle on devait observer les personnes qui s'étaient trouvées en contact avec des pestiférés, fut jugée trop courte et prolongée arbitrairement sans que la moindre garantie fût accordée à la liberté individuelle.

Au siècle suivant, des lazarets affectés exclusivement aux pestiférés furent édifiés : à Venise en 1403, à Gênes en 1467, à Marseille en 1476, à Genève en 1482. Un peu plus tard, en 1526, Marseille établissait, dans l'île de Pomègue, un port de quarantaine où passagers et marchandises étaient isolés pendant un certain temps avant d'être admis au lazaret de terre ferme.

Durant le seizième siècle, en raison de l'absence de toute solidarité économique, les pratiques quarantenaires offrent la plus grande diversité; elles consistent en réglementations purement locales et particulières, et aboutissent à l'institution de fonctionnaires analogues aux provéditeurs de santé de Venise, premier embryon des *intendances sanitaires* ultérieures.

Cette diversité des règlements sanitaires est encore plus grande dans les villes de l'intérieur que dans celles du littoral.

A Paris, une ordonnance du Prévôt (16 novembre 1510) enjoint aux habitants des maisons pestiférées de mettre une botte de paille à la fenêtre et de l'y laisser pendant deux mois après la cessation de la maladie. — Une ordonnance du Parlement (26 août 1531)[2] veut que les maisons des pestiférés aient à chaque fenêtre et à la porte principale une croix de bois; en outre, toute personne qui aura été malade, les malades, leurs parents et les habitants de la maison d'un pestiféré ne pourront circuler qu'en tenant à la main un bâton blanc. La même année (1531) furent créés les *prévôts de santé*, chargés de veiller

---

1. MURATORI, *loc. cit.*, t. XVIII, p. 80.
2. V. CHÉREAU, *Les ordonnances faites et publiées à son de trompe par les carrefours de cette ville de Paris pour éviter le danger de Peste*, 1531. Paris, 1893.

à l'exécution des arrêts des magistrats. Vêtus d'une casaque noire, marquée d'une croix rouge, ils parcouraient les rues, suivis de leurs archers, faisant enlever de force et transporter aux hôpitaux les pestiférés des maisons habitées par plusieurs ménages. Cinquante ans plus tard, on isolait ces malades dans des baraquements provisoires que remplacèrent des hôpitaux spéciaux en 1611. Toutes ces mesures, appliquées toujours avec la plus rigide sévérité et souvent avec mauvaise foi, donnèrent lieu à d'invraisemblables et monstrueux abus, qui devinrent encore plus criants au dix-septième siècle, remarquable entre tous par l'effrayante rigueur des mesures coercitives.

Les règlements étaient appliqués par un Bureau de santé, composé de gens « éclairés, sévères et rigoureux » (Ranchin), sorte de cour martiale, réunissant tous les pouvoirs les plus exceptionnels, pouvant condamner à la peine de mort, lever des taxes, faire des réquisitions en argent ou en nature, etc. La peste déclarée, un court délai était imparti aux habitants pour s'enfuir, à l'exception de ceux qui logeaient dans la rue où la peste s'était manifestée.

A l'expiration de ce délai la ville était *barrée* (cernée par un cordon de soldats chargés de ne laisser passer personne), et divisée en quartiers (135 à Toulon pendant la peste de 1720), administrés par des délégués du Bureau de santé.

Ce système fut employé à Gênes en 1576 et en 1630.

A Digne, en 1629, la ville séquestrée ainsi fut mise en coupe réglée par les paysans d'alentour qui, ayant par le fait le monopole des denrées alimentaires, ne les cédaient qu'à des prix fabuleux. L'épidémie fut terrible ; la ville avait perdu 8.500 habitants sur 10.000 ; on parlait même de l'incendier quand les malheureux survivants, exaspérés par l'inhumanité de leurs geoliers, prirent les armes et chassèrent à coups de fusil les soldats qui gardaient les portes de la cité.

Un arrêt du Parlement de Paris du 2 septembre 1631 enjoignait aux médecins de *déclarer* sans retard aux commissaires de quartiers les cas de peste qu'ils auraient observés.

En 1629, à Lons-le-Saulnier, bien qu'on n'eût constaté aucun cas de peste depuis deux mois, on attendit la *nouvelle lune* pour *lever la barre*. Les précautions les plus invraisemblables étaient recommandées pour éviter la maladie.

A Florence (1630), le magistrat défendit de vendre du vin au peuple, depuis la vendange jusqu'après la Toussaint, « sans y avoir mis d'eau, parce que le vin étant alors dans sa plus grande fermentation pourrait disposer les buveurs à recevoir la peste ». Les marchands de vin le faisaient couler par un long tuyau dans la bouteille de l'acheteur, recevaient l'argent sur une petite pelle et le jetaient dans le vinaigre [1].

Parfois la peur de l'épidémie était telle que les gens chargés de protéger la santé publique s'enfuyaient au premier danger. Ainsi à Montpellier, où la peste fut apportée de Toulouse par un capucin (juillet 1629), les consuls créèrent un Conseil de santé dont tous les membres prirent la fuite immédiatement [2].

A Lyon (1628-1629), les magistrats ordonnèrent aux habitants de brûler devant leurs maisons du genièvre et autres bois odoriférants pour purifier l'air corrompu par la transpiration de tant de malades et par les exhalaisons émanées des cadavres [3].

A cette époque, en effet, et pendant longtemps encore, les fumigations jouirent d'une grande réputation dans la prophylaxie de la peste; on leur attribuait des propriétés antimiasmatiques d'autant plus certaines que l'odeur en était plus pénétrante et plus irritante. Certains individus avaient acquis une notoriété considérable comme *parfumeurs*; on les mandait parfois de très

---

1. Papon, *De la Peste*, an VIII, t. II, p. 28-30.

2. La terreur inspirée par les pestiférés était si grande que l'on enterra parfois de malheureux agonisants. Durant la peste de Florence, « une femme, étant revenue de sa léthargie après avoir été enterrée avec d'autres pestiférés, sortit du tombeau et reprit le chemin de sa maison où elle trouva son mari qui ne s'attendait pas à cette surprise. Il la prit pour un fantôme et la chassa, prétendant que sa femme était bien morte : cette malheureuse, étonnée à son tour de la réception, s'en alla chez Antoine Rondinelli, qui la connaissait beaucoup et qui persuada au mari de la reprendre. » Papon, qui nous rapporte ce fait (t. I, p. 179), d'après Rondinelli, ajoute cette réflexion : « Son incrédulité n'était sans doute qu'affectée pour se débarrasser de sa femme : on n'est pas si incrédule quand on aime bien. »

3. Papon, *loc. cit.*, t. I, p. 177.

loin, et tous les loïmographes se sont livrés à de longues dissertations sur les mérites comparés des diverses formules de *parfums*. En voici une, vantée par Papon[1] :

Soufre vif..............................	6 livres
Poix résine............................	6 —
Grabeau de myrrhe...................	6 —
— d'encens,.....................	4 —
Serille de storax.....................	4 —
Laudanum............................	2 —
Poivre noir...........................	3 —
Gingembre............................	4 —
Cumin................................	5 —
Curcuma dit Ciperus	2 —
Cardamomum.........................	2 —
Aristoloches longues.................	2 —
Euphorbes............................	2 —
Cubèbes..............................	2 —
Graine de genièvre...................	3 —
Son..................................	49 —
TOTAL.............	102 livres

Diemerbroeck, qui pendant la peste de Nimègue (1635) « chassait la mélancolie en buvant quelques verres de bon vin[2] », consacre un long article à la *prophylaxie théologique* de la peste[3], et François Ranchin donne à la fin de son ouvrage les conseils suivants :

1. PAPON, *De la Peste*, t. II, p. 207.
2. PAPON, *loc. cit.*, t. II, p. 56.
3. DIEMERBROECK, *De pestis Noviomagensis, vigore et fine*, 1635. — Voy. :
Le Conseil présenté au Roi contre la peste. Ce Conseil est imprimé dans le
Traité de la Peste, par les maîtres chirurgiens de Paris, chez Bréon, 1606. —
L'ordre public pour la ville de Lyon pendant la maladie contagieuse. Lyon,
1670. — *Les moyens et avis pour prévenir et remédier à la Peste*, par la
Faculté de Médecine, présenté à la Police, le 2 février 1681, chez Thomas
Perrier. — CHÉREAU, *Des mesures sanitaires que l'on prenait à Paris aux
XVe et XVIe siècles contre les épidémies*, in *Gaz. hebdom. de méd. et de
chirurgie*, 1884.

« La nourriture sera de bonnes viandes avec sobriété, sans se porter à aucun exercice violent, ni à celui de Vénus ; parce que les corps qui s'échauffent sont plus disposés à la réception du venin de l'air, à cause de l'ouverture des pores [1].

« Qu'on aborde de deux pas les malades, en leur parlant, et qu'on se tienne à côté pour ne pas recevoir leur haleine ; qu'on ne touche rien dans la maison, mais qu'on le fasse faire s'il est nécessaire, comme tirer un rideau, l'agencer, etc.

« Pour donner la communion, sera bon d'avoir une *vergette* (petite verge) de la longueur d'un pan et demi (treize à quatorze pouces) ou environ, et au bout d'icelle un petit croissant d'argent, pour porter le Saint-Sacrement dans la bouche du malade, lequel avant lui donner, le prêtre serrera fort étroitement la manche de son habit et surplis, afin qu'il ne touche rien du malade, tenant le flambeau entre eux deux.

« Qu'on se tienne toujours debout, sans s'asseoir ou mettre à genoux, et faut prendre garde que l'habit ne touche du bord à terre. Les habits les plus usés et pelés sont les meilleurs pour visiter les malades.

« On fera passer les habits sur le feu, au retour des maisons infectées, et les souliers aussi, parce qu'on peut marcher sur les crachats ; même on pourra présenter le visage sur la flamme en passant. »

Bien que pendant le dix-septième siècle la peste fût à peu près endémique dans divers pays de l'Europe, les intendances sanitaires étaient surtout préoccupées d'en empêcher l'introduction dans les villes du littoral par les provenances du Levant ; pour atteindre le but cherché, les navires provenant des côtes de Barbarie ou de l'Orient ne furent plus admis, en France, que dans deux ports : Toulon pour les vaisseaux de l'État et Marseille pour les bâtiments du commerce ; les lazarets de ces deux villes avaient la police sanitaire de toute la côte française : le premier, depuis le Brusc jusqu'au Var, et le deuxième, depuis

---

1. Ranchin, *Opuscules ou traités divers et curieux en médecine*, in *Histoire de la peste de Montpellier, 1629-1630.* Lyon, 1640, pp. 124-126.

le Var jusqu'à la frontière d'Espagne. Les pouvoirs et les attributions de ces deux administrations sont déterminés par le premier règlement promulgué en France pour empêcher l'introduction de la peste. Il date du 25 août 1683 et porte les signatures de Louis XIV et de Colbert.

Ce règlement est caractérisé par la bénignité des peines édictées, — par les pouvoirs à peu près discrétionnaires accordés aux autorités locales, — par l'absence de toute mention relative à la patente que remplacent les déclarations des commandants et l'enquête à l'arrivée des navires.

Au dix-huitième siècle, la réglementation sanitaire se fait remarquer par une aggravation notable des pénalités infligées aux délinquants et par l'accroissement des pouvoirs des administrations sanitaires des ports.

Lors de la terrible épidémie de Marseille, des mesures rigoureuses furent prises. Le Parlement d'Aix punissait de mort tous ceux qui auraient communiqué avec la ville de Marseille, cernée par des soldats qui avaient l'ordre de fusiller tous les délinquants. Deux ordonnances (14 septembre 1720 et 6 septembre 1721) obligeaient, sous peine de mort, les médecins à déclarer aux magistrats tous les cas de peste avérés et même suspects. Ces mesures barbares furent impuissantes à circonscrire le fléau, qui gagna bientôt les provinces voisines. Le Gévaudan et le Languedoc furent cernés par vingt bataillons envoyés par le roi, et si bien isolés que la famine faillit s'ensuivre.

A Marseille, la mortalité fut telle que bientôt les cadavres s'entassèrent dans les rues ; on les jetait par les fenêtres, tantôt tout nus, tantôt enveloppés dans un drap ou dans de vieux haillons[1]. Trois corvées de quatre cent cinquante-cinq forçats furent requises pour enlever ces cadavres décomposés ; tous périrent. L'épidémie continuant, les inhumations devinrent bientôt impossibles ; les cours, les rues, les quais étaient jonchés de cadavres en putréfaction sous l'ardent soleil du mois d'août.

Quant aux malades, on conduisait aux infirmeries les plus sus-

1. Papon, *loc. cit.*, t. I, p. 261.

pects et on enfermait les autres dans leurs maisons sous la surveillance de gardes spéciaux.

Le bailli de Longeron, dans une lettre écrite de Marseille, le 17 juin 1721, au Ministre de l'Intérieur, parle d'un curé qui, égaré par un zèle aveugle, ne discontinua point de confesser et de communier ses paroissiens, quoiqu'il eût deux bubons ; ce qui fut cause qu'il infecta tout un quartier[1]. D'autres surent mieux utiliser leur dévouement. L'évêque Belzunce, le chevalier Roze, le marquis de Pille, les échevins, les médecins venus de Montpellier, Chicoyneau, Verny, Deidier, furent admirables pendant les six mois de ce drame. Mais la population épouvantée se laissa aller souvent à de regrettables excès ; en voici un exemple : « L'évêque, qui a fait merveille jusqu'à présent, voyant qu'il n'y a plus de remède, s'est enfermé avec des vivres dans sa maison qu'il a fait murer. Le peuple (qui n'a jamais guère de raison et qui en a encore moins dans cet état de douleur, car la douleur est injuste) s'est fâché contre l'évêque ; ils ont entouré sa maison de corps morts pour le faire périr ; ils en ont jeté par-dessus les murs, et c'est un siège d'un nouveau genre qu'il est obligé de soutenir. » (*Gaz. de Holl.*, 25 septembre 1720[2].)

Après la peste de 1720, tous les efforts du gouvernement et des autorités locales eurent pour but de protéger contre un retour de la maladie d'Orient les villes de Marseille et de Toulon ; leur activité vigilante s'étendit aux passagers, à leurs bagages, et surtout à la désinfection et à l'observation des navires suspects. Ces mesures sont indiquées dans la déclaration de 1729[3];

---

1. Papon, *loc. cit.*, t. II, p. 40. — Voy. : Hecquet, *Traité de la peste, où on fait voir le danger des baraques et des infirmeries forcées.* Paris, 1722. — Chicoyneau, *Relation succincte touchant les accidents de la peste de Marseille, etc.*, Pavie, 1720, et *Traité des causes, des accidents et de la cure de la peste, avec un recueil d'observations et un détail circonstancié des précautions pour subvenir aux besoins des peuples affligés de cette maladie, ou pour la prévenir dans les lieux qui en sont menacés*, in-4°, Paris, 1744, fait et imprimé par ordre du Roi.

2. *Journal et Mémoires* de Mathieu Marais, 1715-1737 ; — de Lescure, 1863, t. I, p. 368.

3. Déclaration concernant le commerce dans les Echelles du Levant (1729).

qui se préoccupe en même temps des intérêts du commerce et de l'alimentation publique. Cette déclaration fut plus tard (1748) complétée par une ordonnance [1] provoquée par l'intendance sanitaire, et qui plaçait entièrement sous sa juridiction le petit, le grand commerce et même les bateaux de pêche.

Toutes ces mesures et celles qui furent prises dans le cours du dix-huitième siècle trouvent dans la terrible épidémie de 1720 leur explication, mais non leur justification. Comment justifier, en effet, la défense, sous peine de mort, de porter secours à des naufragés partis de lieux mis à l'*index* par l'intendance sanitaire? — l'isolement barbare au lazaret de Marseille (1784) de malades que les hommes de l'art *voient de loin*, à travers la grille de l'enclos? — l'abandon absolu de ces malheureux à qui on lance un bistouri pour qu'ils ouvrent eux-mêmes leurs bubons, qui souvent meurent sans avoir vu ni médecin, ni chirurgien, et qu'on enlève au bout de plusieurs jours en les tirant à l'aide de longs crochets?

On peut voir encore au lazaret de Ratoneau, à Marseille, des pinces de 1ᵐ80 et un chariot de 2ᵐ40 qui servait à transporter les pestiférés. Il y a aussi au lazaret du Frioul des bistouris de 65 centimètres destinés à ouvrir les bubons. (Proust.)

Ces procédés barbares ne soulevaient aucune réprobation, tant était grande la terreur inspirée par la peste; bien mieux, le lazaret de Marseille jouissait d'une réputation considérable et universelle. Papon et Foderé, qui en sont enthousiasmés, le citent en exemple à toute l'Europe : ses « désinfecteurs » n'avaient pas leurs pareils, et il était admis qu'à diverses reprises, après 1720, il avait réussi à arrêter la peste aux portes de Marseille. Mais la principale raison de son influence venait du monopole commercial que lui valaient sa situation géographique et les usages quarantenaires. (Colin.) La quarantaine ne datait que du jour de l'arrivée du bâtiment et le temps du voyage n'y était pas

---

1. Ordonnance (1748) portant règlement au sujet des patentes de santé que les capitaines, patrons et autres mariniers, qui naviguent d'un port à l'autre de Provence, Languedoc et Roussillon, doivent prendre, tant pour eux que pour les personnes qu'ils embarquent.

compris [1]. Comme, de tous les ports ouverts aux navires du commerce, Marseille était le plus rapproché et des Échelles du Levant et des côtes de Barbarie, c'est à Marseille qu'on avait tout intérêt à aborder.

Dans la dernière période du dix-huitième siècle, nos armées risquant de nous ramener d'Égypte la peste et d'Italie le typhus, le Bureau sanitaire de Marseille prit de nombreuses mesures qui furent le plus souvent sanctionnées par des lois ou des arrêtés du Gouvernement (loi du 21 juillet 1791, loi du 9 mai 1793, arrêtés du 18 floréal an III, 1er ventôse et 7 messidor an VI, 8 brumaire et 3 frimaire an VII). Nous allons exposer rapidement, d'après Papon et Fodéré, le système sanitaire de cette époque. Ses trois parties fondamentales étaient :

1º Les bureaux de santé ;

2º Les lazarets ;

2º Les épreuves et les désinfections imposées aux diverses provenances.

1º *Bureaux de santé*. — Ils comprennent au maximum seize membres, choisis parmi les négociants les plus honorables, ayant habité le Levant autant que possible. Appelés d'abord intendants, puis conservateurs de la santé, leur mandat était temporaire mais renouvelable. A Florence, ils étaient nommés à vie et presque tous sénateurs.

Ils étaient chargés de délivrer et de signer les patentes, de fixer les quarantaines, d'admettre les navires. Dans le fonctionnement de ce Bureau où les médecins étaient à peine représentés (1 ou 2 au maximum), la dénonciation jouait un grand rôle, tout employé adjoint devant être le « surveillant du titulaire » (Papon); cette pratique engendra de criants abus, dont le principal était la prolongation arbitraire de la séquestration des indi-

---

1. « En 1784 et 1785, la quarantaine des bâtiments partant de Tunis et de sa côte fut portée à Marseille à *5o jours;* en 1785 et 1786, celle des bâtiments partis de Bône, de La Cale et du Colo fut portée *à 5o jours;* en 1787, celle des bâtiments venus d'Alger et de sa côte fut fixée *à 5o jours.* » (PAPON, t. II, p. 216.)

vidus et des marchandises. Ce qui fit dire à John Howard : « Il y a tant de nonchalance dans l'exécution des règlements, tant de corruption dans ceux qui les dirigent, que la quarantaine y est devenue presque inutile, et que les lazarets ne servent plus qu'à placer les officiers et les gens infirmes[1]. »

2° *Lazarets.* — Ces établissements, dirigés par les Bureaux de santé, jouèrent un rôle considérable durant tout le dix-huitième siècle; on les contruisait dans un endroit isolé, bien aéré et abondamment pourvu d'eau; deux ou trois murs d'enceinte les séparaient de la terre ferme; du côté de la mer, on établissait deux portes, l'une pour l'entrée, l'autre pour la sortie des passagers et des marchandises.

Les lazarets constituaient un dangereux voisinage; c'est pourquoi on leur annexa un *port de quarantaine*, plus ou moins éloigné de la ville; à Marseille, on avait choisi l'île de Pomègue. Telle est l'origine des établissements quarantenaires actuels.

Tout bâtiment provenant des Echelles du Levant et voulant aborder à Marseille, doit se rendre directement au port de quarantaine de l'île de Pomègue, où il stoppe à l'endroit qui lui est assigné.

Après quoi, si le temps le permet, le capitaine part dans sa chaloupe pour se rendre au port du lazaret, ou à celui de Marseille, suivant la signification qui lui est faite, afin de donner aux conservateurs ou intendants de la santé une relation exacte et circonstanciée de son voyage.

Arrivé au Bureau, devant une grille qui le tient éloigné de ceux qui l'interrogent, il promet, sous la foi du serment, de dire la vérité.

Il jette ensuite sa patente dans un bassin rempli de vinaigre.

---

1. HOWARD, *An Account of the Principal Lazarettos in Europe, with various papers relative to the Plague*, etc. London, 1789. — J. HOWARD, *Histoire des principaux lazarets de l'Europe*. Paris, 1801. — FODÉRÉ, Art. Lazaret in *Dic. des sc. méd.*, 1818. — SAMOÏLOWITZ, *Mémoire sur la peste qui, en 1771, ravagea l'Empire de Russie, surtout Moscou, la capitale, et où sont indiqués les remèdes pour la guérir et les moyens de s'en préserver.* Paris, Pétersbourg et Moscou, 1783.

Le préposé à la *purge* plonge cette patente dans la liqueur avec des pinces de fer, et l'en retire quand elle en a été bien imbibée. Il l'étend sur une planche et la présente au conservateur de la santé qui la lit sans la toucher. A Livourne, on reçoit au bout d'une canne de six à sept pieds de long la patente et le manifeste qu'on parfume avant de les toucher. Papon estime que cette pratique est peut-être plus sûre.

Puis, toujours à bonne distance, le capitaine est interrogé sur tous les incidents de son voyage, sur la situation des passagers de son navire et la nature de sa cargaison. Lecture lui est faite de ses déclarations.

Il jette ensuite dans le bassin les lettres qu'il a apportées du Levant; on fait aux enveloppes des ouvertures par les côtés, afin que le vinaigre les pénètre partout; les préposés les retirent, les rangent et les distribuent.

Ces opérations terminées, le capitaine retournait *directement* à son mouillage pour s'y conformer aux mesures sanitaires prescrites.

Dans le port de quarantaine les bâtiments ne pouvaient avoir entre eux aucune communication; de plus, le lazaret et le port de quarantaine devaient être absolument isolés de tout contact avec les populations de la terre ferme, conformément aux stipulations d'une ordonnance de 1786, qui interdit l'approche des lieux destinés à la quarantaine à Marseille à tous ceux qui ne seront pas dans le cas de le faire ou qui ne sont pas commis par le Bureau de santé, et qui punit les contraventions d'une année de prison, de 3oo livres d'amende avec confiscation des bâtiments, filets ou marchandises.

3° *Temps d'épreuve et désinfection imposée aux diverses provenances.* — Les Bureaux de santé avaient pleins pouvoirs pour fixer la durée des quarantaines; et leurs décisions variaient suivant:

    a) Le point de départ du navire;

    b) La nature de la patente délivrée au port d'embarquement;

    c) L'état sanitaire du navire;

d) La *susceptibilité* de la cargaison, jugée d'après le *manifeste*, émanant des chanceliers et des consuls, et énumérant toutes les marchandises embarquées.

Tous les navires provenant des Dardanelles et de Constantinople mouillaient à l'écart, dans l'anse des pestiférés, quel que fût leur état sanitaire, parce qu'on les considérait comme les plus dangereux.

Les bâtiments, venant des autres Echelles du Levant ou des côtes Barbaresques, étaient reçus plus avant dans le port, et n'allaient à l'anse des pestiférés que si leur patente était brute.

Avant d'être admis à la libre pratique, les navires subissaient des opérations sanitaires divisées en deux périodes bien distinctes :

A) Période de *séreine* à bord ;
B) Période de *quarantaine* au lazaret.

A) Pendant la période de *séreine* à bord, les marchandises étaient étalées sur le pont, afin de subir une ventilation énergique (2 à 8 jours) ; on attribuait la meilleure influence à la rosée nocturne parce qu'on lui supposait des vertus antimiasmatiques ; toutefois, une propriété, non hypothétique celle-ci, de l'humidité nocturne, était de détériorer et de déprécier une notable partie de la cargaison, et particulièrement les étoffes.

B) La durée des *quarantaines* variait de dix-huit à trente jours, suivant la nature de la patente ; en général, elle était moindre pour les navires des ports éloignés.

Cependant les navires venant des Dardanelles ou de Constantinople étaient toujours soumis à la quarantaine de trente jours.

En outre, les Bureaux de santé avaient toute latitude pour fixer des quarantaines dites *extraordinaires*, qui pouvaient aller jusqu'à soixante jours si le bateau avait la peste à bord lors de son arrivée. Si pendant l'observation un malade succombait, la quarantaine recommençait, et l'on put voir des passagers strictement isolés au lazaret durant six mois.

En même temps que les passagers étaient séquestrés au lazaret, les marchandises dites *susceptibles* : laine, coton, lin, soie, pelleteries, draps, étoffes, crin, éponge, etc., étaient passées par le parfum. Le navire était aussi fumigé après avoir été lavé à l'eau de mer ou à l'eau de chaux; à Venise, on promenait des torches allumées partout contre les parois internes, et il est certain que cette pratique, bien exécutée, donnait des résultats excellents.

Le mouvement de réaction contre la rigueur des pratiques quarantenaires vint à propos des villes de l'intérieur que l'on ne pouvait isoler tout le temps voulu sans amener la rébellion des séquestrés.

De nombreux auteurs se firent les champions des idées anti-quarantenaires : Chicoyneau, Hecquet, Stall, Ferro, Brunner, Lange, etc.

Lange demandait, en outre, la suppression de toute mesure quarantenaire en temps non épidémique et, avec divers observateurs, il proposait de diminuer les chances d'invasions pestilentielles par l'assainissement des localités et des maisons.

Enfin la peste commençait à ne plus inspirer autant de terreur; John Howard attaquait les précautions grotesques prises par les médecins et les gardes-malades, et, en Egypte, des médecins français, Desgenettes, Larrey, supprimaient les entraves imposées aux malheureux pestiférés qu'ils abordaient avec courage et qu'ils soignaient avec le plus grand dévouement.

Au commencement du dix-neuvième siècle, la lutte était très vive entre partisans et adversaires des mesures quarantenaires, appliquées avec d'autant plus de rigueur que l'on redoutait beaucoup le retour des armées françaises et anglaises qui opéraient en Egypte; on parla même de fusiller Bonaparte qui débarqua à Fréjus (1799) venant du berceau de la peste et refusa de se soumettre aux mesures quarantenaires. (Fodéré.)

Depuis lors, de nombreuses violations des règles sanitaires, sans dommage pour la santé publique, — l'indifférence des Musulmans des pays contaminés comparée au *rigorisme* de Toulon et Marseille, — modifiaient peu à peu l'état des esprits; il est vrai que si vers 1815, sous l'influence de Mac Lean, l'Angleterre, dédaignant les pratiques quarantenaires, attribuait plus d'importance aux améliorations de l'hygiène publique, il n'en était pas de même à Noja (royaume de Naples), où l'on employa un système renouvelé des siècles antérieurs et que cependant Ozanam donne comme un modèle (1815).

La ville fut renfermée par deux fossés de six pieds de largeur, le premier à soixante pas des habitations, le second à trente au delà; 1.200 hommes de troupes empêchaient soit la pénétration dans cette enceinte, soit la sortie; on ne laissa qu'une seule entrée, fermée par un pont-levis. Toute tentative d'infraction était menacée de mort, et cette peine fut appliquée, en effet, plusieurs fois.

L'hôpital des pestiférés était dans la ville même; les médecins circulaient vêtus de toile cirée, portant un masque, des gants et des sandales de bois; pour soulever la couverture des malades, on se servait de longues perches ferrées, et l'on ne touchait aucun objet dans leur chambre qu'avec de longues pinces. Après le dernier décès, on ordonna une triple quarantaine; puis, on pénétra dans les quartiers qui avaient été séparés les uns des autres par des balustrades, et l'on procéda à la désinfection; cent quatre-vingt-douze pauvres maisons furent brûlées; et, pour modifier l'air aussi bien par les commotions physiques que par la déflagration de la poudre, on tira cinquante coups de canon. (Colin.)

Ce costume carnavalesque dont s'affublaient les médecins à Noja avait été employé en Egypte à la fin du dix-huitième siècle, à Marseille en 1720, et même sous Louis XIII. Charles de l'Orme, médecin de ce roi, raconte en quel singulier appareil il soignait les pestiférés : « Je me fis faire un habit de maroquin que je ne quittai plus, et je pris l'habitude de ne jamais sortir sans avoir dans la bouche de l'ail, dans le nez de la rue, dans les oreilles de l'encens, sur les yeux des bésicles. Plus tard même, je fis faire un masque du même maroquin que l'habit, où j'avais fait attacher un nez long d'un demi-pied, afin de détourner la malignité de l'air[1]. »

____

1. Cité par Proust in *Défense contre la peste*, p. 274.

Nous pouvons ajouter que pendant l'épidémie de 1835, en Egypte, les médecins portaient encore le vêtement de toile cirée, le masque et le long bâton, tandis que nos confrères français,

Dessin tiré de *La Défense de l'Europe centrale contre la Peste*,
PROUST, 1897.

Rigaud et Aubert, approchaient les pestiférés et les touchaient pour les rassurer[1].

En 1841, au Caire, les moines du presbytère italien ont poussé la frayeur jusqu'à se servir de *pincettes* pour porter l'hostie dans la bouche des mourants[2].

Le système quarantenaire, bien que vivement pris à partie par Mac Lean et Valentin, fut consacré encore par la fondation du lazaret d'Alexandrie (1818) et par les mesures prises en

1. Lettre de F. de Lesseps au Ministre des Affaires étrangères, 14 mars 1835, citée par BROUADEL et PROUST in *Enc. d'Hygiène*, t. VIII, p. 295.
2. F. DE LESSEPS, *loc. cit.*.

divers pays à l'occasion de la terrible épidémie de fièvre jaune qui éclata à Barcelone en 1821, envahit les Baléares et arriva jusqu'au port de Pomègue. Marseille fut respectée grâce à un isolement rigoureux.

L'année suivante (1822) fut promulguée en France une « loi sur la police sanitaire », encore en vigueur aujourd'hui[1]; elle dépassait de beaucoup, au point de vue de son application, les anciens règlements qui, eux, visaient exclusivement les lazarets de Marseille et de Toulon. Elle devait se heurter dans la suite à d'insurmontables difficultés, en raison des pénalités trop rigoureuses qui sanctionnaient ses dispositions. Elle fut mise en vigueur par une ordonnance du 7 août 1822, qui divisait les patentes en trois catégories : nette, suspecte et brute, et étendait aux ports de l'Atlantique et de la Manche les mesures sanitaires des ports de la Méditerranée.

La suspicion permanente qui pesait toujours sur les provenances du Levant amena les ports les plus importants des puissances méditerranéennes à s'ériger en ports de grande quarantaine, de sorte qu'un bâtiment suspect, ayant purgé sa quarantaine dans l'un d'eux, pouvait obtenir libre pratique immédiate dans tous les autres.

L'Angleterre ne suivit pas la France, bien au contraire : dès 1825, elle abrogeait l'ancien système quarantenaire, réduisait toutes les pénalités à de simples amendes, enfin, garantissait la navigation contre les fantaisies des Bureaux sanitaires en donnant au Conseil privé du roi la surveillance et le contrôle de l'application de la loi nouvelle[2]. Pendant que l'Angleterre édictait des mesures si libérales, la France persistait dans l'application d'un système dont l'aventure de Brayer, en 1827, nous donne une idée exacte : après une traversée de cent cinq jours durant laquelle le bâtiment fut menacé des canons de Syracuse et de Messine, il arriva au port de quarantaine de Pomègue; et

---

1. Voy. *Annexes.*

2. Acte du Parlement qui abroge les lois relatives à la pratique de la quarantaine, et qui établit de nouvelles dispositions (1825).

bien qu'admis en patente nette, il dut subir encore quinze jours de sereine, puis quinze jours de lazaret et plusieurs fumigations guytoniennes. (Colin.)

Le choléra, qui venait d'envahir l'Europe par voie de terre, ainsi que nous l'avons mentionné au chapitre précédent, fut l'occasion de l'ordonnance du 25 août 1831 [1], qui organisait sur nos frontières des Intendances et des Commissions sanitaires. Un mois plus tard, une seconde ordonnance réglementait les quarantaines terrestres et restreignait les relations entre la France et les territoires contaminés.

Ces prescriptions ne purent s'opposer à la marche envahissante du choléra [2]; le prestige du système quarantenaire en fut gravement atteint. De nombreuses constatations fournissaient en outre des arguments puissants contre la loi de 1822 :

1° l'immunité de beaucoup de pays demeurés en libre communication avec les territoires contaminés;

2° l'immunité des marchands juifs de Constantinople qui centralisaient dans leurs magasins, sans désinfection préalable, les défroques des pestiférés;

3° l'immunité des nombreux marchés européens qui reçurent les 100.000 balles de coton expédiées d'Alexandrie en pleine épidémie;

4° les multiples infractions commises chaque jour : par le Gouvernement français en faveur des provenances algériennes, — par les importateurs qui, pour éviter les mesures sanitaires et les retards imposés à Marseille et à Venise, introduisaient en Europe, par Constantinople et Gibraltar, les marchandises provenant des côtes d'Orient ou de Barbarie.

Tous ces faits commençaient à frapper l'opinion publique, sans que l'autorité sanitaire parût s'en émouvoir et songeât à se

---

1. Ordonnance du Roi (25 août 1831) portant formation d'intendances et commissions sanitaires contre l'invasion du choléra-morbus. — Ordonnance du Roi (15 septembre 1831) qui prescrit des mesures sanitaires pour les provenances de Francfort et des pays adjacents d'Outre-Rhin.

2. Les Intendances et les Commissions sanitaires furent supprimées par une circulaire du 1er mai 1832.

départir de sa sévérité, comme le montrent les quelques articles ci-dessous empruntés aux règlements de 1835, approuvés par le Ministre du Commerce et adoptés par les villes du littoral:

Art. 611. — Le pestiféré doit être placé dans une chambre près la *barrière de fer*. Si quelqu'un du bord a suivi le malade dans la vue de le soigner, il lui est donné une chambre dans son voisinage, mais il évite de communiquer avec le pestiféré.

Art. 612. — On place dans le même enclos deux gardes de santé. Ces gardes ne communiquent ni avec les malades, ni avec les personnes qui les soignent; ils sont chargés de surveiller les uns et les autres.

Art. 613. — On procure à l'individu qui soigne le malade des *sabots de bois*, une *camisole*, des *pantalons* et des *gilets de toile cirée* dont il se revêt quand il entre dans la chambre du malade pour lui *approcher quelque remède au bout d'une planche*.

Art. 614. — Lorsqu'on a besoin du secours manuel de quelque chirurgien, *on invite un élève en chirurgie à s'enfermer avec le malade, mais ce n'est jamais qu'à la dernière extrémité qu'on en vient là*.

Art. 615. — Lorsqu'il s'agit de l'ouverture d'un bubon et que ce bubon a son siège sur une partie du corps telle que le malade puisse s'opérer lui même, on fait usage de caustiques, ou *on emploie tous les moyens possibles pour engager et déterminer le malade à se faire l'opération, et on saisit le moment où ses sens encore libres le lui permettent, quoique le bubon ne soit pas encore parvenu au degré de maturité indiqué par les règles de l'art*.

Art. 616. — On procure au chirurgien des *vêtements en toile cirée*. On lui remet des *instruments à longue queue, pour qu'il puisse en faire usage sans toucher le malade*. En entrant dans la chambre d'un pestiféré, le chirurgien porte avec lui *un réchaud sur lequel il fait brûler des parfums* en assez grande quantité pour que la fumée qu'ils produisent puisse affaiblir l'action morbifique des miasmes pestilentiels. Le chlorure de chaux peut être employé en même temps.

Art. 617. — Les médecins et chirurgiens n'entrent point dans l'enclos où est logé un malade atteint de maladie contagieuse. *Ils s'arrêtent toujours à plus de six mètres de distance* de la première porte, de manière qu'ils sont dans un éloignement au moins de douze mètres du malade qu'ils visitent, lequel se montre à eux, si son état le lui permet, et leur parle sans dépasser la barrière de fer qui est dans l'enclos.

Art. 618. — Lorsque le malade ne peut sortir de sa chambre, les médecins se règlent sur le rapport qui leur est fait par l'élève chirurgien. ou à défaut de celui-ci par toute autre personne placée dans l'enclos pour soigner le malade, et ils prescrivent des remèdes convenables à sa situation.

Les quarantaines étaient rigoureuses et fort longues, durant parfois jusqu'à vingt-cinq jours après le débarquement des passagers et de leurs bagages; pour les paquebots-poste, même avec patente nette, la quarantaine pouvait atteindre douze jours.

Ce système trop rigoureux, qui lésait gravement les intérêts du commerce sans donner à la santé publique une sécurité suffisante, était vivement critiqué dans les milieux médicaux.

Dès 1845, Aubert-Roche établissait d'après soixante-quatre faits authentiques et une expérience de cent vingt-quatre ans sur les bâtiments venus du Levant dans les ports de France, d'Italie, d'Autriche et d'Angleterre[1] :

1º Que, si la peste s'est montrée après l'arrivée, des cas se sont toujours manifestés pendant la traversée ;

2º Que tout bâtiment, arrivé sans attaque de peste en mer, n'en a jamais eu après l'arrivée ;

3º Que les marchandises du bâtiment, sans attaque de peste en mer, n'ont jamais communiqué la peste dans les lazarets ;

4º Que, s'il existe un cas de peste à bord, la maladie s'est déclarée huit jours au plus après le départ.

Saisie de la question des quarantaines, l'Académie de médecine (1846-1847), après de longues et mémorables discussions, proposa de créer des médecins sanitaires dans les principales stations du Levant, avec la mission de réunir et de transmettre aux autorités tous les renseignements les plus détaillés sur la marche et la prophylaxie de la peste. Une ordonnance du 18 avril 1847 créait six postes de médecins sanitaires à Constantinople,

---

1. Colin, *loc. cit.* — Voy. : Fodéré, *Leçons sur les épidémies et l'hygiène publique.* Paris, 1822. — Robert, *Guide sanitaire des gouvernements européens.* Paris, 1826. — Chervin, *Examen des principes de l'administration en matière sanitaire.* Paris, 1827. — Chervin, *Pétition adressée à la Chambre des députés pour obtenir une prompte réforme dans notre système et notre législation sanitaire.* Paris, 1833. — Holroyd, *The quarantine laws, their abuses and inconsistencies.* London, 1839. — Aubert-Roche, *Les quarantaines de la peste,* in *Ann. d'Hyg. publ.,* 1845. — Prus, *Rapport à l'Académie sur la peste et les quarantaines.* Paris, 1846. — Segur-Dupeyron, *Rapport sur les divers régimes sanitaires, les quarantaines,* 1833-1846.

Smyrne, Alexandrie, Le Caire, Beyrouth, Damas, et déterminait leur rôle et leurs attributions[1].

Ces médecins rendirent à l'hygiène publique les plus grands services. Ils démontrèrent que la peste n'était endémique ni en Turquie ni en Egypte. La conséquence immédiate fut une atténuation des mesures imposées aux provenances du Levant dans les ports de Gênes, Livourne, Naples, Malte, Trieste; l'Angleterre alla même jusqu'à supprimer complètement la quarantaine pour les provenances d'Alexandrie à Southampton. C'était la fin du système quarantenaire.

Un décret du 10 août 1849 supprimait l'Intendance de Marseille. L'année suivante, un décret du 24 décembre 1850, provoqué par l'invasion du choléra, organisait un système sanitaire beaucoup plus libéral que l'ancien. Il dispensait de toutes formalités les bateaux de pêche, ceux du cabotage et du pilotage; il fixait un maximum et un minimum pour les quarantaines, et par là tarissait de criants abus; enfin il modifiait complètement les attributions des autorités sanitaires maritimes, réorganisait le personnel placé à la tête des circonscriptions remaniées par un arrêté ministériel du 27 février 1852. Le décret de 1850 fut confirmé dans la plupart de ses dispositions par la première Conférence internationale; c'est la meilleure preuve de son adaptation exacte aux besoins du moment.

Les autres puissances n'avaient pas suivi la France dans la voie de la transformation en *décrets d'utilité publique* de ses règlements sanitaires *locaux*. L'Autriche maintenait des règlements sévères, fréquemment violés d'ailleurs par voie de terre du côté de la Turquie; en outre, pour favoriser Trieste, elle accordait volontiers des dispenses aux provenances du Levant. En Russie, il n'y avait aucune fixité dans les règlements, qui différaient selon les frontières. L'Angleterre ne se préoccupait pas de la fièvre jaune et avait supprimé toute entrave imposée

1. Instructions pour les médecins sanitaires européens dans le Levant. *Recueil des Travaux du Comité consultatif d'hygiène publique de France,* t. I, p. 1, 1872.

aux provenances du Levant. Enfin les États-Unis, ayant eu la bonne fortune de pouvoir profiter de l'expérience des vieux peuples, persistaient dans la voie suffisamment libérale où ils étaient entrés en 1821 et qui les avait protégés contre la fièvre jaune.

II. — Période des Conférences sanitaires internationales.

PREMIÈRE PHASE. — *Conférences non suivies de la signature d'une Convention.*

Ainsi donc, au milieu du dix-neuvième siècle, les puissances civilisées ont pour se défendre contre les affections pestilentielles un ensemble de règlements divers et incohérents. L'avènement de la vapeur, en rendant les relations commerciales plus rapides et plus fréquentes, fit ressortir encore davantage les inconvénients d'un tel état de choses.

Déjà en 1838, dans un rapport au Ministre du Commerce, Ségur-Dupeyron avait émis l'idée d'une entente internationale pour unifier les règlements sanitaires. Treize ans plus tard, en 1851, la *première Conférence* internationale se réunissait à Paris ; douze puissances y étaient représentées : Autriche, Deux-Siciles, Espagne, États Romains, France, Grande-Bretagne, Grèce, Portugal, Russie, Sardaigne, Toscane et Turquie.

La Conférence avait pour objet l'élaboration de mesures uniformes pour combattre l'importation des maladies réputées contagieuses, notamment la peste, la fièvre jaune et le choléra.

Elle se termina par la signature d'une Convention, complétée par un règlement en 137 articles, organisant d'une façon identique pour tous les États signataires tous les détails du nouveau régime sanitaire. L'Hygiène internationale était fondée. Mais trois puissances seulement signèrent la Convention : le Portugal, la Sardaigne et la France, et au bout de quelques années le Portugal et la Sardaigne la dénonçaient ; c'était donc un avortement à peu près complet au point de vue international.

Cependant le nouveau règlement, promulgué en France par le décret du 4 juin 1853, fut jusqu'en 1876 la base de notre système sanitaire.

En 1859 se réunissait à Paris une *seconde Conférence*, composée uniquement de diplomates; elle devait reviser l'œuvre de la précédente en laissant à chaque État une plus large initiative dans l'application des mesures adoptées. La guerre d'Italie survint sur ces entrefaites et les délégués se séparèrent avant d'avoir abouti à l'entente désirée.

La terrible épidémie de choléra de 1865 appela de nouveau l'attention de l'Europe sur les dangers que faisait courir à la santé publique le pèlerinage de la Mecque. A l'appel de la France, une *nouvelle Conférence* se réunit à Constantinople en 1866; quinze puissances européennes et la Perse y étaient représentées. Elle avait pour objet exclusif l'étiologie et la prophylaxie du choléra. Ses travaux durèrent huit mois, et bien qu'ils n'aient pas abouti à une Convention, un certain nombre d'États modifièrent leurs règlements sanitaires en se basant sur les principes établis à Constantinople.

La *quatrième Conférence* sanitaire se réunit a Vienne en 1874, dans le but de reprendre l'œuvre de 1865, de mettre au point la question de l'étiologie du choléra et de combattre son invasion par des mesures vraiment rationnelles.

La caractéristique de cette réunion était dans la deuxième partie de son programme : l'institution d'une Commission internationale permanente des épidémies.

Mais l'entente ayant été impossible chaque État régla son organisation sanitaire en toute indépendance. C'est ainsi qu'en France une commission de revision fondit tous nos règlements en un seul texte [1] publié le 2 février 1876; cette réglementation, plus libérale que l'ancienne, resta en vigueur jusqu'en 1896.

La *cinquième Conférence* se réunit en 1881 à Washington; elle avait pour but exclusif la prophylaxie de la fièvre jaune,

---

1. *Recueil des Travaux du Comité consultatif d'hygiène publique de France*, t. V, 1876.

mais ne put, faute d'entente, aboutir à une Convention internationale.

Pour la même raison, aucune Convention ne fut signée en 1885 à Rome, où, le 20 mai, se réunit la *sixième Conférence*, composée des délégués des puissances européennes, du Japon, de la Chine, de l'Inde, des États-Unis du Nord, du Mexique et des divers États de l'Amérique du Sud [1].

La proposition adressée par l'Italie, le 12 août 1890, aux Puissances, tendant à la réunion d'une nouvelle Conférence, fut acceptée par la France mais ne put obtenir l'agrément des autres États.

Ainsi se termine la première phase des réunions sanitaires internationales, qui (la première exceptée) ne purent aboutir à la signature d'une Convention. Il faut cependant reconnaître que les discussions auxquelles elles ont donné lieu ont amené les autorités sanitaires des divers États à modifier leurs règlements dans un sens plus rationnel et plus libéral.

DEUXIÈME PHASE. — *Conférences suivies de la signature d'une Convention.*

La *Conférence de Venise* (1892) ouvre la phase actuelle de ces réunions sanitaires qui toutes ont été suivies de la signature d'une Convention.

Tout le monde admettait que la protection de l'Europe contre les affections pestilentielles d'origine asiatique impliquait l'organisation d'un système défensif dans la mer Rouge, le canal de Suez et l'Égypte.

Cette question, dont l'examen avait été interdit à Rome, était au contraire la première que devait résoudre la Conférence de Venise. Le professeur Proust, chargé d'une mission préalable en Égypte, déclara qu'à Suez la surveillance était insuffisante,

---

1. Voy. : TARDIEU, Régime sanitaire, in *Dictionnaire d'hygiène publique et de salubrité*, t. IV, 1862. — DEPAUTAINE, *Des grandes épidémies et de leur prophylaxie internationale*. Paris, 1868. — Léon COLIN, *Traité des maladies épidémiques, origine, évolution, prophylaxie*. Paris, 1879.

le personnel peu instruit et vénal; qu'il s'y produisait en temps de pèlerinage de très graves infractions aux lois sanitaires; que l'eau et les aliments destinés aux pèlerins n'étaient l'objet d'aucune mesure de précaution, et qu'enfin, moyennant finances, les hadjis pouvaient abréger ou supprimer les quarantaines auxquelles ils étaient assujettis. Il était urgent et indispensable de mettre un terme à une pareille situation, l'expérience ayant prouvé à maintes reprises le danger que fait courir à l'Europe toute épidémie introduite en Égypte.

La Conférence de Venise s'est terminée par une Convention qu'un décret du khédive a rendue exécutoire pour novembre 1893. Elle a obtenu l'adhésion unanime des Puissances et jeté les fondements de la solidarité sanitaire internationale en introduisant dans la pratique la *notification* de l'existence du foyer cholérique. Divisée en cinq parties, elle réglemente le passage en quarantaine du Canal, ainsi que le régime sanitaire à Suez et aux Sources de Moïse; enfin, elle réorganise le Conseil d'Alexandrie, lui donnant un caractère plus international par la diminution du nombre des membres égyptiens.

La *huitième Conférence* se réunit à Dresde en 1893; elle eut à s'occuper des devoirs d'un Gouvernement quand des cas de choléra se montrent sur son territoire, et des mesures de protection qu'il doit prendre lorsqu'un autre État est contaminé de choléra.

Préoccupé de réduire autant que possible les inconvénients des mesures sanitaires, elle décida que ces mesures devaient viser seulement la *circonscription* contaminée et non le pays tout entier. De même la *surveillance sanitaire* qu'elle recommandait ne devait pas comporter l'isolement obligatoire. Elle apportait en somme une atténuation considérable aux mesures en vigueur jusque-là. Elle se termina par une Convention [1], que signèrent les plénipotentiaires de l'Allemagne, de l'Autriche-Hongrie, de la Belgique, de la France, de l'Italie, du Luxembourg, du Monténégro, des Pays-Bas, de la Russie, de la Suisse. Ceux de la

1. V. le texte in *Ann. d'hygiène*, mai 1893.

Suède et du Danemark acceptèrent *ad referendum;* l'Angleterre donna son adhésion cinq mois plus tard, en faisant une réserve acceptée par les délégués de la France. L'Espagne déclara qu'elle appliquerait les mesures prises sur terre, mais que dans les ports ses services n'étaient pas organisés. La Roumanie et la Serbie, placées sous la dépendance sanitaire de la Turquie, acceptèrent les mesures en subordonnant leur application à l'adhésion de la Turquie. Cette puissance, ainsi que la Grèce et le Portugal, tout en restant fidèles à leur ancien système quarantenaire, diminuèrent (1893) dans la proportion de deux à un la durée des quarantaines[1].

La *neuvième Conférence* se réunit à Paris en 1894; elle comprenait des délégués de seize Puissances : Allemagne, Autriche, Belgique, Danemark, Espagne, États-Unis, France, Grande-Bretagne, Grèce, Italie, Pays-Bas, Perse, Portugal, Russie, Suède et Norwège, Turquie. Elle régla : 1° la prophylaxie du pèlerinage de La Mecque, laissée en suspens par les Conférences antérieures; 2° la protection du Golfe Persique dont on ne s'était pas encore occupé, complétant ainsi l'œuvre des Conférences de Venise et de Dresde.

Les propositions des délégués français furent acceptées presque sans discussion, parce qu'elles étaient la conséquence naturelle des principes qu'ils étaient parvenus à faire prévaloir dans les réunions antérieures. (Proust[2].)

Sur la question financière on eut plus de peine à s'entendre, à cause des prétentions de l'Angleterre et de la Turquie, celle-ci voulant garder la libre disposition des taxes sanitaires perçues, celle-là désirant conserver sa prépondérance dans le Conseil de santé d'Alexandrie.

La Conférence se termina par une Convention acceptée par les Puissances avec quelques réserves sur certains points. Ce document, publié en juin 1894, réglemente le transport des pèlerins,

---

1. BROUARDEL, *La défense contre le choléra.* Valeur comparée du système quarantenaire adopté à la Conférence de Dresde. Communication faite à l'Académie de médecine le 20 septembre 1893.

2. *Enc. d'hygiène,* t. VIII, p. 316.

le service sanitaire dans la Mer Rouge et le Golfe Persique.

La réunion d'une *nouvelle Conférence* (la dixième) fut provoquée par la violente épidémie de peste qui éclata à Bombay en 1896.

C'est à Venise que se rencontrèrent, en 1897, les délégués des Puissances avec le mandat d'aviser à la protection de l'Europe contre la peste. L'Angleterre se décidait enfin à ratifier la Convention de Paris de 1894 et, se rendant au vœu unanime des puissances, interdisait le pèlerinage à tous ses sujets indiens, comme la France l'avait interdit à ses musulmans d'Afrique. La Conférence confirma les décisions des trois précédentes et se termina le 19 mars par la signature d'une Convention. Parmi les résolutions adoptées, nous signalerons les suivantes :

1º Durée de l'*observation* ou de la *surveillance* fixée à *dix* jours;

2º Division des navires en indemnes, suspects et infectés;

3º A l'embarquement dans les ports contaminés, visite médicale des passagers et de l'équipage, avec désinfection des objets contaminés ou suspects;

4º Énumération des marchandises qui *peuvent* être prohibées, avec, pour le pays destinataire, le droit de les accepter après désinfection ou même sans désinfection, et, pour l'autorité du port d'importation, le droit de désinfecter tout ce qui lui paraît contaminé.

DEUXIÈME PARTIE

Étude de la Convention sanitaire internationale du 3 décembre 1903.

Depuis la Conférence de Venise de 1897, la science nous a fait connaître le rôle des rats dans la propagation de la peste et le rôle des moustiques dans la propagation de la fièvre jaune. Les mesures sanitaires en vigueur étaient donc devenues insuffisantes puisque, en cas de peste par exemple, elles ne visaient que les personnes, sans se préoccuper des rongeurs. D'autre part, en raison de l'exagération manifeste de la durée d'incubation adoptée à Venise (10 jours), elles imposaient aux relations internationales des entraves trop onéreuses. Les doléances du commerce étaient particulièrement vives dans le bassin oriental de la Méditerranée, car la Turquie et la Grèce, qui n'avaient pas adhéré à la Convention de Venise, s'en tenaient toujours à leur ancien régime des quarantaines[1].

Les grandes Compagnies européennes de navigation, gravement lésées par l'application de ces mesures sanitaires, se réunirent en Conférence à Vienne, en décembre 1902, dans le but d'arriver, par une action collective, à sauvegarder leurs intérêts.

[1]. Voy. : Proust, *La défense de l'Europe contre la peste*, 1897. — A.-J. Martin, La peste en Extrême-Orient et la politique sanitaire européenne. *Rev. d'Hyg.*, 1897. — Lereboullet, La peste, les dangers qu'elle fait courir à l'Europe — sa prophylaxie, sa curabilité. *Rev. d'Hyg.*, 1897.

Elles adoptèrent et transmirent à leurs Gouvernements respectifs les propositions suivantes :

1° Il est désirable que les Pays européens qui se sont abstenus jusqu'à présent, adhèrent aux Conventions sanitaires
actuellement en vigueur ;

2° Il est urgent que les stipulations des Conventions sanitaires
soient strictement appliquées [1].

L'Italie appliquait à contre-cœur la Convention de 1897 ; sa
proximité des foyers épidémiques et ses accords avec les Puissances co-signataires de la Convention ne lui permettaient pas,
sans engager gravement sa responsabilité, d'atténuer des mesures dont l'exagération était pourtant manifeste. C'est ains
qu'elle fut amenée à prendre l'initiative de la réunion d'une
nouvelle Conférence, réunion d'autant plus opportune qu'aucune
suite n'avait été donnée à la proposition suivante, votée à
l'unanimité par la Conférence de Venise le 11 mars 1897 :

« La Conférence est d'avis qu'une Commission technique internationale devrait être chargée, à brève échéance, de préparer un
projet destiné à mettre en harmonie et à codifier les Conventions
sanitaires de Venise 1892, Dresde 1893, Paris 1894 et Venise
1897. »

Les autres Etats, qui avaient les mêmes préoccupations et les
mêmes intérêts, acceptèrent la proposition qui leur était soumise, et le 10 octobre 1903 les délégués des Puissances se trouvaient réunis à Paris dans le double but, disaient les lettres de
convocation, de codifier les Conférences antérieures et d'adapter
les décisions de ces Conférences aux acquisitions scientifiques sur
la propagation de la peste.

La 6ᵉ section du *Congrès international d'hygiène*, siégeant à
Bruxelles, avait, quelques semaines auparavant, adopté les propositions suivantes :

« Prenant en considération :

« D'une part, les données récentes, actuellement incontestées,

---

1. *Conf. de 1903*, Proc.-verb., p. 237.

sur le rôle des rats comme agents propagateurs de la peste par les navires, alors même que ceux-ci ne présentent aucun cas de peste humaine à bord ou qu'ils ne proviennent pas de ports contaminés;

« D'autre part, la sécurité que procure l'inoculation préventive du sérum antipesteux aux équipages et aux passagers qui ont pu se trouver en contact avec des malades;

« La Section émet l'avis que les mesures quarantenaires actuellement appliquées soient modifiées ainsi qu'il suit :

« 1° Limitation, dans le sens du libéralisme le plus large, de l'internement dans les lazarets et son remplacement, toutes les fois que les autorités sanitaires jugeront la chose possible, par une *simple surveillance de dix jours* au port de débarquement, cette surveillance pouvant être réduite *à cinq jours* pour les passagers qui consentent à subir l'inoculation préventive du sérum antipesteux, alors même que ces passagers proviennent d'un navire ayant eu des cas de peste en cours de traversée;

« 2° Limitation, pour les navires et les marchandises, de la durée des quarantaines au temps strictement nécessaire à la *destruction des rats et des insectes*, et à la *désinfection complète* de toutes les parties du navire et de sa cargaison;

« 3° Organisation, dans tous les ports ouverts au commerce international, de la destruction méthodique des rats, tant à terre que sur les navires, et de services de désinfection sévèrement et scientifiquement contrôlés, de telle manière que l'efficacité des mesures prises pour détruire les rats, les insectes et les bacilles pesteux puisse être officiellement garantie;

« 4° Obligation pour tous les navires qui font escale dans les ports méditerranéens du Levant ou dans ceux de la Mer Rouge, du Golfe Persique, de l'Inde, de l'Indo-Chine ou d'autres pays suspects ou contaminés, d'être approvisionnés d'une quantité suffisante de sérum antipesteux pour vacciner les passagers et tout l'équipage si un cas de peste venait à se déclarer en cours de route;

« 5° Dans le but d'obtenir progressivement la réduction de la durée et même, si possible, la suppression totale des quarantaines, inciter les Compagnies de navigation et les armateurs à réaliser la destruction complète des rats et des insectes à bord

de leurs navires, après chaque déchargement complet des cales
à marchandises, sous le contrôle de l'administration sanitaire ;

6° Inviter enfin les Gouvernements intéressés à instituer des
médecins sanitaires spécialement instruits en vue de la mission
qu'ils ont à remplir, *commissionnés par le Pouvoir central et
indépendants* des Compagnies de navigation.

« Le Congrès émet, en outre, le vœu que la Conférence internationale, qui doit se réunir à Paris au mois d'octobre 1903, soit
appelée à délibérer sur les *desiderata* énoncés ci-dessus, en vue
de l'élaboration d'un règlement plus conforme aux données de
la science moderne et aux besoins du commerce international, en
ce qui concerne la défense contre la peste [1]. »

Tels sont les précédents immédiats de la *onzième Conférence
sanitaire internationale*, qui se réunit à Paris, le 10 octobre 1903,
sous la présidence de M. Delcassé.

Après l'éloquent discours d'ouverture de M. le Ministre des
Affaires Étrangères, la Conférence choisit pour son Président le
premier délégué de la France, M. Barrère, ambassadeur à Rome,
et pour Vice-Président, M. Santoliquido, premier délégué de
l'Italie. Le Rapporteur Général était le regretté professeur Proust,
qui, au nom de la France, soumit au jugement de la réunion
les propositions suivantes :

1° Revision des textes des différentes Conventions : Venise, 1892 ; Dresde, 1893 ; Paris, 1894 ; Venise, 1897 ;

2° Modifications à apporter dans la classification des navires ;

---

1. Voy. : Calmette et Salimbeni, La peste bubonique, étude de l'épidémie
d'Oporto en 1899. *Annales de l'Institut Pasteur*, décembre 1899. — Yersin,
Rapport sur la peste bubonique de Nhatrang (Annam). *Annales de l'Institut
Pasteur*, 1899. — Zabolotny, La Peste en Mongolie orientale. *Annales de
l'Institut Pasteur*, 1899. — Bericht über die Thätigkeit der zur Erforschung
der Pest im Jahre 1897, nach Indien entsandten Kommission. *Arbeiten aus dem
Kaiserlichen Gesundheitsamte*, t. XVI, 1899. — Kitasato, *Bericht über die
Pestepidemie in Kobe und Osaka*, november 1889 bis, juanar 1900. Tokio,
1900. — Netter, *La Peste et son microbe*, 1900. — Bourges, *La Peste*, Collection Critzman. — Spartali, *La peste en Asie Mineure. Historique, sympto-
matologie, prophylaxie*. Th. de Montpellier, 1900-1901. — Pellissier, *La
peste au Frioul, lazaret de Marseille, en 1900-1901*. Th. de Paris, 1901-1902.

3° Question des rats;

4° Détermination du temps après lequel une localité cesse d'être considérée comme contaminée de peste;

5° Fixation du point de départ de l'observation des personnes qui se seront trouvées en contact avec un malade atteint ou suspect de peste, en se basant sur la date de l'isolement du cas, et non sur celle de son apparition;

6° Nécessité de rendre réellement international le Conseil supérieur de santé de Constantinople;

7° Réforme du Conseil sanitaire de Tanger;

8° Nécessité, pour les Conseils de santé de Constantinople, d'Alexandrie et de Tanger, d'exécuter les décisions de la Conférence;

9° Nécessité d'établir ou de perfectionner les stations sanitaires internationales à Camaran, Djebel-Tor, Suez, Port-Saïd, Malabata (Maroc), et dans le Golfe Persique.

10° Création d'un Bureau sanitaire international.

Le programme de la Conférence était donc très chargé, et le succès de l'entreprise dépendait en grande partie de la méthode de travail qui serait adoptée.

Au cours des pourparlers qui précédèrent la Conférence, l'Angleterre et l'Allemagne avaient demandé la réunion préalable d'une Commission internationale chargée de préparer le travail technique. Ce procédé, objectait l'Italie, risquerait d'affaiblir l'autorité de la Conférence dans le sein de laquelle il serait préférable de choisir une ou plusieurs Commissions. Cette dernière opinion prévalut. La Conférence nomma trois Commissions :

1° Une Commission Technique présidée par M. Santoliquido, premier délégué d'Italie;

2° Une Commission des Voies et Moyens, présidée par M. Barrère, premier délégué de France et Président de la Conférence;

3° Une Commission de Codification, présidée par M. Beco, délégué de Belgique.

La Commission Technique et la Commission de Codification nommèrent chacune une Sous-Commission.

Après avoir tenu de nombreuses séances et fourni une somme considérable de travail, la Conférence s'est terminée par une Convention datée du 3 décembre 1903, signée par les délégués de vingt Puissances sur vingt-quatre[1].

Cette nouvelle Convention, qui doit remplacer, « dans les rapports respectifs des Puissances qui l'auront ratifiée ou y auront accédé, les Conventions sanitaires internationales signées les 30 janvier 1892, 15 avril 1893, 3 avril 1894 et 19 mars 1897 »[2], comprend 184 articles répartis en six titres :

TITRE I. — DISPOSITIONS GÉNÉRALES.

> *Chapitre I.* — Prescriptions à observer par les Pays signataires de la Convention dès que la peste ou le choléra apparaît sur leur territoire.
>
> *Chapitre II.* — Mesures de défense par les autres Pays contre les territoires déclarés contaminés.

TITRE II. — DISPOSITIONS SPÉCIALES AUX PAYS SITUÉS HORS D'EUROPE.

> *Chapitre I.* — Provenances par mer.
>
> *Chapitre II.* — Provenances par terre.

TITRE III. — DISPOSITIONS SPÉCIALES AUX PÈLERINAGES.

> *Chapitre I.* — Prescriptions générales.
>
> *Chapitre II.* — Navires à pèlerins. — Installations sanitaires.
>
> *Chapitre III.* — Pénalités.

TITRE IV. — SURVEILLANCE ET EXÉCUTION :

> 1° Conseil sanitaire maritime et quarantenaire d'Egypte ;
>
> 2° Conseil supérieur de santé de Constantinople ;
>
> 3° Conseil sanitaire international de Tanger ;
>
> 4° Dispositions diverses ;
>
> 5° Golfe Persique ;
>
> 6° Office international de santé.

TITRE V. — FIÈVRE JAUNE.

TITRE VI. — ADHÉSIONS ET RATIFICATIONS.

Nous ne saurions mieux faire que de nous conformer au plan de la Convention elle-même, dans cette étude des mesures adoptées par les Puissances pour se défendre contre l'invasion des affections pestilentielles.

---

1. Les Puissances n'ayant pas signé sont : la Turquie, la Suède et la Norwège, le Danemark et la République Argentine.

2. Art. 184. — *Conv. de 1903.*

TITRE I.

Dispositions générales.

————

CHAPITRE I.

PRESCRIPTIONS A OBSERVER PAR LES PAYS SIGNATAIRES DE LA CONVENTION DÈS QUE LA PESTE OU LE CHOLÉRA APPARAÎT SUR LEUR TERRITOIRE.

Dans les deux sections de ce chapitre, la Convention précise les conditions dans lesquelles un Gouvernement doit notifier aux autres Puissances l'apparition, sur son territoire, des premiers cas de peste ou de choléra ; elle donne de la circonscription contaminée une définition nouvelle, lui assigne, dans certaines circonstances, des limites plus restreintes, et fixe enfin le délai à l'expiration duquel elle peut être considérée comme redevenue saine.

SECTION I. — Notification et communications ultérieures aux autres Pays.

La notification des cas avérés de peste ou de choléra doit être faite conformément aux dispositions des articles 1, 2, 3 et 4 dont voici le texte :

Article premier. — Chaque Gouvernement doit notifier immédiatement aux autres Gouvernements la première apparition sur son territoire de cas avérés de peste ou de choléra.

Art. 2. — Cette notification est accompagnée ou très promptement suivie de renseignements circonstanciés sur :

1º L'endroit où la maladie est apparue;

2º La date de son apparition, son origine et sa forme;

3º Le nombre des cas constatés et celui des décès;

4º Pour la peste, l'existence, parmi les rats ou les souris, de la peste ou d'une mortalité insolite;

5º Les mesures immédiatement prises à la suite de cette première apparition.

Art. 3. — La notification et les renseignements prévus aux articles 1 et 2 sont adressés aux agences diplomatiques ou consulaires dans la capitale du Pays contaminé.

Pour les Pays qui n'y sont pas représentés, ils sont transmis directement par télégraphe aux Gouvernements de ces pays.

Art. 4. — La notification et les renseignements prévus aux articles 1 et 2 sont suivis de communications ultérieures données d'une façon régulière, de manière à tenir les Gouvernements au courant de la marche de l'épidémie.

Ces communications, qui se font au moins une fois par semaine et qui sont aussi complètes que possible, indiquent plus particulièrement les précautions prises en vue de combattre l'extension de la maladie.

Elles doivent préciser : 1º les mesures prophylactiques appliquées relativement à l'inspection sanitaire ou à la visite médicale, à l'isolement et à la désinfection; 2º les mesures exécutées au départ des navires pour empêcher l'exportation du mal et spécialement, dans le cas prévu par le 4º de l'article 2 ci-dessus, les mesures prises contre les rats.

Le mot « *immédiatement* » (art. 1ᵉʳ) qui ne figurait pas dans la Convention de Venise (1897) a été ajouté pour qu'il soit bien entendu que la notification doit être faite sans délai; et la Convention ne parlant que des seuls cas « *avérés* » dispense implicitement de notifier les cas douteux, soit au point de vue clinique, soit au point de vue bactériologique.

Enfin, par la substitution des mots « *première apparition* » au mot « *existence* » de la Convention de 1897, on a voulu indiquer qu'il n'est pas prescrit de signaler *nommément* tous les cas.

Le rôle si considérable des rats dans la propagation de la peste est actuellement bien connu. Ces rongeurs doivent être l'objet d'une surveillance constante, principalement dans les ports et sur les navires. On sait, en effet, que les épidémies de peste sont ordinairement précédées d'une épizootie pesteuse chez les rats, et que, habituellement, les premières personnes atteintes sont : à terre, celles qui logent dans le voisinage des entrepôts de céréales, des dépôts d'immondices ou dans les quartiers les plus malpropres des villes; — à bord, les hommes de l'équipage, voisins de la cambuse.

La transmission de la peste du rat à l'homme peut avoir lieu par contact direct; mais, le plus souvent, c'est par l'intermédiaire des puces, parasites habituels des rats. On sait, en effet, depuis les recherches de Simond, que le bacille spécifique se rencontre dans le tube digestif et dans les excréments des puces recueillies sur des rats spontanément pestiférés. De rat à rat, la transmission est facile à réaliser expérimentalement : il suffit d'enfermer un rat dans un bocal où l'on a introduit au préalable des puces provenant d'un cadavre de rat pesteux.

Les puces du rat s'attaquent-elles à l'homme? Divers auteurs ont cru pouvoir le nier. Mais les recherches de Gauthier et Raybaud, de Carlo Tiraboschi, et celles plus récentes de J. Bell ne laissent aucun doute à ce sujet. La puce de l'homme (*pulex irritans*) se trouve dans la fourrure du rat noir (*mus ratus*) et du rat gris ou rat d'égout (*mus decumanus*); on y rencontre également la puce du chien (*technocephalus serraticeps*), qui s'attaque, elle aussi, à l'espèce humaine[1].

Au point de vue de la diffusion de la peste, le rat gris cendré

---

1. Voy. : Simond, Propagation de la peste. *Ann. de l'Institut Pasteur,* 1898. — Gauthier et Raybaud, *Revue d'hygiène,* 1903. — Carlo Tiraboschi, Die Bedeutung der Ratten und Flöhe für die Verbreitung der Bubonenpest. *Zeitsch, f. Hyg. u. Infectionskr,* XLVIII, 3. — Carlo Tiraboschi, Les rats, les souris et leurs parasites cutanés dans leurs rapports avec la propagation de la peste. *Arch. de Parasitologie,* 1904. (Nombreuses indications bibliographiques.) — Yoël, *Contribution à l'étude de la peste et des moyens dont nous disposons pour nous opposer à sa propagation en Europe.* Th. de Paris. 1898-99. — Loriga, La prophylaxie de la peste au moyen de la suppression des rats et des souris. *Rev. d'Hyg.,* 1899. — Mazaraky, *Rôle des rats dans la propagation de la peste.* Th. de Paris, 1900-1901. — Khayat, *Prophylaxie de la peste par la destruction des insectes et des rongeurs.* Th. de Paris, 1901-1902. — Triau, *Les rats sont-ils toujours l'agent propagateur de la peste?* Th. de Paris, 1903-1904. — Noc, Du rôle des puces dans la propagation de la peste. Etat actuel de la question. *Arch. de Parasitologie,* 15 janvier 1905. — Peste en Chine (Bell, Hunter), *Sem. méd.,* 8 fév. 1905.

(*mus decumanus*) est à peu près le seul incriminé; doué d'une fécondité extraordinaire, il s'est multiplié à tel point que les autres espèces ont dû lui abandonner le littoral et se réfugier dans l'intérieur.

Quant aux souris, si elles sont faciles à contaminer expérimentalement, elles semblent moins atteintes que les rats par les épizooties spontanées; leurs cadavres sont toujours en nombre restreint, et on ne retrouve sur elles ni la puce de l'homme, ni celle du chien[1].

Les rats pesteux peuvent être dangereux également par l'intermédiaire des mouches qui se sont posées sur leurs cadavres : Yersin a trouvé le bacille de la peste dans les corps des mouches de la salle où il autopsiait les rats pesteux.

Nous devons signaler ici l'opinion émise récemment par Hunter : d'après cet auteur, les rats seraient atteints de peste chronique pendant toute l'année et, à certaines époques, correspondant surtout à la contamination des jeunes générations de rats — pendant le premier trimestre, par exemple, à Hong-Kong — il y aurait une exacerbation de l'infection, l'épizootie revêtant alors un type aigu; les épidémies humaines coïncideraient avec ces formes aiguës de la maladie chez les rats[2].

En raison des dangers considérables que les rats pesteux font courir à la santé publique, le professeur Proust proposait à la Conférence[3] :

« Que les épizooties pesteuses chez les rats soient notifiées, non seulement au même titre que les cas humains, mais plus encore que les cas humains, car elles sont plus dangereuses. »

Cette motion, absolument justifiée au point de vue scientifique, ne fut pas adoptée en raison des difficultés à peu près insur-

---

1. Nous devons signaler d'autres modes de transmission possible de la peste : par les *moustiques;* le prof. La Bonnardière, de Beyrouth, a trouvé des bacilles de la peste sur la trompe d'un de ces insectes ; — par les *poux* : le Dr Herzog, du bureau des laboratoires de Manille, a trouvé, à l'autopsie d'une fillette de neuf ans, qui avait succombé à la peste bubonique, des bacilles pesteux dans le corps de trois *Pedicali capitis* (*Sem. méd.; 22 mars 1905*).

2. *Sem. méd.,* 8 février 1905.

3. *Conf. de Paris,* 1903, p. 247.

montables que soulèverait son application; on fit remarquer en
outre que la transmission du rat à l'homme, pour être très fréquente, n'était cependant pas fatale. De sorte que la notification
des cas de peste chez les rats, sans coexistence avec des cas
humains, se heurterait certainement au mauvais vouloir des
États, qui hésiteraient à la faire en raison du préjudice commercial qu'elle entraîne. D'autre part, si cette notification était
rendue obligatoire, ses conséquences pèseraient surtout sur les
États les mieux outillés au point de vue de la lutte contre les
maladies contagieuses, sur ceux, et ils sont peu nombreux, qui
exercent sur les rats, dans les ports, une surveillance permanente.

C'est pourquoi la Convention s'est bornée à demander que la
notification des cas de peste humaine fût *accompagnée* de renseignements :

1° sur l'existence, parmi les rats ou les souris, de la peste ou
d'une mortalité insolite;

2° sur les mesures immédiatement prises.

Les obligations du Pays contaminé ne se bornent pas à cette
première notification; il doit en outre tenir les autres Puissances
exactement au courant de la marche de l'épidémie par des avis
périodiques (au moins hebdomadaires), indiquant d'une façon
précise les mesures prises contre les personnes ou les marchandises : visite médicale, isolement, désinfection, dératisation
(art. 4).

La sincérité et la promptitude des déclarations précitées sont
d'une importance capitale au point de vue de la défense sanitaire,
ainsi que le rappellent aux Puissances les termes catégoriques de
l'article 5 ci-après :

Art. 5. — Le prompt et sincère accomplissement des prescriptions qui
précèdent est d'une importance primordiale. Les notifications n'ont de
valeur réelle que si chaque Gouvernement est prévenu lui-même, *à
temps*, des cas de peste, de choléra et des cas douteux survenus sur son
territoire. On ne saurait trop recommander aux divers Gouvernements
de rendre obligatoire la déclaration des cas de peste et des cas de choléra,
et de se tenir renseignés sur toute mortalité insolite des rats et des souris,
notamment dans les ports.

Les mesures de prophylaxie sont d'autant plus efficaces qu'elles sont plus rapprochées du début de l'épidémie, et l'expérience a prouvé qu'avec les moyens dont nous disposons, on peut rapidement circonscrire et éteindre sur place un foyer pestilentiel.

Dans la plupart des pays la déclaration des maladies infectieuses est obligatoire, non seulement pour les médecins, mais aussi pour les chefs de famille ou le principal occupant d'un immeuble.

En Angleterre[1], sont responsables de la déclaration : l'habitant de la maison, le chef de famille ou, à son défaut, les plus proches parents, ou, à défaut de ceux-ci, la personne chargée de soigner le malade, ou enfin le principal locataire; d'un autre côté, le médecin doit faire la déclaration.

Dans l'Etat de New-York, toute personne connaissant dans la ville un individu atteint de maladie contagieuse doit en faire la déclaration, et indépendamment, bien entendu, de l'obligation imposée au médecin sous des peines très sévères.

En Hongrie, l'obligation de la déclaration est imposée aux médecins, aux ecclésiastiques, aux instituteurs et à tous ceux qui auront connaissance de cas de maladies contagieuses.

En Italie, en France, la déclaration n'est imposée qu'aux médecins.

Mais pour des raisons diverses, en maintes circonstances, la déclaration des affections pestilentielles a été considérablement retardée, au risque de provoquer d'épouvantables épidémies. C'est ainsi qu'à Oporto, l'existence de la peste n'a été officiellement reconnue que plus de deux mois après la constatation du premier cas et alors que le bureau d'hygiène avait déjà relevé dix-huit décès. La maladie était disséminée dans presque toute la ville et il n'était plus possible de circonscrire le foyer[2].

A Naples, en 1901, la peste fut *officiellement cachée*[3] pen-

1. MONOD, *La Santé publique*, p. 45.

2. CALMETTE et SALIMBÉNI, La peste bubonique, étude de l'épidémie d'Oporto en 1899. Sérothérapie. *Annales de l'Institut Pasteur*, décembre 1899.

3. TEISSIER, Le système de quarantaine dans la Méditerranée, *Acad. de Méd. de Paris*, 2 juin 1903 (V. *Bulletin de l'Acad. de Méd.*, 1902, t. II, p. 434).

dant un mois, de l'avis même de nos autorités sanitaires. La disparition de procédés aussi condamnables sera facilitée par une disposition nouvelle que nous aurons à envisager sous l'article 7.

Indépendamment des obligations absolument générales inscrites dans les articles précités, la Convention autorise, entre États voisins, des accords particuliers, dans un but de célérité ou de simplification ; tel est l'objet de l'article 6, ainsi conçu :

Il est entendu que les Pays voisins se réservent de faire des arrangements spéciaux en vue d'organiser un service d'informations directes entre les chefs des administrations frontières.

C'est la consécration de la pratique suivie en diverses circonstances, notamment par la France et la Belgique, qui ont conclu un accord complémentaire pour la notification réciproque des cas de peste apparaissant dans la zone frontière des deux pays[1].

Section II. — **Conditions qui permettent de considérer une circonscription territoriale comme contaminée ou redevenue saine.**

NOTIFICATION DES PREMIERS CAS.

La Convention précédente (Venise, 1897) disait : « Le Gouvernement du pays contaminé doit notifier aux divers Gouvernements l'existence de tout cas de peste. Cette mesure est essentielle[2]. » — « Ne sera pas considéré comme autorisant l'application de ces mesures (préventives) le fait que quelques cas importés se seront manifestés dans une circonscription territoriale sans donner lieu à des cas de transmission[3]. »

Mais cette déclaration des cas isolés ne devant entraîner aucune mesure de défense prophylactique, il était à prévoir qu'on

1. Circulaire du Président du Conseil, Ministre de l'Intérieur et des Cultes, du 17 avril 1900, aux préfets de l'Aisne, des Ardennes, de la Meuse et du Nord. (*Recueil des trav. du Comité consult.*, t. XXX, p. 581.)

2. *Conv. de Venise*, 1897, chap. II, titre I.

3. *Conv. de Venise*, 1897, chap. II, titre II.

arriverait fatalement à s'y soustraire pour sauvegarder les intérêts du commerce.

« Si donc une notification était faite, on la considérait comme l'aveu d'une situation grave justifiant des mesures de défense. La conséquence était que l'on ne notifiait pas le premier cas. Il était à craindre qu'on ne fût entraîné à ne pas notifier le second, ni le troisième peut-être, et qu'enfin, l'on ne parlât que lorsque le bruit public rendrait impossible le silence[1]. »

Aussi pensons-nous que la Conférence de Paris a été bien inspirée en adoptant le texte suivant :

La notification d'un premier cas de peste ou de choléra n'entraîne pas contre la circonscription territoriale où il s'est produit l'application des mesures prévues au chapitre II ci-après.

Mais, lorsque plusieurs cas de peste non importés se sont manifestés ou que les cas de choléra forment foyer, la circonscription est déclarée contaminée (art. 7).

Tout en exigeant la notification obligatoire de la première apparition de cas avérés de peste ou de choléra, la Convention spécifie que la circonscription ne sera déclarée contaminée, et par conséquent que des mesures sanitaires ne pourront être prises contre ses provenances, que s'il y a eu *plusieurs cas* de peste, *non importés*, ou si les cas de *choléra* forment *foyer*.

Dans une séance de la Commission Technique[2], le Dr Ruijsch, délégué des Pays-Bas, proposait que la circonscription ne fût pas déclarée contaminée, si, dans cette circonscription, l'autorité sanitaire avait pris, dès le début, des mesures assez promptes et assez énergiques pour s'opposer à la propagation de la maladie et s'il n'y avait eu que deux ou trois cas.

Cette proposition, inspirée par le souci d'épargner autant que possible au commerce les fâcheuses conséquences de la déclaration de contamination, ouvrirait fatalement la porte à de nombreux abus et ferait courir à la santé publique les plus grands dangers.

1. MONOD, *Rev. philanthr.*, 1903, p. 537.
2. *Conf. de Paris*, 1903, p. 260.

Tout aussi dangereuse était la motion du professeur Proust, demandant qu'il soit tenu compte, dans les mesures prescrites à l'égard de la circonscription contaminée, de son organisation sanitaire et des mesures qu'elle prend elle-même pour combattre la maladie [1].

Chaque Pays ne tarderait guère à tirer un parti abusif de ces éléments d'appréciation; comment d'ailleurs établir une échelle graduée de mesures sanitaires selon l'organisation du service prophylactique? Ainsi que l'a fait remarquer fort judicieusement M. Brouardel, le fait même que de nouveaux cas se sont produits, malgré les mesures prises à la suite de celui qui a donné lieu à notification, prouve que ces mesures ne se sont pas montrées efficaces, et qu'on ne saurait en conséquence y trouver motif à la non-déclaration de contamination.

DÉFINITION DE LA CIRCONSCRIPTION.

Depuis la Conférence de Dresde, on entend par le mot *circonscription* « une partie de territoire d'un pays placé sous *une autorité administrative bien déterminée*; ainsi : une province, un gouvernement, un district, un canton, une île, une commune, un village, un port, un polder, etc., quelles que soient l'étendue et la population de ces portions de territoire ».

Le professeur Proust aurait voulu une définition plus médicale, plus scientifique, tenant compte de la diffusion plus rapide des épidémies de choléra que des épidémies de peste, du régime des eaux, de l'organisation administrative et sociale de l'hygiène, de l'état des voies de communication, — aussi proposait-il la définition suivante [2] :

« Une circonscription sanitaire est une région plus ou moins étendue, qui, par ses conditions physiques et sociales, par ses moyens de communication, peut être considérée comme formant un milieu homogène au point de vue de l'épidémiologie. »

Sur le terrain scientifique la plupart des délégués étaient de

1. *Conférence de Paris*, 1903, p. 263.
2. *Conf. de Paris*, 1903, p. 242.

l'avis du professeur Proust. Cependant, tout en reconnaissant que le choléra se répand plus vite que la peste, il est difficile pratiquement de donner de la circonscription contaminée une définition différente selon qu'il s'agit de peste ou de choléra. D'ailleurs, cette dernière affection diffuse avec des solutions de continuité, c'est-à-dire que les germes partis du point contaminé vont former un foyer à une distance parfois fort considérable du premier, en laissant indemnes de grands espaces; c'est ce qui s'est passé en Russie à diverses reprises.

Sur la proposition du professeur Brouardel[1], on accepta qu'un *quartier de ville* pourrait former une circonscription; il est bien évident que si, dans des agglomérations comme Hambourg, Liverpool ou Marseille, etc., on constate un ou plusieurs cas de peste, loin du port par exemple, on ne saurait, sans une exagération manifeste, déclarer que la ville entière est contaminée et que toutes ses provenances doivent être traitées en conséquence. Aussi la Commission Technique, laissant à chaque Gouvernement le soin de préciser exactement les limites de la circonscription déclarée contaminée en se basant sur son étendue réelle, et non sur l'étendue de la juridiction administrative sous laquelle ce territoire est placé, a-t-elle accepté à l'unanimité la définition suivante qu'on retrouve tout entière dans l'article 8[2] :

On entend par le mot *circonscription* une *partie de territoire bien déterminée dans les renseignements* qui accompagnent au suivent la notification, ainsi : une province, « un gouvernement », un district, un département, un canton, une île, une commune, une ville, *un quartier de ville*, un village, un port, un polder, une agglomération, etc., quelles que soient l'étendue et la population de ces portions de territoire.

Mais cette restriction, limitée à la circonscription contaminée, ne doit être acceptée qu'à la condition formelle que le Gouvernement du pays contaminé prenne les mesures nécessaires : 1° pour prévenir, à moins de désinfection préalable, l'exportation des objets visés aux 1° et 2° de l'article 12, provenant de la circonscription contaminée, et 2°, pour combattre l'extension de l'épidémie.

1. *Conférence de Paris*, 1903, p. 245.
2. *Conférence de Paris*, 1903, p. 246.

Quand une circonscription est contaminée, aucune mesure restrictive n'est prise contre les provenances de cette circonscription, si ces provenances l'ont quittée cinq jours au moins avant le début de l'épidémie.

CESSATION DE CONTAMINATION — DURÉE D'INCUBATION DE LA PESTE.

La Commission Technique était saisie d'une proposition du professeur Proust tendant à considérer comme ayant cessé d'être contaminée une circonscription dans laquelle aucun cas n'a été observé pendant *cinq* jours à dater de l'*isolement*, de la *guérison* ou de la *mort* du dernier pesteux, à moins qu'on ait constaté la persistance de la maladie chez les *rats*.

L'isolement n'était pas mentionné dans les Conventions précédentes. En le prenant comme point de départ (au même titre que la mort et la guérison) du délai à l'expiration duquel une circonscription ne doit plus être considérée comme contaminée, la Convention de 1905 a introduit dans la pratique une mesure très libérale et conforme aux données scientifiques actuelles. En effet, du jour où il est isolé, un malade n'est plus dangereux; mais il faut prendre le mot « isolement » au sens médical; il s'agit donc en l'espèce d'un isolement rigoureux, s'appliquant au malade, au personnel attaché exclusivement à son service, et impliquant la suppression de toute visite et de toute communication avec l'extérieur.

L'isolement ne vise pas les médecins. Dans les épidémies sérieuses ils ne tarderaient pas à manquer, et d'autre part la pratique de tous les jours nous montre qu'avec les précautions d'asepsie et d'antisepsie que leur impose leur propre sécurité, les médecins peuvent, sans contaminer leur entourage, soigner des affections bien plus contagieuses que la peste : la diphtérie, la scarlatine, etc.

La durée de la période indemne est de cinq jours, quel que soit son point de départ : décès, guérison ou isolement, ce délai étant basé sur la durée habituelle de l'incubation de la maladie.

Lors de la Conférence de Venise, on ne connaissait pas la durée exacte de l'incubation de la peste. Comme il fallait, cependant, adopter un délai précis, les délégués, avec une prudence dont on doit les louer, le fixèrent à dix jours. Mais, dans l'immense majorité des cas, nous en avons la certitude aujourd'hui, la durée de l'incubation est beaucoup plus courte, ainsi que l'établissent les conclusions de la Commission de la peste dans l'Inde :

« La Commission trouve que la durée de cette période est toujours de moins de cinq jours ; le plus souvent, elle ne dépasse pas trois jours. Dans quelques cas exceptionnels elle n'a pas dépassé vingt-quatre heures. Dans aucun des cas qui ont pu être complètement étudiés par la Commission, il n'a été établi que la période d'incubation ait duré plus de cinq jours. Toutefois, la Commission ajoute que, dans quelques cas extrêmement rares, un malade déjà atteint depuis quelques jours de peste ambulatoire, peut subitement présenter les symptômes de la forme grave de la peste, ce qui donne l'impression d'une période d'incubation supérieure à cinq jours. Ces cas sont, du reste, tout à fait exceptionnels [1]. »

Dans la pratique, on ne saurait tenir compte des exceptions ; le délai de cinq jours fut adopté et inscrit dans l'art. 9 ci-après :

Pour qu'une circonscription ne soit plus considérée comme contaminée, il faut la constatation officielle :

1° Qu'il n'y a eu ni décès ni cas nouveau de peste ou de choléra depuis cinq jours, soit après l'isolement, soit après la mort ou la guérison du dernier pesteux ou cholérique [2] ;

2° Que toutes les mesures de désinfection ont été appliquées, et, s'il s'agit de cas de peste, que les mesures contre les rats ont été exécutées.

En ce qui concerne les rats, la Conférence n'a donc pas suivi jusqu'au bout le professeur Proust, dont la proposition entraînait des conséquences inacceptables. Attendre pour déclarer la cessation de la contamination qu'on ne constate plus de cas de peste chez les rats, ce serait favoriser les pays les moins scrupuleux ou les plus négligents, au détriment de ceux que la question des rats

---

1. *Conf. de Paris*, 1903, p. 361.
2. Voici ce que proposait Papon (t. II, p. 147) il y a un siècle : quand la peste aura cessé dans une échelle, les chanceliers et consuls établis dans le Levant en feront mention dans les patentes jusqu'à 40 jours après la cessation. Les bâtiments partis de cette échelle dans l'intervalle des 40 jours seront encore soumis à la rigueur de la quarantaine.

ne cesse de préoccuper. Basée sur l'état sanitaire des rongeurs, la durée de la contamination risquerait d'être indéfiniment prolongée, et le commerce ne saurait s'accommoder de cette déduction rigoureuse, logique il est vrai, d'un fait incontestable : le danger que présentent les rats pesteux. Pour concilier les opinions émises au cours de la discussion au sein de la Commission Technique, M. Beco [1], proposa que « la déclaration porterait, non sur l'existence de rats malades, mais sur les mesures prises en vue de leur destruction [2] ».

1. *Conf. de Paris*, 1903; Comm. Tech.; p. 252.
2. PROUST, *L'orientation nouvelle de la politique sanitaire*, 1897. — COUDOUR, *Les quarantaines*. Th. Lyon, 1903-04. — BIZARD, *Évolution de la police sanitaire maritime. Les mesures modernes de défense internationale contre la peste, le choléra et la fièvre jaune.* Th. de Lille, 1903-04. — PROUST, NETTER et BOURGES, *Traité d'Hygiène*, 1904.

CHAPÎTRE II.

MESURES DE DÉFENSE PAR LES AUTRES PAYS CONTRE LES TERRITOIRES DÉCLARÉS CONTAMINÉS.

Section I. — Publication des mesures prescrites.

C'est un devoir pour un Pays de se défendre contre l'invasion
des affections pestilentielles ; l'accomplissement de ce devoir
implique le droit de prendre, contre les provenances (voyageurs
et marchandises) des territoires déclarés contaminés, des précautions suffisantes pour se mettre à l'abri de la contagion. Mais,
en raison de leur retentissement sur les relations internationales,
ces mesures doivent être portées à la connaissance des autres
États, conformément aux dispositions de l'article 10 ci-après :

Le Gouvernement de chaque pays est tenu de publier immédiatement
les mesures qu'il croit devoir prescrire au sujet des provenances d'un
pays ou d'une circonscription territoriale contaminés.

Il communique aussitôt cette publication à l'agent diplomatique ou
consulaire du pays contaminé, résidant dans sa capitale, ainsi qu'aux
Conseils sanitaires internationaux.

Il est également tenu de faire connaître, par les mêmes voies, le
retrait de ces mesures ou les modifications dont elles seraient l'objet.

A défaut d'agence diplomatique ou consulaire dans la capitale, les
communications sont faites directement au Gouvernement du pays
intéressé.

Section II. — Marchandises. — Désinfection. — Importation et transit. — Bagages.

Les découvertes pastoriennes, en reléguant dans le domaine
de l'histoire la théorie de la génération spontanée, ont ruiné

pour jamais l'antique distinction des marchandises en marchandises *susceptibles* et marchandises *non susceptibles*, suivant le rôle qu'on leur attribuait dans la transmission des affections pestilentielles. Aussi, dans l'article 11, la Convention affirme-t-elle tout d'abord ce principe que :

Il n'existe pas de marchandises qui soient par elles-mêmes capables de transmettre la peste ou le choléra. Elles ne deviennent dangereuses qu'au cas où elles ont été souillées par des produits pesteux ou cholériques[1].

A Dresde et à Venise, où ce principe avait été admis implicitement, on n'en avait pas moins établi une liste d'objets à prohiber pour la seule raison qu'étant, par leur destination, fréquemment exposés à la contamination, il était prudent de les considérer comme toujours dangereux et de les traiter comme tels.

C'est en s'inspirant du même esprit que la Conférence de 1903 a apporté une notable exception au principe général que :

La désinfection ne peut être appliquée qu'aux marchandises et objets que l'autorité sanitaire locale considère comme contaminés (art. 12),

par la stipulation suivante (art. 12) :

Toutefois, les marchandises et objets énumérés ci-après peuvent être soumis à la désinfection ou même prohibés à l'entrée, indépendamment de toute constatation qu'ils seraient ou non contaminés :

1° Les linges de corps, hardes et vêtements portés (effets à usage), les literies ayant servi. Lorsque ces objets sont transportés comme bagages ou à la suite d'un changement de domicile (effets d'installation), ils ne peuvent être prohibés et sont soumis au régime de l'article 19. Les paquets laissés par les soldats et les matelots et renvoyés dans leur patrie après décès sont assimilés aux objets compris dans le premier alinéa du 1°.

---

1. Papon voulait que les provisions fussent apportées aux isolés par un domestique avec toutes les précautions possibles : « Il les mettra dans un panier de fer-blanc qu'on lui descendra avec une *chaîne* à une heure marquée ; on les fera passer, en les recevant, par l'eau ou par le vinaigre, suivant leur qualité. — L'osier et le chanvre prennent la peste, voilà pourquoi je prescris une chaîne au lieu d'une corde, et un panier de fer-blanc ; au besoin, on pourrait doubler de toile cirée un panier ordinaire. » *Loc. cit.*, t. II, p. 45.

2° Les chiffons et drilles, à l'exception, *quant au choléra*, des chiffons comprimés qui sont transportés comme marchandises en gros par ballots cerclés.

Ne peuvent être interdits les déchets neufs provenant directement d'ateliers de filature, de tissage, de confection ou de blanchiment; les laines artificielles (Kunstwolle, Schoddy) et les rognures de papier neuf.

Les chiffons comprimés, transportés par ballots cerclés, sont avec raison l'objet de mesures différentes selon qu'il s'agit de peste ou de choléra. Dans le cas de choléra, leur contamination remontera à une date plus ou moins ancienne, antérieure à leur embarquement; et comme le bacille du choléra est peu résistant, on peut estimer que le danger aura disparu. S'il s'agit de peste, au contraire, ce que nous avons dit du rôle des rats permet de penser que la contamination pourra être plus récente. Aussi la Commission Technique [1] a-t-elle décidé que les chiffons comprimés, provenant des pays contaminés de peste, pourront être, au même titre que les chiffons en vrac, l'objet de mesures de désinfection et de prohibition.

La même Commission [2], sur la proposition du professeur Proust, a décidé qu'il n'y a pas lieu de maintenir la prohibition ou la désinfection à l'égard des objets suivants :

Les sacs usés, les tapis, les broderies ayant servi.

Les cuirs verts, les peaux non tannées, les peaux fraîches.

Les débris frais d'animaux, onglons, sabots, crins, poils, soies et laines brutes.

Les cheveux.

Au point de vue de la transmission de la peste, les marchandises sont d'autant plus dangereuses qu'elles attirent davantage les rats, comme les céréales, les chiffons, les vieux papiers, et que les germes pesteux y demeurent plus longtemps vivants. Voici, sur ce dernier point, ce que nous apprennent les expériences de laboratoire.

Le bacille desséché se conserve quand il est enfermé dans des

1. *Conf. de Paris,* p. 316.
2. *Conf. de Paris,* p. 316.

produits albumineux; privé de cette protection, il est vite détruit. Dans la pulpe de rate desséchée d'un animal mort de la peste, Roux a trouvé des bacilles virulents au bout de quatre semaines. Enfin, des bacilles de culture, étalés sur des feuilles de papier et rapidement desséchés, n'étaient plus vivants au bout de trois à six jours.[1]

D'autre part, Maassen[2] a constaté que, dans les cadavres de rats pesteux placés au milieu d'une certaine quantité de blé, les bacilles conservaient leur virulence jusqu'à trente jours à + 18° — 28° C., et jusqu'à quatre-vingt-dix jours à + 5° — 12° C. Dans les déjections de rats séchées, les bacilles pesteux étaient détruits au bout d'un jour; dans les déjections humides, ils se conservaient à la température de + 22° C. pendant deux jours, à la température de + 8° C. pendant quatre jours. Enfin, Maassen a souillé du blé avec des déjections de rats pesteux et l'a gardé dans une pièce sombre et non ventilée; dans cette expérience, les bacilles pesteux sont restés virulents pendant deux jours à la température de + 22° C., pendant trois jours à la température de + 8° C.

Ces intéressantes expériences de laboratoire sont corroborées par de nombreux faits tirés de l'histoire des épidémies. On a même vu, dans certains cas, le linge, les vêtements, conserver pendant plusieurs mois[3] des bacilles virulents.

En 1896, la peste de Londres fut importée de Bombay par des effets à usage, que les hommes de l'équipage ne déballèrent qu'après leur arrivée, lorsqu'ils en eurent besoin, à cause du climat froid de la Tamise.

Un Mauritien, afin d'éviter un trop long séjour au lazaret, avait continué son voyage jusqu'à Port-Élisabeth, de manière à avoir fait une traversée assez longue pour être immédiatement admis en libre pratique. De ce point, il se rendit à Durban, où il débarqua le 1er avril. Un mois et demi après, le 13 mai, il

---

1. Roux, *Conf. de 1903*, proc.-verbal, p. 359.
2. Gaffky, *Conf. de 1903*, proc.-verbal, p. 360.
3. Calmette, *Rapport au Congrès de Bruxelles*, 1903.

déballa une partie de ses bagages. Trois jours plus tard, il tombait malade et succombait le 18 mai[1].

L'histoire du choléra abonde en exemples aussi topiques. On sait que cette affection est due à un bacille spécial découvert par Koch, en 1883; ce microbe, plus résistant à la dessiccation que ne le pensait le savant allemand, a pu être conservé de trente-cinq à soixante-dix jours, et même, dans un milieu suffisamment nutritif, jusqu'à deux années[2].

Par l'intermédiaire des linges souillés, des vêtements, des literies, l'agent virulent va porter la maladie parfois à une longue distance et créer un nouveau foyer épidémique; mais c'est l'eau qui est son principal véhicule.

Déjà en 1832, on avait remarqué que l'épidémie sévissait surtout chez les blanchisseurs. En 1855, Pettenkoffer démontra qu'à la prison de Kloster-Ebrach, où la séparation des sexes est absolue, le choléra fut introduit dans la division des femmes par le linge sale d'un cholérique qui contamina tout d'abord une des deux femmes qui avaient porté ce linge à la buanderie.

A Cette, en septembre 1884, plusieurs cas de choléra se déclarèrent parmi l'équipage d'un bateau morutier, le *Louise-Marie*. Un des marins quitta l'hôpital après guérison et traversa toute la France pour rentrer dans sa famille à Yport[3], près de Fécamp, où il arriva le 28 septembre. Quelques jours après, le 4 octobre, sa belle-sœur s'en fut laver les vêtements du matelot; ils n'avaient été l'objet d'aucune mesure de désinfection. Le jour même, cette femme succombait à une attaque de choléra. Le bilan de la petite épidémie qui s'ensuivit se chiffra par 42 cas avec 18 décès. Un des premiers cas fut celui d'une personne ivre qui s'était couchée sur de la paille souillée par l'eau qui avait servi au lavage.

Le 23 août 1884, un vapeur, le *Salunto*, venant de Marseille où sévissait le choléra, arrivait à Palerme, après avoir subi la quarantaine au lazaret italien, l'Asinara. Il avait obtenu libre

---

. Proust, *Rapport sur les épidémies de peste en 1901*. Académie de médecine de Paris.

2. Proust, *Traité d'hygiène*, 3e édition, p. 388.

3. Gibert, L'épidémie d'Yport. *Revue scientifique*, 6 décembre 1884.

pratique et n'avait pas un cas suspect à bord. Une petite fille, admise à l'hôpital le 5 septembre, succombait la nuit suivante avec des symptômes de choléra. Sa mère prit la maladie et guérit; puis l'épidémie s'étendit et causa 3.459 décès[1]. L'enquête démontra que la fillette morte à l'hôpital voyait tous les jours une petite fille de six ans, sa parente; que cette petite fille était morte le 3 septembre après une maladie de douze heures; qu'elle demeurait *vicolo Giliberti*; que dans ce *vicolo Giliberti* demeurait aussi un marin du *Salunto*, nommé Ferri; qu'à Marseille Ferri avait acheté, en cachette et à bas prix, des vêtements et du linge; qu'il les avait mêlés à ses propres effets; qu'il avait, en débarquant, donné ce ballot à sa femme pour le laver; que le lendemain, sa femme, puis lui-même, avaient eu des vomissements et de la diarrhée; qu'effrayé, il avait, avec sa famille, quitté le *vicolo Giliberti*; mais qu'auparavant sa femme avait lavé les objets rapportés de Marseille dans cette ruelle où ensuite la petite fille était tombée malade et était morte.

Un chanteur américain venant de New-York, où existaient des cas de choléra, arrive dans la ville de Québec, restée indemne jusque-là. Il meurt avec des symptômes de choléra. Le maître d'hôtel, qui avait l'ordre de détruire les vêtements et la literie du cholérique, les remet à un domestique qui se contente de les apporter à son fils, geôlier de la prison. Là, on les dépose dans une pièce occupée par divers employés. Plusieurs d'entre eux et le domestique de l'hôtel sont atteints du choléra. La personne qui avait désinfecté le matelas du chanteur prend également le choléra et succombe[2].

Pendant l'année 1892, un Belge, engagé pour la moisson, succombe au choléra dans une exploitation agricole à Gonesse. Ses vêtements sont donnés à un miséreux, avec ordre de les brûler. Celui-ci les endosse et meurt le soir même du choléra (Netter)[3].

---

1. J.-B. MORANA, *Il colera in Italia negli anni 1884 e 1885*. Roma, 1885, p. 162. Cité par H. MONOD in *Santé publique*, p. 15.
2. PROUST, *Traité d'hygiène*, p. 389.
3. PROUST, *loc. cit.*, p. 389.

Nous pourrions multiplier les exemples; ceux que nous avons cités suffisent à montrer le danger présenté par les linges de corps, vêtements portés, etc., — et à justifier les mesures spéciales imposées par la Convention.

Une restriction au principe de l'article 12 est prévue par l'article 14 ci-après :

Les marchandises et objets spécifiés aux 1° et 2° de l'article 12 ne tombent pas sous l'application des mesures de prohibition à l'entrée, s'il est démontré à l'autorité du pays de destination qu'ils ont été expédiés cinq jours au moins avant le début de l'épidémie.

La Convention, dans ce cas particulier, exonère ces objets de la prohibition, mais ne les soustrait pas à la désinfection que l'autorité compétente pourra exiger quand elle le jugera nécessaire.

La date du départ sera établie par les certificats d'origine, les connaissements, feuilles de route, lettres de voiture, — et la date d'arrivée par les acquits en douane.

Les lettres et correspondances, imprimés, livres, journaux, papiers d'affaires, etc. (non compris les colis postaux), ne sont soumis à aucune restriction ni désinfection (art. 16).

Cette exemption est absolument justifiée; il s'agit en l'espèce de *papier neuf* dont la contamination est peu probable, et dont les dangers peuvent être considérés comme nuls. Ajoutons cependant qu'en Turquie la désinfection est prescrite pour les « imprimés, livres, journaux, papiers d'affaires, etc. ».

Bagages. — Les bagages ne sont soumis à la désinfection qu'exceptionnellement, lorsqu'on a des raisons de les croire infectés; ils font l'objet des dispositions de l'article 19 ci-après :

La désinfection du linge sale, des hardes, vêtements et objets qui font partie de bagages ou de mobiliers (effets d'installation) provenant d'une circonscription territoriale déclarée contaminée, n'est effectuée que dans les cas où l'autorité sanitaire les considère comme contaminés.

Transit. — La question du transit n'a ici qu'une importance secondaire; deux cas peuvent se présenter :

1° Une marchandise a traversé un territoire contaminé avant d'arriver à destination ;

2° Une marchandise est prohibée par un pays qu'elle doit traverser pour arriver dans un autre où son entrée est admise.

La Conférence de 1903 a maintenu les décisions prises à Dresde et à Venise dans les termes suivants (art. 13) :

Il n'y a pas lieu d'interdire le transit des marchandises et objets spécifiés aux 1° et 2° de l'article 12, s'ils sont emballés de telle sorte qu'ils ne puissent être manipulés en route.

De même, lorsque les marchandises ou objets sont transportés de telle façon qu'en cours de route ils n'aient pu être en contact avec les objets souillés, leur transit à travers une circonscription territoriale contaminée ne doit pas être un obstacle à leur entrée dans le pays de destination.

Pour distinguer les provenances d'un port d'avec les marchandises venues de plus loin et réexpédiées par ce port, il a été entendu, sur les observations du délégué de la Suisse, que les autorités du pays de transit avaient le « droit d'exiger un certificat d'origine, à moins que les lettres de voiture, factures, etc., ne fassent la preuve de cette origine ».

Importation. — Les mesures sanitaires applicables aux marchandises importées sont prévues par l'article 17 ci-après :

Les marchandises arrivant par terre ou par mer ne peuvent être retenues aux frontières ou dans les ports. Les seules mesures qu'il soit permis de prescrire à leur égard sont spécifiées dans l'article 12.

Toutefois, si des marchandises, arrivant par mer en vrac ou dans des emballages défectueux, ont été, pendant la traversée, contaminées par des rats reconnus pesteux, et si elles ne peuvent être désinfectées, la destruction des germes peut être assurée par leur mise en dépôt pendant une durée maxima de deux semaines.

Il est entendu que l'application de cette dernière mesure ne doit entraîner aucun délai pour le navire, ni des frais extraordinaires résultant du défaut d'entrepôts dans les ports.

Par l'article précité, la Convention consacre la suppression des quarantaines pour les marchandises ; ces quarantaines sont remplacées par la désinfection, et, quand cette mesure est impossible, par une mise en dépôt qui ne doit pas excéder deux semaines. Cette pratique est appelée à rendre au commerce de grands services, tout en assurant, dans la majorité des cas, la destruction des germes pathogènes.

Désinfection, dératisation. — La Conférence avait à envisager les procédés techniques de désinfection et de dératisation, le lieu où l'on doit les employer, la preuve, par un certificat, de leur exécution, leur prix de revient, ainsi que les taxes et les dommages-intérêts que leur application peut entraîner.

La question des frais de désinfection a été longuement examinée. Un État n'a pas intérêt, en raison des représailles possibles, à tirer bénéfice de son intervention. Mais il n'en est pas de même des Sociétés particulières, qui, « préoccupées de grossir leurs dividendes, feront payer le plus cher qu'elles pourront les opérations sanitaires dont on les aura chargées ». D'où la nécessité pour la Conférence d'aviser aux moyens de soustraire le commerce à une telle exploitation.

Des renseignements fournis par divers délégués, il résulte que le coût de la dératisation varie avec l'organisation spéciale des différents ports.

D'après le délégué d'Angleterre, la dératisation ne coûte pas plus de 150 francs pour un navire de 4,000 tonnes. En Allemagne, où les frais de première installation sont payés par le Gouvernement, la dératisation ne coûte que 50 à 100 francs, même pour les plus grands navires.

Pour maintenir dans des limites raisonnables les frais occasionnés à la navigation par l'exécution des mesures de dératisation, le Dr Thomson, délégué anglais, soumit à l'approbation de la Conférence la proposition suivante :

« Lorsque la destruction des rats à bord d'un navire sera ordonnée par l'autorité sanitaire du port, la taxe de cette opération ne dépassera pas le prix coûtant quand elle sera exécutée par l'autorité sanitaire elle-même. On n'entend pas dans le prix coûtant le prix du matériel d'installation.

« Dans le cas où l'exécution de l'opération sera confiée à une

Société, la taxe à payer sera réduite autant que possible et ne pourra, en tout cas, jamais s'élever à plus de 3oo francs [1]. »

Le professeur Brouardel, qui partageait quant au fond l'idée du Dr Thomson, estimait que « s'il faut laisser aux Gouvernements le soin de s'entendre pour la fixation des tarifs, il n'y aurait aucun inconvénient à accepter en principe que le prix dût être aussi modéré que possible ».

La proposition anglaise fut mise aux voix sur la demande du Dr Thomson.

La première partie fut adoptée à l'unanimité, « sous réserve des modifications de style qui seront jugées nécessaires par la Convention ».

Il y eut quinze abstentions dans le vote sur la deuxième partie qui n'a pu être inscrite dans le règlement.

Quant à la technique de la désinfection et de la dératisation, ainsi qu'au payement éventuel des dommages-intérêts, la Convention laisse à chaque État le soin de régler ces divers points.

Enfin, pour constater l'exécution des mesures sanitaires, et aussi pour soustraire les marchandises à une deuxième opération non justifiée, le propriétaire, ou son représentant, a le droit de réclamer de l'autorité compétente un certificat motivé.

Les dispositions que nous venons d'examiner font l'objet des articles 15 et 18 ci-après :

Art. 15. — Le mode et l'endroit de la désinfection, ainsi que les procédés à employer pour assurer la destruction des rats sont fixés par l'autorité du pays de destination. Ces opérations doivent être faites de manière à ne détériorer les objets que le moins possible.

Il appartient à chaque État de régler la question relative au payement éventuel de dommages-intérêts résultant de la désinfection ou de la destruction des rats.

Si, à l'occasion des mesures prises pour assurer la destruction des rats à bord des navires, des taxes sont perçues par l'autorité sanitaire, soit directement, soit par l'intermédiaire d'une Société ou d'un particulier, le taux de ces taxes doit être fixé par un tarif publié d'avance, et établi de façon qu'il ne puisse résulter de l'ensemble de son application une source de bénéfice pour l'Etat ou pour l'Administration sanitaire.

1. *Conf. de Paris,* 1903, p. 133.

Art. 18. — Lorsque des marchandises ont été désinfectées, par application des prescriptions de l'article 12, ou mises en dépôt temporaire, en vertu du troisième alinéa de l'article 17, le propriétaire ou son représentant a le droit de réclamer, de l'autorité sanitaire qui a ordonné la désinfection ou le dépôt, un certificat indiquant les mesures prises.

Section III. — Mesures dans les ports et aux frontières de mer.

CLASSIFICATION DES NAVIRES.

Les mesures de défense imposées aux navires doivent être basées sur l'état sanitaire de ces bâtiments et sur les dangers qu'ils présentent ; d'où la nécessité de les diviser en plusieurs catégories.

La Convention de Venise de 1897 (ch. II, t. VIII) avait classé les navires de la façon suivante :

« Est considéré comme *infecté* le navire qui a la peste à bord ou qui a présenté un ou plusieurs cas de peste depuis *douze* jours.

« Est considéré comme *suspect* le navire à bord duquel il y a eu des cas de peste au moment du départ ou pendant la traversée, mais aucun cas nouveau depuis *douze* jours.

« Est considéré comme *indemne*, bien que venant d'un port contaminé, le navire qui n'a eu ni décès ni cas de peste à bord, soit avant le départ, soit pendant la traversée, soit au moment de l'arrivée. »

Cette classification a le grave défaut de n'être pas scientifique, car elle ne tient pas compte de toutes les causes d'infection ; elle ne mentionne pas les rats dont le rôle important dans la propagation de la peste est à l'heure actuelle absolument démontré.

Aussi, à la première séance plénière, le professeur Proust, au nom de la délégation française, avait-il proposé la classification suivante[1], où le mot *indemne* reprenait son véritable sens, tandis que dans les Conventions antérieures il s'appliquait à des navires provenant de régions contaminées :

A) Est considéré comme *indemne* le navire provenant d'une circonscription non contaminée, et n'ayant pas fait escale dans des ports contaminés, qui n'a présenté, depuis le départ, aucun

1. *Conf. de Paris*, 1903, p. 25.

cas confirmé ou suspect de choléra, de fièvre jaune ou de peste, et à bord duquel on n'a pas constaté la présence de rats pesteux.

B) Est considéré comme *suspect* le navire provenant d'une région contaminée, ou ayant fait escale dans des ports contaminés, mais qui n'a présenté, depuis le départ ni à l'arrivée, aucun cas confirmé ou suspect de choléra, de fièvre jaune ou de peste, et à bord duquel on n'a pas constaté la présence de rats pesteux.

C) Est considéré comme *infecté* le navire provenant d'une circonscription contaminée ou non, ayant fait escale dans des ports contaminés ou non, mais qui a présenté, depuis le départ ou à l'arrivée, des cas confirmés ou suspects de choléra, de fièvre jaune ou de peste, ou à bord duquel on a constaté ou l'on constate la présence de rats pesteux.

Les conditions dans lesquelles peuvent se trouver les navires de cette dernière catégorie étant variables suivant l'ancienneté des cas, leur nombre, les mesures prises, les moyens d'action dont le bord disposait, etc., il y aura lieu de prévoir des dispositions en rapport avec ces principales éventualités.

Tout en reconnaissant le danger présenté par les rats, divers délégués refusaient de comprendre dans la catégorie des navires infectés un bâtiment qui aurait à bord des rats pesteux mais sans cas humain.

Le Dr Thomson, délégué d'Angleterre, estimait que la question des rats devait être examinée à part, et, rappelant le texte adopté pour la contamination de la circonscription territoriale, il concluait, qu'un navire, pas plus qu'une circonscription, ne peut être déclaré contaminé par la seule présence de rats pesteux.

Mais la comparaison n'est peut-être pas aussi juste que le pensait le Dr Thomson, entre une circonscription contaminée, qui ne saurait se déplacer, et un navire *transportant avec lui* des hôtes aussi dangereux pour la santé publique que des rats pestiférés.

Quoi qu'il en soit, le professeur Proust, en présence de la divergence des opinions, n'insista pas, et la Commission Technique [1], après avoir décidé que les dispositions concernant les rats seraient indiquées à part, adopta la classification suivante qui est devenu l'article 20 de la Convention :

Est considéré comme *infecté* le navire qui a la peste ou le choléra à bord ou qui a présenté un ou plusieurs cas de peste ou de choléra depuis sept jours.

Est considéré comme *suspect* le navire à bord duquel il y a eu des cas de peste ou de choléra au moment du départ ou pendant la traversée, mais aucun cas nouveau depuis sept jours.

Est considéré comme *indemne*, bien que venant d'un port contaminé, le navire qui n'a eu ni décès ni cas de peste ou de choléra à bord, soit avant le départ, soit pendant la traversée, soit au moment de l'arrivée.

Cette classification est donc basée uniquement sur l'état sanitaire à bord, ce qui est absolument logique, car l'état sanitaire du port de départ ou des ports d'escale ne saurait avoir en l'espèce qu'une valeur indicative.

Quant au délai de *sept* jours mentionné à l'article 20, c'est le résultat d'une transaction. La Commission Technique avait repoussé le maintien du chiffre de douze jours proposé par le professeur Caffky [2], délégué d'Allemagne, et inscrit dans la Convention de Venise. La durée d'incubation de la peste avait été abaissée à cinq jours; mais le professeur Proust, à titre de transaction, proposa de l'augmenter de deux jours et de la porter à sept. On avait déjà fait ainsi à Venise en 1897 où un délai de douze jours (10 + 2) fut adopté, bien qu'on eût fixé à dix jours la durée d'incubation.

Le régime sanitaire imposé aux navires par la Convention varie selon que ces bâtiments sont *infectés*, *suspects* ou *indemnes*.

Régime des navires infectés.

Les mesures qui leur sont imposées sont fixées par l'article 21 et visent :

1° Les personnes ;

2° Le linge sale, les effets à usage, etc.

1. *Conf. de Paris*, 1903, p. 280.
2. *Conf. de Paris*, 1903, p. 280.

3° Le navire;

4° Les rats.

1° *Les passagers et le personnel* subissent d'abord une visite médicale individuelle. Puis, les *malades* sont immédiatement débarqués et isolés; cet isolement *médical* s'applique, comme nous l'avons exposé plus haut, aux personnes chargées exclusivement de soigner les malades.

Les personnes *non malades* doivent être débarquées, si possible, et soumises, à dater de l'arrivée, soit à une observation qui ne dépassera pas cinq jours et pourra être suivie ou non d'une surveillance de cinq jours au plus, soit simplement à une surveillance qui ne pourra excéder dix jours.

Il appartient à l'autorité sanitaire du port d'appliquer celle de ces mesures qui lui paraît préférable selon la date du dernier cas, l'état du navire et les possibilités locales.

D'après la Convention de Venise de 1897, cette même catégorie de personnes devaient être « soumises à une observation « ou à une surveillance dont la durée variera selon l'état sani-«. taire du navire et selon la date du dernier cas, sans pouvoir « dépasser dix jours ».

Sous le régime de la Convention de 1903, l'observation ne dépassera jamais cinq jours. Observation veut dire : isolement des voyageurs soit à bord d'un navire, soit dans une station sanitaire avant qu'ils n'obtiennent la libre pratique.

Nous pensons que la Convention aurait dû se montrer plus libérale à l'égard des personnes qui se seraient soumises à la sérothérapie antipesteuse préventive; dans ce cas, l'observation devrait être supprimée, et la surveillance réduite à cinq jours.

« Le mot *surveillance* signifie que les voyageurs ne sont pas isolés, qu'ils obtiennent tout de suite la libre pratique, mais sont signalés à l'autorité dans les diverses localités où ils se rendent et soumis à un examen médical constatant leur état de santé. »

Chaque pays aura le choix entre ces deux mesures : observation et surveillance. Mais il ne s'ensuit pas qu'il pourra adopter indifféremment l'une ou l'autre, et il y a peu de pays où la surveillance puisse être employée actuellement sans danger pour la santé publique.

Si, en effet, « la surveillance » est assez facile à exercer sur *l'équipage*, il n'en va pas de même pour les passagers, surtout dans les pays de transit ; quelques centaines de passagers débarquant dans un port de Hollande ou de Belgique par exemple, et se dispersant dans toutes les directions, ne seraient pas faciles à surveiller assurément. La prudence commande dans ce cas de préférer l'« observation ».

Pour la Turquie, les difficultés seraient vraiment extrêmes, ainsi que le Dr Duca Pacha l'a fait connaître à la Conférence[1] :

« La *surveillance* ne peut être appliquée en l'état actuel des choses, du moins en ce qui nous concerne. En effet, il faut reconnaître qu'en Orient un grand nombre de villes présentent, aux yeux de l'hygiéniste, des conditions d'insalubrité telles qu'elles sont tout désignées pour servir de terrain à la diffusion profonde et à l'extension rapide des principes épidémiques. Il y a lieu aussi d'objecter que beaucoup de villes sont dépourvues, non seulement de moyens prophylactiques, mais aussi de médecins suffisamment familiarisés avec les épidémies qui nous occupent pour pouvoir diagnostiquer dès leur premier examen un cas de peste ou de choléra. Et en admettant même que dans ces villes le service d'isolement et de prophylaxie puisse être rapidement organisé, que de fois ne se butera-t-on pas contre le mauvais vouloir d'une population très souvent terrorisée? Il sera aussi très difficile de suivre et de surveiller les voyageurs auxquels on aura délivré des passeports sanitaires, dans leurs déplacements successifs, et surtout lorsque ces voyageurs feront de fausses déclarations en ce qui concerne leur lieu de destination[2]. »

Dans d'autres pays au contraire la surveillance est facilitée par des dispositions réglementaires spéciales.

---

1. *Conf. de Paris*, 1903, p. 282.

2. Aussi le Dr Duca Pacha ne demande-t-il le remplacement de la quarantaine d'observation par la surveillance que toutes les fois *que la chose sera possible*.

En Russie, l'obligation du passeport pour toute personne qui se déplace permet de suivre les voyageurs dans toutes leurs pérégrinations.

Le Dr Ruffer, délégué d'Egypte, déclare à la Conférence que, dans les pays d'Orient, on ne saurait substituer la surveillance à l'observation, que si l'on peut l'appuyer sur un règlement intérieur analogue à celui que l'Egypte applique à ses nationaux, et dont voici quelques fragments[1] :

« Tous ces passagers seront débarqués, subiront une visite médicale complète, prendront une douche-lavage, si le médecin de la station sanitaire le juge nécessaire, et leur linge sale et autres objets susceptibles seront désinfectés.

« Ces opérations une fois terminées, les passagers auront libre pratique.

« Toutefois les passagers devront donner une adresse fixe en Egypte et déposer un cautionnement de cinq livres égyptiennes. Une somme de 450 piastres leur sera rendue après une période de cinq jours, si pendant ces cinq jours ils se sont présentés tous les jours à la visite médicale à l'endroit qui leur aura été fixé ; faute de quoi le cautionnement sera acquis, sans autre forme de procès, au Conseil sanitaire maritime et quarantenaire.

« Les passagers qui ne pourraient pas déposer la somme nécessaire seront mis en libre pratique, à condition qu'un notable indigène ou européen se porte garant pour eux et verse cinq livres égyptiennes à la caisse du Conseil sanitaire maritime et quarantenaire. Les passagers qui ne se seront pas présentés tous les jours à la visite, pendant la période de cinq jours mentionnée ci-dessus, seront passibles, eux et leurs garants, d'une amende de vingt livres égyptiennes ou de deux mois d'emprisonnement.

« Au cas où ils seraient empêchés par maladie de se rendre à l'endroit fixé pour la visite médicale, ils devront prévenir de suite le médecin qui les visitera alors à domicile.

« Les personnes qui ne pourront verser la somme de cinq

1. *Conf. de Paris*, 1903, p. 283.

livres égyptiennes ou obtenir la garantie nécessaire, feront cinq jours de quarantaine après la fin de la désinfection. »

L'Angleterre depuis plus de cinquante ans n'impose pas l'observation; elle emploie seulement la surveillance et, cette pratique ne lui ayant pas donné de mécomptes, on peut en inférer qu'elle est suffisante. Aussi le Dr Thomson, délégué de Grande-Bretagne, proposait-il d'indiquer que les autorités sanitaires ne doivent avoir recours à l'observation que dans des cas exceptionnels.

Cependant on ne saurait méconnaître que la surveillance est difficile à appliquer dans les pays où la circulation est libre. A Marseille, lors de la dernière épidémie cholérique, on a voulu soumettre à une surveillance sanitaire les passagers qui débarquaient dans ce port. Au bout de quarante-huit heures, il n'en restait pas 20 °/°. Il faut donc ne pas se payer de mots, et, sans chercher à substituer la surveillance à l'observation, conserver l'une et l'autre en laissant aux divers pays le soin d'appliquer ces mesures comme ils l'entendront[1]. D'ailleurs M. Anderson[2] a déclaré que l'autorité sanitaire des Etats-Unis ne peut accepter la substitution de la surveillance à l'observation, parce que le système de police et les lois particulières des différents Etats de l'Union pourraient rendre impossible la mise en vigueur de cette mesure.

2° *Le linge sale.* — Les effets à usage et les objets de l'équipage et des passagers qui, de l'avis de l'autorité sanitaire, sont considérés comme contaminés, seront désinfectés.

Sous l'article 177, les moyens de désinfection suivants sont donnés à titre d'indications :
Les hardes, vieux chiffons, pansements infectés, les papiers et autres objets sans valeur doivent être détruits par le feu.
Les effets à usage individuel, les objets de literie, les matelas souillés par le bacille pesteux sont sûrement désinfectés :

1. BROUARDEL, *Conf. de Paris,* 1903, p. 284.
2. *Conf. de Paris,* 1903, p. 137.

Par le passage à l'étuve à vapeur sous pression ou à l'étuve à vapeur fluente à 100° ;

Par l'exposition aux vapeurs de formol.

Les objets qui peuvent, sans détérioration, être trempés dans des solutions antiseptiques (couvertures, linges, draps de lit) peuvent être désinfectés au moyen des solutions de sublimé à 1 %, d'acide phénique à 3 %, de lysol et de crésyl commercial à 3 %, de formol à 1 % (une partie de la solution commerciale de formaldéhyde à 40 %), ou au moyen des hypochlorites alcalins (de soude, de potasse) à 1 %, c'est-à-dire une partie de la solution usuelle d'hypochlorite commercial.

Il va sans dire que le temps de contact doit être assez long pour que les germes desséchés soient bien pénétrés par les solutions antiseptiques. Quatre à six heures suffisent.

3° *Le navire*. — Le navire doit être désinfecté; mais la désinfection sera partielle, c'est-à-dire limitée aux « parties habitées par les pesteux ou qui, de l'avis de l'autorité sanitaire, sont considérées comme contaminées »[1].

4° *Les rats*. — Les mesures contre les rats sont indiquées à l'article 21, 6°, ainsi conçu :

La destruction des rats du navire doit être effectuée avant ou après le déchargement de la cargaison, le plus rapidement possible et, en tout cas, dans un délai maximum de quarante-huit heures, en évitant de détériorer les marchandises, les tôles et les machines.

Pour les navires sur lest, cette opération doit se faire le plus tôt possible *avant* le chargement.

La destruction des rats est une mesure essentielle, indispensable, dans la prophylaxie de la peste; ces rongeurs sont les agents les plus actifs de la dissémination de la maladie, et, sans eux, aucun foyer important ne peut se constituer. La dératisation peut s'obtenir par une foule de procédés; la Convention indique (art. 177) seulement les trois principaux :

l'acide sulfureux,

l'oxyde de carbone,

l'acide carbonique.

1. Voy. : E. VALLIN, Peste et désinfectants. *Revue d'Hygiène*, 1897. — A. J. MARTIN, La désinfection par l'aldéhyde formique gazeuse. *Rev. d'Hyg.*, 1899, p. 613. — LESTAGE, *Etude critique des principaux procédés de désinfection des navires*. Th. Bordeaux, 1903-04.

Ces divers gaz tuent les rats, mais seul l'acide sulfureux jouit en même temps de propriétés bactéricides et désinfectantes, à condition qu'il soit obtenu au moyen de l'appareil Clayton. Le Dr Calmette[1] a montré que l'acide sulfureux obtenu par ce procédé, le gaz Clayton, détruit rapidement les punaises, tandis que l'acide sulfureux obtenu à l'état de pureté par l'évaporation de l'acide sulfureux liquide, ne tue pas les punaises à la dose de 22 %.

Les objections faites à la sulfuration visent à peu près toutes le gaz obtenu par combustion du soufre à l'air libre; sous cette forme, la concentration ne dépasse guère 3 à 4 %; en outre, les condensations, inévitables en pareil cas, altèrent les surfaces métalliques et certaines marchandises.

Le gaz Clayton doit son activité spéciale à sa concentration plus élevée (10 à 15 %) et à une certaine quantité d'anhydride sulfurique. Il sort de l'appareil considérablement refroidi, ce qui supprime les condensations et leurs inconvénients pour les métaux. On a pu s'assurer, au cours de nombreuses expériences, que les marchandises les plus diverses n'éprouvent aucun dommage de la sulfuration ainsi pratiquée.

En ce qui concerne certaines marchandises délicates, il suffit de les recouvrir d'un papier ou d'une toile pour éviter les inconvénients résultant des condensations. Les fruits verts, les raisins, la viande ne subissent pas d'altération véritable. La farine ne peut pas être employée aussitôt après la sulfuration; elle est alors impropre à la panification, mais si l'on a soin de l'aérer, elle retrouve toutes ses propriétés[2].

Le Dr Nocht a soulevé quelques objections et insisté sur certains faits démontrant la persistance de l'acide sulfureux dans diverses substances, ainsi que sur la difficulté d'aérer les farines après l'opération. Enfin, il ne croit pas que le gaz Clayton, pas plus que l'acide sulfureux ordinaire (ce dernier seul a été expérimenté par lui), puisse pénétrer dans tous les recoins du navire;

---

1. *Conf. de Paris*, 1903, p. 368.
2. Dr CALMETTE, *Conf. de Paris*, 1903, p. 368.

et, à l'appui de son opinion, il rapporte l'expérience suivante :

Il a fait mettre dans les cales vides d'un grand bâtiment, la *Bulgaria*, trois cents rats, enfermés dans des cages. Ces cages, réparties sur des points différents, ont été entièrement recouvertes de matelas, de sacs et autres objets analogues, entassés sur une grande hauteur. D'autres cages ont été placées dans des trous. On a alors envoyé le gaz générateur contenant de l'oxyde de carbone et tous les rats ont été tués. Cette expérience a été renouvelée avec de l'acide sulfureux liquide, mais alors les rats sont demeurés vivants[1].

Dans le même ordre d'idées, le Dr Thomson rappelle qu'à Dunkerque, à propos de la sulfuration du navire anglais *Batavia*, l'opération dura neuf heures, et, qu'au bout de ce temps, on trouva des rats vivants dans deux cales ; on trouva aussi des insectes qui n'avaient pas succombé.

Les délégués des Etats-Unis ont fait connaître la pratique de leur pays, où depuis dix ans on procède à la désinfection des navires et à la dératisation à l'aide d'un four à soufre; si, après l'opération, on trouve des rats ou des insectes vivants, on recommence. On n'a jamais constaté de détérioration des marchandises, ni des parois des navires.

La pratique française montre également que la sulfuration n'altère guère les marchandises ou les navires, puisqu'on a pu l'employer, *avant déchargement*, quarante-sept fois à Dunkerque et trois fois à Dieppe sans provoquer de réclamation. Le professeur Proust a déclaré à la Conférence que le Dr Duriau, directeur de la Santé, et M. David, chimiste en chef des finances, ont expérimenté sur des raisins frais, des clefs, des bistouris, sans les altérer en rien. Quant aux étoffes, l'enroulement et l'emballage, tels qu'on les pratique dans le commerce, suffisent à les protéger contre les altérations que leur ferait subir le contact direct de l'anhydride sulfurique.

L'expérience a porté sur 338 échantillons de tissus divers : soieries, lainages, cotonnades, peluches, velours, draps, etc. —

---

1. Dr NOCHT, *Conf. de Paris*, 1903, p. 369.

Les 338 échantillons furent divisés en 7 paquets, dans lesquels on plaça du papier de tournesol. Les sept paquets furent réunis en un seul ballot, cousu dans la toile en usage et descendu à fond de cale. La sulfuration dura deux heures et demie et fut faite par la manche à vent dans laquelle on refoulait le gaz à une concentration de 7 à 12 %.

Dans le ballot, retiré au bout de six jours, on constata que tous les papiers de tournesol avaient rougi, que les échantillons ne sentaient pas le soufre, *qu'aucun n'avait subi d'altération*[1].

Les craintes d'altération des marchandises, tôles et machines, ne sont donc pas fondées.

Les cas des navires *Bulgaria* et *Batavia*, cités par MM. Thomson et Nocht, prouvent qu'il faut instituer un *contrôle sévère* des opérations et vérifier la concentration du gaz sulfureux. Comme éléments de ce contrôle, on peut citer les constatations faites lors du déchargement; on pourrait aussi placer des rats témoins dans les recoins, ou des réactifs comme le tournesol quand on emploie l'acide sulfureux.

La conclusion de ce débat scientifique se trouve dans les propositions suivantes formulées par MM. Brouardel et Calmette et adoptées à l'unanimité par la Sous-Commission Technique[2] :

Dans l'état actuel de la science, les moyens qui ont été conseillés comme les plus efficaces pour la destruction des rats à bord des navires sont :

1º Un mélange d'acide sulfureux et d'anhydride sulfurique, propulsé sous pression dans les cales et assurant le brassage de l'air en même temps qu'une concentration en acide sulfureux égale au moins a 8 % par mètre cube d'air;

2º Un mélange d'oxyde de carbone et d'acide carbonique;

3º L'acide carbonique.

Il y a lieu d'organiser dans les ports un contrôle permettant de s'assurer, pour chaque opération de désinfection, que les rats

---

1. *Conf. de Paris*, 1903, p. 276.
2. *Conférence de Paris* de 1903, p. 374.

ont été complètement détruits. Ce contrôle n'est pas exigé lorsque l'opération est faite par le service sanitaire.

De récentes expériences sont venues confirmer ce que nous avons dit des propriétés bactéricides du gaz sulfureux-sulfurique[1].

Coût de la dératisation. — (Voir p. 74.)

Durée de la dératisation. — Cette opération doit être faite avec la plus grande célérité possible, et en tous cas dans un délai maximum de quarante-huit heures.

Le Dr Thomson, se basant sur l'administration française qui

1. *Reports to the local Government Board on the destruction of rats and desinfection on Shipboard*, by J.-S. HALDANE et J. WADE, an. in *Rev. d'hyg.*, I, 1905; — *Experiments on the Clayton process and sulphur dioxide as applied in the destruction of rats and in desinfection*, Dr WADE, in *Rev. d'hyg.*, I, 1905. — Faits constatés :

Les rats et les insectes sont tués au bout de deux heures quand la proportion du dioxyde de soufre dans l'air du local atteint 0,5 p. 100; un rat adulte peut, à la rigueur, supporter la proportion de 0,2 p. 100. Il meurt au bout de sept minutes dans 7 p. 100 de ce gaz; au bout de vingt-cinq à trente minutes, avec 0,5 à 1,2 p. 100; au bout de une heure trente minutes à une heure cinquante minutes, avec les proportions de 0,22 à 0,34. Il peut revenir à lui quand il a été exposé, même pendant quatre heures, dans un mélange à 0,17 p. 100. La proportion de 10 à 12 p. 100, recommandée par M. Clayton, est donc très largement suffisante, mais à la condition que ce mélange pénètre toutes les parties de la cargaison.

Expériences sur les bacilles de la peste et du choléra :

Des fragments de papier à cigarette ou à filtre, imprégnés de culture, étaient placés dans des tubes en verre, bouchés à leurs deux extrémités par des tampons de coton stérilisé; chaque groupe de tubes était placé dans une enveloppe cachetée, roulé dans une couche épaisse d'ouate, puis dans plusieurs doubles de couverture de laine, formant un petit paquet de 22 centimètres de long sur 15 à 20 centimètres d'épaisseur. On soumit ainsi à l'expérience plus de trois cents tubes. Avec la proportion de dioxyde sulfureux de 8 p. 100, les germes pesteux furent toujours détruits au bout de deux heures de séjour; les bacilles d'Eberth ne le furent qu'après un séjour de cinq heures et demie dans un mélange à 11 p. 100. Le bacille du choléra n'est tué qu'au bout de cinq heures dans le mélange à 9 p. 100; il résiste à 8 p. 100 continués seulement pendant quatre heures et demie.

Autre conclusion : la prolongation de l'exposition au gaz Clayton a plus d'importance que la proportion du dioxyde sulfureux; en d'autres termes, on ne gagne pas de temps en augmentant les doses.

peut dératiser un bâtiment en moins de dix heures, aurait voulu que la Convention fixât un maximum de vingt-quatre heures; mais au scrutin, cette proposition ne recueillit que les deux voix de l'Angleterre et de l'Inde Britannique. La Commission Technique, tenant compte des ports insuffisamment outillés, a accepté le maximum de quarante-huit heures proposé par M. Gaffky, délégué d'Allemagne.

Toutes les mesures que nous venons de passer en revue sont édictées par l'article 21 dont voici le texte :

Les navires *infectés de peste* sont soumis au régime suivant :
1° Visite médicale;
2° Les malades sont immédiatement débarqués et isolés;
3° Les autres personnes doivent être également débarquées, si possible, et soumises, à dater de l'arrivée, soit à une observation[1] qui ne dépassera pas cinq jours et pourra être suivie ou non d'une surveillance[2] de cinq jours au plus, soit simplement à une surveillance qui ne pourra excéder dix jours.

Il appartient à l'autorité sanitaire du port d'appliquer celle de ces mesures qui lui paraît préférable selon la date du dernier cas, l'état du navire et les possibilités locales;

4° Le linge sale, les effets à usage et les objets de l'équipage[3] et des passagers qui, de l'avis de l'autorité sanitaire, sont considérées comme contaminés, seront désinfectés;

5° Les parties du navire qui ont été habitées par des pesteux ou qui de l'avis de l'autorité sanitaire, sont considérées comme contaminées, doivent être désinfectées;

6° La destruction des rats du navire doit être effectuée avant ou après le déchargement de la cargaison, le plus rapidement possible et, en tout cas, dans un délai maximum de quarante-huit heures, en évitant de détériorer les marchandises, les tôles et les machines.

1. Le mot « observation » signifie isolement des voyageurs soit à bord d'un navire, soit dans une station sanitaire, avant qu'ils n'obtiennent la libre pratique.

2. Le mot « surveillance » signifie que les voyageurs ne sont pas isolés; qu'ils obtiennent tout de suite la libre pratique, mais sont signalés à l'autorité dans les diverses localités où ils se rendent et soumis à un examen médical constatant leur état de santé.

3. Le mot « équipage » s'applique aux personnes qui font ou ont fait partie de l'équipage ou du personnel de service du bord, y compris les maîtres d'hôtel, garçons, cafedji, etc. C'est dans ce sens qu'il faut comprendre ce mot chaque fois qu'il est employé dans la présente Convention.

Pour les navires sur lest, cette opération doit se faire le plus tôt possible avant le chargement.

Régime des navires suspects de peste.

Les navires de cette catégorie sont « ceux à bord desquels il y a eu des cas de peste au moment du départ ou pendant la traversée, mais aucun cas nouveau depuis *sept* jours ». Le régime auquel ils sont soumis est fixé par l'article 22 de la Convention et comprend des mesures *obligatoires* et des mesures *facultatives*.

A) *Mesures obligatoires.* — Les mesures obligatoires, reproduction de celles prescrites pour les navires infectés, sont :

1º La *visite* médicale ;

2º La *désinfection* du linge sale, des effets à usage et des objets appartenant à l'équipage ou aux passagers, et qui, de l'avis de l'autorité sanitaire, sont considérés comme contaminés ;

3º La *désinfection* des parties du navire habitées par les pesteux, ou qui, de l'avis de l'autorité sanitaire, sont considérées comme contaminées.

B) *Mesures facultatives.* — Parmi les mesures qui *peuvent* être imposées aux navires suspects figurent :

1º L'interdiction du débarquement de l'équipage, sauf pour raisons de service, et pendant une durée de cinq jours à dater de l'arrivée ;

2º La *surveillance* des passagers et de l'équipage ; elle ne devra pas durer plus de cinq jours à partir de l'arrivée du navire ; comme le dernier cas remontait déjà à sept jours, la surveillance prendra fin douze jours (7 + 5) au moins après le dernier cas, et c'est plus que suffisant pour donner toute sécurité ;

3º Enfin, la *dératisation* n'est pas imposée, mais simplement *recommandée;* elle devra être faite, s'il y a lieu, dans un délai maximum de quarante-huit heures, et pour les navires sur lest, toujours avant le chargement.

Toutes ces dispositions résultent de l'article 22 ci-après :

Les navires *suspects de peste* sont soumis aux mesures indiquées sous les nᵒˢ 1, 4 et 5 de l'article 21.

En outre, l'équipage et les passagers peuvent être soumis à une surveillance qui ne dépassera pas cinq jours à dater de l'arrivée du navire. On peut, pendant le même temps, empêcher le débarquement de l'équipage, sauf pour raisons de service.

Il est recommandé de détruire les rats du navire. Cette destruction est effectuée, avant ou après le déchargement de la cargaison, le plus rapidement possible et, en tout cas, dans un délai maximum de quarante-huit heures, en évitant de détériorer les marchandises, les tôles et les machines.

Pour les navires sur lest, cette opération se fera, s'il y a lieu, le plus tôt possible et, en tout cas, avant le chargement.

Régime des navires indemnes (peste).

Aux termes de l'article 20 de la Convention de 1903, « est considéré comme *indemne*, bien que venant d'un port contaminé, le navire qui n'a eu ni décès, ni cas de peste à bord, soit avant le départ, soit pendant la traversée, soit au moment de l'arrivée ». Les éléments d'appréciation seront fournis par les documents officiels du bâtiment (patente de santé, registres). En outre, l'autorité compétente du port d'arrivée peut toujours réclamer sous serment un certificat du médecin du bord, ou à son défaut, du capitaine, attestant qu'il n'y a pas eu de cas de peste sur le navire depuis le départ, et qu'une mortalité insolite des rats n'a pas été constatée (art. 23 *in fine*).

La libre pratique est immédiatement donnée aux navires de cette catégorie. Cependant, comme ces bâtiments ont touché un point contaminé et que, de ce fait, ils peuvent, bien qu'indemnes, recéler dans leurs flancs des germes pathogènes, on ne saurait les considérer comme absolument inoffensifs ; c'est pourquoi la Convention a fixé limitativement (art. 23) le régime sanitaire auxquels ils *peuvent* être soumis par l'autorité du port d'arrivée, et qui comprend les mesures suivantes :

1° *Visite médicale*.

2° *Désinfection* du linge sale, des effets à usage, et des autres objets de l'équipage et des passagers, mais seulement dans les *cas exceptionnels*, lorsque l'autorité sanitaire a des raisons spéciales de croire à leur contamination.

3° *Dératisation.* — Cette opération, lorsque l'autorité compétente la jugera nécessaire, se fera aussitôt que possible, avant ou après le déchargement de la cargaison, et ne devra pas durer plus de *vingt-quatre heures*, en évitant de détériorer les marchandises, les tôles et les machines, et d'entraver la circulation des passagers et de l'équipage entre le navire et la terre ferme. Signalons en passant que le délai accordé par la Convention pour dératiser les navires indemnes, est la moitié de celui qu'elle accorde pour la dératisation des navires infectés ou suspects.

Les bâtiments sur lest seront dératisés le plus tôt possible et en tout cas avant le chargement.

Lorsqu'un navire venant d'un port contaminé a été soumis à la destruction des rats, celle-ci ne peut être renouvelée que si le navire a fait relâche dans un port contaminé en s'y amarrant à quai, ou si la présence de rats morts ou malades est constatée à bord.

4° *Surveillance.* — L'équipage et les passagers *peuvent* être soumis à une surveillance qui ne dépassera pas *cinq jours* à compter de *la date où le navire est parti du port contaminé.* On peut également, pendant le même temps, empêcher le débarquement de l'équipage, sauf pour raisons de service.

Il va de soi que la question de la surveillance ne se pose pas pour un navire ayant effectué une traversée de plus de cinq jours.

Le régime des navires indemnes de peste est fixé par les dispositions de l'article 23 ci-après :

Les navires *indemnes de peste* sont admis à la libre pratique immédiate, quelle que soit la nature de leur patente.

Le seul régime que peut prescrire à leur sujet l'autorité du port d'arrivée consiste dans les mesures suivantes :

1° Visite médicale ;

2° Désinfection du linge sale, des effets à usage et des autres objets de l'équipage et des passagers, mais seulement dans les cas exceptionnels, lorsque l'autorité sanitaire a des raisons spéciales de croire à leur contamination ;

3° Sans que la mesure puisse être érigée en règle générale, l'autorité sanitaire peut soumettre les navires venant d'un port contaminé à une opération destinée à détruire les rats à bord, avant ou après le déchargement de la cargaison. Cette opération doit être faite aussitôt que pos-

sible et, en tout cas, ne doit pas durer plus de vingt-quatre heures en
évitant de détériorer les marchandises, les tôles et les machines, et d'entraver la circulation des passagers et de l'équipage entre le navire et la
terre ferme. Pour les navires sur lest, il sera procédé, s'il y a lieu, à
cette opération le plus tôt possible et, en tout cas, avant le chargement.

Lorsqu'un navire venant d'un port contaminé a été soumis à la destruction des rats, celle-ci ne peut être renouvelée que si le navire a fait
relâche dans un port contaminé en s'y amarrant à quai, ou si la présence
de rats morts ou malades est constatée à bord.

L'équipage et les passagers peuvent être soumis à une surveillance
qui ne dépassera pas cinq jours à compter de la date où le navire est
parti du port contaminé. On peut également, pendant le même temps,
empêcher le débarquement de l'équipage, sauf pour raisons de service.

L'autorité compétente du port d'arrivée peut toujours réclamer sous
serment un certificat du médecin du bord, ou, à son défaut, du capitaine, attestant qu'il n'y a pas eu de cas de peste sur le navire depuis le
départ et qu'une mortalité insolite des rats n'a pas été constatée.

*
* *

La Conférence, pour les raisons que nous avons exposées plus
haut, n'a pas cru devoir imposer la déclaration obligatoire des
épizooties pesteuses chez les rats, au même titre que la déclaration des cas de peste chez l'homme. Elle s'est contentée de prescrire (art. 24) des mesures spéciales, « lorsque, sur un navire
indemne, des rats ont été reconnus pesteux après examen bactériologique, ou bien que l'on constate parmi ces rongeurs une
mortalité insolite ».

Régime des navires indemnes avec rats pesteux (art. 24).

Les mesures prescrites dans ce cas sont les suivantes :

1° *Visite médicale.*

2° *Dératisation.* — La Commission Technique s'est prononcée
à l'unanimité pour la destruction des rongeurs ; cette opération,
obligatoire, doit être faite avant ou après le déchargement de la
cargaison, le plus rapidement possible, et, en tout cas, dans un
délai maximum de quarante-huit heures, en évitant de détériorer les tôles et les machines. Les navires sur lest subissent cette

opération le plus tôt possible, et, en tout cas, avant le chargement.

3° *Désinfection* des parties du navire et des objets que l'autorité sanitaire locale juge contaminés.

4° *Surveillance*. — Les passagers et l'équipage *peuvent* être soumis à une surveillance dont la durée ne doit pas dépasser *cinq jours* comptés *à partir de la date d'arrivée*, sauf dans des cas exceptionnels où l'autorité sanitaire *peut prolonger* la surveillance jusqu'à un maximum de *dix jours*.

Régime des navires indemnes sur lesquels est constatée une mortalité insolite des rats (art. 24).

Les mesures applicables en l'espèce sont les suivantes :

1° *Visite médicale*.

2° *Examen des rats* au point de vue de la peste; cet examen sera fait autant et aussi vite que possible[1]; il s'agit donc d'une mesure de précaution subordonnée aux possibilités locales.

3° *Dératisation*. — Cette opération dépend des résultats de l'examen des rats; si elle est jugée nécessaire, elle sera faite dans les conditions fixées pour les navires avec rats pesteux.

4° *Surveillance*. — Jusqu'à ce que tout soupçon soit écarté,

---

1. Le Dr Nocht a exposé à la Commission Technique le système pratiqué à Hambourg. Il y a dans ce port un service de recherches qui examine les cadavres des rats trouvés dans des circonstances suspectes. Quant aux moyens de destruction, il y a lieu d'établir dans leur emploi une distinction suivant que le navire est vide ou chargé. Dans ce dernier cas, en effet, il n'est pas toujours possible d'appliquer le procédé, d'ailleurs efficace, dont dispose le service sanitaire, avant le déchargement des marchandises. Il faut alors décharger le navire tout d'abord en l'isolant, de façon à ce que les rats ne puissent se rendre à terre. Le déchargement se fait sur des chalands, les cales sont inspectées et les marchandises examinées. Dans un cas, on a passé du blé à travers des tamis à mailles assez étroites pour retenir les nombreux cadavres de rats qui en ont été ainsi retirés. On peut donc, de cette manière, retenir tous les rats à bord et s'assurer qu'il n'en reste pas dans les marchandises. Il est naturellement préférable de se servir d'un appareil permettant de détruire les rats avant le déchargement, mais comme ce moyen n'est pas toujours applicable, il ne faut pas faire de prescriptions obligatoires, et il vaut mieux se contenter d'indiquer qu'il sera procédé autant que possible à la destruction des rats, soit avant, soit après déchargement.

les passagers et l'équipage *peuvent* être soumis à une surveillance dont la durée ne dépassera pas *cinq jours* comptés *à partir de la date d'arrivée*, sauf dans des cas exceptionnels où l'autorité sanitaire *peut* prolonger la surveillance jusqu'à un maximum de *dix jours*.

Pour certifier l'exécution et la date des opérations de destruction des rats, ainsi que pour éviter une nouvelle dératisation non justifiée, l'article 25 stipule que :

L'autorité sanitaire du port délivre au capitaine, à l'armateur ou à son agent, toutes les fois que la demande en est faite, un certificat constatant que les mesures de destruction des rats ont été effectuées, et indiquant les raisons pour lesquelles ces mesures ont été appliquées.

En résumé, la dératisation des navires est *obligatoire* pour les navires infectés et pour les navires indemnes avec rats pesteux, *facultative* pour les navires suspects ou indemnes.

Nous estimons, avec beaucoup d'hygiénistes, que la Conférence aurait dû se montrer plus sévère et exiger la dératisation dans tous les cas. Sans doute, elle était bien convaincue que les rongeurs font courir de grands dangers à la santé publique et que leur destruction est de la plus grande importance ; mais elle a craint, en se montrant trop exigeante, de se heurter à d'insurmontables difficultés d'application. La dératisation est une opération coûteuse par elle-même et surtout par les retards qu'elle entraîne ; les grands navires comportent des frais d'entretien considérables (plus de 1,000 francs par jour) ; pour eux surtout, le temps c'est de l'argent. A ces raisons d'ordre commercial viennent s'ajouter des objections d'ordre médical. On a fait remarquer que, dans bien des ports où on ne dératise pas, de nombreux navires provenant de circonscriptions contaminées ont pu être admis sans introduire la peste ; que dans des épidémies meurtrières, celle de Bombay par exemple, on n'a trouvé des rats pesteux qu'en très petit nombre. Il est vrai. Mais en matière scientifique, les faits négatifs n'ont qu'une valeur probatoire fort limitée ; d'autre part, il ne faut pas oublier que la recherche des rats pesteux est souvent très difficile, que ces rongeurs émigrent au début des épidémies, et qu'enfin, si on n'en a pas trouvé, il serait téméraire de conclure qu'il n'en existe pas.

En envisageant la question au point de vue purement économique, il est permis de penser que les inconvénients de la dératisation préventive systématique, pratiquée à périodes fixes plus ou moins espacées (deux ou trois mois par exemple), comme elle a été proposée, seraient compensés par ses avantages. Les rats ne sont pas seulement une cause d'insalubrité; ils vivent aux dépens de la cargaison et lui causent des dégâts qui ne sont pas toujours négligeables. Une seule dératisation tue souvent plusieurs centaines de rats à bord d'un navire; on a même vu des cas où le nombre des rats détruits par une seule sulfuration dépassait un millier : onze cents sur le *Saghalien*[1].

Enfin, par la dératisation préventive, les navires échapperaient à l'obligation éventuelle de décharger en route leurs marchandises pour se soumettre à la destruction des rats[2].

« Lorsque les armateurs, les capitaines de navires et les services sanitaires voudront se résoudre à pratiquer systématiquement la destruction des rats avant de débarquer leur cargaison, non seulement ils assureront eux-mêmes la protection de leurs équipages et de leurs passagers de la manière la plus efficace, non seulement ils éviteront tout danger d'importation de la peste dans les ports où ils déchargent leurs marchandises, mais ils se trouveront en droit d'exiger la suppression des quarantaines qui causent au commerce international des dommages considérables et aux passagers des vexations aussi inutiles que pénibles[3]. »

---

1. Vallin, *Services sanitaires et lazaret du Frioul*. Rapport à l'Acad. de Méd., séance du 11 mars 1902.

2. En septembre 1901, le *Sénégal* eut deux cas de peste au départ de Marseille, où pourtant l'état sanitaire était excellent. À bord du *Szopary*, on observait deux cas de peste dans l'équipage, le lendemain du jour où ce bâtiment avait reçu la libre pratique. — A Constantinople, tous les navires sont dératisés à l'arrivée, à moins de fournir un certificat prouvant que cette opération a été faite depuis moins de quarante jours. Le Conseil supérieur de santé de Constantinople demande la généralisation de cette mesure.

3. Calmette, *La prophylaxie sanitaire de la peste*. Rapport au Congrès d'hygiène de Bruxelles, 1903.

DISPOSITIONS PARTICULIÈRES AU CHOLÉRA.

Il est admis actuellement que l'eau potable ne joue aucun rôle dans la propagation de la peste, à moins qu'elle n'ait été souillée par la présence de cadavres de rats pesteux. La Conférence de 1903 s'est ralliée à ce principe ; en conséquence, elle n'a inscrit dans la Convention aucune mesure relative à l'eau des cales ou à l'eau d'alimentation à bord des navires quand il s'agit de peste.

Mais pour le choléra il en va tout autrement. Déjà lors de la Conférence de Dresde, les agents et les modes de transmission du choléra étaient bien connus grâce aux travaux de Koch. Aussi, en raison de ces faits nouveaux, on put, à Dresde, modifier dans un sens libéral les mesures sanitaires en vigueur. On sait, en effet, que jusqu'alors les navires partis d'un point contaminé, étaient, à leur arrivée, soumis à un régime sévère comportant une observation de durée fort variable ; il y avait toujours isolement à bord ou au lazaret avant l'admission à la libre pratique.

Le système adopté par la Convention de Paris, 1903, est la reproduction à peu près complète du régime consacré à Dresde. Il nous reste à l'envisager après avoir rappelé au préalable que la définition des navires *infectés*, *suspects* et *indemnes* étant commune aux deux affections, peste et choléra, les explications que nous avons fournies précédemment nous permettront ici d'être plus bref[1].

---

1. Voy. : LEGRAND, *Contribution à l'étude de la prophylaxie sanitaire maritime moderne du choléra*. Th. de Paris, 1889-90. — PROUST, *La défense de l'Europe contre le choléra*, 1893. — P. BROUARDEL, La défense contre le choléra. *Acad. de Méd.*, septembre 1893. — GAILLARD, *Le choléra*. Paris, 1894. — KELSCH, *Traité des maladies épidémiques*. Paris, 1894. — LESAGE, *Le choléra*. Collection Léanté. — WIDAL, Art. *choléra* du *Traité de médecine*, Bouchard et Brissaud, 2e édition, 1904.

Régime des navires infectés de choléra.

Les navires *infectés* de choléra sont soumis au régime suivant (art. 26) :

1° *Visite médicale.*

2° Les *malades* sont immédiatement débarqués et *isolés.*

3° *Les autres personnes doivent* être également débarquées, si possible, et soumises, à dater de l'arrivée du navire, à une *observation ou à une surveillance* dont la durée variera, selon l'état sanitaire du navire et selon la date du dernier cas, sans pouvoir dépasser *cinq jours.* En laissant à l'autorité compétente le choix entre l'observation et la surveillance, — comme dans le cas de navires infectés de peste, — la Convention de 1903 s'est montrée plus libérale que celle de Dresde qui n'admettait que l'observation. L'importance de cette décision est considérable et ce qui reste des anciennes pratiques quarantenaires est condamné à disparaître. Il est permis d'espérer que, dans un avenir peu éloigné, les services sanitaires des Puissances seront organisés de façon à autoriser la pratique exclusive de la *surveillance,* sans faire courir aucun risque à la santé publique.

4° *Le linge sale,* les effets à usage et les objets de l'équipage et des passagers qui, de l'avis de l'autorité sanitaire du port, sont considérés comme contaminés, sont désinfectés.

5° *Les parties du navire* qui ont été habitées par les malades atteints de choléra, ou qui sont considérées par l'autorité sanitaire comme contaminées, sont désinfectées.

Il s'agit donc uniquement d'une *désinfection partielle* limitée aux choses contaminées ou vraisemblablement contaminées.

6° *L'eau de la cale* est évacuée, après désinfection.

L'autorité sanitaire *peut* ordonner la substitution d'une bonne eau potable à celle qui est emmagasinée à bord.

Il *peut être interdit* de laisser s'écouler ou de jeter dans les eaux du port les déjections humaines, à moins de désinfection préalable.

Toutes ces mesures relatives à l'eau à bord sont absolument

7

justifiées par nos connaissances sur la transmission hydrique du choléra. Nous pensons même que la Convention eût été bien inspirée en faisant une *obligation* de l'interdiction *facultative*, formulée par l'article 26, alinéa 6°; et la substitution des mots « *Il est interdit* » à l'expression « *Il peut être interdit* » nous semble légitime [1].

Régime des navires suspects de choléra.

Les *navires suspects de choléra* (art. 27) sont astreints aux mesures prescrites sous les numéros 1°, 4°, 5°, 6° de l'article 26, que nous venons d'exposer. En outre, l'équipage et les passagers *peuvent* être soumis à une *surveillance* qui ne doit pas dépasser *cinq* jours à dater de l'arrivée du navire. Il est recommandé d'empêcher, pendant le même temps, le débarquement de l'équipage, sauf pour raisons de service.

La *surveillance* est donc la seule mesure applicable aux passagers et à l'équipage d'un navire suspect de choléra, et encore cette mesure est-elle purement *facultative* et laissée à l'appréciation de l'autorité compétente.

Régime des navires indemnes (choléra).

Les navires *indemnes de choléra* sont admis à la libre pratique immédiate, quelle que soit la nature de leur patente (art. 28).

Le seul régime que puisse prescrire à leur sujet l'autorité du port d'arrivée consiste dans les mesures prévues aux numéros 1°, 4° et 6° de l'article 26.

L'équipage et les passagers *peuvent* être soumis, au point de vue de leur état de santé, à une *surveillance* qui ne doit pas

---

1. Voy. : GoTo, Le service de quarantaine militaire pendant la guerre sino-japonaise de 1894-95. *Rev. d'Hyg.*, 1899. — DuRASUEL, *La défense de l'Europe contre l'invasion des épidémies indiennes par voie maritime*. Th. de Lille, 1898-99. — LASSERNE, Le choléra à bord de *la Comète. Arch. de méd. navale*, août 1903. — PUNGIER, L'eau distillée comme eau de boisson à bord. *Arch. de méd. navale*, décembre 1903.

dépasser *cinq* jours à compter de la date où le *navire est parti* du port contaminé; nous avons vu que, pour les navires *infectés* ou *suspects*, le point de départ de l'observation ou de la surveillance dans le premier cas, de la surveillance seule dans le second, était la *date de l'arrivée* du navire.

Il est recommandé d'empêcher pendant le même temps (cinq jours) le débarquement de l'équipage, sauf pour raisons de service.

L'autorité compétente du port d'arrivée peut toujours réclamer, sous serment, un certificat du médecin du bord, ou, à son défaut, du capitaine, attestant qu'il n'y a pas eu de cas de choléra sur le navire depuis le départ.

***

ATTÉNUATION DU RÉGIME EN RAISON DE L'ORGANISATION DU SERVICE SANITAIRE A BORD.

Nous ne pouvons qu'applaudir aux dispositions de l'article 29 ci-après, par lequel la Convention autorise l'autorité compétente à tenir compte de l'outillage sanitaire des navires pour l'application des mesures qui leur sont imposées, suivant la catégorie à laquelle ils appartiennent. Ces dispositions sont de nature à stimuler le zèle des Compagnies de navigation qui ont un intérêt évident à se mettre en état d'en réclamer le bénéfice.

Art. 29. — L'autorité compétente tiendra compte, pour l'application des mesures indiquées dans les articles 21 à 28, de la présence d'un médecin et d'appareils de désinfection (étuves) à bord des navires des trois catégories susmentionnées.

En ce qui concerne la peste, elle aura égard également à l'installation à bord d'appareils de destruction des rats.

Les autorités sanitaires des États auxquels il conviendrait de s'entendre sur ce point, pourront dispenser de la visite médicale et d'autres mesures les navires indemnes qui auraient à bord un médecin spécialement commissionné par leur pays.

Le Congrès international d'hygiène et de démographie, réuni

à Bruxelles peu de temps avant la Conférence de Paris, avait adopté la proposition suivante : « Inviter les Gouvernements intéressés à instituer des médecins sanitaires spécialement instruits en vue de la mission qu'ils ont à remplir, *commissionnés* par le Pouvoir central et *indépendants* des Compagnies de navigation. »

Nous pensons que cette institution rendrait des services considérables dont pourraient bénéficier plus particulièrement les navires non infectés, c'est-à-dire les navires indemnes et même suspects venant d'un port contaminé. La présence à bord d'un médecin commissionné par son Gouvernement — en raison de la garantie qu'elle procure — doit entraîner logiquement une atténuation appréciable du régime sanitaire à l'arrivée, atténuation qui pourrait aller jusqu'à la suppression complète de toute entrave, jusqu'à l'admission immédiate à la libre pratique de tout navire à bord duquel ne se serait manifesté, au cours de la traversée, aucun symptôme anormal. Il est inutile d'insister longuement sur les avantages procurés par ce système aux paquebots postaux, à ces colosses modernes dont les frais d'entretien journalier sont si élevés que le moindre retard à l'arrivée ou au départ leur cause un préjudice pécuniaire très appréciable[1].

En France, seuls les bateaux à pèlerins d'Algérie ont un médecin commissionné par le Gouvernement. Sur les paquebots ordinaires, le service médical est assuré par des médecins payés

---

1. L'installation matérielle est parfois fort défectueuse à bord des paquebots. Dans le rapport qu'il adressait à M. le Directeur de la Santé de Marseille, le Dr Cédié s'exprimait ainsi à propos de l'*isolement* : « Je ne saurais trop attirer votre attention sur l'insuffisance des ressources qu'offrent à ce point de vue certains bateaux, notamment le *Laos* et les vapeurs du même modèle. Une seule cabine à peine habitable, très mal située, est affectée au service de l'infirmerie... et c'est tout. Quand le navire est encombré de passagers, comme il arrive fréquemment, on ne saurait réquisitionner, pour les malades, des cabines supplémentaires déjà occupées par les ayant-droit, ni improviser sur le pont une installation d'hôpital. C'est pourtant à ce dernier moyen qu'il a fallu avoir recours dans la circonstance actuelle, mais dans des conditions nécessairement très défectueuses, à tel point qu'elles démontrent l'absolue nécessité d'une réforme. » Cité par Proust et Faivre, Rapport général sur les maladies pestilentielles en 1901. *Recueil des Trav. du Comité d'Hyg.*, t. XXXI.

par les Compagnies dont ils dépendent absolument. Nous traiterons cette question à propos de la réglementation française.

L'Italie, mieux que nous, a compris les avantages réels d'un service médical administrativement organisé à bord. Depuis 1898, le Gouvernement italien fournit aux Compagnies de navigation, *sur leur demande,* des médecins commissionnés par lui; et même une loi de 1901 les *impose* aux navires à émigrants.

En cours de route, le médecin italien, commissaire royal à bord, indépendant de la Compagnie, a la plus entière liberté pour veiller à la bonne exécution des mesures sanitaires. A l'arrivée, ses déclarations n'ont pas à être contrôlées, « le navire est dispensé de la visite médicale »[1]. C'est là un avantage considérable.

Il faut donc souhaiter que les Puissances adoptent une pratique dont l'Italie se déclare satisfaite. Un dernier pas resterait à franchir pour arriver à une organisation internationale du service médical à bord des navires. Pourquoi, sous certaines conditions d'équivalence de titres, — que pourrait certifier le futur Bureau international sanitaire, — les Puissances ne tiendraient-elles pas réciproquement le même compte des services et des déclarations, à l'arrivée, des médecins qu'elles auraient respectivement commissionnés? Une entente internationale sur cette question simplifierait le régime sanitaire pour le plus grand avantage des passagers et des relations commerciales.

DISPOSITIONS SPÉCIALES AUX NAVIRES DÉFECTUEUX.

Inversement, la Convention autorise, sans en préciser les détails, des mesures spéciales à l'égard des navires particulièrement défectueux; c'est l'objet de l'article 30 ci-après :

Des mesures spéciales peuvent être prescrites à l'égard des navires encombrés, notamment des navires d'émigrants ou de tout autre navire offrant de mauvaises conditions d'hygiène.

[1]. *Conf. de Paris,* p. 299.

RÉGIME DU CABOTAGE.

Les navires qui font le cabotage n'ayant que des traversées de courte durée, leur surveillance est facile; d'autre part il est aisé de bien connaître l'état sanitaire de leur point de départ et de leurs escales, habituellement non contaminés. La Convention soustrait ces bâtiments aux dispositions générales applicables aux navires au long cours, par l'article 34 ci-après :

Les bateaux de cabotage feront l'objet d'un régime spécial à établir d'un commun accord entre les pays intéressés.

*
* *

Par les articles 32 et 33 ci-après la Convention garantit, contre toute nouvelle mesure sanitaire injustifiée, les navires, les passagers et leurs bagages, — quand une première fois ils ont été soumis à une désinfection suffisante.

Art. 32. — Les navires d'une provenance contaminée, qui ont été désinfectés et ont été l'objet de mesures sanitaires appliquées d'une façon suffisante, ne subiront pas une seconde fois ces mesures à leur arrivée dans un port nouveau, à la condition qu'il ne se soit produit aucun cas depuis que la désinfection a été pratiquée, et qu'ils n'aient pas fait escale dans un port contaminé.

Quand un navire débarque seulement des passagers et leurs bagages ou la malle postale, sans avoir été en communication avec la terre ferme, il n'est pas considéré comme ayant touché le port.

Art. 33. — Les passagers arrivés par un navire infecté ont la faculté de réclamer de l'autorité sanitaire du port, un certificat indiquant la date de leur arrivée et les mesures auxquelles ils ont été soumis, ainsi que leurs bagages.

DISPOSITIONS PARTICULIÈRES AUX NAVIRES RÉCALCITRANTS.

La Convention devait prévoir le cas où un navire refuserait de se soumettre aux mesures sanitaires prescrites par les autorités du port.

Ce cas est règlementé par l'article 31 ci-après :

Tout navire qui ne veut pas se soumettre aux obligations imposées par l'autorité du port *en vertu des stipulations de la présente Convention* est libre de reprendre la mer.

Il peut être autorisé à débarquer ses marchandises après que les précautions nécessaires auront été prises, à savoir :

1° *Isolement* du navire, de l'équipage et des passagers;

2° En ce qui concerne la *peste*, demande *de renseignements* relatifs à l'existence d'une mortalité insolite parmi les *rats*;

3° En ce qui concerne le *choléra*, évacuation de l'eau de la cale après désinfection et substitution d'une bonne eau potable à celle qui est emmagasinée à bord.

Il peut également être autorisé à débarquer des passagers qui en font la demande, à la condition que ceux-ci se soumettent aux mesures prescrites par l'autorité locale.

ORGANISATION DU SERVICE SANITAIRE DANS LES PORTS.

La lutte contre l'invasion des affections pestilentielles peut être résumée en deux propositions :

a) Rendre le milieu aussi réfractaire que possible au développement des épidémies ;

b) Détruire promptement et complètement les germes importés.

Son organisation scientifique et rationnelle implique :

1° Un outillage matériel suffisant dans les ports et les lazarets : locaux d'isolement, appareils à désinfection, laboratoires de recherches, d'analyses, etc.;

2° La distribution d'une eau potable absolument saine et soustraite à toute cause de pollution sur toute l'étendue des conduites;

3° L'évacuation aussi rapide et aussi complète que possible des eaux usées, déchets, ordures et vidanges;

4° Enfin et surtout un service médical assuré par des gens compétents. Si parfait que soit l'outillage, si minutieux que soient les règlements, ils ne donneront de bons résultats qu'entre les mains de gens expérimentés.

Il est de la plus haute importance que les médecins des ports soient spécialement préparés à leurs fonctions, rompus à toutes les difficultés de la pratique sanitaire, de la pathologie exotique et de la technique bactériologique; leur savoir et leur zèle sont la meilleure garantie pour la santé publique, et leur compétence doit être d'autant plus indiscutable que leur responsabilité est plus grande.

Les conditions auxquelles doit satisfaire l'organisation sanitaire dans les ports sont prévues par les articles 35 et 36 ci-après :

Art. 35. — Sans préjudice du droit qu'ont les Gouvernements de se mettre d'accord pour organiser des stations sanitaires communes [1], chaque pays doit pourvoir au moins un des ports du littoral de chacune de ses mers d'une organisation et d'un outillage suffisants pour recevoir un navire, quel que soit son état sanitaire.

Lorsqu'un navire indemne, venant d'un port contaminé, arrive dans un grand port de navigation maritime, il est recommandé de ne pas le renvoyer à un autre port en vue de l'exécution des mesures sanitaires prescrites.

Dans chaque pays, les ports ouverts aux provenances des ports contaminés de peste ou de choléra doivent être outillés de telle façon que les navires indemnes puissent y subir, dès leur arrivée, les mesures prescrites, et ne soient pas envoyés, à cet effet, dans un autre port.

Les Gouvernements feront connaître les ports qui sont ouverts chez eux aux provenances de ports contaminés de la peste ou de choléra [2].

Art. 36. — Il est recommandé que, dans les grands ports de navigation maritime, il soit établi :

a) Un service médical régulier du port et une surveillance médicale permanente de l'état sanitaire des équipages et de la population du port;

1. Il y a à Vintimille une station sanitaire commune à la France et à l'Italie.

2. Un décret du 15 juin 1899 a limité à six ports (Dunkerque, Le Havre, Saint-Nazaire, Pauillac, Marseille et Alger) le nombre des points sur lesquels les navires indemnes provenant des pays contaminés de peste peuvent aborder en France ou en Algérie. Les navires suspects ou infectés ne pouvaient se rendre que dans ceux des ports précédents auxquels est annexé un lazaret, c'est-à-dire à Saint-Nazaire, à Pauillac, à Marseille et à Alger.

Mais quand la peste se montra à Glasgow et à Cardiff, villes dont les relations sont quotidiennes avec nos ports de la Manche et de l'Océan, le Gouvernement fut obligé de modifier le décret précédent (V. décret du 23 septembre 1900, *Annexes*).

b) Des locaux appropriés à l'isolement des malades et à l'observation des personnes suspectes ;

c) Les installations nécessaires à une désinfection efficace et des laboratoires bactériologiques ;

d) Un service d'eau potable non suspecte à l'usage du port et l'application d'un système présentant toute la sécurité possible pour l'enlèvement des déchets et ordures.

SECTION IV. — **Mesures aux frontières de terre. — Voyageurs. Chemins de fer. — Zones frontières. — Voies fluviales.**

Les dispositions prévues ici par les articles 37 à 45, dont nous donnons le texte plus loin, sont suffisamment explicites pour se passer de longs commentaires après tout ce que nous avons dit dans les pages précédentes.

Mesures concernant les voyageurs. — Les quarantaines terrestres sont abolies. En cours de route, les voyageurs seront l'objet d'une surveillance effective, mais discrète, de la part du personnel des chemins de fer ; il ne saurait être question d'investigations importunes, ni de tracasseries déplacées ; les agents des compagnies se borneront à signaler sans délai à l'autorité compétente les incidents sanitaires évidents, comme l'indisposition grave d'un voyageur, par exemple, ou un décès subit.

A la frontière, les voyageurs sont soumis à une inspection rapide ; les personnes visiblement indisposées sont seules examinées, et celles qui présentent des symptômes de peste ou de choléra peuvent seules être retenues.

Cette visite globale et rapide des voyageurs n'est d'ailleurs pas imposée par la Convention, ainsi que cela résulte des termes mêmes de l'article 39 : « *Si* cette visite se fait, elle est combinée, autant que possible, avec la visite douanière, de manière que les voyageurs soient retenus le moins longtemps possible. »

Enfin, des mesures particulières peuvent être prises à l'égard de certaines catégories de personnes : vagabonds, émigrants.

Surveillance à l'arrivée à destination. — La surveillance n'est pas obligatoire ; elle est *recommandée* comme étant de la plus haute utilité ; elle ne doit pas dépasser dix ou cinq jours à compter de la date du départ, selon qu'il s'agit de peste ou de choléra.

Fermeture des frontières. — Chaque État conserve le droit de fermer au besoin une partie de ses frontières. Il faut espérer que cette mesure ne sera prise que rarement et en cas de nécessité absolue, à cause de la gêne considérable qu'elle impose aux relations internationales [1].

Telles sont les principales dispositions des articles ci-après :

Art. 37. — Il ne doit plus être établi de quarantaines terrestres. Seules, les personnes présentant des symptômes de peste ou de choléra peuvent être retenues aux frontières.

Ce principe n'exclut pas le droit, pour chaque Etat, de fermer au besoin une partie de ses frontières.

Art. 38. — Il importe que les voyageurs soient soumis, au point de vue de leur état de santé, à une surveillance de la part du personnel des chemins de fer.

Art. 39. — L'intervention médicale se borne à une visite des voyageurs et aux soins à donner aux malades. Si cette visite se fait, elle est combinée, autant que possible, avec la visite douanière, de manière que

---

1. Voici, à titre de comparaison, le système préconisé par Papon (*loc. cit.*, t. II, pp. 5 et s.) : « Aux frontières, il faudra établir aux points de communication une double barrière de bois, en laissant entre les deux barrières un espace libre où les courriers jetteront leurs paquets, sans s'approcher l'un de l'autre.

« A la barrière du pays sain, il y aura un bureau de surveillance, un baquet de vinaigre, un endroit pour le parfum.

« Les lettres, ouvertes avec de longs instruments, seront passées par le vinaigre.

« On exigera un *billet de santé* : signalement du voyageur et de son habillement, jusqu'à la couleur de son habit ; dénombrement de ses hardes pièce par pièce. — Il faudra faire vérifier son billet dans tous les lieux de passage.

« Arrivé aux barrières, il passera par le parfum avec celles de ses hardes qui sont du genre susceptible.

« D'habiles administrateurs prétendent qu'avant de le soumettre à cette opération, il faudrait lui raser la tête et tout le corps, le laver jusqu'à trois fois dans de bon vinaigre, et ensuite lui donner des hardes neuves. Ils veulent de plus qu'on le retienne en quarantaine pendant dix jours. »

Voy. : Bolagowsky, *Sur le choléra asiatique de 1892-93 en Russie et sur les mesures administratives prises par le Gouvernement contre cette épidémie.* Th. Paris, 1893-94.

les voyageurs soient retenus le moins longtemps possible. Les personnes visiblement indisposées sont seules soumises à un examen médical approfondi.

Art. 40. — Dès que les voyageurs venant d'un endroit contaminé seront arrivés à destination, il serait de la plus haute utilité de les soumettre à une surveillance qui ne devrait pas dépasser dix ou cinq jours à compter de la date du départ, suivant qu'il s'agit respectivement de peste ou de choléra.

Art. 41. — Les Gouvernements se réservent le droit de prendre des mesures particulières à l'égard de certaines catégories de personnes, notamment des bohémiens et des vagabonds, des émigrants et des personnes voyageant ou passant la frontière par troupes.

Art. 42. — Les voitures affectées au transport des voyageurs, de la poste et des bagages ne peuvent être retenues aux frontières. S'il arrive qu'une de ces voitures soit contaminée ou ait été occupée par un malade atteint de peste ou de choléra, elle sera détachée du train pour être désinfectée le plus tôt possible. Il en sera de même pour les wagons à marchandises.

Art. 43. — Les mesures concernant le passage aux frontières du personnel des chemins de fer et de la poste sont du ressort des administrations intéressées. Elles sont combinées de façon à ne pas entraver le service.

Art. 44. — Le règlement du trafic-frontière et des questions inhérentes à ce trafic, ainsi que l'adoption des mesures exceptionnelles de surveillance, doit être laissé à des arrangements spéciaux entre les États limitrophes.

Art. 45. — Il appartient aux Gouvernements des États riverains de régler, par des arrangements spéciaux, le régime sanitaire des voies fluviales.

TITRE II.

Dispositions spéciales aux pays situés hors d'Europe.

L'organisation de la protection sanitaire de l'Europe est basée sur la connaissance de la distribution géographique des affections pestilentielles et de leurs voies de diffusion. Nous avons vu comment à maintes reprises ces épidémies exotiques avaient envahi l'Europe par deux voies distinctes, la voie terrestre et la voie maritime, et nous savons que leurs foyers actuels sont tous hors d'Europe : la fièvre jaune en Amérique et en Afrique, le choléra en Asie, la peste en Afrique et en Asie. Les provenances de ces pays doivent donc être soumises à un régime spécial dans le but :

1° d'empêcher, au départ, l'embarquement de toute personne, de toute marchandise contaminée;

2° d'arrêter, avant leur arrivée dans les ports européens, tous les navires venant d'Orient pour leur imposer les mesures prophylactiques exigées par leur état sanitaire.

Tel est l'objet du présent titre de la Convention. L'exécution des mesures ici prescrites est notablement facilitée par la configuration géographique de la Mer Rouge et du Canal de Suez; dans cet étroit défilé que doivent traverser tous les navires se dirigeant vers la Méditerranée, la surveillance peut s'exercer active et efficace.

Dans ce même titre, la Convention organise, en outre, la défense du Golfe Persique.

CHAPITRE I.

Section I. — Mesures dans les ports contaminés au départ des navires.

Pour éviter, au départ, l'introduction à bord de tout germe de peste ou de choléra, la Convention, dans les articles 46 et 47[1], prescrit des mesures qui visent :

1° Les personnes ;
2° Les marchandises ;
3° Les rats ;
4° L'eau potable.

1° *Les personnes*. — Toute personne prenant passage à bord d'un navire doit, au moment de l'embarquement, être examinée par un médecin *délégué* de l'autorité publique. Cette visite médicale est très importante et la Convention l'a minutieusement réglementée. Elle doit être strictement *individuelle*, prolongée pendant tout le temps nécessaire, et pour plus de sécurité, elle ne peut avoir lieu que *de jour et à terre*.

Pour garantir le commerce contre toute tentative de vexation de la part des autorités du port, la Convention stipule que le consul dont relève le navire peut assister à cette visite médicale.

Bien que l'article 46 ne parle que des personnes « prenant passage à bord », c'est-à-dire des passagers, il s'applique égale-

---

1. La Convention de 1903 a emprunté à la Convention de Venise de 1897 les dispositions de l'article 46 en les appliquant au choléra aussi bien qu'à la peste.

ment au personnel de l'équipage, aux auxiliaires de toute nature que les capitaines pourraient embarquer hors d'Europe.

La visite médicale individuelle, à terre et de jour, est une mesure d'ordre absolument général, et son exécution ne présente aucune difficulté. Cependant, pour des raisons toutes locales (affluence de navires et de voyageurs), à Alexandrie et à Port-Saïd cette pratique est très onéreuse : et pour le Conseil sanitaire, parce qu'il lui faut de nombreux agents pour surveiller les passagers et s'opposer à la fraude ; et pour la navigation, en raison des retards inévitables qu'elle subit. Le Président du Conseil d'Égypte a déclaré d'ailleurs à la Conférence qu'en raison de la disposition du port, à Suez et à Alexandrie, la visite médicale a lieu à bord pour les passagers de première et de seconde classes ; seuls les passagers de troisième classe et d'entrepont sont visités à terre, au milieu de difficultés considérables, de fraudes fréquentes qui entraînent l'obligation de recommencer la visite. La visite de nuit permettrait d'éviter l'encombrement du matin et de ne pas retarder jusqu'au lendemain le départ des bateaux arrivés le soir.

Mais, faite de nuit, la visite des passagers des classes inférieures n'offrirait plus les garanties nécessaires. Aussi, tout en reconnaissant les difficultés pratiques de la situation, la Convention n'a pas donné complète satisfaction au Dr Ruffer, et, en faveur d'Alexandrie et de Port-Saïd, elle n'a dérogé au droit commun que dans les limites suivantes :

« A Alexandrie et à Port-Saïd, la visite médicale peut avoir lieu à bord, quand l'autorité sanitaire locale le juge utile, sous la réserve que les passagers de 3ᵉ classe ne seront plus ensuite autorisés à quitter le bord. Cette visite médicale peut être faite de nuit pour les passagers de 1ʳᵉ et de 2ᵉ classes, mais non pour les passagers de 3ᵉ classe (art. 46).

2º *Les Marchandises*. — Qu'il s'agisse de peste ou de choléra, l'autorité compétente est tenue de prendre des mesures efficaces pour empêcher l'exportation de marchandises ou objets quelconques qu'elle considérerait comme contaminés, et qui n'auraient pas été *préalablement désinfectés à terre* sous la *surveillance du médecin délégué* de l'autorité publique [1].

3° *Les Rats*. — En cas *de peste*, toutes les mesures devront être prises pour s'opposer à l'embarquement des rats; par conséquent il faudra surveiller l'embarquement des marchandises et surtout protéger les amarres par des balais et des entonnoirs métalliques.

4° *L'Eau potable*. — En cas *de choléra*, l'autorité compétente doit veiller à ce que l'eau potable *embarquée* soit saine et protégée contre toute cause de contamination.

SECTION II. — **Mesures à l'égard des navires ordinaires venant des ports du Nord contaminés et se présentant à l'entrée du Canal de Suez ou dans les ports égyptiens.**

La Convention emploie ici, dans le titre II, l'appellation de navires *ordinaires* par opposition aux *navires à pèlerins*; ces derniers font l'objet des mesures spéciales prescrites par le titre III.

Le régime sanitaire imposé aux navires *ordinaires* varie suivant qu'ils sont

    a) *indemnes*,

    b) *infectés* ou *suspects*.

---

1. Voici les mesures prises par le Gouverneur des Etablissements français, contre la peste qui sévit à Chandernagor depuis janvier 1905 :

— La recherche et la constatation des cas de peste sont confiées à une commission comprenant un certain nombre de membres indigènes, parmi lesquels plusieurs médecins bengalis connaissant à fond les coutumes du pays et appartenant à la religion brahmanique, ce qui leur permet de pénétrer dans l'intimité des indigènes absolument fermée aux Européens.

Les maisons des pestiférés sont brûlées, ainsi que le mobilier, quand il s'agit de paillottes; les constructions en briques sont désinfectées par la sulfuration puis blanchies à la chaux.

Les cadavres des pestiférés sont brûlés.

En outre, des affiches donnent à la population quelques conseils prophylactiques et lui font connaître les dangers causés par les rats et les parasites. (*Le Temps*, 6 avril 1905.)

Régime des navires ordinaires indemnes.

Ces bâtiments, venant d'un port contaminé de peste ou de choléra, d'Europe ou du bassin de la Méditerranée, sont divisés en deux catégories :

1° *Navires ordinaires se présentant pour passer le Canal de Suez* (art. 48). — Ils obtiennent le passage en quarantaine et continuent leur trajet en observation de cinq jours. Nous ne décrirons pas ici le passage en quarantaine du Canal, nous bornant à renvoyer à la *Sect. V* qui lui est tout entière consacrée.

2° *Navires ordinaires voulant aborder en Egypte.* — Ces navires peuvent s'arrêter à Alexandrie ou à Port-Saïd, où les passagers achèveront le temps de l'observation de cinq jours, soit à bord, soit dans une station sanitaire, selon la décision de l'autorité sanitaire locale (art. 49).

Régime des navires ordinaires infectés et suspects.

La Convention laisse au Conseil sanitaire d'Egypte le soin de prescrire les mesures auxquelles devront être soumis les navires de cette catégorie, conformément aux dispositions de l'article 50 ci-après :

Les mesures auxquelles seront soumis les navires *infectés* ou *suspects* venant d'un port contaminé de peste ou de choléra d'Europe ou des rives de la Méditerranée, et désirant aborder dans un des ports d'Égypte ou passer le Canal de Suez, seront déterminées par le Conseil sanitaire d'Egypte, conformément aux stipulations de la présente Convention.

Les règlements contenant ces mesures devront, pour devenir exécutoires, être acceptés par les diverses Puissances représentées au Conseil ; ils fixeront le régime imposé aux navires, aux passagers et aux marchandises et devront être présentés dans le plus bref délai possible.

Section III. — **Mesures dans la Mer Rouge.**

La Convention divise en deux catégories les navires qui font l'objet des mesures sanitaires prescrites par cette section :

A) Navires *ordinaires* venant du Sud, se présentant dans les ports de la Mer Rouge ou allant vers la Méditerranée.

B) Navires *ordinaires* venant de ports contaminés du Hedjaz en temps de pèlerinage.

A) Mesures a l'égard des navires ordinaires venant du sud, se présentant dans les ports de la mer rouge ou allant vers la méditerranée.

Les navires *ordinaires* venant du Sud et entrant dans la Mer Rouge sont soumis (art. 51) aux dispositions générales qui font l'objet de la Section III du chapitre II du titre I, concernant la classification et le régime des navires infectés, suspects ou indemnes. En outre, la Convention les soumet, en raison de leur provenance, à des mesures spéciales prescrites par les articles 52 à 56, mesures qui varient suivant que les navires sont :

> *indemnes,*
> *suspects*
> ou *infectés.*

Régime des navires ordinaires indemnes (art. 52).

Ces navires devront avoir complété ou auront à compléter, en observation, cinq jours pleins à partir du moment de leur départ du dernier port contaminé. Ils auront la faculté de passer le Canal de Suez en quarantaine, et entreront dans la Méditerranée en continuant l'observation susdite de cinq jours. Enfin, toujours préoccupée d'encourager les améliorations du service sanitaire à bord, la Convention dispense de la désinfection avant le transit en quarantaine, les navires ayant un médecin et une étuve.

8

C'est dans le même esprit et en tenant compte des mêmes éléments qu'elle a réglé le régime des navires suspects ou infectés.

Régime des navires ordinaires suspects (art. 53).

Les navires suspects sont divisés en plusieurs catégories :

a) *Navires avec médecin et étuve.* — Les navires ayant un médecin et un appareil de désinfection (étuve), remplissant les conditions voulues, sont *admis à passer le Canal de Suez en quarantaine* dans les conditions du règlement pour le transit.

b) *Navires sans médecin ni étuve.* — Les autres navires suspects, n'ayant ni médecin ni appareil de désinfection (étuve), sont, avant d'être admis à transiter en quarantaine, retenus à Suez ou aux Sources de Moïse pendant le temps nécessaire pour exécuter les *mesures de désinfection* prescrites et s'assurer de l'état sanitaire du navire.

c) *Navires avec médecin, mais sans étuve.* — S'il s'agit de navires postaux ou de paquebots spécialement affectés au transport des voyageurs, sans appareil de désinfection (étuve), mais ayant un médecin à bord, *le passage en quarantaine est accordé,* si l'autorité locale a l'assurance, par une constatation officielle, que les mesures d'assainissement et de désinfection ont été convenablement pratiquées, soit au point de départ, soit pendant la traversée. De plus, *la libre pratique peut être donnée à Suez* à ces mêmes navires, lorsque les opérations réglementaires sont terminées, mais aux deux conditions suivantes : 1º si le dernier cas de peste ou de choléra remonte à plus de sept jours, et 2º si l'état sanitaire du navire est satisfaisant.

d) *Lorsqu'un bateau a un trajet indemne de moins de sept jours :*

Les passagers à destination d'Égypte sont débarqués dans un établissement désigné par le Conseil d'Alexandrie et *isolés* pendant le temps nécessaire pour compléter l'observation de cinq jours. Leur linge sale et leurs effets à usage sont *désinfectés.* Ils reçoivent alors la libre pratique.

Le bateau, s'il demande à obtenir la libre pratique en Egypte, est retenu dans un établissement désigné par le Conseil d'Alexandrie, le temps nécessaire pour compléter l'observation de cinq jours; il subit les mesures réglementaires concernant les navires suspects.

Lorsque la peste ou le choléra s'est montré exclusivement dans l'équipage, la *désinfection* ne porte que sur le linge sale de celui-ci, mais *sur tout ce linge sale*, et s'étend également *aux postes d'habitation* de l'équipage (art. 53).

Régime des navires ordinaires infectés (art. 54).

La Convention les divise en deux catégories :

a) Navires sans médecin et sans étuve.

b) Navires avec médecin et étuve.

a) *Navires sans médecin et sans étuve.* — Les navires sans médecin et sans appareil de désinfection (étuve) sont arrêtés aux Sources de Moïse et soumis aux mesures suivantes :

Les personnes malades. — Les personnes présentant des symptômes de peste ou de choléra sont débarquées, autant que possible, aux Sources de Moïse et *isolées dans un hôpital.*

Les personnes non malades. — Les autres passagers sont débarqués et isolés par groupes composés de personnes aussi peu nombreuses que possible, de manière que l'ensemble ne soit pas solidaire d'un groupe particulier si la peste ou le choléra venait à se développer. Ils resteront pendant cinq jours dans un établissement désigné par le Conseil sanitaire maritime et quarantenaire d'Egypte. Lorsque les cas de peste ou de choléra remonteront à plusieurs jours, la durée de l'isolement sera diminuée. Cette durée variera selon l'époque de la guérison, de la mort ou de l'isolement du dernier malade. Ainsi, lorsque le dernier cas de peste ou de choléra se sera terminé depuis six jours par la guérison ou la mort, ou que le dernier malade aura été isolé depuis six jours, l'observation durera un jour; s'il ne s'est écoulé qu'un laps de cinq jours, l'observation sera de deux jours; s'il ne s'est écoulé qu'un laps de quatre jours, l'observation sera de trois jours; s'il ne s'est écoulé qu'un laps de trois jours, l'observation sera de quatre jours; s'il ne s'est écoulé qu'un laps de deux jours ou d'un jour, l'observation sera de cinq jours.

Le navire subit une désinfection sérieuse, mais limitée aux parties infectées; il n'a pas à décharger sa cargaison.

Le linge sale, les objets à usage, les vêtements de l'équipage et des passagers subissent une désinfection complète.

b) *Navires avec médecin et étuve.* — Les navires avec médecin et appareil de désinfection sont arrêtés aux Sources de Moïse. Là, le médecin du bord doit déclarer sous serment (art. 54) :

1° Quelles sont les personnes à bord présentant des symptômes de peste ou de choléra;

2° Quelles sont les personnes qui ont été en rapport avec le pestiféré ou le cholérique depuis la première manifestation de la maladie, soit par des contacts directs, soit par des contacts avec des objets qui pourraient être contaminés. Ces seules personnes seront considérées comme *suspectes;*

3° Quels sont la partie ou le compartiment du navire et la section de l'hôpital dans lesquels le ou les malades ont été transportés. On entend par « partie du navire » la cabine du malade, les cabines attenantes, le couloir de ces cabines, le pont, les parties du pont sur lesquelles le ou les malades auraient séjourné.

Les malades atteints de peste ou de choléra sont débarqués et isolés.

Le linge sale. — Après le débarquement de ces malades, le linge sale de l'équipage et le linge sale du reste des passagers, que l'autorité sanitaire considérera comme dangereux, subiront la désinfection.

Lorsque la peste ou le choléra se sera montré exclusivement dans l'équipage, la désinfection du linge ne portera que sur le linge sale de l'équipage et le linge des postes de l'équipage.

Le navire. — La partie ou le compartiment du navire et la section de l'hôpital dans lesquels le ou les malades auront été transportés seront complètement désinfectés.

Les personnes suspectes. — S'il est impossible de désinfecter la partie ou le compartiment du navire qui a été occupé par les personnes atteintes de peste ou de choléra, sans débarquer les personnes déclarées suspectes, ces personnes seront ou placées sur un autre navire spécialement affecté à cet usage, ou débarquées et logées dans l'établissement sanitaire, sans contact avec les malades, lesquels doivent être placés dans l'*hôpital*. La durée de ce séjour sur le navire ou à terre pour la désinfection sera aussi courte que possible et n'excédera pas *vingt-quatre heures*. Les suspects subiront, soit sur leur bâtiment, soit sur le navire affecté à cet usage, une *observation* dont la durée variera suivant les cas et dans les termes prévus au paragraphe précédent. (V. p. 115.)

Le temps pris par les opérations réglementaires est compris dans la durée de l'observation.

Le passage en quarantaine peut être accordé avant l'expiration des délais indiqués ci-dessus, si l'autorité sanitaire le juge possible. Il sera, en tout cas, accordé, lorsque la désinfection aura été accomplie, si le navire abandonne, outre ses malades, les personnes indiquées ci-dessus comme *suspectes*.

Une étuve placée sur un ponton peut venir accoster le navire pour rendre plus rapides les opérations de désinfection.

Les navires infectés demandant à obtenir la libre pratique en Égypte sont retenus aux Sources de Moïse cinq jours; ils subissent, en outre, les mêmes mesures que celles adoptées pour les navires infectés arrivant en Europe (art. 54).

B) MESURES A L'ÉGARD DES NAVIRES ORDINAIRES VENANT DE PORTS CONTAMINÉS DU HEDJAZ, EN TEMPS DE PÈLERINAGE.

Ces mesures sont prescrites par l'article 55 ci-après :

A l'époque du pèlerinage de la Mecque, si la peste ou le choléra sévit au Hedjaz, les navires provenant du Hedjaz ou de toute autre partie de la côte arabique de la Mer Rouge, sans y avoir embarqué des pèlerins ou masses analogues et qui n'ont pas eu à bord, durant la traversée, d'accident suspect, sont placés dans la catégorie des *navires ordinaires suspects*. Ils sont soumis aux mesures préventives et au traitement imposés à ces navires.

S'ils sont à destination de l'Égypte, ils subissent, dans un établissement sanitaire désigné par le Conseil sanitaire maritime et quarantenaire, une *observation de cinq jours, à compter de la date du départ*, pour le choléra comme pour la peste. Ils sont soumis en outre à toutes les mesures prescrites pour les bateaux suspects (désinfection, etc.) et ne sont admis à la libre pratique qu'après visite médicale favorable.

Il est entendu que si les navires, durant la traversée, ont eu des accidents suspects, l'observation sera subie aux Sources de Moïse et sera de cinq jours, qu'il s'agisse de peste ou de choléra (art. 55).

Nous verrons au titre suivant que les navires *à pèlerins* revenant du Hedjaz sont arrêtés au lazaret de El Tor qui leur est spécialement affecté[1].

Section IV. — Organisation de la surveillance et de la désinfection à Suez et aux Sources de Moïse.

Aux termes de la Convention de Venise de 1897, la visite médicale réglementaire devait être faite, pour chaque navire arrivant à Suez, par un ou plusieurs médecins de la station, et pendant *le jour*, pour les provenances des ports contaminés de peste ou de choléra. De sorte que les navires arrivés dans la soirée, ou pendant la nuit, étaient retenus à Suez jusqu'au lendemain. Ces retards étaient préjudiciables à la navigation; d'autre part, les médecins ayant à inspecter le matin tous les navires arrivés

---

1. *Le Temps* du 7 mars 1905 a publié l'information suivante communiquée par le Ministère des Colonies :

« Les mesures sanitaires les plus sévères continuent à être prises par l'administration locale de la côte des Somalis en vue de préserver notre colonie du fléau qui sévit toujours avec violence à Aden.

« L'entrée est refusée à tous les boutres provenant de cette localité. Seuls, les navires armés par des Européens peuvent être admis à débarquer des marchandises ou des passagers, mais seulement après avoir été soumis à une quarantaine des plus rigoureuses.

« Les provenances de Déilah sont également très étroitement surveillées par un cordon sanitaire, qu'elles viennent par terre ou par mer, et il y a tout lieu d'espérer qu'en présence de ce contrôle minutieux notre colonie restera indemne.

« D'ailleurs, il résulte d'un cablogramme parvenu hier au Ministère des Colonies que jusqu'ici aucun cas de peste n'a été constaté à la côte des Somalis. »

depuis la veille au soir, il était à craindre que la visite, en deve-
nant plus rapide, ne devînt aussi moins sérieuse. Ces divers inconvénients furent signalés par le président du Conseil d'Alexandrie à la Conférence qui, dans le but de les atténuer, autorise
dans certains cas la visite médicale pendant la nuit, ainsi que
cela résulte de l'article 56 ci-après : -

La visite médicale prévue par les règlements est faite pour chaque
navire arrivant à Suez par un ou plusieurs médecins de la station ; elle
est faite de jour pour les provenances des ports contaminés de peste ou
de choléra. Elle peut avoir lieu *même de nuit* sur ces navires qui se
présentent pour transiter le Canal, s'ils sont éclairés à la lumière électrique, et toutes les fois que l'autorité sanitaire locale a l'assurance que
les conditions d'éclairage sont suffisantes.

Le recrutement et les attributions du personnel sanitaire,
l'installation matérielle et le fonctionnement de la station d'isolement et de désinfection, sont fixés par les articles 57 à 65 ci-
après :

Art. 57. — Les médecins de la station de Suez sont au nombre de
sept au moins : un médecin en chef, six titulaires. Ils doivent être pourvus d'un diplôme régulier et choisis de préférence parmi les médecins
ayant fait des études spéciales pratiques d'épidémiologie et de bactériologie. Ils sont nommés par le Ministre de l'Intérieur, sur la présentation
du Conseil sanitaire maritime et quarantenaire d'Égypte. Ils reçoivent
un traitement qui, de 8,000 francs, peut s'élever progressivement à
12,000 francs pour les six médecins et de 12,000 à 15,000 francs pour
le médecin en chef.
Si le service médical était encore insuffisant, on aurait recours aux
médecins de la marine des différents États : ces médecins seraient placés
sous l'autorité du médecin en chef de la station sanitaire.
Art. 58. — Un corps de gardes sanitaires est chargé d'assurer la surveillance et l'exécution des mesures de prophylaxie appliquées dans le
Canal de Suez, à l'établissement des Sources de Moïse et à Tor.
Art. 59. — Ce corps comprend dix gardes.
Il est recruté parmi les anciens sous-officiers des armées et marines
européennes et égyptiennes.
Les gardes sont nommés après que leur compétence a été constatée
par le Conseil, dans les formes prévues à l'article 14 du décret khédivial
du 19 juin 1893.

Art. 60. — Les gardes sont divisés en deux classes :

La 1re classe comprend quatre gardes ;

La 2e comprend six gardes.

Art. 61. — La solde annuelle allouée aux gardes est pour :

La 1re classe, de 160 livres égyptiennes à 200 livres égyptiennes ;

La 2e classe, de 120 livres égyptiennes à 168 livres égyptiennes, avec augmentation progressive jusqu'à ce que le maximum soit atteint.

Art. 62. — Les gardes sont investis du caractère d'agents de la force publique, avec droit de réquisition en cas d'infraction aux règlements sanitaires.

Ils sont placés sous les ordres immédiats du directeur de l'office de Suez ou de Tor.

Ils doivent être initiés à toutes les pratiques et à toutes les opérations de désinfection usitées, et connaître la manipulation des substances et instruments employés à cet effet.

Art. 63. — La station de désinfection et d'isolement des Sources de Moïse est placée sous l'autorité du médecin en chef de Suez.

Si des malades y sont débarqués, deux des médecins de Suez y seront internés, l'un pour soigner les pesteux ou les cholériques, l'autre pour soigner les personnes non atteintes de peste ou de choléra.

Dans le cas où il y aurait à la fois des pesteux, des cholériques et d'autres malades, le nombre des médecins internés sera porté à trois : un pour les pesteux, un pour les cholériques et le troisième pour les autres malades.

Art. 64. — La station de désinfection et d'isolement des Sources de Moïse doit comprendre :

1° Trois étuves à désinfection au moins, dont une placée sur un ponton, et l'outillage nécessaire pour la destruction des rats ;

2° Deux hôpitaux d'isolement, chacun de douze lits, l'un pour les pesteux et les suspects de peste, l'autre pour les personnes atteintes ou suspectes de choléra ; ces hôpitaux doivent être disposés de façon que, dans chacun d'eux, les malades, les suspects, les hommes et les femmes soient isolés les uns des autres ;

3° Des baraquements, des tentes-hôpital et des tentes ordinaires pour les personnes débarquées ;

4° Des baignoires et des douches-lavage en nombre suffisant ;

5° Les bâtiments nécessaires pour les services communs, le personnel médical, les gardes, etc., un magasin, une buanderie ;

6° Un réservoir d'eau ;

7° Les divers bâtiments doivent être disposés de telle façon qu'il n'y ait pas de contact possible entre les malades, les objets infectés ou suspects et les autres personnes.

Art. 65. — Un mécanicien est spécialement chargé de l'entretien des étuves placées aux Sources de Moïse.

Section V. — Passage en quarantaine du Canal de Suez.

Le passage en quarantaine est accordé par l'autorité sanitaire de Suez qui en informe immédiatement le Conseil d'Alexandrie, sauf dans les cas douteux où le passage est accordé par le Conseil lui-même. En même temps, avis de l'autorisation est adressé télégraphiquement, aux frais du navire, à l'autorité désignée par chaque Puissance.

Lors de l'*arraisonnement*[1], le capitaine est tenu de déclarer sous serment s'il a à bord des auxiliaires, chauffeurs ou autres gens de service, non inscrits sur le rôle de l'équipage ou sur le registre spécial (art. 69).

Il s'agit, pour éviter les fraudes sanitaires, d'obtenir du capitaine des déclarations sincères que les médecins sont tenus de contrôler minutieusement.

Un officier et deux gardes sanitaires montent à bord avec la mission de veiller à l'exécution des mesures prescrites, de s'opposer à l'embarquement, au débarquement ou au transbordement des passagers durant le parcours, de Suez à Port-Saïd, qui doit être effectué sans garage. En cas d'échouage ou de garage indispensable, toutes les opérations nécessaires sont effectuées par le personnel du navire dont l'isolement doit être absolu.

Les gardes sanitaires et les agents de la Compagnie sont déposés à Port-Saïd, hors du port, et conduits au ponton quarantenaire où leurs vêtements sont désinfectés si c'est nécessaire.

Les transports de *troupes* par bateaux suspects ou infectés, transitant en quarantaine, sont tenus de traverser le Canal seule-

---

1. *La reconnaissance*, applicable en principe à tous les navires, se borne à la simple constatation de la provenance du bâtiment et des conditions générales dans lesquelles il se présente. Un très petit nombre de questions, adressées au capitaine du navire, suffisent pour l'accomplissement de cette formalité.

S'il résulte de l'acte de reconnaissance que le bâtiment vient d'un port dont les provenances sont soumises à l'obligation de se munir d'une patente de santé, on doit, à l'arrivée, exiger la production de cette patente, et, s'il y a lieu, procéder à une vérification plus approfondie de l'état sanitaire du navire, vérification qui prend alors le nom d'*arraisonnement* (Proust, *Traité d'Hyg.*, p. 420).

ment de jour. S'ils doivent séjourner de nuit dans le Canal, ils prennent leur mouillage au lac Timsah ou dans le grand lac.

Enfin les Puissances édicteront des pénalités contre les bâtiments qui, hors le cas de force majeure, abandonneraient le parcours indiqué par le capitaine et aborderaient indûment un des ports du territoire de cette Puissance.

Toutes ces dispositions résultent des articles 66 à 76 ci-après.

Art. 66. — L'autorité sanitaire de Suez accorde le passage en quarantaine. Le Conseil en est immédiatement informé. Dans les cas douteux la décision est prise par le Conseil.

Art. 67. — Dès que l'autorisation prévue à l'article précédent est accordée, un télégramme est expédié à l'autorité désignée par chaque Puissance. L'expédition du télégramme est faite aux frais du navire.

Art. 68. — Chaque Puissance édictera des dispositions pénales contre les bâtiments qui, abandonnant le parcours indiqué par le capitaine, aborderaient indûment un des ports du territoire de cette Puissance; seront exceptés les cas de force majeure et de relâche forcée.

Art. 69. — Lors de l'arraisonnement, le capitaine est tenu de déclarer s'il a à son bord des équipes de chauffeurs indigènes ou de serviteurs à gages quelconques, non inscrits sur le rôle d'équipage ou le registre à cet usage.

Les questions suivantes sont notamment posées aux capitaines de tous les navires se présentant à Suez, venant du Sud. Ils y répondent sous serment :

« Avez-vous des auxiliaires : chauffeurs ou autres gens de service, non inscrits sur le rôle de l'équipage ou sur le registre spécial? Quelle est leur nationalité? Où les avez-vous embarqués? »

Les médecins sanitaires doivent s'assurer de la présence de ces auxiliaires, et s'ils constatent qu'il y a des manquants parmi eux, chercher avec soin les causes de l'absence.

Art. 70. — Un officier sanitaire et deux gardes sanitaires montent à bord. Ils doivent accompagner le navire jusqu'à Port-Saïd. Ils ont mission d'empêcher les communications et de veiller à l'exécution des mesures prescrites pendant la traversée du Canal.

Art. 71. — Tout embarquement ou débarquement et tout transbordement de passagers ou de marchandises sont interdits pendant le parcours du Canal de Suez à Port-Saïd.

Toutefois les voyageurs peuvent s'embarquer à Port-Saïd en quarantaine.

Art. 72. — Les navires transitant en quarantaine doivent effectuer le parcours de Suez à Port-Saïd sans garage.

En cas d'échouage ou de garage indispensable, les opérations nécessaires sont effectuées par le personnel du bord, en évitant toute communication avec le personnel de la Compagnie du canal de Suez.

Art. 73. — Les transports de *troupes* par bateaux *suspects* ou *infectés* transitant en quarantaine sont tenus de traverser le Canal seulement de jour. S'ils doivent séjourner de nuit dans le Canal, ils prennent leur mouillage au lac Timsah ou dans le grand lac.

Art. 74. — Le stationnement des navires transitant en quarantaine est interdit dans le port de Port-Saïd, sauf dans les cas prévus aux articles 71, alinéa 2, et 75.

Les opérations de ravitaillement doivent être pratiquées avec les moyens du bord.

Les chargeurs, ou toutes autres personnes, qui seraient montés à bord sont isolés sur le ponton quarantenaire. Leurs vêtements y subissent la désinfection réglementaire.

Art. 75. — Lorsqu'il est indispensable, pour les navires transitant en quarantaine, de prendre du charbon à Port-Saïd, ces navires doivent exécuter cette opération dans un endroit offrant les garanties nécessaires d'isolement et de surveillance sanitaire, qui sera indiqué par le Conseil sanitaire. Pour les navires à bord desquels une surveillance efficace de cette opération est possible et où tout contact avec les gens du bord peut être évité, le charbonnage par les ouvriers du port est autorisé. La nuit, le lieu de l'opération doit être éclairé à la lumière électrique.

Art. 76. — Les pilotes, les électriciens, les agents de la Compagnie et les gardes sanitaires sont déposés à Port-Saïd, hors du port, entre les jetées, et de là conduits directement au ponton de quarantaine, où leurs vêtements subissent la désinfection lorsqu'elle est jugée nécessaire.

Régime spécial des navires de guerre.

Les *unités de combat* sont seules considérées comme navires de guerre par la Convention ; les bateaux-transports, les navires-hôpitaux entrent dans la catégorie des navires ordinaires.

Les navires de guerre suspects ou infectés sont soumis au droit commun ; seuls les navires de guerre *indemnes* bénéficient du régime spécial fixé par l'article 77 ci-après dont les dispositions — à part l'abréviation des délais et la suppression de ce qui concerne la fièvre jaune — sont la reproduction du règlement spécial élaboré par le Conseil sanitaire d'Egypte et approuvé par toutes les Puissances représentées au Conseil international, sauf la Turquie.

Les navires de guerre seront reconnus *indemnes* par l'autorité quarantenaire sur la production d'un certificat émanant des médecins du bord, contresigné par le commandant et affirmant sous serment :

a) Qu'il n'y a eu à bord, soit au moment du départ, soit pendant la traversée, aucun cas de peste, ou de choléra ;

b) Qu'une visite minutieuse de toutes les personnes existant à bord, sans exception, a été passée moins de douze heures avant l'arrivée dans le port égyptien et qu'elle n'a révélé aucun cas de ces maladies.

Ces navires sont *exempts de la visite médicale* et reçoivent immédiatement libre pratique, à la condition qu'ils aient complété, à partir de leur départ du dernier port contaminé, une période de cinq jours pleins.

Ceux de ces navires qui n'ont pas complété la période exigée peuvent transiter le Canal en quarantaine sans subir la visite médicale, pourvu qu'ils produisent le susdit certificat à l'autorité quarantenaire.

L'autorité quarantenaire a néanmoins le droit de faire pratiquer, par ses agents, la visite médicale à bord des navires de guerre toutes les fois qu'elle le juge nécessaire.

Les navires de guerre *suspects* ou *infectés* seront soumis aux règlements en vigueur.

Trains quarantenaires.

Sur la proposition du Président du Conseil d'Alexandrie, la Conférence internationale de 1903 a réglé le transit par voie ferrée en territoire égyptien ; cette question avait été l'objet d'un règlement élaboré par le Conseil quarantenaire et soumis par lui à l'acceptation des Puissances.

La Conférence a adopté le principe de la substitution de trains quarantenaires au passage en quarantaine du Canal. C'est un avantage appréciable pour les passagers et les courriers postaux. Toutes les dispositions ont été prévues pour donner à la santé publique les garanties nécessaires. En principe le train quarantenaire est ouvert à tous les passagers de toutes nationalités, mais en fait les voyageurs fortunés seront à peu près seuls à l'utiliser ; les passagers de cette catégorie ne présentent qu'un danger insignifiant, et d'ailleurs ils auront déjà subi une visite médicale avant de débarquer à Suez.

Tel est l'objet de l'article 78 ci-après :

Le Conseil sanitaire maritime et quarantenaire d'Egypte est autorisé à organiser le transit du territoire égyptien, par voie ferrée, des malles postales et des passagers ordinaires venant de pays contaminés, dans des trains quarantenaires, sous les conditions déterminées par l'annexe n° I.

Nous reproduisons ici le texte de ce document annexé à la Convention[1].

RÈGLEMENT

RELATIF AU TRANSIT, EN TRAIN QUARANTENAIRE, PAR LE TERRITOIRE ÉGYPTIEN, DES VOYAGEURS ET DES MALLES POSTALES PROVENANT DES PAYS CONTAMINÉS.

Article premier. — L'Administration des Chemins de fer Égyptiens désirant un train quarantenaire en correspondance avec l'arrivée des navires provenant de ports contaminés devra en aviser l'autorité quarantenaire locale au moins deux heures avant le départ.

Art. 2. — Les passagers débarqueront à l'endroit indiqué par l'autorité quarantenaire d'accord avec l'Administration des Chemins de fer et le Gouvernement égyptien, et passeront directement, sans aucune communication, du bateau au train, sous la surveillance d'un officier du transit et de deux ou plusieurs gardes sanitaires.

Art. 3. — Le transport des effets, bagages, etc..., des passagers sera effectué en quarantaine par les moyens du bord.

Art. 4. — Les agents du chemin de fer sont tenus de se conformer, en ce qui concerne les mesures quarantenaires, aux ordres de l'officier du transit.

Art. 5. — Les wagons affectés à ce service seront des wagons à couloir. Un garde sanitaire sera placé dans chaque wagon et sera chargé de la surveillance des passagers. Les agents du chemin de fer n'auront aucune communication avec les passagers.

Un médecin du service quarantenaire accompagnera le train.

Art. 6. — Les gros bagages des passagers seront placés dans un wagon spécial qui sera scellé au départ du train par l'officier du transit. A l'arrivée, les scellés seront retirés par l'officier du transit.

Tout transbordement ou embarquement sur le parcours est interdit.

Art. 7. — Les cabinets seront munis de tinettes contenant une certaine quantité d'antiseptique pour recevoir les déjections des passagers.

Art. 8. — Le quai des gares où le train sera obligé de s'arrêter sera complètement évacué, sauf par les agents de service absolument indispensables.

Art. 9. — Chaque train pourra avoir un wagon-restaurant. La desserte de la table sera détruite. Les employés de ce wagon et les autres employés du chemin de fer qui, pour une raison quelconque, ont été en contact avec les passagers, seront assujettis au même traitement que les pilotes et les électriciens à Port-Saïd ou à Suez, ou à telles mesures que le Conseil jugera nécessaires.

[1] Annexe I. — *Conf. de Paris*, 1903, p. 203.

Art. 10. — Il est absolument défendu aux passagers de jeter quoi que ce soit par les fenêtres, portières, etc.

Art. 11. — Dans chaque train, un compartiment-infirmerie restera vide pour y isoler les malades si le cas se présente. Ce compartiment sera installé d'après les indications du Conseil quarantenaire.

Si un cas de peste ou de choléra se déclarait parmi les passagers, le malade serait immédiatement isolé dans le compartiment spécial. Ce malade, à l'arrivée du train, sera immédiatement transféré au lazaret quarantenaire. Les autres passagers continueront leur voyage en quarantaine.

Art. 12. — Si un cas de peste ou de choléra se déclarait pendant le parcours, le train serait désinfecté par l'autorité quarantenaire.

Dans tous les cas, les fourgons ayant contenu les bagages et la malle seront désinfectés immédiatement après l'arrivée du train.

Art. 13. — Le transbordement du train au bateau sera fait de la même façon qu'à l'arrivée. Le bateau recevant les passagers sera immédiatement mis en quarantaine, et mention sera faite sur la patente des accidents qui auraient pu survenir en cours de route, avec désignation spéciale des personnes qui auront été en contact avec les malades.

Art. 14. — Les frais encourus par l'Administration quarantenaire sont à la charge de qui aura fait la demande du train quarantenaire.

Art. 15. — Le Président du Conseil ou son remplaçant aura le droit de surveiller le train pendant tout son parcours.

Le Président pourra, en plus, charger un employé supérieur (outre l'officier du transit et les gardes) de la surveillance dudit train.

Cet employé aura accès dans le train sur la simple présentation d'un ordre signé par le Président.

Sections VI et VII. — Régime et établissements sanitaires du Golfe Persique.

Le Golfe Persique est exposé à de fréquentes contaminations par voie maritime; le choléra et la peste peuvent lui être apportés par les nombreux voiliers venus des rivages de l'Océan Indien, ou par les vapeurs de l'Inde et de l'Océanie, ou enfin par les navires à pèlerins au retour du Hedjaz. Le Chat-El-Arab, le Tigre, l'Euphrate, offrent une voie naturelle à la diffusion des épidémies. Enfin la construction des voies ferrées qui doivent relier le Golfe Persique à la Méditerranée viendra, dans un avenir prochain, accroître le trafic dans toutes ces contrées, et par conséquent augmenter les chances de contamination.

Les Puissances européennes sont intéressées à un très haut degré à la protection sanitaire du Golfe Persique; mais les décisions des Conférences sur ce point ont été jusqu'ici paralysées par l'inertie ottomane. D'autre part, l'Angleterre, qui monopolise, en fait, à peu près tout le commerce maritime dans ces parages, ne voulut pas, quand elle ratifia la Convention de Paris de 1894, accepter les mesures votées pour la défense du Golfe Persique.

A Venise, en 1897, on organisa sur de nouvelles bases la défense sanitaire du Golfe Persique, et la Conférence mit à la charge du Conseil de santé de Constantinople les frais de construction du lazaret dont elle décidait la création à Ormuz, île persane située à l'entrée du Golfe.

La Perse a ratifié les décisions de Venise, sous la réserve que le pavillon persan flotterait sur le lazaret d'Ormuz et que les gardes armés préposés à l'observation des mesures sanitaires seraient persans.

Mais à la Conférence de 1903, le Dr Duca-pacha, parlant au nom de la Turquie, déclara « inadmissible » la prétention de la Perse de faire flotter son drapeau sur le lazaret.

Pas plus que la Conférence, nous n'avons à trancher cette question de souveraineté territoriale; nous nous bornerons à rappeler que la défense sanitaire du Golfe Persique est le complément obligatoire de la défense de la Turquie, et à constater que la construction du lazaret d'Ormuz, reconnue indispensable et urgente à Venise en 1897, n'avait pas encore reçu en 1903 un commencement d'exécution.

Et pourtant la Turquie perçoit chaque année des taxes s'élevant à 7,000 et 8,000 livres sur les pèlerins persans[1]; mais ces taxes, dit-elle, « servent à l'entretien des lazarets terrestres et ne suffisent pas à couvrir les dépenses[2] ».

D'autre part, le Dr Karakanowsky[3] déclare que : « Le Conseil « devait avec cet argent construire des lazarets sur la frontière « turco-persane. Mais jusqu'à présent il n'en a rien fait. »

Nous n'insisterons pas davantage ici sur le côté financier de

1. Chiffres donnés par le Dr Duca-pacha.
2. Duca-pacha, *Conf. de Paris*, p. 465.
3. *Conf. de Paris*, p. 465.

la question, nous réservant de l'examiner en détail lorsque nous traiterons des ressources budgétaires du Conseil de santé de Constantinople.

L'organisation du régime et des établissements sanitaires du Golfe Persique résulte des dispositions des articles 79, 80, 81, 82 et 180 de la Convention.

Etablissements sanitaires. — Le Conseil de Constantinople doit faire construire, sous sa direction et à ses frais, deux établissements sanitaires, l'un à l'île d'Ormuz, l'autre aux environs de Bassorah, qui tous deux relèveront de lui.

A Ormuz, il y aura deux médecins au moins, des agents sanitaires, des gardes sanitaires, tout un outillage de désinfection et de destruction des rats, et un petit hôpital.

Aux environs de Bassorah seront construits un grand lazaret comportant un service médical composé de plusieurs médecins, et des installations pour la désinfection des marchandises (art. 81).

En attendant que l'établissement sanitaire d'Ormuz soit construit, un poste sanitaire y sera établi par les soins du Conseil de Constantinople (art. 82). Ce Conseil devra subvenir à l'entretien de la future station d'Ormuz, et la Commission mixte de revision du dit Conseil devra se réunir le plutôt possible pour lui fournir, sur sa demande, les ressources nécessaires prises sur les réserves disponibles (art. 180).

Régime sanitaire de la navigation. — La surveillance de la navigation dans les parages du Golfe Persique est d'autant plus importante que les navires y sont habituellement très défectueux au point de vue de l'hygiène. A bord des bâtiments qui vont chaque semaine de Kurratchee au Golfe Persique, on ne trouve ni infirmerie, ni salle d'isolement; les cabines y sont exiguës, l'encombrement permanent; souvent ils n'ont pas de médecins, et quand ils en ont, ce sont des médecins parsees dont l'instruction est tout à fait insuffisante. La majorité des passagers n'ont aucune idée de l'hygiène et même de la propreté. Enfin ces navires transportent souvent des cadavres que les musulmans chiites vont enterrer dans les lieux saints.

.La navigation est réglementée au point de vue sanitaire par les
articles 79 et 80 dont voici les dispositions :

Art. 79. — Les navires, avant de pénétrer dans le Golfe Persique, sont
arraisonnés à l'établissement sanitaire de l'île d'Ormuz. Ils sont,
d'après l'état sanitaire du bord et d'après leur provenance, soumis au
régime prévu par la section III du chapitre II du titre I (art. 20 à 36).

Toutefois, les navires qui doivent remonter le Chat-el-Arab seront
autorisés, si la durée de l'observation n'est pas terminée, à continuer
leur route, à la condition de passer le Golfe Persique et le Chat-el-Arab
en quarantaine. Un gardien-chef et deux gardes sanitaires pris à Ormuz surveilleront le bateau jusqu'à Bassorah, où une seconde visite
médicale sera pratiquée et où se feront les désinfections nécessaires.

En attendant que la station sanitaire d'Ormuz soit organisée, ce
seront des gardes sanitaires pris dans le poste provisoire établi en vertu
de l'article 82 ci-après, alinéa 2, qui accompagneront les navires passant en quarantaine jusque dans le Chat-el-Arab, dans l'établissement
placé aux environs de Bassorah.

Les bateaux qui doivent toucher aux ports de la Perse pour y débarquer des passagers ou des marchandises pourront faire ces opérations à
Bender-Bouchir.

Il est bien entendu qu'un navire qui reste indemne à l'expiration des
cinq jours à compter de la date à laquelle il a quitté le dernier port
contaminé de peste ou de choléra, recevra la libre pratique dans les ports
du Golfe Persique après constatation, à l'arrivée, de son état indemne.

Art. 80. — Les articles 20 à 28 de la présente Convention sont applicables, en ce qui concerne la classification des navires, ainsi que le régime à leur faire subir dans le Golfe Persique, sous les trois réserves
suivantes :

1° La surveillance des passagers et de l'équipage sera *toujours remplacée par une observation* de même durée ;

2° Les *navires indemnes* ne pourront y recevoir libre pratique qu'à
la condition d'avoir *complété cinq jours pleins* à partir du moment de
leur départ du dernier port contaminé ;

3° En ce qui concerne les *navires suspects*, le délai de cinq jours
pour l'observation de l'équipage et des passagers comptera à partir du
moment où il n'existe plus de cas de peste ou de choléra à bord.

La sévérité plus grande du régime sanitaire imposé dans le
Golfe Persique trouve sa justification dans la provenance des
navires qui naviguent dans ces parages. Ces bâtiments viennent, en général, de régions où les affections pestilentielles sont
ou très fréquentes, ou endémiques. Comme ils aboutissent à peu

près tous au fond du Golfe, à l'embouchure du Chat-el-Arab, comme c'est là la seule voie sérieuse de propagation des épidémies, la création aux environs de Bassorah d'un grand lazaret, bien installé et bien outillé, est suffisante pour assurer la défense continentale, tandis qu'à Ormuz un établissement moins important répondra parfaitement aux exigences de la situation.

La contrebande sanitaire, facile et fréquente dans ces régions mal surveillées, ne présente à peu près aucun danger ; à droite et à gauche, le Golfe n'est séparé que par une étroite bande de terrain des immensités désertiques au milieu [desquelles s'éteignent toujours les épidémies. Cette proximité du désert est à l'heure actuelle la meilleure défense contre la propagation, par voie de terre, des épidémies qui règnent si fréquemment dans les petites villes de la côte Persique et du Golfe d'Oman. D'ailleurs, comme ces villes relèvent de Puissances diverses : Turquie, Perse, Sultanat d'Oman, — il y a même des tribus indépendantes et à demi barbares, — il serait à peu près impossible de les soumettre autrement que sur le papier à une réglementation sanitaire.

CHAPITRE II.

Section I. — Règles générales.

Nous avons vu (art. 37 et s.) que la Convention de 1903 consacre le principe de la suppression des quarantaines terrestres. Les seules mesures qu'elle prescrit sont : la *visite* médicale des voyageurs, l'*isolement* des personnes atteintes de peste ou de choléra, et enfin, la *désinfection* des objets contaminés.

Ces mesures sont applicables aux Pays hors d'Europe, ainsi qu'il résulte des articles 83 et 84 ci-après :

Art. 83. — Les mesures prises sur la voie de terre contre les provenances des régions contaminées de peste ou de choléra doivent être conformes aux principes sanitaires formulés par la présente Convention.

Les pratiques modernes de la désinfection doivent être substituées aux quarantaines de terre. Dans ce but, des étuves et d'autres outillages de désinfection seront disposés dans des points bien choisis sur les routes suivies par les voyageurs.

Les mêmes moyens seront employés sur les lignes de chemins de fer créées ou à créer.

Les marchandises seront désinfectées suivant les principes de la présente Convention.

Art. 84. — Chaque Gouvernement est libre de fermer au besoin une partie de ses frontières aux passagers et aux marchandises, dans les endroits où l'organisation d'un contrôle sanitaire rencontre des difficultés.

Section II. — Frontières terrestres turques.

Indépendamment des mesures d'ordre général édictées par les articles précités, la Convention exige la création d'établissements

sanitaires sur les frontières terrestres turques par l'article 85 ci-
après :

Le Conseil supérieur de santé de Constantinople devra organiser sans
délai les établissemeents sanitaires de Hanikin et de Kisil-Dizié, près
de Bayazid, sur les frontières turco-persane et turco-russe.

Cet article 85 est la reproduction textuelle d'une disposition
de la Convention de Venise de 1897, qui exigeait, elle aussi, et
sans délai, la construction des établissements de Hanikin et de
Kisil-Dizié. Il faut espérer que le Conseil de santé de Constantinople, réorganisé par la présente Convention qui le soustrait à
l'influence prépondérante de la Turquie, saura, mieux que l'ancien, exécuter les décisions des Conférences internationales, et
assurer d'une façon rationnelle la protection sanitaire de l'Empire Ottoman et des Puissances méditerranéennes.

TITRE III

Dispositions spéciales aux pèlerinages.

CONSIDÉRATIONS PRÉLIMINAIRES.

LE PÈLERINAGE MUSULMAN AU POINT DE VUE RELIGIEUX ET HYGIÉNIQUE. — NÉCESSITÉ DE SA RÉGLEMENTATION. — LÉGITIMITÉ DE CETTE RÉGLEMENTATION D'APRÈS LA LOI RELIGIEUSE.

Tous les ans de nombreux pèlerins ou *hadjis*, partis de tous les points du monde islamique, depuis le Maroc jusqu'aux îles de l'Océanie, entreprennent le long et pénible voyage de la Mecque. Les pèlerins du Sud ont souvent importé le choléra au Hedjaz, d'où les hadjis du Nord l'ont rapporté avec eux jusque dans leurs pays d'origine. Les Puissances méditerranéennes ont dû aviser aux moyens de se protéger contre les dangers que fait courir à la santé publique le pèlerinage de la Mecque ; les mesures qu'elles ont adoptées dans ce but occupent plus de la moitié de la Convention, et, avant de les exposer en détail, il n'est pas inutile de jeter un coup d'œil d'ensemble sur la grande manifestation religieuse de l'Islam, dont l'hygiène est à ce point défectueuse, qu'en dehors de toute épidémie la mortalité y dépasse le taux de 25 %.

Pendant longtemps les cérémonies du pèlerinage furent entourées d'un impénétrable mystère, et seuls les orientalistes avaient connaissance des descriptions de quelques historiens arabes : Azraki, Edrisi, etc. Au dix-neuvième siècle, de courageux voyageurs purent, au milieu des plus grands dangers, parvenir jusqu'à la ville sainte. Burckhardt (1814), puis Burton, Morsly, médecin algérien, Snouck Hurgronje, médecin hollandais, Léon Roche, nous ont fait connaître les mœurs et les rites du pèlerinage. Léon Roche, envoyé au Hedjaz par le maréchal Bugeaud, fut dénoncé comme « roumi » à la Mecque, bien qu'il eût pris la précaution de se convertir ostensiblement à la religion du Prophète; il n'échappa à la fureur de la foule que grâce à l'intervention des esclaves du chérif; ceux-ci s'emparèrent de sa personne et le hissèrent, garroté, sur un chameau qui l'emporta sans arrêt de la Mecque à Djeddah[1].

Depuis lors, divers médecins musulmans ont accompli ce pèlerinage dont nous connaissons bien actuellement l'histoire et les cérémonies[2].

C'est à la fin du second siècle de notre ère que la tribu arabe des Koreïchites bâtit la ville de la Mecque autour de la Kaaba, temple vénéré dont la légende fixait la construction à l'époque d'Abraham, et qui, pour cette raison, était devenu un centre de pèlerinage. Au septième siècle, le prophète Mohammed ou Mahomet, estimant que la possession de la Mecque était indispensable à l'avenir de sa religion, s'empara de cette ville, brisa les trois cents idoles de la Kaaba, et sur ce coup de force assit pour toujours sa domination religieuse. Il se retira ensuite à Médine, d'où il revint deux ans plus tard en visite à la sainte Kaaba; ce fut le pèlerinage dit de « l'adieu ». L'année suivante, il mourut à Médine où les musulmans viennent encore vénérer son tombeau.

---

1. Le 15 juin 1858, dix-neuf européens et le consul de France furent massacrés à Djeddah, seul port où la présence des européens fut tolérée. — En 1893, la femme du consul français devait rester confinée dans sa maison, et le consul lui-même ne pouvait sortir hors de Djeddah.

2. SCHNEPP, *Le Pèlerinage à la Mecque*, 1865. — LE CHATELIER, *Les Confréries musulmanes du Hedjaz*. Paris, 1887. — DELARUE, *Le pèlerin de la Mecque, son hygiène, ses maladies*. Th. de Paris, 1891-92. — Dr SALEH-SOUBY, *Pèlerinage à la Mecque et à Médine*. Le Caire, 1894. — SEÏD-EMIR-ALI, *The spirit of Islam, or the life and teaching of Mohammed*. Londres, 1896.

Mahomet, après avoir établi les mois lunaires, avait décidé
que le pèlerinage — qui se faisait jusque-là en automne —
aurait lieu pendant les trois derniers mois de l'année : Chewal,
Doul-Kadé et Doul-Hedjeh. Comme le calendrier arabe retarde
de onze jours par an sur notre calendrier grégorien, il s'ensuit
que dans l'espace de trente-trois ans, le pèlerinage aura parcouru le cycle complet des saisons. Cette particularité est intéressante au point de vue du développement des épidémies de
choléra, toujours plus fréquentes quand cette manifestation islamique a lieu en été.

Les hadjis arrivent par caravanes ou par mer. Ces derniers,
actuellement de beaucoup les plus nombreux, abordent l'Arabie
à Djeddah pour la plupart. Dès qu'ils aperçoivent la ville à l'horizon, ils revêtent l'« ihram », vêtement de circonstance, composé
de deux pièces d'étoffe sans couture, l'une fixée autour des
reins, l'autre drapée obliquement autour du cou et du thorax
et laissant le bras droit à peu près découvert. En même temps,
ils manifestent leur pieuse félicité par de bruyantes exclamations,
pendant que les femmes poussent des gloussements sonores et
prolongés.

Débarqués par les « felouques », ils choisissent un mutawaf
(guide)[1] qui doit leur procurer les animaux du voyage (chameaux, baudets), un logement à la Mecque, les moutons des
sacrifices, etc., et leur faire visiter les lieux saints en récitant
les prières rituelles que les hadjis répéteront mot à mot derrière
lui.

La distance de Djeddah à la Mecque — 97 kilomètres dans le
sable — est parcourue habituellement en deux nuits avec des
chameaux. Les caravanes comptant plus d'un millier de ces
animaux marchant l'un derrière l'autre ne sont pas rares; les
guides se tiennent sur le flanc avec les soldats de l'escorte.
L'insécurité du pays est telle qu'on ne peut s'écarter du gros de
la colonne sans courir le risque de tomber entre les mains des

---

[1]. Pour être « mutawaf », il faut l'agrément du chérif, et on l'obtient
moyennant une *honnête* rétribution.

pillards, qui opèrent parfois en bandes considérables. En 1891, une caravane de Marocains fut massacrée; sur 446 pèlerins, il en échappa 2[1].

Dès qu'ils voient la grande Mosquée, les hadjis poussent les cris liturgiques : « Labbaïka Allahomma Labbaïka » (nous sommes prêts à te servir, ô Dieu nous sommes prêts).

La Mosquée est une immense construction de 180 mètres de long sur 130 de large, avec dix-neuf portes distribuées sans aucune espèce de symétrie. La garde en est confiée à cinquante eunuques soudanais qui font en même temps l'office de sacristains, vendent des prières, des linceuls incombustibles, des objets de piété et un choix varié d'amulettes. Leur chef, l'agha-el-toueshia, est sous les ordres du chef de la Mosquée, le neïb-el-haram, délégué au sanctuaire, gardien des clefs de la Kaaba.

Un immense velum en soie, très épais (5 à 6 millimètres) et très lourd, recouvre la Kaaba : c'est la Kessoua dont certaines parties sont brodées d'argent[2]. Tous les ans, une nouvelle Kessoua, faite au Caire aux frais du Sultan, est apportée en grande pompe par la caravane du Tapis. Le grand chérif distribue quelques morceaux de l'ancienne aux notabilités musulmanes, le reste est vendu *à prix de reliques* aux pèlerins qui attribuent les propriétés les plus extraordinaires à ces amulettes.

Les cérémonies rituelles du pèlerinage sont assez compliquées. Le hadji doit d'abord faire sept fois le tour de la Kaaba en commençant par l'Orient et en répétant mot à mot les prières clamées par le mutawaf qui le précède. Après le dernier tour, il se dirige vers un angle de l'édifice où se trouve enchâssée dans un cercle d'argent la fameuse « pierre noire », (Hadjar-el-Essoued) qu'il couvre de baisers. Cette pierre, fragment de basalte volcanique ou d'aérolithe, est surtout vénérée des femmes inécondes; la légende veut qu'Abraham l'ait reçue des propres mains de l'ange Gabriel pour en faire l'autel de son oratoire.

1. DELARUE, *Le Pèlerin de la Mecque, son hygiène, ses maladies.* Th. de Paris, 1891-92, p. 35.

2. La fourniture de la soie a été adjugée, en 1893, au prix respectable de 1,200 livres égyptiennes.

La deuxième cérémonie (*Saï*) consiste à parcourir rapidement et sept fois de suite, la distance (un peu moins d'un kilomètre) qui sépare les deux collines de Safa et de Merwa, en récitant des prières à haute voix. Dans la bousculade bruyante qui en résulte, les musulmans voient l'image de l'agitation d'Agar, cherchant le moyen de désaltérer Ismaël mourant de soif. Puis le pèlerin doit aller boire à la fontaine de *Zem-Zem*[1], située vis-à-vis de la pierre noire, et qui autrefois jaillit avec une telle abondance qu'elle faillit noyer les deux fugitifs, Agar et Ismaël.

Comme toutes les eaux miraculeuses de tous les temps et de tous les pays, celle-ci a des propriétés extraordinaires ; c'est ainsi qu'elle purifie l'âme et le corps, et assure le bonheur des fidèles dans l'autre monde. En attendant, elle fournit de beaux revenus aux pieux personnages qui la débitent, et cette vertu, au moins, n'a rien de problématique.

Tout le monde veut y boire et s'y baigner. Chaque hadji, à son tour, nu jusqu'à la ceinture, se place devant le puits ; on lui verse un seau d'eau sur la tête ; il en boit une partie au passage ; le reste lave son corps, lave son pantalon, lave ses pieds et retourne au puits... pour l'usage des pèlerins suivants[2].

L'avant-veille des fêtes de clôture ou du Courban-Baïran, les hadjis se rendent au mont Arafat, mont de la Rencontre, où, d'après la légende, Adam et Ève chassés du paradis terrestre se retrouvèrent et se reconnurent. Le jour suivant, au sommet de la colline, le cadi de la Mecque, du haut de son chameau, fait un sermon qui dure de trois heures de l'après-midi au coucher du soleil ; toutes les quatre ou cinq minutes, il agite son drapeau vert pour donner le signal des cris : « Labbaïka Allahomma Labbaïka. »

Dès que le soleil a disparu à l'horizon, la foule se précipite sur les pentes de la colline, et, dans une indescriptible cohue, vient s'engouffrer entre deux colonnes éloignées d'une dizaine de

---

1. *Zem-Zem*, veut dire « Rétrécis », c'est le cri poussé par Agar effrayée, et qui ramena, paraît-il, la source à un débit plus modeste.

2. ARNAUD, Le pèlerinage de la Mecque, *Revue d'hygiène*, 1894.

mètres ; plus de trente personnes y furent écrasées en 1892. Un peu plus loin, les pèlerins doivent jeter sept petits cailloux sur le « Cheïtan » (diable), sorte de monument tronc-conique situé au bord du chemin.

Le lendemain ont lieu les sacrifices du Courban-Baïran dans la vallée de Mouna, à trois heures de marche de la Mecque. Les animaux, la tête préalablement tournée vers la Kaaba, sont immolés avec accompagnement de paroles sacrées. Plus de cent vingt mille moutons y furent tués en 1893 ; il est difficile de s'imaginer ce que peut être une pareille boucherie sous l'ardent soleil de l'Arabie.

En revenant de Mouna à la Mecque, les pèlerins traversent la fontaine de « Zobeïda », sorte de piscine en maçonnerie, où ils ont de l'eau jusqu'aux épaules.

Les hadjis d'une dévotion plus grande ne se contentent pas des cérémonies que nous venons de décrire et qui constituent le pèlerinage ordinaire ; ils prolongent leur séjour au Hedjaz pendant plusieurs mois pour se perfectionner dans l'étude de leurs Saintes Écritures.

De même aussi, un grand nombre de pèlerins vont visiter à Médine le tombeau du Prophète, soit avant, soit après les fêtes, suivant qu'ils débarquent à Yambo ou à Djeddah. Nos pèlerins algériens vont toujours à Médine en premier lieu ; le trajet aller et retour (de Yambo) leur prend trois semaines ; ils reviennent ensuite à la côte, où ils s'embarquent de nouveau à destination de Djeddah. Cet itinéraire est à la fois le plus court et le plus sûr.

Deux particularités sont à signaler chez les pèlerins du Hedjaz : une crédulité superstitieuse poussée jusqu'au fanatisme, et, au point de vue qui nous intéresse, une méconnaissance absolue des lois de l'hygiène[1].

Les écailles d'huîtres, les débris d'ossements donnent entre

---

1. VALENTIN, *Les religions orientales considérées dans leurs rapports avec l'hygiène et la prophylaxie des maladies contagieuses*. Th. Paris, 1893-94. — LEVINE, Pèlerinage des musulmans russes au point de vue sanitaire. *Wratsch*, 1898.

les mains des sorciers des indications infaillibles sur l'avenir; la stérilité des femmes ne saurait résister aux vertus spécifiques de certains bandages vendus fort cher; pas une infirmité, pas une maladie qui n'ait une amulette spéciale. Les guérisseurs des deux sexes y foisonnent. Le Dr Snouck Hurgronje cite un indigène de la Mecque, réputé pour sa science, et qui cumulait les fonctions de médecin, d'horloger, d'armurier, de doreur et de distillateur.

L'hygiène du pèlerinage, aussi bien l'hygiène individuelle que l'hygiène publique, est absolument déplorable.

Beaucoup de pèlerins arrivent à la côte arabique exténués par les fatigues du voyage, la misère et la maladie; il leur faut parcourir de longues étapes sous un soleil de plomb, la tête rasée; l'usage du parasol est bien permis, mais à condition de racheter cette liberté par des aumônes ou des sacrifices supplémentaires, si bien qu'en fait la très grande majorité des pèlerins doit s'en passer.

Il est défendu de se gratter, sauf avec la paume de la main, de peur d'arracher un cheveu ou un poil, ou bien d'écraser un insecte.

L'eau de boisson est saumâtre, exposée à toutes les souillures et remplie de matières organiques qui en rendent l'usage dangereux. Avec le refroidissement nocturne, ce sont les deux principales causes de ces diarrhées qui débilitent les pèlerins et leur font payer un tribut si lourd aux affections épidémiques. Nous devons ajouter que les populations du Hedjaz, qui vivent du pèlerinage exclusivement, sont farouchement hostiles à toute amélioration de l'hygiène publique. Le commerce de l'eau est monopolisé à Djeddah par les propriétaires des citernes; à diverses reprises, les pompes, les conduites d'amenée d'eau potable, installées à grands frais, ont été détériorées ou même détruites. Une étuve transportée à la Mecque faillit provoquer une révolution; les gens étaient persuadés qu'ils devaient être introduits

1. On compta 1.500 morts d'insolation en 1891 le jour où les pèlerins descendirent de l'Arafat. (DELARUE, *loc. cit.*)

personnellement dans l'étuve pour être désinfectés. Les habitants de Djeddah ne voulurent pas conduire leurs femmes à la fête de 1894, de peur qu'elles ne fussent exposées sans voiles aux regards du public quand on les ferait passer dans l'étuve. Si bien que l'appareil fut relégué avec son chariot dans un endroit éloigné, où les Bédouins le démolirent [1]. « Oserait-on soupçonner le linge de leurs épouses et de leurs filles? » Le grand chérif, plus occupé de faire écorcher les victimes des sacrifices que de les faire enfouir convenablement (les peaux lui rapportent quelques centaines de mille francs par an), sut trouver le moyen de faire taire les gens qui auraient voulu parler d'hygiène.

Les hadjis, déjà débilités par les fatigues du pèlerinage, la chaleur, le jeûne, se livrent après ces sacrifices à de véritables saturnales, à des excès de toute nature. « Danseurs, psylles, charmeurs de serpents, musiciens, chanteurs, almées de bas étage [2], transforment le terrain sacré en champ de foire. » Après ces orgies, pour beaucoup de pèlerins, c'est la misère noire, avec les privations, la maladie et souvent la mort.

Quelle est l'importance numérique du pèlerinage?
L'amélioration des moyens de transport, en diminuant le prix

---

1. Brouardel et Proust, *Enc. d'hyg.*, t. VIII, p. 356. — Proust, Le pèlerinage de la Mecque. *Revue des Deux-Mondes*, 1895.

2. Les femmes non mariées ne peuvent se joindre au pèlerinage; mais elles tournent aisément la difficulté par les *mariages temporaires* ou *mariages de pèlerinage*.

D'après le Dr Snouck Hurgronje, c'est une erreur de croire que la femme musulmane soit obligée de se voiler. Le *calat* (service religieux) veut au contraire qu'à la mosquée la femme ait le visage découvert. L'explorateur hollandais a toujours vu, avant et pendant les cérémonies religieuses, des femmes ayant le visage découvert, mais toutes cachaient soigneusement leur chevelure, car l'exhibition de la moindre mèche est considérée comme un acte de coquetterie. Dans le cours du pèlerinage, le voile est absolument interdit; c'est là cependant que la femme est le plus en contact avec les hommes. Certaines femmes des grandes villes et des classes élevées, habituées à ne jamais sortir sans être voilées, ont trouvé un expédient pour tourner la difficulté. Elles placent sous leur voile un masque fait avec des fibres de palmier qui est éloigné de quelques centimètres du visage. Le voile tombe ainsi au-dessus du masque et ne touche pas le visage, de sorte que les prescriptions de Mahomet se trouvent respectées.

et la durée du voyage, a augmenté du même coup le nombre des pèlerins.

Ainsi en 1859, les arrivages par caravanes se répartissaient de la façon suivante [1] :

1º Caravane de Damas-Syrie...............	2.000	pèlerins.
2º Caravane d'Égypte...................	3.000	—
3º Caravane d'Oman et du Golfe Persique.	1.500	—
4º Caravane de Bagdad et de Perse.......	4.000	—
5º Caravane de Médine	1.500	—
6º Caravane de l'Assyr.................	1.000	—
7º Caravane de Sana et du Yémen........	1.000	—
8º Caravane du Nedjd..................	1.000	—
9º Caravane de Djebel-Chamar...........	1.000	—
10º Caravane de l'Hadramont.............	700	—

soit un total de 16.800 pèlerins environ arrivant par voie de terre.

A la même époque, les arrivages par voie de mer se dénombraient ainsi :

1º Java, Sumatra, Indes	6.200
2º Golfe Persique.....................	850
3º Turcs, Arabes, Maugrabins............	7.285

soit un total de 14.335 hadjis se rendant au Hedjaz par voie de mer.

L'ensemble de ces deux arrivages, terrestre et maritime, représente donc la totalité du pèlerinage de 1859 et s'élève à 31.635 pèlerins.

En 1903, il y avait 85.000 pèlerins présents à l'Arafat et se décomposant ainsi [2] :

Débarqués à Djeddah..................	33.000
Arrivés par caravanes.................	7.000
Habitants de Djeddah et de la Mecque.....	40.000
Chameliers, Bédouins.................	5.000

---

1. BOREL, *Choléra et peste dans le pèlerinage musulman*, p. 20.
2. BOREL, *loc. cit.*, pp. 22 et suiv. — L'affluence des pèlerins est toujours plus grande quand la fête de l'Arafat a lieu un vendredi; il s'agit alors d'un pèlerinage *akbar*, c'est-à-dire « plus grand ».

Le Dr Borel a pu, grâce à ses fonctions de médecin de l'administration sanitaire de l'Empire Ottoman, dénombrer avec une approximation très suffisante les éléments divers qui entrent dans la composition d'un pèlerinage moyen; et ce sont les conclusions auxquelles il est arrivé que nous allons reproduire.

Un pèlerinage moyen comprend 45.000 hadjis arrivant par mer, savoir :

    1º Javanais et Malais...................... 10.000
    2º Indiens 10.000
    3º Golfe Persique......................... 3.000
    4º Algériens, Tunisiens, Marocains, Tripoli-
        tains 5.000
    5º Turcs, Syriens......................... 7.000
    6º Boukhariotes, Caucase, Asie centrale ... 5.000
    7º Egyptiens 5.000

A ce premier chiffre vient s'ajouter celui des arrivages par terre qui peut s'évaluer ainsi à l'heure actuelle :

    1º Caravane de Damas-Syrie............... 1.200
    2º Caravane de Bagdad.................... 2.000
    3º Caravane de l'Assyr et du Yémen.......   400
    4º Caravane du Nedjd.....................   800
    5º Caravane du Djebel-Chamar............ 1.600
    6º Caravanes diverses de Bédouins....... 1.500

Pour 45.000 pèlerins arrivant par voie de mer, nous en avons donc 8.000 arrivant par terre.

Cette foule de pèlerins de tout âge et de toutes conditions, renferme une proportion considérable d'affaiblis à des degrés divers, enfants, malades, vieillards, pauvres, infirmes; comme ils entreprennent un voyage long, très pénible, dans des conditions hygiéniques déplorables, la mortalité est parmi eux très grande. Les rapports au Conseil supérieur de santé de Constantinople, les documents apportés à la Conférence de Paris 1894, sont à ce point de vue d'une lugubre éloquence.

Un des consuls anglais de Djeddah raconte que de 1885

à 1892, sur 91.493 pèlerins venus des Indes, 31.137, soit plus du tiers, n'ont pas reparu.

En 1889, le Dr Vaume note que sur 48.000 hadjis, 11.000 ne sont pas repartis.

En 1899, sur 36.642 pèlerins, 8.600 ne reviennent pas.

De 1900 à 1902, 145.444 hadjis débarquent au Hedjaz et 45.235 sont absents au moment du départ.[1]

Il est absolument certain qu'en temps ordinaire, c'est-à-dire en l'absence de toute épidémie, 25 % au moins des hadjis disparaissent pendant leur séjour au Hedjaz, dont 20 % par suite de décès.

Mais en temps d'épidémie la mortalité devient effroyable. Ainsi, en 1893, on a parlé de 40.000 décès! chiffre difficile à vérifier; il est vrai que, cette année-là, l'affluence des pèlerins était extraordinaire puisqu'il en débarqua 92.625 à Djeddah.

Des témoins oculaires ont parlé « de collines de cadavres, restant trois ou quatre jours sans sépulture, en juillet sous le tropique! de fossés de 25 mètres de long sur 15 de large et 5 de profondeur, comblées en une demi-journée ». — Une femme de Suez a dit au Dr Legrand : « qu'à la Mecque l'horreur était si grande que, passant dans les rues, il fallait regarder en l'air devant soi pour ne pas voir les morts et les mourants entassés de chaque côté. Malheur à qui tombait en route, on le prenait par les pieds pour le traîner au monceau[2] ».

Cette même année 1893, le Dr Karlinsky[3], délégué du Gouvernement autrichien, accompagna les pèlerins (en dehors du Hedjaz) et évalue ainsi leur mortalité :

En Arabie..................................	30 p. 100
A Djeddah	17 —
Avant le séjour au lazaret de El Tor......	4 —
Pendant. — ,—	7 —
Pendant la séjour au lazaret de Clazomènes	1 —
Total.......	59 p. 100

1. Borel, *loc. cit.*, p. 31.
2. Brouardel et Proust, *Enc. d'Hyg.*, t. VIII, p. 356.
3. *Conf. de Paris*, 1894, cité par Borel.

Il est juste de reconnaître que les épidémies sont ordinairement moins meurtrières et ne font périr en moyenne que 40 % des pèlerins. En 1891, par exemple, 21.000 hadjis sur 46.000 ne sont pas revenus.

Qu'un aussi lamentable état de choses ait duré jusqu'au vingtième siècle, ce ne sera pas un mince sujet d'étonnement pour les historiens de l'avenir. Et si enfin les Puissances se sont émues et ont réglementé le pèlerinage, c'est beaucoup plus pour se protéger contre les pèlerins eux-mêmes, que pour défendre ces malheureux qu'un fanatisme insensé pousse tous les ans vers ces champs de mort de l'Arabie. On alla même jusqu'à envisager la suppression complète du pèlerinage; mais cette mesure trop radicale fut combattue au nom de la liberté de conscience; il faut ajouter que son application était difficile et grosse de dangers. Le principe de la réglementation prévalut. Mais sur ce terrain encore, l'œuvre des Puissances ne devait trouver dans la diplomatie ottomane qu'un appui relatif.

A la Conférence de Paris de 1894, Turkhan-bey, premier délégué de la Turquie, déclara que le pèlerinage était une des obligations imposées par Mahomet à ses fidèles. Cette affirmation est inexacte parce qu'elle est absolue. Nous ne nous attarderons pas à justifier le droit qu'ont les Puissances de se défendre contre les dangers que leur font courir les pèlerins revenant du Hedjaz, si fréquemment ravagé par les épidémies : le droit de se protéger contre le choléra vaut bien la liberté d'aller le contracter; — mais nous pensons pouvoir établir, à l'encontre de l'opinion du délégué de la Turquie, en nous basant sur les lois religieuses de l'Islam, les deux propositions suivantes :

1º Le pèlerinage de la Mecque n'est pas une obligation pour *tous* les musulmans;

2º La protection sanitaire peut être assurée au nom de la lo religieuse elle-même.

Nous avons interrogé le Koran[1], et voici, sauf omission possible, tous les textes relatifs au pèlerinage de la Mecque.

1. Traduction de KASIMIRSKY, 1840.

CHAPITRE II. — LA VACHE.

V. 119. — Nous établîmes la maison sainte pour être la retraite et l'asile des hommes, et nous dîmes : Prenez la station d'Abraham pour oratoire ; nous fîmes un pacte avec Abraham et Ismaël en leur disant : Purifiez ma maison pour ceux qui viendront en faire le tour[1], pour ceux qui viendront pour vaquer à la prière, aux génuflexions et aux prostrations.

V. 153. — Safa et Merwa[2] sont des monuments de Dieu ; celui qui fait le pèlerinage de la Mecque ou qui visitera la maison sainte, ne commet aucun péché, s'il fait le tour de ces deux collines. Celui qui aura fait une bonne œuvre de son propre mouvement, recevra une récompense ; car Dieu est reconnaissant et connaît tout.

V. 185. — Ils t'interrogeront sur les nouvelles lunes. Dis-leur : Ce sont les temps établis pour l'utilité des hommes et pour marquer le pèlerinage de la Mecque. La vertu ne consiste pas en ce que vous rentriez dans vos maisons par une ouverture pratiquée derrière[3], elle consiste dans la crainte de Dieu. Entrez-donc dans vos maisons par les portes d'entrée et craignez Dieu. Vous serez heureux.

V. 192. — Faites le pèlerinage de la Mecque et la visite du temple en l'honneur de Dieu. Si vous en êtes empêchés étant cernés par les ennemis, envoyez au moins quelque légère offrande. Ne rasez point vos têtes jusqu'à ce que l'offrande soit parvenue au lieu où l'on doit l'immoler. Celui qui serait malade ou que quelque indisposition obligerait à se raser, sera tenu d'y satisfaire par le jeûne, par l'aumône ou par quelque offrande. Lorsque vous n'avez rien à craindre de vos ennemis, celui qui se contente d'accomplir la visite du temple et remet le pèlerinage à une autre époque, fera une légère offrande ; s'il n'en a pas les moyens, trois jours de jeûne en seront une expiation pendant le pèlerinage même, et sept après le retour : dix jours en tout. Cette expiation est imposée à celui dont la famille ne se trouvera pas présente au temple de la Mecque. Craignez Dieu, et sachez qu'il est terrible dans ses châtiments.

V. 193. — Le pèlerinage se fera dans les mois prescrits. Celui qui l'entreprendra doit s'abstenir des femmes, des trangressions des pré-

---

1. C'était une des cérémonies religieuses que de faire le tour d'un temple : cette cérémonie, pratiquée par les Arabes idolâtres relativement à leur temple, s'est conservée dans l'Islam relativement au temple de la Caba.

2. *Safa* et *Merwa*, collines à peu de distance de la Mecque, sont consacrées par la religion.

3. Lorsque les Arabes revenaient du pèlerinage de la Mecque, ils se croyaient sanctifiés, et, regardant comme profane la porte par laquelle ils entraient d'habitude dans leurs maisons, ils en faisaient ouvrir une au côté opposé. Mohammed condamne cet usage.

ceptes et de rixes. Le bien que vous ferez sera connu de Dieu. Prenez des provisions pour le voyage. La meilleure provision est la piété. Craignez-moi donc, ô hommes doués de sens.

V. 194. — Ce n'est point un crime de demander à Dieu l'accroissement de vos biens en exerçant le commerce durant le pèlerinage. Lorsque vous retournerez du mont Arafat, souvenez-vous du Seigneur près du *monument sacré*[1] ; souvenez-vous de lui parce qu'il vous a dirigés dans la droite voie, vous qui étiez naguère dans l'égarement.

V. 195. — Faites ensuite des processions dans les lieux où les autres les font. Implorez le pardon de Dieu, car il est indulgent et miséricordieux.

V. 196. — Lorsque vous aurez terminé vos cérémonies, gardez le souvenir de Dieu comme vous gardez celui de vos pères, et même plus vif encore. Il est des hommes qui disent : Seigneur, donne-nous notre portion de biens dans ce monde. Ceux-ci n'auront point de part dans la vie future.

V. 199. — Vous vous acquitterez des œuvres de dévotion pendant un nombre de jours marqué. Celui qui aura hâté le départ (de la vallée de Mina) de deux jours, n'est point coupable ; celui qui l'aura retardé ne le sera pas non plus si toutefois il craint Dieu. Craignez donc Dieu, et apprenez que vous serez un jour rassemblés devant lui.

CHAPITRE III. — La Famille d'Irman.

V. 90. — Le premier temple qui ait été fondé par les hommes est celui de Becca[2], temple béni, et Kebla[3] de l'univers.

V. 91. — Vous y verrez les traces des miracles évidents. Là est la station d'Abraham. Quiconque entre dans son enceinte est à l'abri de tout danger. *En faire le pèlerinage est un devoir envers Dieu pour quiconque est en état de le faire.*

CHAPITRE V. — La Table.

V. 1. — O croyants ! soyez fidèles à vos engagements. Il vous est permis de vous nourrir de la chair de vos troupeaux ; mais ne mangez pas des animaux qu'il vous est défendu de tuer à la chasse, pendant que vous êtes revêtus du vêtement de pèlerinage. Dieu ordonne ce qu'il lui plaît.

V. 2. — O croyants ! gardez-vous de violer les cérémonies religieuses du pèlerinage, le mois sacré, les offrandes et les ornements que l'on sus-

1. C'est le nom d'une montagne où Mohammed s'étant retiré un jour pour prier, son visage devint tout rayonnant.

2. *Becca* est le nom de la Mecque.

3. C'est-à-dire le point vers lequel on doit se tourner en priant.

pend aux victimes. Respectez ceux qui se pressent à la maison de Dieu pour y chercher la grâce et la satisfaction de leur Seigneur.

V. 3. — Le pèlerinage accompli, vous pouvez vous livrer à la chasse. Que le ressentiment contre ceux qui cherchaient à vous repousser de l'oratoire sacré ne vous porte pas à des actions injustes. Aidez-vous mutuellement à exercer la bienfaisance et la piété, mais ne vous aidez point dans le mal et dans l'injustice, et craignez Dieu car ses châtiments sont terribles.

V. 96. — O vous qui croyez ! ne vous livrez point à la chasse pendant que vous vous acquittez du pèlerinage à la Mecque...

V. 97. — ... La pêche est permise aux voyageurs; mais la chasse vous est interdite tout le temps de votre pèlerinage à la Mecque...

V. 98. — Dieu a fait de la Kaba une maison sacrée destinée à être une station pour les hommes; il a établi un mois sacré et l'offrande de la brebis, et les ornements suspendus aux victimes...

CHAPITRE XXII. — Le Pèlerinage de la Mecque.

V. 25. — Les incrédules sont ceux qui éloignent les hommes du chemin de Dieu et les écartent de l'oratoire sacré que nous avons établi pour tous les hommes, que les habitants de la Mecque ont le droit de visiter aussi bien que les externes.

V. 26. — Et ceux qui voudraient le profaner dans leur iniquité éprouveront un châtiment douloureux.

V. 27. — Souviens-toi que nous avons assigné à Abraham l'emplacement de la maison sainte en lui disant : Ne nous associe aucun autre Dieu dans ton adoration; conserve cette maison pure pour ceux qui viendront y faire des tours de dévotion, qui s'y acquitteront des œuvres de piété debout, agenouillés ou prosternés.

V. 28. — Annonce aux peuples le pèlerinage de la maison sainte, qu'ils y arrivent à-pied ou montés sur des chameaux prompts à la course, venant des contrées éloignées.

V. 29. — Afin qu'ils soient eux-mêmes témoins des avantages qu'ils en recueilleront, et afin qu'ils répètent le nom de Dieu à des jours fixes, de Dieu qui leur a donné des bestiaux pour leur nourriture. Nourrissez-vous-en donc et donnez-en à l'indigent, au pauvre.

V. 30. — Mettez un terme à la négligence par rapport à votre extérieur ; accomplissez les vœux que vous aviez formés, et faites les tours de dévotion de la maison antique[1].

Les textes sacrés que nous venons de citer ne font donc pas du pèlerinage à la Mecque une obligation pour *tous* les musul-

1. Du temple de la Mecque.

mans sans distinction. D'après le Koran, le pèlerinage est « *un devoir envers Dieu pour quiconque est en état de le faire* ». — Pour être en état de le faire, les moyens physiques et pécuniaires sont absolument indispensables ; les gens qui n'ont ni santé, ni argent, c'est-à-dire les indigents et les malades, échappent donc à l'obligation du pèlerinage. Aussi, le Dr Saleh-Soubhy, qui est allé à la Mecque en 1892, s'appuyant sur le texte que nous avons cité plus haut, proposait-il la mesure suivante : « Chaque pèlerin devra fournir avant son départ la preuve qu'il possède les ressources nécessaires au voyage d'aller et retour, et à son entretien. » D'après le même auteur, les enfants au-dessous de six ans, les femmes en état de grossesse avancée, les aveugles, les vieillards faibles et impotents, les personnes qui n'ont pas un certificat de vaccine datant de moins de trois ans, ne devraient pas être autorisés à se rendre à la Mecque.

Cette opinion est d'ailleurs soutenue par les commentateurs arabes du Koran ; le Seïd Emir Ali s'exprime ainsi :

« Ici encore, la sagesse du législateur inspiré apparaît dans les restrictions qu'il apporte au sujet de l'obligation de faire le pèlerinage ; il faut :

« 1° Jouir de la maturité de l'intelligence et de son entier discernement ;

« 2° Être libre de toute affaire et de toute autre préoccupation ;

« 3° Posséder l'argent nécessaire pour solder les moyens de transport et se procurer la nourriture ;

« 4° Avoir de quoi entretenir sa famille pendant son absence ;

« 5° Le voyage doit être possible [1]. »

Donc, en s'appuyant sur les textes sacrés, les diverses Puissances musulmanes peuvent interdire le pèlerinage aux indigents et à tous ceux qui sont affaiblis physiquement par l'âge ou par la maladie, ces sujets, en raison de leur moindre résistance, étant une proie facile pour toutes les affections contagieuses.

---

1. Seïd Émir Ali, *The spirit of Islam, or the life and teaching of Mohammed.* Londres, 1896.

On peut faire mieux encore ; en se plaçant au point de vue purement religieux, le Gouvernement est autorisé, de par la loi musulmane, à prendre sur son territoire toutes les mesures de défense sanitaire.

Cette loi se trouve dans les Hadiz, recueil de mille et un versets renfermant les prescriptions religieuses faites aux fidèles par le Kalife Omer el Farouk ibn Atap, second successeur de Mahomet : « Si vous entendez dire qu'il y a une maladie épidémique dans un endroit, n'y entrez pas. Lorsque vous vous trouvez dans un endroit où il se déclare une maladie épidémique, n'en sortez pas [1]. »

La légitimité des mesures de protection sanitaire étant bien établie de par la loi religieuse musulmane elle-même, nous allons exposer les dispositions adoptées par la Conférence dans le double but :

1° D'empêcher l'introduction au Hedjaz des affections pestilentielles ;

2° D'empêcher l'importation des affections pestilentielles dans le bassin de la Méditerranée par les pèlerins revenant du Hedjaz.

---

1. Cité par Borel, *loc. cit.*, p. 15.

CHAPITRE I.

En matière de pèlerinage, le régime sanitaire applicable aux ports d'embarquement est caractérisé par une aggravation des mesures d'ordre général que nous avons envisagées dans les titres I et II ; ces mesures varient selon que ces ports sont contaminés ou indemnes de peste ou de choléra.

Ports indemnes. — Les dispositions des articles 46 et 47 du titre II sont applicables aux personnes et objets devant être embarqués à bord d'un navire à pèlerins partant d'un port de l'Océan Indien et de l'Océanie, *alors même que le port ne serait pas contaminé de peste ou de choléra* (art. 86).

En conséquence :

1° Les passagers seront visités individuellement *de jour*, à terre, par un *médecin délégué* de l'autorité publique ;

2° Les objets considérés comme contaminés seront désinfectés ;

3° Toutes les précautions seront prises pour empêcher l'embarquement des rats en cas de peste ;

4° S'il s'agit de choléra, on veillera à ce que l'eau potable embarquée soit saine.

Ports contaminés. — Ces mesures sont naturellement renforcées lorqu'il existe des cas de peste ou de choléra dans le port. Alors l'embarquement ne se fait, à bord des navires à pèlerins, qu'après que les personnes réunies en groupes ont été soumises à une *observation* permettant de s'assurer qu'aucune d'elles n'est atteinte de la peste ou du choléra.

Pour l'exécution des mesures prescrites par l'article 87, la

Convention laisse une certaine latitude à chaque Gouvernement
en lui permettant de tenir compte des circonstances et possibilités locales. Nous ferons remarquer que la Convention de 1903
ne fixe pas la durée de l'observation prévue à l'article 87 ; la
Convention de 1897 avait fait de même, tandis que celle de 1894
prescrivait une observation de cinq jours.

Dispositions concernant les pèlerins. — Aux termes de l'article 88 de la Convention :

Les pèlerins sont tenus, si les circonstances locales le permettent, de
justifier des moyens strictement nécessaires pour accomplir le pèlerinage, spécialement du billet d'aller et retour.

Déjà la Conférence de Paris 1894 avait adopté, malgré l'opposition de l'Angleterre et de la Turquie, une résolution à peu
près identique.

Nous aimons à penser que, malgré la restriction concernant
les « circonstances locales », les Gouvernements se feront un devoir d'exiger au moins le billet d'aller et retour. C'est là un
minimum reconnu indispensable par tous les médecins qui ont
quelque pratique du pèlerinage.

Le Dr Saleh-Soubhy voudrait que chaque pèlerin justifiât,
avant son départ, qu'il possède des ressources suffisantes pour
payer son voyage, aller et retour, et pour subvenir à son entretien. Il en a vu qui ne possédaient pas une seule pièce de mon-
naie et qui périrent de soif dans les déserts de l'Arafat, n'ayant
pas de quoi acheter un peu d'eau. Pendant plusieurs semaines,
un grand nombre de pèlerins vivent uniquement de l'aumône ;
on les voit, au retour, errant dans les rues de Djeddah, cou-
chant dehors et se nourrissant de détritus innommables trouvés
sur les tas d'immondices, en attendant l'occasion de se faire
rapatrier gratuitement.

Quelques Puissances sont entrées déjà dans la voie indiquée
par la Convention de 1903. L'Autriche-Hongrie (Bosnie-Herzé-
govine) réclame l'autorisation préalable et la possession de
500 florins (1,050 fr.). La Hollande exige de ses pèlerins les

moyens de faire le voyage et d'assurer l'entretien de leur famille ; ils doivent avoir, disponible, une somme de 500 florins (1,050 fr. environ). En Algérie et en Tunisie, l'autorisation d'embarquer n'est accordée aux pèlerins que contre justification d'une somme de 1,000 francs, ainsi que d'un billet d'aller et retour, nourriture comprise au retour.

La généralisation de cette mesure aurait pour effet immédiat de débarrasser le pèlerinage d'une foule de miséreux qui, en raison des privations qu'ils endurent, sont en état évident de moindre résistance, deviennent une proie facile pour les épidémies et constituent un danger permanent pour leurs compagnons de voyage[1].

En 1892, le consul anglais à Djeddah estimait que le pèlerinage indien comprenait un tiers d'indigents.

Le Dr Borel[2], en considérant comme pauvres ceux qui sont dans l'impossibilité d'acquitter les taxes sanitaires et surtout le droit minimum d'embarquement, est arrivé au pourcentage suivant, pour la période de 1887 à 1902, en ce qui concerne le lazaret de Camaran où passent tous les pèlerins venant du Sud :

> Malais et Javanais.................... 0,85 p. 100.
> Indiens et Afghans.................. 20,88 —
> Persans et Golfe Persique .... 29,13 —

Pour les provenances du Nord et de la Mer Rouge, la statistique officielle du pèlerinage de 1902 donne la répartition des pauvres par nationalité :

> Boukhariotes....................... 16,44 p. 100
> Sujets russes...................... 14,15 —
> Hadramoutes et Mascate........... 91,47 —
> Somalis............................ 49,21 —
> Soudanais.......................... 53,28 —
> Marocains.......................... 23,47 —

---

1. Dr Mahé, *Rapp. au Cons. supér. de santé de Constantinople*, 1889.
2. *Revue d'Hygiène*, 1903, et *Choléra et Peste*, pp. 27 et 28.

Algériens et Tunisiens.............. 1,63 p. 100
Egyptiens........................ 17,42 —
Pèlerins des diverses régions de l'Em-
  pire Ottoman................... 44,71 —

Soit en moyenne : 16,95 p. 100 des pèlerins venant du Sud et 34,64 p. 100 des autres pèlerins qui, à leur arrivée au Hedjaz, étaient dans l'impossibilité de payer un droit de 2 francs.

Un pèlerinage moyen comprenant environ 25,78 p. 100 de pauvres, cela nous donne 12.000 indigents en chiffre ronds sur un total de 45.000 hadjis.

Les pèlerins indigents sont à peu près supprimés dans les pays où quelques mesures restrictives sont prises (0,85 °/₀ Malais et Javanais — 1,63 °/₀ Algériens et Tunisiens), tandis qu'en Turquie le chiffre des pauvres atteint en moyenne 44,71 °/₀.

Le billet d'aller et retour, exigé au départ[1], aurait encore l'avantage de décider les Compagnies, en leur garantissant un

---

1. Ce billet d'aller et retour, qui n'a pas, et pour cause, les sympathies des Turcs, supprimerait certain « commerce » que le document ci-après (BOREL, *loc. cit.*, p. 170) permet d'apprécier :

« Ce jour... il a été convenu et arrêté entre les représentants des vapeurs suivants...

« Le présent contrat concernant le transport des pèlerins partant de Djeddah pour les destinations suivantes : Beyrouth, Alexandrette, Mersine, Smyrne, Constantinople, Théodosie, aux conditions suivantes :

« Art. 1. — Un bureau commun...

« Art. 2. — Une caisse commune...

. . . .

« Art. 6. — Sur les recettes générales de la caisse commune — et avant la répartition — il sera prélevé une somme de mille trois cents livres turques (29,250 fr.) pour *diverses gratifications*, frais de bureau, etc., et quatre cents livres turques (9,000 fr.) pour *menus frais*, ainsi qu'une demi-livre turque (11 fr. 25) par pèlerin enrôlé pour la Syrie, Smyrne et Constantinople, et 1 livre turque (22 fr. 50) par pèlerin enrôlé pour Théodosie (Russie), *payables à qui de droit.*

« Art. 7. — Un courtage de 3 °/₀ sur les recettes totales est à prélever pour les courtiers.

« Art. 16. — Les prix de passage sont fixés comme suit :

« Constantinople, Mersine, Beyrouth....... 6 livres T (135 fr.)
« Théodosie [Russie].................... 10 — (225 fr.) »

. . . .

trafic dont elle connaîtrait à l'avance la rémunération, à affréter pour le Hedjaz des navires meilleurs que ceux employés ordinairement.

En exigeant que les taxes sanitaires soient comprises dans le prix du billet et payées en totalité par le capitaine, la Convention n'a pas voulu seulement simplifier les formalités sanitaires, elle a voulu surtout mettre fin à des abus maintes fois signalés, et protéger les pèlerins contre des trafiquants sans scrupules.

De même, pour épargner aux hadjis les interminables voyages par voiliers, la Convention n'admet que des navires à vapeur pour le transport des pèlerins au long cours. Elle ne donne la qualification de navires à pèlerins qu'aux bâtiments ayant à bord, au tarif de la dernière classe, plus d'un pèlerin par 100 tonneaux de jauge brute. Quant aux navires à pèlerins faisant le cabotage, ils seront l'objet d'un règlement spécial publié par le Conseil de santé de Constantinople.

La Convention s'occupe en outre des conditions d'embarquement ou de débarquement des pèlerins, de la qualité de l'eau potable. Enfin, elle autorise la destruction des vivres emportés par les pèlerins, lorsqu'il y a de la peste ou du choléra au Hedjaz.

Toutes ces dispositions sont prévues par les articles 89 à 95 ci-après :

Art. 89. — Les navires à vapeur sont seuls admis à faire le transport des pèlerins au long cours. Ce transport est interdit aux autres bateaux.

Art. 90. — Les navires à pèlerins faisant le cabotage, destinés aux transports de courte durée dits « voyage au cabotage », sont soumis aux prescriptions contenues dans le règlement spécial applicable au pèlerinage du Hedjaz qui sera publié par le Conseil de santé de Constantinople, conformément aux principes édictés dans la présente Convention.

Art. 91. — N'est pas considéré comme navire à pèlerins celui qui, outre ses passagers ordinaires, parmi lesquels peuvent êtres compris les pèlerins des classes supérieures, embarque des pèlerins de la dernière classe, en proportion moindre d'un pèlerin par cent tonneaux de jauge brute.

Art. 92. — Tout navire à pèlerins, à l'entrée de la Mer Rouge et du Golfe Persique, doit se conformer aux prescriptions contenues dans le règlement spécial applicable au pèlerinage du Hedjaz qui sera publié par le Conseil de santé de Constantinople conformément aux principes édictés dans la présente Convention.

Art. 93. — Le capitaine est tenu de payer la totalité des taxes sanitaires exigibles des pèlerins. Elles doivent être comprises dans le prix du billet.

Art. 94. — Autant que faire se peut, les pèlerins qui débarquent ou embarquent dans les stations sanitaires ne doivent avoir entre eux aucun contact sur les points de débarquement.

Les navires, après avoir débarqué leurs pèlerins, doivent changer de mouillage pour opérer le rembarquement.

Les pèlerins débarqués doivent être répartis au campement en groupes aussi peu nombreux que possible.

Il est nécessaire de leur fournir une bonne eau potable, soit qu'on la trouve sur place, soit qu'on l'obtienne par distillation.

Art. 95. — Lorsqu'il y a de la peste ou du choléra au Hedjaz, les vivres emportés par les pèlerins sont détruits si l'autorité sanitaire le juge nécessaire.

CHAPITRE II.

SECTION I. — Conditionnement général des navires.

Espace accordé aux pèlerins. — Les navires destinés au transport des pèlerins doivent être aménagés conformément aux lois de l'hygiène. Ils doivent assurer aux passagers une installation et une nourriture convenables, ainsi que les soins médicaux.

L'encombrement à bord des navires à pèlerins est fréquent, et la Convention s'est préoccupée de le prévenir en fixant un minimum de surface pour chaque passager; c'est l'objet de l'article 96 ci-après :

Le navire doit pouvoir loger les pèlerins dans l'entrepont. En dehors de l'équipage, le navire doit fournir à chaque individu, quel que soit son âge, une surface de 1^m50 carrés, c'est-à-dire 16 pieds carrés anglais, avec une hauteur d'entrepont d'environ 1^m80.

Pour les navires qui font le cabotage, chaque pèlerin doit disposer d'un espace d'au moins 2 mètres de largeur dans le long des plats-bords du navire.

Bien que la surface de 1^{m2}50 — déjà acceptée par la Conférence de Paris de 1894 — accordée à tout individu, soit encore trop restreinte, elle n'en réduira pas moins de 25 à 45 p. 100 le nombre des pèlerins transportés par les navires habituels. Ce sera un progrès considérable, à la condition que les dispositions de la Convention de 1903 soient plus fidèlement obéies que celles de 1894. Les bateaux partant de Constantinople ou du Golfe Persique sont remarquables entre tous par leurs défectuosités. Les armateurs ne tiennent aucun compte des certificats de mesurage qui leur sont délivrés et qui, chose singulière, *varient d'une année à l'autre pour un même navire*[1]. Ainsi, en *1902*, le navire As... avait le droit de porter environ 1.450 hadjis, et seulement 1.100 en 1903; en *1902*, *M...* en prend 1.660 et 1.150 en 1903; un autre, *A...*, peut contenir 1.200 pèlerins en 1902 et 800 seulement en 1903.

Mais il y a mieux encore. Le Dr Borel rapporte qu'en 1902 « les armateurs ont trouvé un nouveau système : ils construisent sur le pont de leurs navires un second pont, puis ils font compter l'ancien pour le mesurage; *certains navires sont arrivés de la sorte de Constantinople.* Or, ce qu'un modeste médecin sanitaire de Djeddah trouvait illégal — et ce qu'il a su empêcher pour le retour — avait été toléré au départ de Constantinople. Une enquête fut ouverte à la suite de ces faits par l'administration sanitaire à Constantinople; mais elle demeura — comme toutes les enquêtes en Orient — sans résultat, et le coupable resta impuni[2] ».

Les navires venant du Golfe Persique sont littéralement bondés de pèlerins; ils en embarquent à peu près le double du chiffre prévu par le certificat de mesurage.

Pour *1902*, Borel a relevé les faits suivants dans le Golfe Persique.

	Pèlerins accordés par le certificat.	Pèlerins embarqués.
Navire A	463	785
— B	429	820
— C	374	726

Au point de vue de l'hygiène du transport des pèlerins, il est de la plus haute importance que le certificat de mesurage soit consciencieusement établi (conformément à l'art. 108), et que les autorités compétentes répriment impitoyablement toutes les infractions constatées.

1. Borel, *loc. cit.*, p. 156.
2. Borel, *loc. cit.*, p. 157.

Water-closet. — L'article 98 dispose que :

Le navire doit être pourvu, outre les lieux d'aisances à l'usage de l'équipage, de latrines à effet d'eau ou *pourvûes d'un robinet*, dans la proportion d'au moins une latrine pour chaque centaine de pèlerins embarqués. Des latrines doivent être affectées exclusivement aux femmes. Des lieux d'aisances ne doivent pas exister dans les entreponts ni dans la cale.

D'une façon générale, les waters-closets sont assez bien installés à bord ; les Compagnies ont tenu compte des obligations imposées par le Koran aux musulmans, qui doivent se laver après chaque visite au water-closet. C'est d'ailleurs pour répondre aux mêmes exigences que les mots *pourvus d'un robinet* ont été introduits par la Conférence.

Cuisine. — Le navire doit être muni :

De deux locaux affectés à la cuisine personnelle des pèlerins. Il est interdit aux pèlerins de faire du feu ailleurs, notamment sur le pont (art. 99).

Le Dr Reynaud, directeur de la santé d'Alger, est d'un avis absolument opposé ; il serait pratique, dit-il[1], de faire installer, comme sur les navires français, de longues rigoles courant le long du bord, formées par des briques doublées de métal et remplies de sable. Les pèlerins tenant à préparer leurs repas, les locaux prévus pour leur cuisine seront toujours insuffisants ; ils ont donc chacun un fourneau qu'ils allument même dans les entreponts, ce qu'il faut empêcher.

Organisation sanitaire à bord. — Le service sanitaire à bord doit comprendre :

1° Une *infirmerie* pouvant contenir 5 % des passagers, à raison de 3 mètres carrés de surface pour chaque malade ; c'est donc le double de l'espace exigé par l'article 96 ;

2° Des moyens suffisants pour assurer l'*isolement médical* des pesteux et des cholériqnes ;

1. *Conf. de Paris*, p. 686.

3° Une *pharmacie* dont la composition est laissée à l'agrément de chaque Puissance; nous regrettons que la Convention n'ait pas imposé aux navires à pèlerins la possession d'une quantité de sérum antipesteux suffisante pour vacciner toutes les personnes présentes à bord si un cas de peste venait à se manifester au cours du voyage; il eût été bon également de prévoir pour la pharmacie une installation plus spacieuse que le petit réduit où, d'ordinaire, le médecin doit loger ses médicaments, passer la visite, faire les potions et les pansements;

4° Un *médecin commissionné*, et un second médecin quand le nombre des pèlerins embarqués dépasse mille.

Ces dispositions sont prescrites par les articles 100 à 103 ci-après :

Art. 100. — Une infirmerie régulièrement installée et offrant de bonnes conditions de sécurité et de salubrité doit être réservée aux logements des malades. Elle doit pouvoir recevoir au moins 5 % des pèlerins embarqués à raison de 3 mètres carrés par tête.

Art. 101. — Le navire doit être pourvu des moyens d'isoler les personnes présentant des symptômes de peste ou de choléra.

Art. 102. — Chaque navire doit avoir à bord les médicaments, les *désinfectants* et les objets nécessaires aux soins des malades. Les règlements faits pour ce genre de navires par chaque Gouvernement doivent déterminer la nature et la quantité des médicaments. Les soins et les remèdes sont fournis gratuitement aux pèlerins.

Art. 103. — Chaque navire embarquant des pèlerins doit avoir à bord un médecin régulièrement diplômé et commissionné par le Gouvernement du pays auquel le navire appartient ou par le Gouvernement du port où le navire prend des pèlerins. Un second médecin doit être embarqué dès que le nombre des pèlerins portés par le navire dépasse mille.

Les trois derniers articles de cette section visent certains abus intolérables auxquels il est urgent de mettre un terme. Ils sont ainsi conçus :

Art. 104. — Le capitaine est tenu de faire apposer à bord, dans un endroit apparent et accessible aux intéressés, des affiches rédigées dans les principales langues des pays habités par les pèlerins à embarquer, et indiquant :

1° La destination du navire;

2° Le prix des billets;

3° La ration journalière en eau et en vivres allouée à chaque pèlerin

4° Le tarif des vivres non compris dans la ration journalière et devant être payés à part.

Art. 105. — Les gros bagages des pèlerins sont enregistrés, numérotés et placés dans la cale. Les pèlerins ne peuvent garder avec eux que les objets strictement nécessaires. Les règlements faits pour ses navires par chaque Gouvernement en déterminent la nature, la quantité et les dimensions.

Art. 106. — Les prescriptions du chapitre I, du chapitre II (sections I, II, III), ainsi que du chapitre III (pénalités) du présent titre seront affichées, sous forme d'un règlement, dans la langue de la nationalité du navire, ainsi que dans les principales langues des pays habités par les pèlerins à embarquer, en un endroit apparent et accessible, sur chaque pont et entrepont de tout navire transportant des pèlerins.

Section II. — **Mesures à prendre avant le départ.**

Pour assurer dans de bonnes conditions l'embarquement et le transport des pèlerins, il est indispensable que l'autorité compétente soit prévenue assez tôt pour qu'elle ait le temps matériel d'inspecter le bâtiment et de procéder à son mesurage. Le délai minimum qui lui est accordé est de trois jours au point de départ et de douze heures dans les ports d'escale.

Ces précautions sont inscrites dans les articles 107 et 108 ci-après :

Art. 107. — Le capitaine ou, à défaut du capitaine, le propriétaire ou l'agent de tout navire à pèlerins est tenu de déclarer à l'autorité compétente du port de départ son intention d'embarquer des pèlerins, au moins trois jours avant le départ. Dans les ports d'escale, le capitaine ou, à défaut de capitaine, le propriétaire ou l'agent de tout navire à pèlerins est tenu de faire cette même déclaration douze heures avant le départ du navire. Cette déclaration doit indiquer le jour projeté pour le départ et la destination du navire.

Art. 108. — A la suite de la déclaration prescrite par l'article précédent, l'autorité compétente fait procéder, aux frais du capitaine, à l'inspection et au mesurage du navire. L'autorité consulaire dont relève le navire peut assister à cette inspection.

Il est procédé seulement à l'inspection si le capitaine est déjà pourvu d'un certificat de mesurage délivré par l'autorité compétente de son pays, à moins qu'il n'y ait soupçon que le document ne réponde plus à l'état actuel du navire.

L'autorité compétente est actuellement : dans les Indes anglaises, un fonctionnaire (*officer*) désigné à cet effet par le Gouvernement local (*Native passenger Ships Act*, 1887, art. 7) ; — dans les Indes néerlandaises, le maître du port ; — en Turquie, l'autorité sanitaire ; — en Autriche-Hongrie, l'autorité du port ; — en Italie, le capitaine du port ; — en France, en Tunisie et en Espagne, l'autorité sanitaire ; — en Égypte, l'autorité sanitaire quarantenaire, etc.

En permettant à l'autorité consulaire dont relève le navire d'assister à l'inspection prescrite par l'article 108, la Conférence a voulu garantir le capitaine ou le propriétaire du navire contre toute vexation.

Dans les ports d'escale, la déclaration doit être faite douze heures seulement avant le départ ; ce délai est suffisant, puisque le navire a déjà été mesuré et inspecté au port initial.

Une fois inspecté et mesuré, le navire ne peut appareiller que s'il répond aux conditions des articles 109 et 110 ci-après :

Art. 109. — L'autorité compétente ne permet le départ d'un navire à pèlerins qu'après s'être assurée :

a) Que le navire a été mis en état de propreté parfaite et, au besoin, désinfecté ;

b) Que le navire est en état d'entreprendre le voyage sans danger, qu'il est bien équipé, bien aménagé, bien aéré, pourvu d'un nombre suffisant d'embarcations, qu'il ne contient rien à bord qui soit ou qui puisse devenir nuisible à la santé ou à la sécurité des passagers, que le pont est en bois ou en fer recouvert de bois ;

c) Qu'il existe à bord, en sus de l'approvisionnement de l'équipage et convenablement arrimés, des vivres, ainsi que du combustible, le tout de bonne qualité et en quantité suffisante pour tous les pèlerins et pour toute la durée déclarée du voyage ;

d) Que l'eau potable embarquée est de bonne qualité et a une origine à l'abri de toute contamination ; qu'elle existe en quantité suffisante ; qu'à bord, les réservoirs sont à l'abri de toute souillure et fermés de sorte que la distribution de l'eau ne puisse se faire que par les robinets ou les pompes ; les appareils dits « suçoirs » sont absolument interdits ;

e) Que le navire possède un appareil distillatoire pouvant produire une quantité d'eau de 5 litres au moins, par tête et par jour, pour toute personne embarquée, y compris l'équipage ;

f) Que le navire possède une étuve à désinfection dont la sécurité et l'efficacité auront été constatées par l'autorité sanitaire du port d'embarquement des pèlerins ;

g) Que l'équipage comprend un médecin diplômé et commissionné[1], soit par le Gouvernement du pays auquel le navire appartient, soit par le Gouvernement du port où le navire prend des pèlerins, et que le navire possède des médicaments, le tout conformément aux articles 102 et 103 ;

h) Que le pont du navire est dégagé de toutes marchandises et objets encombrants ;

i) Que les dispositions du navire sont telles que les mesures prescrites par la section III ci-après peuvent être exécutées.

Art. 110. — Le capitaine ne peut partir qu'autant qu'il a en mains :

1° Une liste visée par l'autorité compétente et indiquant le nom, le sexe et le nombre total des pèlerins qu'il est autorisé à embarquer ;

2° Une patente de santé constatant le nom, la nationalité et le tonnage du navire, le nom du capitaine, celui du médecin, le nombre exact des personnes embarquées : équipage, pèlerins et autres passagers, la nature de la cargaison, le lieu du départ.

L'autorité compétente indique sur la patente si le chiffre réglementaire des pèlerins est atteint ou non, et dans le cas où il ne le serait pas, le nombre complémentaire des passagers que le navire est autorisé à embarquer dans les escales subséquentes.

Avant d'examiner avec quelques détails les mesures minutieuses prescrites dans les articles précités, mesures si énergiquement sanctionnées par les pénalités indiquées au chapitre III (articles 151 à 161), nous croyons devoir rappeler au préalable quelques-uns des abus auxquels la Convention veut mettre un terme. Cela nous paraît d'autant moins superflu qu'au sein même de la dernière Conférence, le délégué de la Turquie a semblé n'être pas convaincu du mauvais état des navires à pèlerins[2].

---

1. Exception est faite pour les Gouvernements qui n'ont pas de médecins commissionnés.

2. Voici le passage auquel nous faisons allusion (*Proc.-verb. de la Conf. de 1903*, p. 335, septième séance de la Comm. Technique, le 9 novembre 1903) :

« M. le professeur Proust. — ..... il est d'ailleurs incontestable que certains « navires à pèlerins laissent grandement à désirer.

« M. le Dr Duca-pacha exprime le désir d'avoir à cet égard quelques explications.

« M. le professeur Proust répond qu'il aurait préféré ne pas s'étendre sur ce

Dans un rapport adressé au Président du Conseil sanitaire d'Alexandrie par un Directeur du Service de santé à Suez, on lit que « le transport des pèlerins est presque toujours fait par des navires déclassés. Les pèlerins, dont le nombre est excessif, y sont entassés pêle-mêle. Il n'y a aucun espace libre sur le pont, ni dans les cales. Le nombre des pèlerins constaté à bord est toujours supérieur au chiffre indiqué sur la patente délivrée par les autorités sanitaires du Hedjaz. Plusieurs fois ces navires sont dépourvus de tentes servant à abriter les pèlerins placés sur le pont; de sorte que ces derniers sont exposés des journées entières aux rayons du soleil.

« Les latrines, en nombre insuffisant, suspendues par des cordes le long du bord et servant seulement aux pèlerins placés sur le pont, sont de petites guérites en bois construites contre toutes les règles de l'hygiène; elles sont fort dangereuses : on court le risque, en cas de mauvais temps, d'être emporté par la mer. Les pèlerins de l'entrepont se servent d'un pot en fer-blanc qu'ils portent constamment avec eux et que l'on vide à la mer, si le temps le permet, par les petites fenêtres des cales; dans le cas contraire, la vidange se fait par le pont, si le pèlerin réussit à se frayer un passage pour l'atteindre.

« L'eau est de mauvaise qualité et insuffisante.

« Je dois faire mention aussi des informations très inexactes qui me sont fournies par les commandants des navires et par les médecins. Il m'est arrivé très souvent de recevoir du capitaine et du médecin du bord des certificats déclarant que l'état sanitaire des pèlerins était parfait, tandis qu'en faisant ma visite médicale je constatai la présence de malades qui, par manque d'une infir-

« sujet, mais qu'il est bien certain que les navires ottomans transportant des
« pèlerins ne remplissent pas en général les conditions sanitaires désirables.
« Ils sont souvent mal tenus et très encombrés. »
« M. le Dr Duca-pacha indique que des progrès ont été réalisés. »
— Pourtant, le « désir » de M. le Dr Duca-pacha eût dû être déjà satisfait, puisque c'est à une séance précédente, à laquelle il assistait, qu'ont été rappelés les faits que nous citons ici. — Voy. *Proc.-Verb. de la Conf. de Paris*, 1903, p. 447 et suiv., quatrième séance de la Comm. des Voies et Moyens, le 28 octobre 1903.

merie, étaient placés un peu partout et abandonnés à eux-mêmes. Parmi eux se trouvaient des diarrhéiques et des dysentériques agonisant au milieu de leurs ordures, sans pouvoir obtenir aucun secours de la part du médecin et du personnel du bord[1]. »

Le Dr Zachariadès, Directeur du campement de Tor, écrit d'autre part, dans une lettre au Président du Conseil d'Alexandrie, en date du 14 décembre 1894 : « L'hygiène laisse beaucoup à désirer à bord des bateaux à pèlerins : agglomération et encombrement des pèlerins et des bagages, manque de propreté pendant toute la durée du voyage. A l'exception de quelques navires ayant à bord des médecins commissionnés par leurs Gouvernements, dans la plupart la surveillance sanitaire des pèlerins et du navire est confiée à des praticiens qui, d'accord avec les capitaines, nous donnent ordinairement des informations très inexactes sur l'état des pèlerins pendant la traversée, sur la nature des affections dont sont atteints les malades qu'ils ont à bord, ainsi que sur les morts pendant le voyage; les derniers bateaux arrivent ordinairement dans un état de malpropreté pitoyable. Pas de médecin à bord, pas de désinfectant, aucun endroit réservé pour soigner les malades, qui ordinairement restent inconnus pour les médecins et par conséquent sans aucun soin. L'eau, dans certains de ces bateaux, est en petite quantité et de propreté douteuse, etc.[2] »

Enfin le Dr Karlinski, qui a accompagné les pèlerins bosniaques allant au Hedjaz, donne les détails suivants sur son voyage de retour :

« Le navire qui nous emporta de Djeddah était un vieux bateau sordide portant le nom glorieux et fier de *Numet-Hudah* (Don de Dieu). Déjà, avant qu'il fût prêt à partir, il avait fallu jeter sept cadavres dans le golfe de Djeddah. En outre de ces sept morts, nous avons eu, pendant un voyage de quatre jours jusqu'à El-Tor, trente-trois décès dont vingt-sept étaient dus au choléra.

« Néanmoins, en arrivant à El-Tor le 13 juillet, nos patentes

1. *Conf. de Paris*, 1903, p. 448.
2. *Conf. de Paris*, 1903, p. 448.

n'indiquaient que sept décès dus à des *maladies ordinaires*.[1] »

Le comble de l'encombrement a été réalisé par l'*Etna*, battant pavillon anglais, navire de 826 tonnes, portant lors de son passage à Suez 981 pèlerins. Dans un voyage accessoire de Djeddah à Hoddeïdah, il en avait embarqué 1.400. L'aspect de ce navire était repoussant, l'odeur intolérable. *Il y avait des matières même sur la rampe de l'échelle;* un grand nombre de pèlerins étaient malades, l'un d'eux est mort en rade de Suez, trois ou quatre autres pendant la traversée du Canal. Au lieu de placer ces derniers, revêtus du sac goudronné réglementaire, dans une barque recouverte d'un *prélart*, on avait trouvé plus simple de les suspendre à l'arrière, se balançant dans le vide. Cependant l'*Etna* avait trouvé moyen de ne faire à El-Tor que ses quinze jours de quarantaine; le Maltais affréteur de ce navire, vieil écumeur de pèlerinage, connaissait sans doute les grands et les petits moyens à employer en pareille conjoncture. L'*Etna*, dont l'odyssée a été complète, rapatriait des pèlerins marocains. Le Conseil sanitaire de Tanger ne put les recevoir, et S. M. Chérifienne fit demander par notre Consul, que Matifou, notre lazaret près d'Alger, voulût bien admettre le navire dont la malpropreté dépassait toute description et qui n'avait à bord ni médicaments, ni désinfectants. Presque tout l'équipage avait été décimé par le choléra; il ne restait que les mécaniciens et quelques matelots, les autres avaient été remplacés par des Marocains que l'on rapatriait gratis. Après une série d'opérations qui durèrent plusieurs jours, l'*Etna* fut renvoyé à Tanger, ayant subi à Matifou un assainissement complet[2].

Il y a quelques années, le navire turc *A... K...* eut la malencontreuse idée d'aller prendre des pèlerins aux Indes anglaises. Arrivé au port de Bombay il déclara ses intentions aux autorités locales, qui le soumirent de suite à une visite minutieuse dont le résultat fut le suivant : réparations immédiates pour une somme importante, ou défense absolue de partir. Il fallut en

1. *Conf. de Paris*, 1903, p. 449.
2. PROUST, *Revue des Deux Mondes*, 1893.

passer par là et le *A... K...* jura, mais un peu tard, qu'on ne l'y prendrait plus[1].

Les quelques exemples que nous venons de citer démontrent surabondamment que, selon l'expression du professeur Proust, « certains navires à pèlerins laissent grandement à désirer » — et justifient les mesures que leur impose la Convention et qu'il nous reste à exposer.

Équipement du navire. — L'autorité compétente doit s'assurer que le navire est *bien équipé*. Il est regrettable que la Convention n'ait pas précisé davantage, et n'ait pas fixé un *minimum* de personnel au-dessous duquel un navire ne saurait être considéré comme bien équipé. Le plus souvent, en effet, l'équipage est insuffisant pour assurer convenablement le service du bord, maintenir l'ordre, la propreté, faire les distributions et les désinfections. Quelques infirmiers, indigènes autant que possible, rendraient les plus grands services sur les navires à pèlerins. Le Dr Reynaud, qui a signalé à la Conférence de Paris ce fait que la *Savoie* en 1902 n'avait que 6 hommes de pont pour 1.000 pèlerins, voudrait au minimum 10 matelots de pont et 1 infirmier pour 500 pèlerins.

Aération. — L'aération ne peut être assurée d'une façon convenable que par des manches à air et des ventilateurs mécaniques en nombre suffisant. Les sabords et les hublots sont inutilisables par mauvais temps puisqu'on les ferme ; et même quand on peut les laisser ouverts, ils ne parviennent pas à rendre supportable l'atmosphère véritablement infecte de l'entrepont d'un bateau à pèlerins.

Embarcations et appareils de sauvetage. — A ce point de vue encore les navires à pèlerins sont habituellement très défectueux, et l'autorité compétente du port de départ doit se montrer très sévère sur cette question dont les quelques exemples suivants montreront tout l'intérêt :

Il y a deux ans, le vapeur *Alexandre III* transportait 1.200

1. BOREL, *loc. cit.*, p. 162.

hadjis; à peine avaient-ils débarqué à Djeddah, que le navire fut abordé et coulé en huit minutes; les passagers auraient tous péri si l'abordage avait eu lieu quelques heures plus tôt[1].

« Les navires provenant de Constantinople sont en général de vieux cargo-boats réformés de toutes les Compagnies de navigation, *à bout de course*, ayant sur leurs porte-manteaux quelques rares embarcations qui iraient aussitôt par le fond si on se risquait de les mettre à la mer; en un mot, ce sont des navires auxquels nulle Commission maritime sérieuse n'accorderait l'autorisation de partir. Je me rappelle avoir vu arriver au lazaret de Clazomènes un de ces navires n'ayant plus *une seule* embarcation pouvant tenir la mer; je fus obligé de lui en procurer une pour le service courant du bord[2]. »

Le Dr Cozzonis, dans un rapport sur la peste (1898), raconte le fait suivant :

« *Un certificat de complaisance accordé à Djeddah* au vapeur *P...*, qui s'était échoué à Camaran et où il avait subi quelques réparations, a failli coûter la perte de 800 pèlerins. Etant parti moi-même de Djeddah le 30/12 avril, le lendemain, 1/13 mai, vers neuf heures du matin, nous rencontrions le vapeur *P...* qui faisait des signaux de détresse. Nous arrêtâmes et nous apprîmes qu'il n'avait pas de gouvernail et que son arbre de couche était cassé... Nous avons pris le *P...* à la remorque... Les cordes étant faibles se sont rompues... Le 4/16 mai, le capitaine du *Fayoum* m'a dit qu'en passant la détroit de Shandoum il serait dans la nécessité de larguer les câbles du *P...* à cause des écueils... Je résistai énergiquement à cette proposition qui eût exposé le *P...* à une perte certaine. Le vapeur *P...* faisant de l'eau à son arrivée au lazaret de Tor, on s'est vu dans la nécessité de débarquer immédiatement les pèlerins[3]. »

- On ne devra donc laisser partir que les navires pourvus d'embarcations, de radeaux et d'appareils de sauvetage en quantité

1. Dr Reynaud, *Conf. de Paris*, 1903, p. 684.
2. Dr Borel, *loc. cit.*, p. 161.
3. Cité par Borel, p. 162.

suffisante pour assurer la sécurité de tous les passagers. L'insertion d'une pareille obligation dans un document international est bien la plus dure critique qui ait jamais été adressée aux affréteurs des navires à pèlerins.

Eau potable. — Embarquée ou produite à bord par l'appareil distillatoire que le navire doit obligatoirement posséder, l'eau potable doit être protégée contre toute souillure. On a proscrit avec raison les « suçoirs » qui sont d'excellents moyens de transmission de certaines affections contagieuses (syphilis, etc.). Il serait bon également d'augmenter à bord de ces navires, habituellement très peuplés, le nombre des pompes et des robinets afin d'accélérer la distribution de l'eau et de supprimer autant que possible les bousculades dont elle est l'occasion.

Etuve à désinfecter. — Cet appareil est absolument indispensable à bord des navires à pèlerins, et il n'était pas inutile d'exiger que son bon état fût constaté par « l'autorité sanitaire du *port d'embarquement* » (art. 109, *f*). En effet, il s'est rencontré des bateaux à pèlerins pourvus d'une étuve dont le fonctionnement était fort défectueux, parfois même tout à fait impossible, et ce n'est pas en cours de route que l'on peut remédier à une telle situation. L'étuve doit être contrôlée au point de départ, et si elle n'est pas en bon état, l'autorisation d'appareiller sera refusée au navire.

Médecins. — Il est à désirer qu'à l'exemple de la pratique française en Algérie[1] et en Tunisie, tous les Gouvernements confient à un médecin, spécialement commissionné par eux, le service sanitaire des navires à pèlerins. Trop souvent encore ce service est assuré par des médecins dont la compétence est insuffisante, ou dont la bonne volonté est paralysée par l'autorité absolue des agents des Compagnies. Ainsi, à bord des navires provenant des îles de l'Océanie, on trouve des médecins européens placés sous la dépendance complète de la Compagnie qui les engage.

---

1. Jousseaulme, *Un voyage de pèlerins algériens à la Mecque*. Th. Montpellier, 1893-94.

Sur les bâtiments d'Egypte et de Constantinople, les médecins sont sous la même dépendance étroite des Compagnies (surtout sur les bateaux turcs) et n'offrent d'ailleurs que des garanties fort relatives de compétence.

Quant aux bateaux venant des Indes ou du Golfe Persique, leur service médical est assuré — dans la majorité des cas — par des médecins indigènes, vêtus d'oripeaux bizarres, sachant à peine parler une langue européenne, munis d'un très mince bagage scientifique, ayant à bord une situation à peu près identique à celle du perruquier ou du maître-d'hôtel[1].

Disposition du pont. — Le pont doit être en bois, ou en fer recouvert de bois ; il doit être dégagé de toutes marchandises et objets encombrants ; les mots : *et l'entrepont,* qui figuraient dans le texte adopté par la Commission de Codification, ont été supprimés dans le texte définitif.

Sous les chaleurs torrides de la Mer Rouge, le pont devient un véritable gril ; le bois, à cause de sa mauvaise conductibilité, est préférable contre la chaleur ; mais sa porosité offre des inconvénients qui ne sont pas négligeables ; il se laisse imprégner par les immondices répandus par les Arabes et par les eaux de lavage. Pour se conformer aux règlements, les affréteurs appliquent sur le fer un parquet mal joint entre les lames duquel s'infiltrent et fermentent tous les liquides répandus à la surface.

Vivres, provisions, combustible. — Ces approvisionnements doivent être de bonne qualité et en quantité suffisante pour tous les pèlerins et pour toute la durée déclarée du voyage. Cette recommandation, qui semblerait superflue au premier abord, est d'autant moins inutile que beaucoup de capitaines vendent au Hedjaz leurs provisions de vivres, d'eau, de médicaments et même de charbon. Parfois des navires ont manqué de pain ; beaucoup n'ont pu avoir la glace nécessaire en bien des circonstances sous les tropiques ; souvent les équipages et les pèlerins ont été rationnés au retour. Ce sont là d'intolérables abus dont il faut souhaiter la suppression immédiate et définitive.

1. BOREL, *loc. cit.,* p. 159.

Obligations imposées aux capitaines. — Le capitaine ne peut partir qu'autant qu'il a en mains :

1° *Une liste* visée par l'autorité compétente et indiquant le nom, le sexe et le nombre total des pèlerins qu'il est autorisé à embarquer;

2° *Une patente* de santé constatant le nom, la nationalité et le tonnage du navire, le nombre exact des personnes embarquées : équipages, pèlerins et autres passagers, la nature de la cargaison, le lieu de départ.

L'autorité compétente indique sur la patente si le chiffre réglementaire des pèlerins est atteint ou non, et, dans le cas où il ne le serait pas, le nombre de passagers que le navire est autorisé à embarquer dans les escales subséquentes.

Ces deux documents, et les indications qui doivent y être inscrites, ont pour but de prévenir les nombreux abus que nous avons signalés dans les pages précédentes, et de faciliter leur constatation et leur répression.

Section III. — **Mesures à prendre pendant la traversée.**

Les articles 111 à 124 de cette section prescrivent une série de mesures de propreté, d'hygiène et de police tendant à protéger la santé des passagers, et que, pour la commodité de l'exposition, nous grouperons de la façon suivante :

A) *Nettoyage et désinfection*. — Le pont, débarrassé de tout objet encombrant, doit être jour et nuit, et gratuitement, à la disposition des personnes embarquées (art. 111).

Chaque jour, les entreponts doivent être nettoyés avec soin et frottés au sable sec, avec lequel on mélange des désinfectants, pendant que les pèlerins sont sur le pont (art. 112).

Les *latrines* des passagers et de l'équipage seront nettoyées et désinfectées trois fois par jour (art. 113).

Les excrétions (crachats, urines) et déjections des personnes présentant des symptômes de peste ou de choléra, doivent être recueillies dans des vases contenant une solution désinfectante. Ces vases sont vidés dans les latrines, qui doivent être rigoureusement désinfectées après chaque projection de matières (art. 114).

Les objets de literie, les tapis, les vêtements qui ont été en contact avec les malades visés dans l'article précédent, doivent être immédiatement désinfectés. L'observation de cette règle est spécialement recommandée pour les vêtements des personnes qui approchent ces malades et qui ont pu être souillés. Ceux des objets ci-dessus qui n'ont pas de valeur doivent être, soit jetés à la mer si le navire n'est pas dans un port ni dans un canal, soit détruits par le feu. Les autres doivent être portés à l'étuve dans des sacs imperméables lavés avec une solution désinfectante (art. 115).

Les locaux occupés par les malades visés dans l'article 100 doivent être rigoureusement désinfectés (art. 116).

Les navires à pèlerins sont *obligatoirement* soumis à des opérations de *désinfection* conformes aux règlements en vigueur sur la matière dans le pays dont ils portent le pavillon (art. 117).

Il y a ici une légère modification aux anciennes Conventions, en ce sens que, tout en prescrivant une désinfection obligatoire des navires à pèlerins, la Conférence laisse le choix des moyens à la discrétion de chaque Pays.

B) *Eau potable.* — La quantité d'eau potable mise chaque jour gratuitement à la disposition de chaque pèlerin, quel que soit son âge, doit être d'au moins 5 litres (art. 118). S'il y a doute sur la qualité de l'eau potable ou sur la possibilité de sa contamination, soit à son origine, soit au cours du trajet, l'eau doit être bouillie ou stérilisée autrement, et le capitaine est tenu de la rejeter à la mer au premier port de relâche où il lui est possible de s'en procurer de meilleure (art. 119).

C) *Service médical.* — Le service médical est réglementé par les dispositions des articles 120, 121 et 124, ainsi conçues :

« Le médecin visite les pèlerins, soigne les malades et veille à ce que, à bord, les règles de l'hygiène soient observées. Il doit notamment :

« 1°. S'assurer que les *vivres* distribués aux pèlerins sont de bonne qualité, que leur quantité est conforme aux engagements pris, qu'ils sont convenablement préparés ;

« 2° S'assurer que les prescriptions de l'article 118 relatif à la *distribution de l'eau* sont observées ;

« 3° S'il y a doute sur la *qualité de l'eau* potable, rappeler *par écrit* au capitaine les prescriptions de l'article 119 ;

« 4° S'assurer que le navire est maintenu en état constant de *propreté*, et spécialement que les *latrines* sont nettoyées conformément aux prescriptions de l'article 113 ;

« 5° S'assurer que les *logements des pèlerins* sont maintenus salubres, et que, en cas de maladie transmissible, la désinfection est faite conformément aux articles 116 et 117 ;

« 6° Tenir un *journal* de tous les incidents sanitaires survenus au cours du voyage et présenter ce journal à l'autorité compétente du port d'arrivée. »

Les personnes chargées de soigner les malades atteints de peste ou de choléra peuvent seules pénétrer auprès d'eux et ne doivent avoir aucun contact avec les autres personnes embarquées (art. 121).

La patente délivrée au port de départ ne doit pas être changée au cours du voyage. Elle est visée par l'autorité sanitaire de chaque port de relâche. Celle-ci y inscrit :

1° Le nombre des passagers débarqués ou embarqués dans ce port ;

2° Les incidents survenus en mer et touchant à la vie ou à la santé des personnes embarquées ;

3° L'état sanitaire du port de relâche (art. 114).

D) *Obligations du capitaine.* — Ces obligations résultent des articles 122 et 123 et sont relatives :

aux *décès* survenus pendant la traversée ;

aux *mesures prophylactiques* ;

à l'*embarquement* et au *débarquement* des passagers.

a) *Décès.* — En cas de décès survenu pendant la traversée, le capitaine doit mentionner le décès en face du nom sur la *liste* visée par l'autorité du port de départ, et, en outre, inscrire sur son *livre de bord* le nom de la personne décédée, son âge, sa provenance, la cause présumée de la mort d'après le certificat du médecin et la date du décès. En cas de décès par *maladie transmissible*, le cadavre, préalablement enveloppé d'un suaire imprégné d'une solution désinfectante, doit être jeté à la mer (art. 122).

b) *Mesures prophylactiques.* — Le capitaine doit veiller à ce que toutes les opérations prophylactiques exécutées pendant le voyage soient *inscrites sur le livre de bord*. Ce livre est présenté par lui à l'autorité compétente du port d'arrivée.

c) *Liste des passagers; embarquement* et *débarquement.* — Dans chaque port de relâche, le capitaine doit faire viser par l'autorité compétente la liste dressée en exécution de l'article 110.

Dans le cas où un pèlerin est débarqué en cours de voyage, le capitaine doit mentionner sur cette liste le débarquement en face du nom du pèlerin.

En cas d'embarquement, les personnes embarquées doivent être mentionnées sur cette liste conformément à l'article 110 précité et préalablement au visa nouveau que doit apposer l'autorié compétente (art. 123).

Comme nous venons de le voir, la Convention de 1903 impose au capitaine et au médecin de tout navire à pèlerins une série d'obligations dont l'accomplissement est contrôlé par la concordance des renseignements inscrits sur les papiers officiels du navire : le « livre de bord » et la « liste nominative des passagers » d'une part — et d'autre part la « patente de santé » et le « journal de tous les incidents sanitaires ».

Section IV. — Mesures à prendre à l'arrivée des pèlerins dans la Mer Rouge.

La Convention a prévu un régime moins sévère pour les pèlerins venant du Nord. Les pèlerins du Sud sont, en effet, de beaucoup les plus dangereux en raison du mauvais état sanitaire constant de leurs ports d'escales, si souvent contaminés par la peste ou le choléra quand ces affections n'y sévissent pas à l'état endémique. Le Dr Saleh-Souby avait proposé[1] de séparer complètement les pèlerins du Sud des pèlerins du Nord, en ne les laissant venir au Hedjaz que tous les deux ans alternativement; l'adoption de cette mesure serait avantageuse, et pour les pèlerins du Nord dont les risques de contamination seraient très atténués, et aussi pour les Puissances méditerranéennes.

A) RÉGIME SANITAIRE APPLICABLE AUX NAVIRES A PÈLERINS MUSULMANS VENANT D'UN PORT CONTAMINÉ ET ALLANT DU SUD VERS LE HEDJAZ.

Les navires à pèlerins venant du Sud et se rendant au Hedjaz doivent, au préalable, faire escale à la station sanitaire de Camaran où ils sont soumis au régime fixé par les articles 126, 127 et 128, régime qui varie selon que ces bâtiments sont :

> *indemnes,*
>
> *suspects,*
>
> ou *infectés.*

Régime des navires indemnes (art. 126).

Dans le cas de navires reconnus *indemnes* après visite médicale, la Convention ne prescrit, avant l'admission à la libre pratique, que de simples mesures de propreté (douche-lavage ou bain de mer) pour les pèlerins, et n'exige la désinfection de leur linge sale, de leurs effets à usage, de leurs bagages, qu'autant que ces objets paraîtraient suspects à l'autorité sanitaire. Toutes ces opérations, y compris l'embarquement et le débarquement, doivent s'effectuer dans un délai maximum de quarante-huit heures.

Si aucun cas *avéré* ou *suspect* de peste ou de choléra n'est constaté pendant ces opérations, les pèlerins seront réembarqués immédiatement et le navire se dirigera vers le Hedjaz.

---

1. *Loc. cit.*

Pour la peste, les prescriptions de l'article 23 et de l'article 24 sont appliquées en ce qui concerne les rats pouvant se trouver à bord des navires. Nous ne répéterons pas ce que nous avons dit plus haut (v. p. 91 et suiv.), nous bornant à rappeler ici que la dératisation est *obligatoire* lorsque des rats ont été reconnus pesteux après examen bactériologique.

Régime des navires suspects (art. 27).

Les *navires suspects* sont ceux à bord desquels il y a eu des cas de peste ou de choléra au moment du départ, mais aucun cas nouveau de peste ou de choléra depuis sept jours.

Les pèlerins, leur linge sale, leurs effets à usage, leurs bagages sont soumis aux mêmes mesures que dans le cas de navires indemnes. De plus, les parties du navire occupées par les malades sont désinfectées ; l'eau de la cale est changée en temps de choléra ; enfin, s'il s'agit de peste, la dératisation est *recommandée* d'après les prescriptions de l'article 22, troisième alinéa.

Si, au cours de ces opérations (qui doivent être exécutées dans un délai maximum de quarante-huit heures), aucun cas avéré ou suspect de peste ou de choléra n'est constaté, les pèlerins sont réembarqués et dirigés immédiatement sur Djeddah. Là, le débarquement n'est permis qu'à deux conditions : 1° qu'une visite médicale à bord n'a rien révélé de suspect ; 2° que les médecins du bord certifient par écrit et sous serment qu'il n'y a pas eu de cas de peste ou de choléra pendant la traversée.

Si, au contraire, des cas de peste ou de choléra ont été ou sont constatés, le navire est renvoyé à Camaran, où il subit de nouveau le régime des navires *infectés*, qu'il nous reste à examiner.

Régime des navires infectés (art. 128).

Sont considérés comme *infectés* : 1° les navires ayant à bord des cas de peste ou de choléra ; 2° les navires ayant présenté des cas de peste ou de choléra depuis *sept jours*.

Ces bâtiments sont soumis à des mesures *d'isolement* pour les personnes, et de *désinfection* pour les marchandises, etc.

Isolement. — Les pesteux et les cholériques sont débarqués à Camaran et isolés à l'hôpital par groupes aussi peu nombreux que possible, de façon que l'ensemble ne soit pas solidaire d'un groupe particulier si la peste ou le choléra venait à s'y développer. La durée de cet isolement sera de cinq jours en cas de choléra et de sept jours en cas de peste, avec faculté pour l'autorité sanitaire de diminuer la durée de cet isolement en se basant sur la date de l'apparition du dernier cas.

Désinfection. — La désinfection doit être *rigoureuse*; elle s'applique au navire, au linge sale, aux objets à usage, ainsi qu'aux vêtements de l'équipage et des passagers. Toutefois, la Convention permet à l'autorité sanitaire locale de limiter la désinfection à une partie du navire, et de ne décharger les gros bagages et les marchandises que lorsqu'elle le juge nécessaire.

La période d'isolement terminée, les pèlerins s'embarquent pour Djeddah où ils sont soumis, à leur arrivée, à une visite médicale *individuelle* et *rigoureuse*. Si son résultat est favorable, le navire reçoit la libre pratique; si, au contraire, des cas avérés de peste ou de choléra se sont manifestés depuis le départ de Camaran, le navire est renvoyé au lazaret, où il subit de nouveau le régime des *navires infectés*.

S'il s'agit de peste, la *dératisation est obligatoire et doit* être effectuée dans les conditions stipulées à l'article 21.

Toutes ces mesures prophylactiques visant les diverses catégories de navires que nous avons énumérées résultent des dispositions des articles 126, 127, 128 ci-après :

Art. 126. — Les navires reconnus *indemnes* après visite médicale reçoivent libre pratique, lorsque les opérations suivantes sont terminées :

Les pèlerins sont débarqués; ils prennent une douche-lavage ou un bain de mer; leur linge sale, la partie de leurs effets à usage et de leurs bagages qui peut être suspecte, d'après l'appréciation de l'autorité sanitaire, sont désinfectés; la durée de ces opérations, en y comprenant le débarquement et l'embarquement, ne doit pas dépasser quarante-huit heures.

Si aucun cas avéré ou suspect de peste ou de choléra n'est constaté pendant ces opérations, les pèlerins seront réembarqués immédiatement et le navire se dirigera vers le Hedjaz.

Pour la peste, les prescriptions de l'article 23 et de l'article 24 sont appliquées en ce qui concerne les rats pouvant se trouver à bord des navires.

Art. 127. — Les navires *suspects*, à bord desquels il y a eu des cas de peste ou de choléra au moment du départ, mais aucun cas nouveau de peste ou de choléra depuis sept jours, sont traités de la manière suivante :

Les pèlerins sont débarqués ; ils prennent une douche-lavage ou un bain de mer : leur linge sale, la partie de leurs effets à usage et de leurs bagages qui peut être suspecte, d'après l'appréciation de l'autorité sanitaire, sont désinfectés.

En temps de choléra, l'eau de la cale est changée.

Les parties du navire habitées par les malades sont désinfectées. La durée de ces opérations, en y comprenant le débarquement, ne doit pas dépasser quarante-huit heures.

Si aucun cas avéré ou suspect de peste ou de choléra n'est constaté pendant ces opérations, les pèlerins sont réembarqués immédiatement, et le navire est dirigé sur Djeddah, où une seconde visite médicale a lieu à bord. Si son résultat est favorable, et sur le vu de la déclaration écrite des médecins du bord certifiant, sous serment, qu'il n'y a pas eu de cas de peste ou de choléra pendant la traversée, les pèlerins sont immédiatement débarqués.

Si, au contraire, un ou plusieurs cas avérés ou suspects de peste ou de choléra ont été constatés pendant le voyage ou au moment de l'arrivée, le navire est renvoyé à Camaran, où il subit de nouveau le régime des navires infectés.

Pour la peste, les prescriptions de l'article 22, troisième alinéa, sont appliquées en ce qui concerne les rats pouvant se trouver à bord des navires.

Art. 128. — Les *navires infectés*, c'est-à-dire ayant à bord des cas de peste ou de choléra, ou bien ayant présenté des cas de peste ou de choléra depuis sept jours, subissent le régime suivant :

Les personnes atteintes de peste ou de choléra sont débarquées et isolées à l'hôpital. Les autres passagers sont débarqués et isolés par groupes composés de personnes aussi peu nombreuses que possible, de manière que l'ensemble ne soit pas solidaire d'un groupe particulier si la peste ou le choléra venait à s'y développer.

Le linge sale, les objets à usage, les vêtements de l'équipage et des passagers sont désinfectés, ainsi que le navire. La désinfection est pratiquée d'une façon complète.

Toutefois, l'autorité sanitaire locale peut décider que le déchargement des gros bagages et des marchandises n'est pas nécessaire, et qu'une partie seulement du navire doit subir la désinfection.

Les passagers restent à l'établissement de Camaran sept ou cinq jours, suivant qu'il s'agit de peste ou de choléra. Lorsque les cas de peste ou de choléra remontent à plusieurs jours, la durée de l'isolement peut être diminuée. Cette durée peut varier selon l'époque de l'apparition du dernier cas et d'après la décision de l'autorité sanitaire.

Le navire est dirigé ensuite sur Djeddah, où est faite une visite médicale individuelle et rigoureuse. Si son résultat est favorable, le navire reçoit la libre pratique; si, au contraire, des cas avérés de peste ou de choléra se sont montrés à bord pendant le voyage ou au moment de l'arrivée, le navire est renvoyé à Camaran, où il subit de nouveau le régime des navires infectés.

Pour la peste, le régime prévu par l'article 21 est appliqué en ce qui concerne les rats pouvant se trouver à bord des navires.

Station de Camaran.

Les navires à pèlerins venant du Sud et allant au Hedjaz doivent *obligatoirement* s'arrêter au lazaret de Camaran pour y subir les mesures sanitaires fixées par la Convention.

Située à moitié chemin d'Aden à Djeddah, à 70 kilomètres environ au large de Hoddeïdah, l'île madréporique de Camaran mesure 35 kilomètres de long sur 15 de large; la végétation est à peu près nulle sur ce sol aride, et la population n'atteint pas 3.000 habitants, répartis en plusieurs petits villages. Les bateaux mettent deux ou trois jours pour parcourir les 300 milles environ qui la séparent de Djeddah; cette situation géographique, qui permet une nouvelle *observation* des pèlerins après leur passage au lazaret, fait de Camaran un emplacement de choix pour une station sanitaire, ainsi que l'ont reconnu à diverses époques les trois Commissions de 1867, 1870 et 1884. Installé d'une façon très sommaire à ses débuts (1884), le lazaret est allé s'améliorant et se perfectionnant peu à peu; mais il est encore loin de répondre aux exigences actuelles de la protection sanitaire. Depuis 1891 il possède des étuves à désinfection et depuis 1895 une machine distillatoire.

Le Dr Borel, ancien médecin du lazaret de Camaran, en donne la description suivante[1].

1. Borel, *Choléra et Peste*, pp. 58 et suiv.

« Il se compose essentiellement de six divisions ou campements échelonnés sur 5 kilomètres du rivage de l'île, et pouvant contenir les unes cinq cents, les autres mille pèlerins.

« Dans chaque division sont groupées un certain nombre d'ariches [1] dans lesquelles logent les pèlerins. Trois maisons en maçonnerie — de plan semblable — servent, l'une d'habitation au médecin, l'autre de logement pour les pèlerins riches et la troisième d'hôpital; ce dernier ne contient d'ailleurs aucun lit, ni aucun matériel hospitalier quelconque. On trouve, en outre, dans chaque campement, un réservoir pour l'eau distillée destinée à la boisson, un bâtiment servant de cuisine, et un réservoir d'eau de mer pour le nettoyage des cabinets d'aisances alignés à la périphérie de la division, dans la proportion de un cabinet pour trente-deux pèlerins.

« Ces cabinets se déversent dans des fosses communes, à proximité desquelles arrive une voie ferrée; sur celle-ci on fait avancer un wagon-tinette dans lequel le vide est pratiqué, et les matières fécales y pénètrent par aspiration; ensuite, au moyen de cette voie ferrée — à traction humaine — les wagons sont conduits à l'extrémité nord du lazaret où leur contenu est jeté à la mer.

« Je viens de décrire un fonctionnement théorique, poursuit le Dr Borel, car, en pratique, le tout n'a jamais pu marcher, et les pèlerins — ainsi que par le passé — se contentent, comme lieux d'aisances, de petits réduits construits sur pilotis le long de la mer, qui est heureusement proche de chacun des campements. »

La désinfection des effets des pèlerins est pratiquée dans trois pavillons disposant chacun d'une seule étuve à vapeur sous pression; les objets qui ne peuvent supporter ce mode de purification sont aspergés *grosso modo* avec une solution phéniquée.

Les services généraux comprennent : l'appareil distillatoire (50 tonnes d'eau par 24 heures), une machine à glace, une briqueterie-tuilerie, un four à plâtre, un four à chaux, des bureaux, un magasin à charbon, deux pompes élévatoires d'eau de mer

---

1. *Ariche :* sorte de construction grossière constituée d'une charpente en bois de palétuvier et recouverte de nattes tressées en feuilles de palmier.

et des logements pour le personnel, logements insuffisants d'ailleurs.

Ce personnel se compose d'un médecin-directeur, d'un directeur-adjoint, de sept à huit médecins provisoires, d'un pharmacien, d'un mécanicien en chef, d'aides-mécaniciens, d'employés de bureau, de gardiens et d'ouvriers de différents corps de métier.

Le lazaret de Camaran a reçu, de 1887 à 1902, 315.589 pèlerins ainsi répartis :

     1° Malais et Javanais.............,....   42,00 p. 100
     2° Indiens........................,......   40,80 —
     3° Persans et Golfe Persique........,..   17,20 —

La besogne est donc considérable au lazaret de Camaran[1] ; elle est rendue pénible par une organisation assez défectueuse; les constructions, bien que les crédits aient été largement dépassés, sont mal installées; et, ajoute le Dr Borel, « il vaut mieux faire le silence autour de cette aventure d'où le Conseil de Santé de Constantinople et sa Caisse sont sortis tous deux amoindris ».

Les articles 129 à 132 ci-après indiquent les conditions auxquelles devra répondre dans l'avenir la station de Camaran au point de vue de son installation matérielle et de son fonctionnement.

Art. 129. — La station de Camaran doit répondre aux conditions ci-après :

L'île sera évacuée complètement par ses habitants.

Pour assurer la sécurité et faciliter le mouvement de la navigation dans la baie de l'île de Camaran, il doit être :

     1° installé des bouées et des balises en nombre suffisant;

     2° construit un môle ou quai principal pour débarquer les passagers et les colis;

---

1. Voy. : Metchnikoff, Recherches sur le choléra et les vibrions. *Annales de l'Institut Pasteur*, 1894. — Dr Milton Crendiropoulo, Quelques considérations à propos des épidémies cholériques de Camaran. *Revue d'Hyg.*, 1899. — Contez, *L'endémie cholérique et le système défensif de la Mer Rouge.* Th. Lyon, 1900-1901.

3⁰ disposé en appontement différent pour l'embarquement séparé des pèlerins de chaque campement;

4⁰ acquis des chalands en nombre suffisant, avec un remorqueur à vapeur, pour assurer le service de débarquement et d'embarquement des pèlerins.

Art. 130. — Le débarquement des pèlerins des navires infectés est opéré par les moyens du bord. Si ces moyens sont insuffisants, les personnes et les chalands qui ont aidé au débarquement subissent le régime des pèlerins et du navire infecté.

La station sanitaire comprendra les installations et l'outillage ci-après :

1⁰ un réseau de voies ferrées reliant les débarcadères aux locaux de l'Administration et de désinfection ainsi qu'aux locaux des divers services et aux campements;

2⁰ des locaux pour l'Administration et pour le personnel des services sanitaires et autres;

3⁰ des bâtiments pour la désinfection et le lavage des effets à usage et autres objets;

4⁰ des bâtiments où les pèlerins seront soumis à des bains-douches ou à des bains de mer pendant que l'on désinfectera les vêtements en usage;

5⁰ des hôpitaux séparés pour les deux sexes et complètement isolés; a) pour l'observation des suspects; b) pour les pesteux; c) pour les cholériques; d) pour les malades atteints d'autres affections contagieuses; e) pour les malades ordinaires;

6⁰ des campements séparés les uns des autres d'une manière efficace; la distance entre eux doit être la plus grande possible; les logements destinés aux pèlerins doivent être construits dans les meilleures conditions hygiéniques et ne doivent contenir que vingt-cinq personnes;

7⁰ un cimetière bien situé et éloigné de toute habitation, sans contact avec une nappe d'eau souterraine, drainé à 0^m50 au-dessous du plan des fosses;

8⁰ des étuves à vapeur en nombre suffisant et présentant toutes les conditions de sécurité, d'efficacité et de rapidité; des appareils pour la destruction des rats;

9⁰ des pulvérisateurs, étuves à désinfection et moyens nécessaires pour une désinfection chimique;

10⁰ des machines à distiller l'eau : des appareils destinés à la stérilisation de l'eau par la chaleur; des machines à fabriquer la glace; pour la distribution de l'eau potable : des canalisations et réservoirs fermés, étanches, et ne pouvant se vider que par des robinets ou des pompes;

11⁰ un laboratoire bactériologique avec le personnel nécessaire;

12⁰ une installation de tinettes mobiles pour recueillir les matières fécales préalablement désinfectées et l'épandage de ces matières sur une des parties de l'île les plus éloignées des campements, en tenant compte des conditions nécessaires pour le bon fonctionnement de ces champs d'épandage au point de vue de l'hygiène ;

13° les eaux sales doivent être éloignées des campements sans pouvoir stagner ni servir à l'alimentation ; les eaux-vannes qui sortent des hôpitaux doivent être désinfectées.

Art. 132. — L'autorité sanitaire assure, dans chaque campement, un établissement pour les comestibles, un pour le combustible.

Le tarif des prix fixés par l'autorité compétente est affiché en plusieurs endroits du campement et dans les principales langues des pays habités par les pèlerins.

Le contrôle de la qualité des vivres et d'un approvisionnement suffisant est fait chaque jour par le médecin du campement.

L'eau est fournie gratuitement.

Stations d'Abou-Ali, Abou-Saad, Djeddah, Wasta et Yambo.

A la réunion internationale de Paris en 1894, le premier délégué de la Turquie déclara que S. M. le Sultan, devançant en quelque sorte les désirs de la Conférence, avait donné des ordres pour réorganiser les stations sanitaires de Camaran, Abou-Saad, Wasta, El-Ouedj, la Mecque, Médine et Djeddah, d'après le programme suivant[1] :

Construction, à la Mecque, d'un asile capable de contenir 1.400 pèlerins indigents. — Fondation dans cette ville d'un nouvel hôpital de 300 lits, et, dans la plaine de Mouna, d'un autre hôpital de 200 lits. — A côté de chacun de ces hôpitaux, établissement d'une pharmacie, de bains et d'un poste de désinfection pourvu d'étuves et de l'outillage nécessaire. — L'eau de Djeddah, fournie par les citernes de la ville, n'étant pas de bonne qualité, on procédera immédiatement aux réparations des conduites installées il y a dix ans et qui amènent à la ville l'eau des sources voisines. — Construction, sur trois ou quatre points de Mouna, de réservoirs-fontaines qui seront alimentés par l'eau amenée de la source Zobeïda. — Agrandissement de l'hôpital de la Charité. . . . .

. . . .

---

1. *Conf. de Paris*, 1903, p. 402.

La Conférence de Paris (1894) avait adopté à l'unanimité les résolutions suivantes :

1° Création de deux hôpitaux pour cholériques, hommes et femmes, à Abou-Ali;

2° Création à Wasta d'un hôpital pour malades ordinaires;

3° Installation à Abou-Saad et à Wasta de logements en pierre, capables de contenir 500 personnes, à raison de 25 personnes par logement;

4° Installation de trois étuves à désinfection placées à Abou-Saad, à Wasta et à Abou-Ali, avec buanderies et accessoires;

5° Etablissement de douches-lavages à Abou-Saad et à Wasta.

Quelle suite a été donnée aux résolutions précitées de la Conférence de Paris 1894? L'état actuel de ces diverses stations sanitaires va nous édifier complètement à ce sujet.

Le lazaret d'Abou-Saad reçoit les navires venant du Sud et n'ayant à leur bord que cinq pèlerins par 100 tonneaux de registre net.

Ce lazaret est à quatre milles au sud de Djeddah, bâti sur trois petits îlots de sable ayant en moyenne 200 mètres de long sur 150 de large.

L'île d'Abou-Saad contient : un bâtiment renfermant une étuve à désinfection, quatre maisons arabes pouvant recevoir chacune 100 pèlerins et un logement pour le médecin; l'approvisionnement d'eau douce est assuré par un appareil distillatoire (1 tonne par 24 heures) qui se trouve à bord du remorqueur; les cabinets d'aisances sont placés non loin du rivage et au-dessus de la mer[1].

Sur le second îlot, il y a une seule maison; le troisième n'a aucun bâtiment. Il n'y a pas d'hôpital et, à l'exception d'une pharmacie, aucun matériel pour le traitement des malades : pas même un lit.

Le personnel se compose : d'un médecin directeur, d'un chef

_____

1. BOREL, *loc. cit.*, p. 60.

désinfecteur, d'un employé de bureau et de quelques gardiens.

C'est avec un semblable lazaret qu'on a dû — en 1902 — pourvoir à l'isolement et à la désinfection de 21.625 pèlerins, alors que la même année le lazaret de Camaran n'en avait reçu que 17.729 (Borel). Dans de telles conditions, les mesures sanitaires n'offrent que des garanties illusoires; le professeur Proust a signalé ce fait, à la Conférence, que 8.380 pèlerins avaient été désinfectés avec *un seul* pulvérisateur [1].

Quant aux hôpitaux de Djeddah et Yambo, ils sont tellement misérables que les pèlerins préfèrent mourir dans la rue ou à bord plutôt que d'y rester. Masure arabe, au plancher de terre battue, où de leurs lits de natte les cholériques sèment leurs déjections, soignés par un vieil infirmier et un enfant plus sales encore que leurs pensionnaires. Tel était l'hôpital de Yambo en 1902 [2].

En dix ans les améliorations sanitaires sur la côte du Hedjaz, à Abou-Saad, Djeddah, Yambo, etc., sont absolument nulles, et il est douloureux de constater que la Conférence de 1903 en a été réduite à reproduire les desiderata de celle de 1894 dans les articles ci-après :

Art. 133. — Les stations sanitaires d'Abou-Ali, d'Abou-Saad, de Wasta, ainsi que celles de Djeddah et de Yambo, doivent répondre aux conditions ci-après :

1° création à Abou-Ali de quatre hôpitaux, deux pour pesteux, hommes et femmes, deux pour cholériques, hommes et femmes;

2° création à Wasta d'un hôpital pour malades ordinaires;

3° installation à Abou-Saad et à Wasta de logements en pierre capables de contenir cinquante personnes par logement;

4° trois étuves de désinfection placées à Abou-Ali, Abou-Saad et Wasta, avec buanderies, accessoires et appareils pour la destruction des rats;

5° établissement de douches-lavages à Abou-Saad et à Wasta;

6° dans chacune des îles d'Aboud-Saad et de Wasta, établissement de machines à distiller pouvant fournir ensemble 15 tonnes d'eau par jour;

1. *Rapport sur le pèlerinage de 1902*, Conf. de 1903, p. 487.

2. Rapport sur le pèlerinage en 1902, cité par Proust, *Conf. de Paris* p. 487.

7° pour les matières fécales et les eaux sales, le régime sera réglé d'après les principes admis pour Camaran ;

8° un cimetière sera établi dans une des îles ;

9° installations sanitaires à Djeddah et Yambo assez complètes et notamment des étuves et autres moyens de désinfection pour les pèlerins quittant le Hedjaz:

Art. 134. — Les règles prescrites pour Camaran, en ce qui concerne les vivres et l'eau, sont applicables aux campements d'Abou-Ali, d'Abou-Saad et de Wasta.

B) Régime sanitaire applicable aux navires a pèlerins musulmans venant du nord et allant vers le hedjaz.

Cette catégorie comprend tous les bâtiments provenant du bassin de la Méditerrannée et de la Mer Noire ; ils sont soumis à un régime sanitaire beaucoup moins sévère que les navires du Sud, et réglementé par les articles 135 et 136 ci-après :

Art, 135. — Si la présence de la peste ou du choléra n'est pas constatée dans le port de départ ni dans ses environs, et qu'aucun cas de peste ou de choléra ne se soit produit pendant la traversée, le navire est immédiatement admis à la *libre pratique*.

Art. 136. — Si la présence de la peste ou du choléra est constatée dans le port de départ ou dans ses environs, ou si un cas de peste ou de choléra s'est produit pendant la traversée, le navire est soumis, à El-Tor, aux règles instituées pour les navires qui viennent du Sud et qui s'arrêtent à Camaran. Les navires sont ensuite reçus en libre pratique.

Section V. — **Mesures à prendre au retour des pèlerins.**

Le Hedjaz, dont les conditions hygiéniques sont extrêmement défectueuses, a été envahi par treize épidémies de choléra (dont huit en été) pendant la période qui s'étend de 1860 à 1902, et la ville de Djeddah a été infectée par la peste pendant plusieurs années consécutives, de 1897 à 1900. Les épidémies sont importées au Hedjaz, soit par les pèlerins du Sud venant par mer des rives de l'Océan Indien ou des îles de l'Océanie, — soit par les caravanes venant du Nord, de la Mésopotamie ou des rives du Golfe Persique. Les provenances du Hedjaz en temps de pèlerinage doivent donc être l'objet d'une surveillance étroite et constante. Il faut absolument que, sur la voie du retour, les navires à pèlerins soient arrêtés et minutieusement examinés ; on ne leur permettra de continuer leur route que lorsqu'on aura acquis la conviction qu'ils ne présentent aucun danger pour la santé publique. Ces précautions sont d'une importance capitale en ce moment, en raison de la très grave épidémie de peste qui ravage les Indes, Kurratchee, Aden, et de l'apparition du choléra sur les bords de la Caspienne et dans les vallées de la Russie méridionale.

Cet arrêt obligatoire répond d'ailleurs à l'intérêt le plus immédiat des hadjis eux-mêmes. Le voyage de retour dure jusqu'à dix, douze et quinze jours, et il serait inhumain de laisser des navires effectuer ce long trajet avec des épidémies à bord.

Le régime imposé par la Convention aux navires à pèlerins revenant du Hedjaz varie suivant que ces navires retournent vers le Nord ou se dirigent vers le Sud.

A) Régime des navires a pèlerins retournant vers le nord.

L'article 137 spécifie que :

Tout navire à destination de Suez ou d'un port de la Méditerranée, ayant à bord des pèlerins ou masses analogues, et provenant d'un port du Hedjaz ou de tout autre port de la côte arabique de la Mer Rouge, est tenu de se rendre à El-Tor pour y subir l'observation et les mesures sanitaires indiquées dans les articles 141 à 143.

Au lazaret de Tor, les mesures sanitaires imposées varient suivant l'état sanitaire du Hedjaz et du pèlerinage.

a) Si la présence de la peste ou du choléra est constatée au Hedjaz ou dans le port d'où provient le navire, ou l'a été au Hedjaz au cours du pèlerinage, le navire est soumis, à El-Tor, aux règles instituées à *Camaran* pour les *navires infectés* (art. 141) ; nous ne répéterons donc pas ce que nous avons dit plus haut à ce sujet sur :

l'isolement, à l'hôpital, des pesteux ou des cholériques ;

l'*isolement* des passagers non malades en petits groupes non
solidaires ;

la *désinfection* du linge sale, des objets à usage, des vêtements de l'équipage et des passagers, des bagages et
marchandises suspectes et du navire lui-même ;

la *dératisation*.

Nous attirerons l'attention sur le dernier paragraphe de l'article 141 ainsi conçu :

Tous les pèlerins sont soumis, à partir du jour où ont été terminées
les opérations de désinfection, à une *observation* de *sept jours pleins*,
qu'il s'agisse de peste ou de choléra. Si un cas de peste ou de choléra
s'est produit dans une section, la période de sept jours ne commence
pour cette section qu'à partir du jour où le dernier cas a été constaté.

A l'expiration de cette période d'observation, le navire part
pour la Méditerranée et ne peut traverser le Canal de Suez qu'en
quarantaine (art. 138) ; toutefois, si, durant la traversée d'El-
Tor à Suez, il s'est produit un cas suspect à bord, le navire sera
repoussé à El-Tor (art. 144).

Les pèlerins non égyptiens, tels que les Turcs, les Russes, les
Persans, les Tunisiens, les Algériens, les Marocains, etc., ne
peuvent, après avoir quitté El-Tor, être débarqués dans un port
égyptien. En conséquence, les agents de navigation et les capitaines sont prévenus que le transbordement des pèlerins étrangers à l'Egypte est interdit, soit à El-Tor, soit à Suez, soit à
Port-Saïd, soit à Alexandrie.

Les bateaux qui auraient à leur bord des pèlerins appartenant
aux nationalités dénommées dans l'alinéa précédent, suivront la
condition de ces pèlerins, et ne seront reçus dans aucun port
égyptien de la Méditerranée (art. 139).

Le transbordement des pèlerins est strictement interdit dans
les ports égyptiens (art. 145).

Dispositions spéciales aux pèlerins égyptiens. — La Convention ne reconnaît comme Egyptiens ou résidant en Egypte,
que les pèlerins porteurs d'une carte de résidence émanant

d'une autorité égyptienne, et conforme au modèle établi. Des exemplaires de cette carte seront déposés auprès des au torités consulaires et sanitaires de Djeddah et de Yambo, où les agents et capitaines de navires pourront les examiner (art. 139).

Les pèlerins égyptiens subissent soit à El-Tor, soit à Souakim, ou dans toute autre station désignée par le Conseil sanitaire d'Egypte, une *observation* de trois jours et une visite médicale, avant d'être admis en libre pratique (art. 140).

En outre, dans le cas prévu par l'article 141, ils subissen une observation supplémentaire de trois jours (art. 142), ce qu porte à dix jours la durée totale de l'observation pour les pèlerins égyptiens dans le cas susvisé.

Cette précaution s'explique par la proximité de l'Egypte dont les nationaux n'ont que peu de chemin à faire pour rentrer dans leurs foyers; elle a pour but de retenir au lazaret les cas de choléra dont la période d'incubation dépasse la durée habituelle.

Après avoir fini leur période d'observation à El-Tor, les pèlerins égyptiens sont seuls autorisés à quitter définitivement le navire pour rentrer ensuite dans leurs foyers (art. 139).

On ne saurait surveiller trop étroitement les pèlerins égyptiens qui regagnent souvent leur pays en contrebande. L'épidémie de choléra de 1902, qui fit 34.000 victimes, fut très vraisemblablement introduite « par des pèlerins ayant traversé la Mer Rouge en sambouks et pénétré en Egypte par l'immense côte abandonnée ». Il a été établi en effet que le nombre de ces derniers pèlerins venant de Djeddah a été de 1582. Or, il résulte du relevé des rapports journaliers des offices quarantenaires de Souakim et de Kosseïr, que 474 pèlerins sont arrivés dans ces ports par une voie régulière et ont subi les mesures réglementaires, et que 140 ont été arrêtés en contrebande, ce qui fait un total de 614. Il reste donc 968 pèlerins embarqués[1] en samboucks

1. Proust et Faivre, Rapport général de 1902, in *Recueil des Trav. du Comité d'Hyg.*, t. XXXII, p. 350.

dont on a perdu la trace et qui ont, de toute évidence, débarqué clandestinement.

b) Si la présence de la peste ou du choléra n'est constatée ni au Hedjaz, ni au port d'où provient le navire, et ne l'a pas été au Hedjaz au cours du pèlerinage, le navire est soumis à El-Tor aux règles instituées à *Camaran* pour les navires indemnes. *Les pèlerins* sont débarqués ; ils prennent une douche-lavage ou un bain de mer ; *leur linge sale* ou la partie de leurs vêtements à usage et de leurs bagages qui peut être suspecte, d'après l'appréciation de l'autorité sanitaire, sont désinfectés. La durée de ces opérations, y compris le débarquement et l'embarquement, ne doit pas dépasser soixante-douze heures (article 143).

Les navires venant du Sud et arrivant indemnes à Camaran ont un délai maximum de quarante-huit heures pour l'exécution des mesures sanitaires qui leur sont imposées par la Convention ; ici ce délai est allongé de vingt-quatre heures, et il est à peine suffisant si on veut se conformer exactement aux prescriptions imposées, en raison de l'encombrement du lazaret au moment du pèlerinage.

Cet encombrement, souvent considérable, a de multiples inconvénients et rend fort pénible la tâche du personnel chargé du service sanitaire. La Commission Technique de la Conférence de 1903 a cherché à remédier à cette situation en adoptant à l'unanimité, sur la proposition de la Délégation italienne, la résolution suivante, devenue la partie finale de l'article 143 de la Convention :

Toutefois, un navire à pèlerins appartenant à une des nations ayant adhéré aux stipulations de la présente Convention et des Conventions antérieures, s'il n'a pas eu de malades atteints de peste ou de choléra en cours de route de Djeddah à Yambo et à El-Tor, et si la visite médicale individuelle, faite à El-Tor après débarquement, permet de constater qu'il ne contient pas de tels malades, peut être autorisé par le Conseil sanitaire d'Egypte à traverser en quarantaine le Canal de Suez, même la nuit, lorsque sont réunies les quatre conditions suivantes :

1° le service médical est assuré à bord par un ou plusieurs médecins commissionnés par le Gouvernement auquel appartient le navire ;

2° le navire est pourvu d'étuves à désinfection et il est constaté que le linge sale a été désinfecté en cours de route;

3° il est établi que le nombre des pèlerins n'est pas supérieur à celui autorisé par les règlements du pèlerinage;

4° le capitaine s'engage à se rendre directement dant un des ports du pays auquel appartient le navire.

La visite médicale, après débarquement à El-Tor, doit être faite dans le moindre délai possible.

La taxe sanitaire payée à l'Administration quarantenaire est la même que celle qu'auraient payée les pèlerins s'ils étaient restés trois jours en quarantaine.

Ainsi que l'a exposé à la Conférence la délégation italienne[1], cette proposition ne porte aucune atteinte à ces deux principes fondamentaux :

1° Aucun navire à pèlerins ne doit pénétrer dans le Canal de Suez sans avoir subi la visite médicale personnelle;

2" Aucune personne atteinte d'une des maladies pestilentielles ne doit pénétrer dans le Canal de Suez.

« Par la présence à bord de médecins commissionnés par les Gouvernements, et d'étuves à désinfection, elle offre à la santé publique des garanties sérieuses. Elle offre une sorte de prime à l'observation des prescriptions réglementaires, si importantes et si négligées, relatives au nombre des pèlerins embarqués. Sans offrir aucun danger appréciable, elle donne des facilités plus grandes à la liberté des transports, et permet, en cas de pèlerinage net, de désencombrer le lazaret de Djebel-Tor, et de tenir ainsi compte, dans la mesure du possible, des remarques qui ont été présentées à ce sujet. »

Une autre proposition fut soumise à la Conférence par le Dr Ruffer[2], dans le but de supprimer l'encombrement à El-Tor, tout en épargnant à l'Egypte la grosse dépense des constructions destinées à abriter des pèlerins, après tout, étrangers. Le Président du Conseil d'Alexandrie demandait que, « lorsque les pays d'origine des pèlerins auront organisé des lazarets pour

1. *Conf. de Paris*, 1903, p. 334.
2. *Conf. de Paris*, 1903, p. 447.

les recevoir dans des conditions satisfaisantes, les pèlerins non
Egyptiens soient autorisés à traverser le Canal en quarantaine
sans s'arrêter au campement de Tor. Il est naturellement entendu que chaque bateau aurait le droit de débarquer à Tor des
malades ou des suspects ».

Le Professeur Proust combattit vigoureusement cette proposition, appuyée par le délégué de l'Angleterre. Il montra qu'elle
allait à l'encontre des décisions des Conférences précédentes ;
que le Hedjaz était souvent ravagé par des épidémies très meurtrières, que l'état sanitaire y était fort défectueux, que les navires à pèlerins, aménagés à l'encontre des règles les plus élémentaires de l'hygiène, constituent un danger permanent, et
qu'en autorisant le passage des pèlerins en quarantaine dans le
Canal, on s'exposerait à voir l'Europe rétablir des quarantaines
dont il faut souhaiter la disparition.

Les autres représentants du Gouvernement Français à la Conférence soutinrent la thèse du professeur Proust.

Le Dr Legrand critiqua la proposition du Dr Ruffer, parce
qu'elle « constitue un danger réel aussi bien pour l'Egypte que
pour la Méditerranée en facilitant les contacts accidentels et
frauduleux ». Il rappela que, durant la traversée du Canal,
divers accidents peuvent immobiliser le bateau, et que les éva-
sions ne sont pas rares, comme le prouve le fait tout récent
« que vingt et un soldats de la légion étrangère s'étaient évadés
de l'*Himalaya* et avaient gagné Port-Saïd à la nage ».

Le Professeur Brouardel, constatant que la motion « à
temps », du Dr Ruffer, est contraire aux principes établis dans
les Conférences antérieures, proposait d'ajourner provisoirement toute décision.

M. Monod, directeur de l'Assistance publique, après avoir
rappelé que la Conférence de Rome (1885) avait repoussé par
dix-huit voix contre deux (Angleterre et Indes anglaises) une
proposition analogue, mais bien moins dangereuse, présentée
par la Grande-Bretagne dans les termes suivants : « Les navires
anglais, marchands, troupiers, postaux et autres, qui ne communiquent ni avec l'Egypte, ni avec aucun port de l'Europe,

devront pouvoir traverser le Canal de Suez sans inspection, comme un bras de mer », adjurait la Commission de « maintenir le contrôle sur les navires à l'entrée du Canal de Suez, et particulièrement sur les plus dangereux de tous, les navires à pèlerins ».

Les délégués d'Autriche-Hongrie, du Portugal et des Pays-Bas combattirent également la motion égyptienne. Aussi le Dr Ruffer, « constatant que le sentiment de la Conférence n'était pas favorable à sa proposition », crut-il devoir la retirer.

Régime des navires à pèlerins allant du Hedjaz à la côte africaine de la Mer Rouge.

Les navires partant du Hedjaz et ayant à leur bord des pèlerins à destination d'un port de la côte africaine de la Mer Rouge sont autorisés à se rendre directement à Souakim, ou en tel autre endroit que le Conseil sanitaire d'Alexandrie décidera, pour y subir le même régime quarantenaire qu'à El-Tor (art. 146).

Cette disposition, tout en diminuant dans une certaine mesure l'encombrement à El-Tor, aura l'avantage d'éviter un long détour aux pèlerins égyptiens, qui n'ont que la Mer Rouge à traverser.

Régime des navires sans pèlerins.

Les navires venant du Hedjaz ou d'un port de la côte arabique de la Mer Rouge avec patente nette, n'ayant pas à bord des pèlerins ou masses analogues, et qui n'ont pas eu d'accident suspect durant la traversée, sont admis en libre pratique à Suez, après visite médicale favorable (art. 147).

En raison du peu de danger que présentent ces navires, la Convention réduit au minimum les formalités sanitaires qu'ils ont à subir avant d'entrer dans le Canal.

Régime des caravanes de pèlerins.

Les mesures sanitaires imposées aux caravanes varient selon que le Hedjaz est indemne ou contaminé, et selon qu'il s'agit de pèlerins égyptiens ou non (art. 148).

1° *Lorsque la peste ou le choléra aura été constaté au Hedjaz :*

a) Les caravanes composées de *pèlerins égyptiens* doivent, avant de se rendre en Egypte, subir une quarantaine de rigueur à El-Tor, de *sept* jours en cas de choléra ou de peste ; elles doivent ensuite subir à El-Tor une observation de trois jours, après laquelle elles ne sont admises en libre pratique qu'après une visite médicale favorable et désinfection des effets ;

b) Les caravanes composées de *pèlerins étrangers*, devant se rendre dans leurs foyers par la voie de terre, sont soumises aux mêmes mesures que les caravanes égyptiennes, et doivent être accompagnées par des gardes sanitaires jusqu'aux limites du désert.

2° *Lorsque la peste ou le choléra n'a pas été signalé* au Hedjaz, les caravanes de pèlerins venant du Hedjaz par la route de Akaba ou de Moïla sont soumises, à leur arrivée au Canal ou à Nakhel, à la visite médicale et à la désinfection du linge sale et des effets à usage (art. 149).

B) RÉGIME DES NAVIRES A PÈLERINS RETOURNANT VERS LE SUD.

Les pèlerins retournant vers le Sud sont soumis au régime fixé par l'article 150 ci-après :

Il y aura dans les ports d'embarquement du Hedjaz des installations sanitaires assez complètes pour qu'on puisse appliquer aux pèlerins qui doivent se diriger vers le Sud pour rentrer dans leur pays, les mesures qui sont obligatoires, en vertu des articles 46 et 47, au moment du départ de ces pèlerins dans les ports situés au-delà du détroit de Bab-el-Mandeb.

L'application de ces mesures est *facultative*, c'est-à-dire qu'elles ne sont appliquées que dans les cas où l'autorité consulaire du pays auquel appartient le pèlerin, ou le médecin du navire à bord duquel il va s'embarquer, les juge nécessaires.

Il est à craindre que la protection du Golfe Persique ne soit compromise par le caractère *facultatif* des mesures prévues à l'article 150. Nous sera-t-il permis d'exprimer le regret qu'en attendant la construction et l'organisation des établissements d'Ormuz et des environs de Bassorah, la Convention n'ait pas cru devoir soumettre les navires à pèlerins retournant vers le Sud à un régime sanitaire *obligatoire*, comme à l'aller? L'application d'un tel régime ne présentait aucune difficulté puisque le lazaret de Camaran se trouve sur la voie du retour, et son utilité est incontestable puisque toutes les épidémies de choléra du Hedjaz envahissent consécutivement le Golfe Persique.

CHAPITRE III.

PÉNALITÉS.

Les infractions au règlement sanitaire du pèlerinage sont sanctionnées par des pénalités pécuniaires indiquées dans les articles 151 à 161, qui reproduisent les dispositions adoptées par la Conférence de Paris (1894). Les contrevenants sont en outre passibles (art. 161) de punitions conformément aux lois de leurs pays respectifs.

On ne saurait taxer d'exagération les amendes infligées par les articles ci-après, quand on songe aux suites parfois épouvantables des contraventions sanitaires. Qu'il nous suffise de rappeler ici que la terrible épidémie de choléra qui dévasta le monde, en 1865, fut la conséquence des déclarations mensongères des capitaines des navires ramenant du Hedjaz des pèlerins contaminés.

Art. 151. — Tout capitaine convaincu de ne pas s'être conformé, pour la distribution de l'eau, des vivres ou du combustible, aux engagements pris par lui, est passible d'une amende de 2 livres turques (45 fr.). Cette amende est perçue au profit du pèlerin qui aurait été victime du manquement et qui établirait qu'il a en vain réclamé l'exécution de l'engagement pris.

Art. 152. — Toute infraction à l'article 104 est punie d'une amende de 30 livres turques.

Art. 153. — Tout capitaine qui a commis ou qui a sciemment laissé commettre une fraude quelconque, concernant la liste des pèlerins ou la patente sanitaire prévues à l'article 110, est passible d'une amende de 50 livres turques.

Art. 154. — Tout capitaine de navire arrivant sans patente sanitaire du port de départ, ou sans visa des ports de relâche, ou non muni de la liste réglementaire et régulièrement tenue, suivant les articles 110, 123 et 124, est passible, dans chaque cas, d'une amende de 12 livres turques.

Art. 155. — Tout capitaine convaincu d'avoir ou d'avoir eu à bord plus de cent pèlerins sans la présence d'un médecin commissionné, conformément aux prescriptions de l'article 103, est passible d'une amende de 300 livres turques.

Art. 156. — Tout capitaine convaincu d'avoir ou d'avoir eu à son bord un nombre de pèlerins supérieur à celui qu'il est autorisé à embarquer, conformément aux prescriptions de l'article 110, est passible d'une amende de 5 livres turques par chaque pèlerin en surplus.

Le débarquement des pèlerins dépassant le nombre régulier est effectué à la première station où réside une autorité compétente, et le capitaine est tenu de fournir aux pèlerins débarqués l'argent nécessaire pour poursuivre leur voyage jusqu'à destination.

Art. 157. — Tout capitaine convaincu d'avoir débarqué des pèlerins dans un endroit autre que celui de leur destination, sauf leur consentement ou hors le cas de force majeure, est passible d'une amende de 20 livres turques par chaque pèlerin débarqué à tort.

Art. 158. — Toutes autres infractions aux prescriptions relatives aux navires à pèlerins sont punies d'une amende de 10 à 100 livres turques.

Art. 159. — Toute contravention constatée en cours de voyage est annotée sur la patente de santé, ainsi que sur la liste des pèlerins. L'autorité compétente en dresse procès-verbal pour le remettre à qui de droit.

Art. 160. — Dans les ports ottomans, la contravention aux dispositions concernant les navires à pèlerins est constatée, et l'amende imposée par l'autorité compétente, conformément aux articles 173 et 174.

Art. 161. — Tous les agents appelés à concourir à l'exécution des prescriptions de la présente Convention en ce qui concerne les navires à pèlerins sont passibles de punitions, conformément aux lois de leurs pays respectifs en cas de fautes commises par eux dans l'application desdites prescriptions.

TITRE IV.

Surveillance et Exécution.

L'exécution des mesures sanitaires destinées à protéger le bassin Méditerranéen contre les épidémies de l'Extrême-Orient est confiée à deux Conseils sanitaires internationaux : 1º le Conseil d'Égypte, siégeant à Alexandrie, et dont l'organisation actuelle date de la Convention de Venise de 1892 ; 2º le Conseil de Constantinople, réorganisé par la Convention de 1903.

A ces deux Conseils, dont l'action est limitée aux territoires Égyptien et Ottoman, viendra s'ajouter un Bureau international, siégeant à Paris, et dont relèvera, dans les conditions que nous aurons à exposer, toute la prophylaxie des maladies infectieuses.

I.

CONSEIL SANITAIRE MARITIME ET QUARANTENAIRE D'ÉGYPTE.

C'est en 1831 que fut fondée l'*Intendance générale sanitaire de l'Égypte*, avec la mission d'appliquer les mesures prophylactiques d'alors. Douze ans plus tard (1843), Méhémet-Ali introduisait les représentants des Puissances européennes (au nombre de sept) dans cette assemblée dont la composition, tant de fois bouleversée depuis, fut définitivement arrêtée par un décret Khédivial du 3 janvier 1881. Par un autre décret de la même date, un Conseil de santé et d'hygiène publique était institué au Caire[1].

1. Voy. ces deux décrets in *Recueil des Travaux du Comité consultatif*

Le Conseil d'Alexandrie, qui comprenait neuf membres égyptiens et quatorze représentants des Puissances, était chargé, avec les pouvoirs les plus étendus, d'assurer le service sanitaire ; il percevait les taxes et en avait la libre disposition.

Quand les Anglais eurent occupé l'Egypte, ils s'empressèrent d'introduire leurs créatures dans le Conseil afin d'arriver à soustraire leurs navires à des mesures sanitaires qu'ils estimaient trop gênantes. La France fit entendre ses protestations. Pendant six mois, le Comité consultatif d'Hygiène et l'Inspecteur général des services sanitaires ne cessèrent de prédire l'invasion du choléra en Egypte d'abord, et en Europe ensuite. Pendant six mois, notre consul général et notre médecin sanitaire transmirent ces avertissements au Conseil d'Alexandrie sans pouvoir se faire écouter. Toutes les mesures prophylactiques étaient supprimées à Suez, lorsque, le 25 juin 1883, le choléra éclata à Damiette, importé par un des chauffeurs du *Timour*. Le 26, il était à Massouah ; le 27, à Port-Saïd ; il envahit le Caire en juillet, Alexandrie en août, et de là il se répandit dans toute l'Égypte. Le 28 août, on avouait 28.000 victimes ; mais, de l'avis de tous les médecins sanitaires, il y en avait le double.

L'année suivante, il traversa la Méditerranée, ravagea la France, l'Algérie, l'Italie et l'Espagne. L'Angleterre, comme on devait s'y attendre, nia l'importation, et ses navires continuèrent à traverser le Canal de Suez avec le choléra à leur bord. Mais les nations du midi de l'Europe perdirent patience ; des Conférences s'assemblèrent comme nous l'avons dit, et enfin celle de Venise reconstitua le Conseil d'Alexandrie sur de nouvelles bases[1]. Elle lui donna un caractère plus international et réduisit à quatre le nombre des membres égyptiens. Mais la diplomatie anglo-égyptienne n'a pas encore pris son parti de cette décision.

A Venise, en 1897, Mohammed Cherif Pacha, au nom de la

d'*Hygiène de France*, t. XI, p. 12 et suiv. — Voy. aussi NEROUTZOS-BEY, *Aperçu historique de l'organisation de l'Intendance sanitaire d'Egypte séant à Alexandrie, depuis sa fondation en 1831 jusqu'en 1879.* Alexandrie, 1880.

1. BROUARDEL et PROUST, *loc. cit.*, p. 369.

La motion égyptienne était appuyée par l'Angleterre ; son délégué, M. Alban, estimait que les circonstances actuelles permettent de modifier l'organisation et les attributions du Conseil d'Alexandrie, et pensait qu'il serait avantageux « de limiter les fonctions du Conseil quarantenaire de la manière proposée par Chérif Pacha, et d'accorder à l'Égypte une indépendance complète en tout ce qui concerne sa propre défense sanitaire ».

L'Italie allait moins loin dans cette même voie, et proposait seulement de « soustraire à la compétence du Conseil d'Alexandrie le contrôle sanitaire de l'intérieur de l'Égypte [1] », — par analogie avec le principe adopté pour la Turquie dans ses relations avec le Conseil supérieur de santé de Constantinople.

Enfin, le Dr Ruffer, délégué d'Égypte et Président du Conseil d'Alexandrie, approuvait « en toute conscience » la proposition de Chérif Pacha, parce qu'il la jugeait « bonne » et parce qu'il estimait « que l'Europe accomplirait un acte de justice en l'acceptant ».

Le Professeur Proust, délégué de France, s'éleva avec force contre la motion Chérif Pacha, qui, allant à l'encontre des décisions prises par les Conférences antérieures, tendait à faire du Conseil d'Alexandrie un simple organe d'informations, une agence de renseignements pour les Puissances. Il montra, par des faits, que les difficultés signalées venaient exclusivement des empiétements du service intérieur (à Suez, par exemple); qui, à diverses reprises, a critiqué, modifié ou contrarié les mesures décidées par le service quarantenaire.

La protection de l'Europe exige, pour longtemps encore, le maintien de l'état de choses actuel. Sans doute, l'amélioration des services sanitaires en Égypte est incontestable. Cependant [2] :

1º L'épidémie de 1902 a été plus grave, plus meurtrière, que celle de 1895.

Elle a envahi l'Égypte en quinze jours, tout entière. Cela prouve peut-être que le germe était plus virulent qu'en 1895 ;

1. *Conf. de Paris*, 1903, p. 512.
2. PROUST, *Conf. de Paris*, 1903, p. 529.

cela prouve aussi que le terrain est bien loin d'être réfractaire, et qu'entre 1895 et 1902 il y a peut-être moins de progrès effectif qu'on ne le dit. Enfin, l'épidémie n'a pas été étouffée en Égypte, puisqu'elle a gagné la Palestine et la Syrie, et menace encore la Méditerranée.

2° La peste existe et persiste à Alexandrie et en d'autres villes d'Égypte depuis cinq ou six ans ; ailleurs, à Oporto, Naples, Marseille, on a pu l'éteindre cependant. Cette remarque range Alexandrie et l'Égypte dans la même catégorie que Bombay et Hong-Kong, dans une situation moins grave cependant ; mais cette situation menaçante durera un certain temps encore.

En réalité, le danger est dans la population égyptienne elle-même. Le progrès social, la civilisation ne vont pas de pair avec le progrès intensif des voies de communication. Il est dangereux et imprudent de vouloir appliquer à des Bédouins et à des fellahs le régime que l'on applique à des citoyens de Liverpool ou de Londres. La population égyptienne n'a pas encore compris l'utilité de la déclaration, de l'isolement et de la désinfection, bases de l'hygiène prophylactique moderne. Les inspecteurs sanitaires du service d'hygiène le savent bien et s'en plaignent amèrement.

Les autorités subalternes, les omdehs ou maires des villages sont les premiers en faute et organisent la résistance à l'œuvre des services sanitaires. Nous l'avons vu pendant le choléra de 1902 et même à propos de la récente épidémie de typhus bovin.

On ne peut dépourvoir d'une certaine tutelle et de suspicion une population aussi peu avancée, alors que les intérêts de toute l'Europe sont en jeu.

Et le Professeur Proust concluait qu'il y a lieu d'assurer au Conseil d'Alexandrie la plus grande indépendance et de lui maintenir tous ses pouvoirs ; la seule chose à souhaiter, c'est que les membres soient des nationaux de la Puissance qu'ils représentent, indépendants du Gouvernement local et des Compagnies de navigation.

La Conférence, se rangeant à l'avis du Professeur Proust, a

estimé qu'il n'y avait pas lieu de modifier l'état de choses ac
tuel, et son sentiment est consacré par l'article 162 de la Convention ci-après :

Sont confirmées les stipulations de l'annexe III de la Convention sanitaire de Venise du 30 janvier 1892, concernant la composition, les
attributions et le fonctionnement du Conseil sanitaire maritime et quarantenaire d'Egypte, telles qu'elles résultent des décrets de S. A. le Khédive, en date des 19 juin 1893 et 25 décembre 1894, ainsi que de l'arrêté ministériel du 19 juin 1893.

Lesdits décrets et arrêté demeurent annexés à la présente Convention. (V. pp. 204 et s.)

Il n'entre pas dans notre plan d'étudier dans tous ses détails
le fonctionnement du Conseil d'Alexandrie, réglé par les documents précités. Nous nous bornerons à rappeler qu'il est chargé
d'arrêter les mesures à prendre pour prévenir l'introduction en
Égypte ou la transmission à l'étranger des maladies épidémiques
et des épizooties ; — que les délégués égyptiens y sont au nombre de quatre ; — qu'il doit s'assurer de l'état sanitaire de
l'Égypte, envoyer des commissions d'inspection partout où il le
juge utile, surveiller et contrôler l'exécution des mesures sanitaires.

Aux termes de l'article 164 de la Convention de 1903 :

Le Conseil sanitaire, maritime et quarantenaire d'Egypte est chargé
de mettre en concordance avec les dispositions de la présente Convention les règlements actuellement appliqués par lui concernant la peste,
le choléra et la fièvre jaune, ainsi que le règlement relatif aux provenances des ports arabiques de la Mer Rouge, à l'époque du pèlerinage.

Il revisera, s'il y a lieu, dans le même but, le règlement général de
police sanitaire, maritime et quarantenaire présentement en vigueur.

Ces règlements, pour devenir exécutoires, doivent être acceptés par les
diverses Puissances représentées au Conseil.

Dispositions financières.

Le Conseil d'Égypte perçoit les droits sanitaires et quaranté-
naires[1]. Il dispose de ses finances. L'administration des recettes

---

1. *Décret Khédivial du 19 juin 1893*, art. 23.

et des dépenses est confiée à un *Comité des Finances*[1] composé du Président, de l'Inspecteur général du service sanitaire maritime et quarantenaire, et de trois Délégués des puissances élus par le Conseil et renouvelés tous les ans. Ils sont rééligibles.

Tous les trois mois, dans une séance spéciale, le Comité fait au Conseil un rapport détaillé de sa gestion. Dans les trois mois qui suivent l'expiration de l'année budgétaire, le Conseil, sur la proposition du Comité, arrête le bilan définitif et le transmet, par l'entremise de son Président, au Ministère de l'Intérieur.

Le Conseil prépare le budget de ses recettes et celui de ses dépenses. Ce budget est arrêté par le Conseil des ministres, en même temps que le budget général de l'État, à titre de budget annexe.

La seule disposition financière de la Convention relativement au Conseil d'Alexandrie est contenue dans l'article 163 ci-après :

Les dépenses ordinaires résultant des dispositions de la présente Convention, relatives notamment à l'augmentation du personnel relevant du Conseil sanitaire, maritime et quarantenaire d'Égypte, seront couvertes à l'aide d'un versement annuel complémentaire par le Gouvernement égyptien d'une somme de 4.000 livres égyptiennes, qui pourrait être prélevée sur l'excédent du service des phares resté à la disposition de ce Gouvernement.

Toutefois, il sera déduit de cette somme le produit d'une taxe quarantenaire supplémentaire de 10 P. T. (piastres tarif) par pèlerin, à prélever à El-Tor.

Au cas où le Gouvernement égyptien verrait des difficultés à supporter cette part dans les dépenses, les Puissances représentées au Conseil sanitaire s'entendraient avec le Gouvernement khédivial pour assurer la participation de ce dernier aux dépenses prévues.

1. *Décret Khédivial du 19 juin 1893*, art. 24.

ANNEXE I.

DÉCRET KHÉDIVIAL DU 19 JUIN 1893[1]

Nous, Khédive d'Égypte,

Sur la proposition de notre Ministre de l'Intérieur et l'avis conforme de notre Conseil des Ministres ;

Considérant qu'il a été nécessaire d'introduire diverses modifications dans notre décret du 3 janvier 1881 (2 safer 1298);

Décrétons :

Article premier. — Le Conseil Sanitaire, Maritime et Quarantenaire est chargé d'arrêter les mesures à prendre pour prévenir l'introduction en Égypte, ou la transmission à l'étranger, des maladies épidémiques et des épizooties.

Art. 2. — Le nombre des Délégués égyptiens sera réduit à quatre membres :

1º Le Président du Conseil, nommé par le Gouvernement égyptien, et qui ne votera qu'en cas de partage des voix ;

2º Un Docteur en médecine européen, Inspecteur général du Service Sanitaire, Maritime et Quarantenaire ;

3º L'Inspecteur sanitaire de la ville d'Alexandrie ou celui qui remplit ses fonctions ;

4º L'Inspecteur vétérinaire de l'Administration des services sanitaires et de l'hygiène publique.

Tous les Délégués doivent être médecins régulièrement diplômés, soit par une Faculté de médecine européenne, soit par l'État, ou être fonctionnaires effectifs de carrière, du grade de vice-consul au moins ou d'un grade équivalent.

Cette disposition ne s'applique pas aux titulaires actuellement en fonctions.

Art. 3. — Le Conseil Sanitaire, Maritime et Quarantenaire exerce une surveillance permanente sur l'état sanitaire de l'Égypte et sur les provenances des pays étrangers.

Art. 4. — En ce qui concerne l'Égypte, le Conseil Sanitaire, Maritime et Quarantenaire recevra chaque semaine, du Conseil de santé et d'hygiène publique, les bulletins sanitaires des villes du Caire et d'Alexandrie, et, chaque mois, les bulletins sanitaires des provinces. Ces bulletins devront être transmis à des intervalles plus rapprochés lorsque, à raison de circonstances spéciales, le Conseil Sanitaire, Maritime et Quarantenaire en fera la demande.

De son côté, le Conseil Sanitaire, Maritime et Quarantenaire communiquera au Conseil de santé et d'hygiène publique les décisions qu'il aura prises et les renseignements qu'il aura reçus de l'étranger.

Les Gouvernements adressent au Conseil, s'ils le jugent à propos, le bulletin sanitaire de leur pays et lui signalent, dès leur apparition, les épidémies et les épizooties.

1. *Conf. de Paris*, 1903. pp. 205 et s.

Art. 5. — Le Conseil Sanitaire, Maritime et Quarantenaire s'assure de l'état sanitaire du pays et envoie des Commissions d'inspection partout où il le juge nécessaire.

Le Conseil de santé et d'hygiène publique sera avisé de l'envoi de ces Commissions et devra s'employer à faciliter l'accomplissement de leur mandat.

Art. 6. — Le Conseil arrête les mesures préventives ayant pour objet d'empêcher l'introduction en Égypte, par les frontières maritimes ou les frontières du désert, des maladies épidémiques ou des épizooties, et détermine les points où devront être installés les campements provisoires et les établissements permanents quarantenaires.

Art. 7. — Il formule l'annotation à inscrire sur la patente délivrée par les offices sanitaires aux navires en partance.

Art. 8. — En cas d'apparition de maladies épidémiques ou d'épizooties en Égypte, il arrête les mesures préventives ayant pour objet d'empêcher la transmission de ces maladies à l'étranger.

Art. 9. — Le Conseil surveille et contrôle l'exécution des mesures sanitaires quarantenaires qu'il a arrêtées.

Il formule tous les règlements relatifs au service quarantenaire, veille à leur stricte exécution, tant en ce qui concerne la protection du pays que le maintien des garanties stipulées par les Conventions sanitaires internationales.

Art. 10. — Il réglemente, au point de vue sanitaire, les conditions dans lesquelles doit s'effectuer le transport des pèlerins à l'aller et au retour du Hedjaz, et surveille leur état de santé en temps de pèlerinage.

Art. 11. — Les décisions prises par le Conseil Sanitaire, Maritime et Quarantenaire sont communiquées au Ministère de l'Intérieur; il en sera également donné connaissance au Ministère des Affaires étrangères, qui les notifiera, s'il y a lieu, aux agences et consulats généraux.

Toutefois, le Président du Conseil est autorisé à correspondre directement avec les autorités consulaires des villes maritimes pour les affaires courantes du service.

Art. 12. — Le Président, et, en cas d'absence ou d'empêchement de celui-ci, l'Inspecteur général du service Sanitaire, Maritime et Quarantenaire, est chargé d'assurer l'exécution des décisions du Conseil.

A cet effet, il correspond directement avec tous les agents du service Sanitaire, Maritime et Quarantenaire, et avec les diverses Autorités du pays. Il dirige, d'après les avis du Conseil, la police sanitaire des ports, les établissements maritimes quarantenaires et les stations quarantenaires du désert.

Enfin, il expédie les affaires courantes.

Art. 13. — L'Inspecteur général sanitaire, les Directeurs des offices sanitaires, les Médecins des stations sanitaires et campements quarantenaires doivent être choisis parmi les médecins régulièrement diplômés, soit par une Faculté de médecine européenne, soit par l'État.

Le Délégué du Conseil à Djeddah pourra être médecin diplômé du Caire.

Art. 14. — Pour toutes les fonctions et emplois relevant du service Sanitaire, Maritime et Quarantenaire, le Conseil, par l'entremise de son Président, désigne ses candidats au Ministère de l'Intérieur, qui seul aura le droit de les nommer.

Il sera procédé de même pour les révocations, mutations et avancements.

Toutefois, le Président aura la nomination directe de tous les agents subalternes, hommes de peine, etc.

La nomination des gardes de santé est réservée au Conseil.

Art. 15. — Les Directeurs des offices sanitaires sont au nombre de sept, ayant leur résidence à Alexandrie, Damiette, Port-Saïd, Suez, Tor, Souakim et Kosseir.

L'office sanitaire de Tor pourra ne fonctionner que pendant la durée du pèlerinage ou en temps d'épidémie.

Art. 16. — Les Directeurs des offices sanitaires ont sous leurs ordres tous les employés sanitaires de leur circonscription. Ils sont responsables de la bonne exécution du service.

Art. 17. — Le chef de l'agence sanitaire d'El-Ariche a les mêmes attributions que celles confiées aux directeurs par l'article qui précède.

Art. 18. — Les Directeurs des stations sanitaires et campements quarantenaires ont sous leurs ordres tous les employés du service médical et du service administratif des établissements qu'ils dirigent.

Art. 19. — L'Inspecteur général sanitaire est chargé de la surveillance de tous les services dépendant du Conseil Sanitaire, Maritime et Quarantenaire.

Art. 20. — Le Délégué du Conseil Sanitaire, Maritime et Quarantenaire à Djeddah a pour mission de fournir au Conseil des informations sur l'état sanitaire du Hedjaz, spécialement en temps de pèlerinage.

Art. 21. — Un Comité de discipline, composé du Président, de l'Inspecteur général du Service Sanitaire, Maritime et Quarantenaire et de trois Délégués élus par le Conseil, est chargé d'examiner les plaintes portées contre les agents relevant du Service Sanitaire, Maritime et Quarantenaire.

Il dresse sur chaque affaire un rapport et le soumet à l'appréciation du Conseil, réuni en assemblée générale. Les Délégués sont renouvelés tous les ans. Ils sont rééligibles.

La décision du Conseil est, par les soins de son Président, soumise à la sanction du Ministre de l'Intérieur.

Le Comité de discipline peut infliger, sans consulter le Conseil : 1° le blâme; 2° la suspension du traitement jusqu'à un mois.

Art. 22. — Les peines disciplinaires sont :

1° Le blâme;

2° La suspension de traitement depuis huit jours jusqu'à trois mois;

3° Le déplacement sans indemnité;

4° La révocation.

Le tout, sans préjudice des poursuites à exercer pour les crimes ou délits de droit commun.

Art. 23. — Les droits sanitaires et quarantenaires sont perçus par les agents qui relèvent du Service Sanitaire, Maritime et Quarantenaire.

Ceux-ci se conforment, en ce qui concerne la comptabilité et la tenue des livres, aux règlements généraux établis par le Ministère des Finances.

Les agents comptables adressent leur comptabilité et le produit de leurs perceptions à la Présidence du Conseil.

L'agent comptable, chef du bureau central de la comptabilité, leur en donne décharge sur le visa du Président du Conseil.

Art. 24. — Le Conseil Sanitaire, Maritime et Quarantenaire dispose de ses finances.

L'administration des recettes et des dépenses est confiée à un Comité composé du Président, de l'Inspecteur général du Service Sanitaire, Maritime et Quarantenaire et de trois délégués des Puissances élus par le Conseil. Il prend le titre de « Comité des Finances ». Les trois Délégués des Puissances sont renouvelés tous les ans. Ils sont rééligibles.

Ce Comité fixe, sauf ratification par le Conseil, le traitement des employés de tout grade ; il décide les dépenses fixes et les dépenses imprévues. Tous les trois mois, dans une séance spéciale, il fait au Conseil un rapport détaillé de sa gestion. Dans les trois mois qui suivront l'expiration de l'année budgétaire, le Conseil, sur la proposition du Comité, arrête le bilan définitif et le transmet, par l'entremise de son Président, au Ministère de l'Intérieur.

Le Conseil prépare le budget de ses recettes et celui de ses dépenses. Ce budget sera arrêté par le Conseil des Ministres, en même temps que le budget général de l'État, à titre de budget annexe. — Dans le cas où le chiffre des dépenses excéderait le chiffre des recettes, le déficit sera comblé par les ressources générales de l'État. Toutefois, le Conseil devra étudier sans retard les moyens d'équilibrer les recettes et les dépenses. Ses propositions seront, par les soins du Président, transmises au Ministre de l'Intérieur. L'excédent des recettes, s'il en existe, restera à la caisse du Conseil Sanitaire, Maritime et Quarantenaire ; il sera, après décision du Conseil Sanitaire, ratifié par le Conseil des Ministres, affecté exclusivement à la création d'un fonds de réserve destiné à faire face aux besoins imprévus.

Art. 25. — Le Président est tenu d'ordonner que le vote aura lieu au scrutin secret, toutes les fois que trois membres du Conseil en font la demande. Le vote au scrutin secret est obligatoire toutes les fois qu'il s'agit du choix des Délégués des Puissances pour faire partie du Comité de Discipline ou du Comité des Finances, et lorsqu'il s'agit de nomination, révocation, mutation ou avancement dans le personnel.

Art. 26. — Les Gouverneurs, Préfets de police et Moudirs sont responsables, en ce qui les concerne, de l'exécution des règlements sanitaires. Ils doivent, ainsi que toutes les autorités civiles et militaires, donner leur concours lorsqu'ils en sont légalement requis par les agents du Service Sanitaire, Maritime et Quarantenaire, pour assurer la prompte exécution des mesures prises dans l'intérêt de la santé publique.

Art. 27. — Tous décrets et règlements antérieurs sont abrogés en ce qu'ils ont de contraire aux dispositions qui précèdent.

Art. 28. — Notre Ministre de l'Intérieur est chargé de l'exécution du présent décret, qui ne deviendra exécutoire qu'à partir du 1er novembre 1893.

Fait au palais de Ramleh, le 19 juin 1893.

ABBAS HILMI.

Par le Khédive :

Le Président du Conseil, Ministre de l'Intérieur.

RIAZ.

ANNEXE II.

DÉCRET KHÉDIVIAL DU 25 DÉCEMBRE 1894[1]

Nous, Khédive d'Égypte,

Sur la proposition de Notre Ministre des Finances et l'avis conforme de Notre Conseil des Ministres;

Vu l'avis conforme de MM. les Commissaires-Directeurs de la Caisse de la Dette publique, en ce qui concerne l'article 7;

Avec l'assentiment des Puissances,

Décrétons :

Article premier. — A partir de l'exercice financier 1894, il sera prélevé annuellement, sur les recettes actuelles des droits de phare, une somme de 40,000 L. E., qui sera employée comme il est expliqué dans les articles suivants.

Art. 2. — La somme prélevée en 1894 sera affectée : 1º à combler le déficit éventuel de l'exercice financier de 1894 du Conseil quarantenaire, au cas où ce déficit n'aurait pas pu être entièrement couvert avec les ressources provenant du fonds de réserve dudit Conseil, ainsi qu'il sera dit à l'article qui suit; 2º à faire face aux dépenses extraordinaires nécessitées par l'aménagement des établissements sanitaires d'El Tor, de Suez et des Sources de Moïse.

Art. 3. — Le fonds de réserve actuel du Conseil quarantenaire sera employé à combler le déficit de l'exercice 1894, sans que ce fonds puisse être réduit à une somme inférieure à 10,000 L. E.

Si le déficit ne se trouve pas entièrement couvert, il y sera fait face, pour le reste, avec les ressources créées à l'article premier.

Art. 4. — Sur la somme de L. E. 80,000, provenant des exercices 1895 et 1896, il sera prélevé : 1º une somme égale à celle qui aura été payée en 1894 sur les mêmes recettes, à valoir sur le déficit de ladite année 1894, de manière à porter à L. E. 40,000 le montant des sommes affectées aux travaux extraordinaires prévus à l'article premier pour El Tor, Suez et les Sources de Moïse; 2º Les sommes nécessaires pour combler le déficit du budget du Conseil quarantenaire, pour les exercices financiers 1895 et 1896.

Le surplus, après le prélèvement ci-dessus, sera affecté à la construction de nouveaux phares dans la Mer Rouge.

Art. 5 — A partir de l'exercice financier 1897, cette somme annuelle de L. E. 40,000 sera affectée à combler les déficits éventuels du Conseil quarantenaire. Le montant de la somme nécessaire à cet effet sera arrêté définitive-

____
1. *Conf. de Paris*, 1903, p. 209.

ment en prenant pour base les résultats financiers des exercices 1894 et 1895 du Conseil.

Le surplus sera affecté à une réduction des droits de phares : il est entendu que ces droits seront réduits, dans la même proportion, dans la Mer Rouge et dans la Méditerranée.

Art. 6. — Moyennant les prélèvements et affectations ci-dessus, le Gouvernement est, à partir de l'année 1894, déchargé de toute obligation quelconque en ce qui concerne les dépenses soit ordinaires, soit extraordinaires du Conseil quarantenaire.

Il est entendu, toutefois, que les dépenses supportées jusqu'à ce jour par le Gouvernement Égyptien continueront à rester à sa charge.

Art. 7. — A partir de l'exercice 1894, lors du règlement de compte des excédents avec la Caisse de la Dette publique, la part de ces excédents revenant au Gouvernement sera majorée d'une somme annuelle de 20,000 L. E.

Art. 8. — Il a été convenu entre le Gouvernement Égyptien et les Gouvernements d'Allemagne, de Belgique, de Grande-Bretagne et d'Italie que la somme affectée à la réduction des droits de phares, aux termes de l'article 5 du présent décret, viendra en déduction de celle de 40,000 L. E. prévue dans les lettres annexées aux Conventions Commerciales intervenues entre l'Égypte et lesdits Gouvernements.

Art. 9. — Notre Ministre des Finances est chargé de l'exécution du présent décret.

Fait au palais de Koubbeh, le 25 décembre 1894.

ABBAS HILMI.

Par le Khédive :

Le Président du Conseil des Ministres,

N. NUBAR.

Le Ministre des Finances,

AHMER MAZLOUM.

Le Ministre des Affaires étrangères,

BOUTROS GHALI.

ANNEXE III.

ARRÊTÉ MINISTÉRIEL DU 19 JUIN 1893[1]

CONCERNANT LE FONCTIONNEMENT DU SERVICE SANITAIRE, MARITIME ET QUARANTENAIRE.

Le Ministre de l'Intérieur,
Vu le décret en date du 19 juin 1893,

Arrête :

TITRE PREMIER.

DU CONSEIL SANITAIRE, MARITIME ET QUARANTENAIRE.

Article premier. — Le Président est tenu de convoquer le Conseil Sanitaire, Maritime et Quarantenaire, en séance ordinaire, le premier mardi de chaque mois.

Il est également tenu de le convoquer lorsque trois membres en font la demande.

Il doit, enfin, réunir le Conseil, en séance extraordinaire, toutes les fois que les circonstances exigent l'adoption immédiate d'une mesure grave.

Art. 2. — La lettre de convocation indique les questions portées à l'ordre du jour. A moins d'urgence, il ne pourra être pris de décisions définitives que sur les questions mentionnées dans la lettre de convocation.

Art. 3. — Le secrétaire du Conseil rédige les procès-verbaux des séances.

Ces procès-verbaux doivent être présentés à la signature de tous les membres qui assistaient à la séance.

Ils sont intégralement copiés sur un registre qui est conservé dans les archives, concurremment avec les originaux des procès-verbaux.

Une copie provisoire des procès-verbaux sera délivrée à tout membre du Conseil qui en fera la demande.

Art. 4. — Une Commission permanente composé du Président, de l'Inspecteur général du Service Sanitaire, Maritime et Quarantenaire, et de deux Délégués des Puissances élus par le Conseil, est chargée de prendre les décisions et mesures urgentes.

Le Délégué de la nation intéressée est toujours convoqué. Il a droit de vote.

Le Président ne vote qu'en cas de partage.

Les décisions sont immédiatement communiquées par lettres à tous les membres du Conseil.

1. *Conf. de Paris*, 1903, pp. 211 et suiv.

Cette Commission sera renouvelée tous les trois mois.

Art. 5. — Le Président ou, en son absence, l'Inspecteur général du Service Sanitaire, Maritime et Quarantenaire, dirige les délibérations du Conseil. Il ne vote qu'en cas de partage.

Le Président a la direction générale du Service. Il est chargé de faire exécuter les décisions du Conseil.

SECRÉTARIAT.

Art. 6. — Le Secrétariat, placé sous la direction du Président, centralise la correspondance tant avec le Ministère de l'Intérieur qu'avec les divers agents du Service Sanitaire, Maritime et Quarantenaire.

Il est chargé de la statistique et des archives. Il lui sera adjoint des commis et interprètes en nombre suffisant pour assurer l'expédition des affaires.

Art. 7. — Le Secrétaire du Conseil, chef du secrétariat, assiste aux séances du Conseil et rédige les procès-verbaux.

Il a sous ses ordres les employés et gens du service du secrétariat.

Il dirige et surveille leur travail, sous l'autorité du Président.

Il a la garde et la responsabilité des archives.

BUREAU DE COMPTABILITÉ.

Art. 8. — Le chef du bureau central de la comptabilité est « Agent comptable ».

Il ne pourra entrer en fonctions avant d'avoir fourni un cautionnement, dont le *quantum* sera fixé par le Conseil Sanitaire, Maritime et Quarantenaire.

Il contrôle, sous la direction du Comité des finances, les opérations des préposés à la recette des droits sanitaires et quarantenaires.

Il dresse les états et comptes qui doivent être transmis au Ministère de l'Intérieur après avoir été arrêtés par le Comité des finances et approuvés par le Conseil.

DE L'INSPECTEUR GÉNÉRAL SANITAIRE.

Art. 9. — L'Inspecteur général sanitaire a la surveillance de tous les services dépendant du Conseil. Il exerce cette surveillance dans les conditions prévues par l'article 19 du décret en date du 19 juin 1893.

Il inspecte, au moins une fois par an, chacun des offices, agences ou postes sanitaires. En outre, le Président détermine, sur la proposition du Conseil et selon les besoins du service, les inspections auxquelles l'Inspecteur général devra procéder.

En cas d'empêchement de l'Inspecteur général, le Président désignera, d'accord avec le Conseil, le fonctionnaire appelé à le suppléer.

Chaque fois que l'Inspecteur général a visité un office, une agence, un poste sanitaire, une station sanitaire ou un campement quarantenaire, il doit rendre compte à la Présidence du Conseil, par un rapport spécial, des résultats de sa vérification.

Dans l'intervalle de ses tournées, l'Inspecteur général prend part, sous l'autorité du Président, à la direction du service général.

Il supplée le Président en cas d'absence ou d'empêchement.

TITRE II.

SERVICE DES PORTS, STATIONS QUARANTENAIRES, STATIONS SANITAIRES.

Art. 10. — La police sanitaire, maritime et quarantenaire, le long du littoral égyptien de la Méditerranée et de la Mer Rouge, aussi bien que sur les frontières de terre du côté du désert, est confiée aux directeurs des offices de santé, directeurs des stations sanitaires ou campements quarantenaires, chefs des agences sanitaires ou chefs des postes sanitaires et aux employés placés sous leurs ordres.

Art. 11. — Les Directeurs des offices de santé ont la direction et la responsabilité du service, tant de l'office à la tête duquel ils sont placés que des postes sanitaires qui en dépendent.

Ils doivent veiller à la stricte exécution des règlements de police sanitaire, maritime et quarantenaire. Ils se conforment aux instructions qu'ils reçoivent de la Présidence du Conseil et donnent à tous les employés de leur office, aussi bien qu'aux employés des postes sanitaires qui y sont rattachés, les ordres et les instructions nécessaires.

Ils sont chargés de la reconnaissance et de l'arraisonnement des navires, de l'application des mesures quarantenaires, et ils procèdent, dans les cas prévus par les règlements, à la visite médicale, ainsi qu'aux enquêtes sur les contraventions quarantenaires.

Ils correspondent seuls pour les affaires administratives avec la Présidence, à laquelle ils transmettent tous les renseignements sanitaires qu'ils ont recueillis dans l'exercice de leurs fonctions.

Art. 12. — Les Directeurs des offices de santé sont, au point de vue du traitement, divisés en deux classes :

Les offices de première classe, qui sont au nombre de quatre :

> Alexandrie ; — Port-Saïd ; — Bassin de Suez et campement aux Sources de Moïse ; — Tor.

Les offices de deuxième classe, qui sont au nombre de trois :

> Damiette ; — Souakim ; — Kosseir.

Art. 13. — Les chefs des agences sanitaires ont les mêmes attributions, en ce qui concerne l'agence, que les Directeurs en ce qui concerne leur office.

Art. 14. — Il y a une seule agence sanitaire à El Ariche.

Art. 15. — Les chefs de poste sanitaires ont sous leurs ordres les employés du poste qu'ils dirigent.

Ils sont placés sous les ordres du Directeur d'un des offices de santé.

Ils sont chargés de l'exécution des mesures sanitaires et quarantenaires indiquées par les règlements.

Ils ne peuvent délivrer aucune patente et ne sont autorisés à viser que les patentes des bâtiments partant en libre pratique.

Ils obligent les navires qui arrivent à leur échelle avec une patente brute ou dans des conditions irrégulières à se rendre dans un port où existe un office sanitaire.

Ils ne peuvent eux-mêmes procéder aux enquêtes sanitaires, mais ils doivent appeler, à cet effet, le Directeur de l'office dont ils relèvent.

En dehors des cas d'urgence absolue, ils ne correspondent qu'avec ce Directeur pour toutes les affaires administratives. Pour les affaires sanitaires et quarantenaires urgentes, telles que les mesures à prendre au sujet d'un navire arrivant, ou l'annotation à inscrire sur la patente d'un navire en partance, ils correspondent directement avec la Présidence du Conseil; mais ils doivent donner sans retard communication de cette correspondance au Directeur dont ils dépendent.

Ils sont tenus d'aviser, par les voies les plus rapides, la Présidence du Conseil des naufrages dont ils auront connaissance.

Art. 16. — Les postes sanitaires sont au nombre de six, énumérés ci-après :

Postes du Port-Neuf, d'Aboukir, Brullos et Rosette, relevant de l'office d'Alexandrie ;

Postes de Kantara et du port intérieur d'Ismaïlia, relevant de l'office de Port-Saïd.

Le Conseil pourra, suivant les nécessités du service et suivant ses ressources, créer de nouveaux postes sanitaires.

Art. 17. — Le service permanent ou provisoire des stations sanitaires et des campements quarantenaires est confié à des Directeurs qui ont sous leurs ordres des employés sanitaires, des gardiens, des portefaix et des gens de service.

Art. 18. — Les Directeurs sont chargés de faire subir la quarantaine aux personnes envoyées à la station sanitaire ou au campement. Ils veillent, de concert avec les médecins, à l'isolement des différentes catégories de quarantenaires et empêchent toute compromission. A l'expiration du délai fixé, ils donnent la libre pratique ou la suspendent conformément aux règlements, font pratiquer la désinfection des marchandises et des effets à usage, et appliquent la quarantaine aux gens employés à cette opération.

Art. 19. — Ils exercent une surveillance constante sur l'exécution des mesures prescrites, ainsi que sur l'état de santé des quarantenaires et du personnel de l'établissement.

Art. 20. — Ils sont responsables de la marche du service et en rendent compte, dans un rapport journalier, à la présidence du Conseil Sanitaire, Maritime et Quarantenaire.

Art. 21. — Les médecins attachés aux stations sanitaires et aux campements quarantenaires relèvent des directeurs de ces établissements. Ils ont sous leurs ordres le pharmacien et les infirmiers.

Ils surveillent l'état de santé des quarantenaires et du personnel, et dirigent l'infirmerie de la station sanitaire ou du campement.

La libre pratique ne peut être donnée aux personnes en quarantaine qu'après visite et rapport favorable du médecin.

Art. 22. — Dans chaque office sanitaire, station sanitaire ou campement quarantenaire, le Directeur est aussi « agent comptable ».

Il désigne, sous sa responsabilité personnelle effective, l'employé préposé à l'encaissement des droits sanitaires et quarantenaires.

Les chefs d'agences ou postes sanitaires sont également agents comptables ; ils sont chargés personnellement d'effectuer la perception des droits.

Les agents chargés du recouvrement des droits doivent se conformer, pour les garanties à présenter, la tenue des écritures, l'époque des versements, et généralement tout ce qui concerne la partie financière de leur service, aux règlements émanant du Ministère des Finances.

Ar. 23. — Les dépenses du Service Sanitaire, Maritime et Quarantenaire seront acquittés par les moyens propres du Conseil ou, d'accord avec le Ministère des Finances, par le service des Caisses qu'il désignera.

Le Caire, le 19 juin 1893.

RIAZ.

II.

CONSEIL SUPÉRIEUR DE SANTÉ DE CONSTANTINOPLE.

Le Conseil supérieur de santé de Constantinople est chargé
d'arrêter les mesures à prendre pour prévenir l'introduction dans
l'Empire Ottoman et la transmission à l'étranger des maladies
épidémiques (art. 165).

La composition de cette assemblée aussi bien que son fonctionnement ont été l'objet de critiques nombreuses autant que
justifiées, et la Conférence de 1903, convaincue que ce Conseil
ne répondait plus aux exigences de la défense sanitaire, lui a
fait subir de profondes modifications.

Toutefois, avant d'exposer ce que doit être le Conseil dans
l'avenir, il nous paraît utile d'envisager rapidement ce qu'il fut
dans le passé, et de montrer les vices actuels de son organisation; ce sera à la fois la justification et l'explication des décisions de la Conférence de 1903.

Les origines de cette assemblée remontent à l'année 1838. Le
sultan Mahmoud II, voulant protéger ses États contre les affections pestilentielles, adressait, à cette date, la note suivante aux
Représentants des Puissances à Constantinople :

« Le Sultan, guidé par la sollicitude paternelle et l'humanité
qui le distinguent, répand toute sorte de bienfaits sur les sujets
qui reposent à l'ombre de son sceptre de justice. Désirant mettre
un terme à l'effroi qu'inspire au peuple l'apparition de la peste,
Sa Hautesse a ordonné l'établissement d'une quarantaine dans
ses États.

« L'adoption de ce système est d'un intérêt général, c'est-à-
dire qu'elle contribuera au bien-être de l'Empire Ottoman et à la
sûreté des relations existantes entre la Sublime-Porte et les
Cours amies. Une Commission spéciale s'occupant du mode d'exécution, des endroits destinés à la quarantaine et des autres objets
qui s'y rattachent, les décisions prises seront ultérieurement

communiquées par le Ministre de l'Extérieur aux diverses Léga-
tions. En transmettant cette prompte information à Son Excellence notre ami Monsieur l'Ambassadeur de France, par la présente note officielle, nous profitons de l'occasion pour lui offrir
les assurances de notre haute considération[1].

« Le 23 moharrem 1254 » (18 avril 1838).

Mais en Turquie, ces mesures quarantenaires ne pouvaient
s'appliquer aux navires étrangers qu'autant que leurs Gouvernements respectifs les auraient approuvées et sanctionnées. Les
Capitulations sont formelles à cet égard : l'assistance d'un per-
sonnage consulaire du pays dont le navire porte les couleurs est
indispensable à toute autorité ottomane qui veut se rendre à bord
d'un bâtiment étranger. De plus, le Gouvernement ottoman ne
pouvait percevoir aucune taxe sanitaire pour assurer le fonctionnement du Conseil de santé qu'il voulait créer, les Capitulations
et les traités de commerce n'autorisant que la perception de
droits de douane sur les marchandises importées ou exportées.

Ces difficultés amenèrent la Turquie à conclure l'année suivante avec les Puissances un accord lui donnant sur les bâtiments étrangers le droit de visite et le droit de taxation sanitaire.
Telle fut l'origine du premier *Règlement organique du Conseil
de santé pour des provenances de la mer* (10 juin 1839) que
nous reproduisons à la fin de ce chapitre.

Le texte du préambule démontre jusqu'à l'évidence que ce
Règlement est bien le résultat d'un *accord international*, accord
que prouverait, s'il en était besoin, ce fait que les Consuls français en Turquie durent être autorisés à publier ce règlement par
voie d'Ordonnance consulaire pour le rendre applicable à nos
bâtiments dans les eaux ottomanes.

Nous pouvons donc conclure, avec M. de Cazotte[2], que toute
décision sanitaire ne peut être, en Turquie, rendue applicable à
la navigation étrangère que du consentement absolu des délé-

<hr>

1. Note officielle ottomane concernant l'établissement d'une quarantaine.
Archives du Ministère des Affaires étrangères et *Conf. de 1903*, p. 118.
2. *Conf. de Paris*, p. 116.

gations étrangères qui représentent actuellement les Puissances dans l'institution qui se trouva constituée le 10 juin 1839 (27 de Rebiul Ewel 1255), sous la dénomination de *Conseil supérieur de santé de Constantinople*, parce qu'elle comprenait d'un côté le soi-disant Conseil ottoman de santé et de l'autre les délégations des Puissances.

Il résulte également de cette constatation, qu'au début de l'organisation du Conseil supérieur, la Turquie n'y possédait, en fait, qu'une seule voix, quoiqu'elle fût représentée par plusieurs membres qui formaient le Conseil de santé turc. Ajoutons, enfin, qu'à l'heure actuelle, la Turquie n'a également qu'une seule voix dans la Commission mixte du Conseil sanitaire de Constantinople.

Il n'est donc pas douteux que, dès sa fondation, le Conseil de santé avait un caractère international, conséquence naturelle des accords intervenus entre les Gouvernements et la Turquie, « accords que rendaient indispensables et les Capitulations et la nécessité de percevoir des taxes sanitaires pour subvenir aux dépenses d'hygiène[1] ».

Depuis lors, la Turquie elle-même a reconnu, au moins une fois, et dans un document diplomatique, le caractère international du Conseil de Constantinople. En 1868, la revision des tarifs sanitaires ottomans fut confiée à une Commission mixte composée des délégués de onze Puissances européennes, de la Perse, des Etats-Unis du Nord et de *deux* représentants seulement de la Turquie.

Cette Commission était chargée « d'élaborer un projet de tarif spécial de taxes sanitaires à percevoir dans l'Empire sur les navires étrangers comme sur la marine ottomane, ainsi que sur les pèlerins du Hedjaz et de la frontière turco-persane, afin d'assurer les frais nécessaires à l'entretien régulier des institutions sanitaires de la Turquie. La plus grande participation y fut due aux Délégués étrangers du Conseil supérieur de santé, qui furent désignés par les Puissances pour les représenter à la

---

1. M. DE CAZOTTE, *Conf. de Paris*, 1903, p. 116.

Commission de revision des tarifs sanitaires. Le travail de la Commission mixte, terminé en 1870, ne reçut l'approbation de la Porte et des Puissances qu'en 1871. C'est, à proprement parler, une véritable Convention internationale concernant le service quarantenaire de la Turquie, en vertu de laquelle il était concédé à la Sublime-Porte le droit de percevoir des taxes sanitaires à peu près égales à celles perçues depuis longtemps sur la navigation par les Gouvernements européens[1]. »

Le caractère international du Conseil supérieur de santé de Constantinople étant bien établi, nous avons à nous demander quelle était, à l'origine, la composition de cette assemblée. La réponse nous est fournie par le règlement de 1839, qui porte les signatures des délégués des Puissances étrangères et des membres du Conseil. Ceux-ci, au nombre de sept, tous docteurs en médecine, à l'exception du président et du secrétaire, étaient chargés de défendre l'Empire Ottoman contre les invasions épidémiques. Les délégués des Puissances, personnages diplomatiques ou consulaires, représentaient les intérêts commerciaux de leurs pays respectifs, autorisaient la perception des taxes sanitaires et contrôlaient leur affectation.

Mais avec le temps, la Turquie devait réussir à modifier, dans un sens favorable à sa politique et à ses intérêts, cette assemblée dont le contrôle et l'indépendance lui portaient ombrage. De nouvelles places de délégués furent créées pour des Puissances dont les intérêts commerciaux en Orient sont à peu près nuls; du même coup, la Turquie donnait satisfaction à leurs visées politiques et s'assurait la majorité dans les assemblées du Conseil. Tant et si bien que nous y trouvons à l'heure actuelle treize délégués étrangers et huit délégués ottomans, « dont cinq sont chargés en même temps de la direction des différentes branches du service sanitaire[2] ».

Elle est assurément singulière la situation de ces membres ottomans du Conseil, attachés aux bureaux qui dépendent de ce

1. Proust, *Conf. de Paris,* 1903, p. 390.
2. Stékoulis, *Conf. de Paris,* 1903, p. 399.

même Conseil : inspecteur général, inspecteur de service, économe, trésorier; et il faut bien avouer que leur indépendance négative n'est pas pour améliorer le fonctionnement de l'institution.

Une autre particularité non moins remarquable dans l'évolution du Conseil de santé, c'est l'interversion des rôles des deux groupes dont il se compose.

Actuellement la protection sanitaire de l'Empire Ottoman est confiée aux délégués turcs, non médecins, et les intérêts du commerce international sont défendus par les délégués des Puissances, qui eux sont presque tous médecins : onze sur treize.

Ainsi transformé, le Conseil de Constantinople n'offre plus aucune garantie à l'Europe[1]. Il est complètement à la dévotion de la Turquie qui, n'ayant pas adhéré à l'œuvre des Conférences sanitaires, pour s'en tenir en matière de prophylaxie au règlement suranné de 1867, impose au commerce européen des mesures vexatoires et onéreuses, quoiqu'insuffisantes pour assurer la protection de la santé publique. Les lazarets ne possèdent qu'un matériel fort imparfait, d'un fonctionnement douteux et sans contrôle. Quant au personnel, il est habituellement mal recruté et conséquemment inférieur à sa tâche, « même dans les hautes sphères du service », comme l'établissent les faits suivants[2] :

Il y a quelques années, le directeur d'un des lazarets ottomans télégraphiait à l'Administration centrale, demandant qu'on lui expédiât d'urgence différents objets destinés à la destruction des rats à bord des navires. Le savoir de ce médecin dépassait celui de ses supérieurs, car il reçut la réponse suivante : « *Dites pourquoi rats dangereux?* » Comme le mot télégraphique coûtait environ 4 francs, notre médecin s'abstint de plus longs commentaires et résolut de laisser les rats en repos.

Dans une brochure, — publiée bien entendu aux frais du

---

1. Sur les six membres turcs, deux ignorent complètement le français, et un troisième en sait à peine quelques mots : or, c'est en français qu'ont lieu toutes les délibérations du Conseil. — BOREL, *loc. cit.*, p. 142.

2. BOREL, *loc. cit.*, p. 149.

service, — on voit figurer, sous la signature d'un des fonctionnaires *les plus élevés,* l'affirmation suivante : « *La malaria, qui n'est ni une maladie épidémique, ni une maladie infectieuse...* »

En définitive, c'est surtout le commerce européen qui paye les frais des décisions parfois singulières du Conseil de Constantinople.

Dans le tableau ci-après le Dr Borel[1] nous donne la moyenne des taxes sanitaires versées annuellement par chaque Puissance, calculée sur les années 1893, 1894, 1895, 1896, 1897; ces chiffres nous permettent d'apprécier, avec une approximation suffisante, l'importance respective du commerce de chaque nation dans les eaux ottomanes[2] :

Pavillons.	Moyenne des droits versés.	Pourcentage.	
Anglais	612,857ᶠ70	43,43	p. 100
Ottoman	321,800,65	22,85	—
Hellène	148,871,30	10,52	—
Austro-Hongrois	73,244,00	5,83	—
Italien	66,763,85	4,78	—
Français	50,304,90	3,59	—
Russe	45,890,25	3,28	—
Suédois-Norvégien	24,536,10	1,72	—
Allemand	17,341,40	1,24	—
*Hollandais[3]	10,784,15	0,76	—
Belge	7,351,05	0,52	—
*Danois[4]	7,308,25	0,51	—
*Roumain	7,167,30	0,50	—
*Espagnol	1,907,85	0,13	—
*Persan	1,744,50	0,13	—
*Monténégrin	1,098,10	0,071	—
*Zanzibarite	545,40	0,032	—
*Hiérosolymitain	185,25	0,015	—
*Américain	26,60	0,002	—

1. *Loc. cit.,* p. 147.
2. Extrait des bilans officiels de l'administration sanitaire de l'Empire Ottoman.
3. Les noms marqués d'une astérisque sont ceux des puissances représentées au Conseil par des Levantins.
4. Les noms en *italique* sont ceux des pavillons non représentés au Conseil.

« Faisons parler ces chiffres[1] en prenant un exemple : le président du Conseil de santé propose — ou fait proposer par un de ses subordonnés — une mesure inutile au point de vue sanitaire et désastreuse pour le commerce européen ; le fait n'est pas rare. On vote et l'on relève douze voix *pour*, neuf *contre* ; la mesure est adoptée.

Que représentent les douze voix qui l'on fait accepter : 23,86 p. 100 du commerce maritime en Turquie.

Que représentent les neuf voix opposantes : 74,91 p. 100 de ce même commerce.

Et encore il faut observer que les 22,85 p. 100 du trafic ottoman ne peuvent être équitablement englobés là-dedans : en effet, ils représentent surtout une navigation à voiles faisant presque exclusivement le cabotage dans les eaux ottomanes et, partant, rarement soumise à des quarantaines. Car si la délégation turque entend distribuer largement ces quarantaines aux ports étrangers, elle devient des plus intransigeantes quand il faut en édicter contre les ottomans.

Si bien que les intérêts de la navigation en Turquie étant soumis à ce Conseil de santé, on se trouve en face de la formule arithmétique suivante, paradoxale mais vraie : 1,01 p. 100 > 74,91 p. 100. »

Nous en avons dit assez pour montrer combien étaient nécessaires et urgentes les modifications introduites dans la composition du Conseil de santé de Constantinople par la Conférence de Paris 1903.

Pour diminuer l'influence de la Turquie dans le Conseil, pour accentuer le caractère international de cette assemblée et lui donner toute l'autorité qu'elle doit avoir, — la Convention réduit à quatre le nombre des délégués ottomans, reconnaît à la Roumanie le droit d'y être représentée par un délégué, exige pour les représentants des Puissances le grade de docteur en médecine ou de vice-consul au moins, enfin déclare que les décisions

---

1, BOREL, *loc. cit.*, p. 148.

du Conseil seront exécutoires sans autre recours; toutes ces modifications résultent des articles 166 à 170 ci-après :

Art. 166. — Le nombre des Délégués ottomans au Conseil supérieur de santé qui prendront part aux votes est fixé à quatre membres, savoir :

1º Le Président du Conseil ou, en son absence, le Président effectif de la séance. Ils ne prendront part au vote qu'en cas de partage des voix;

2º L'Inspecteur général des services sanitaires;

3º L'Inspecteur de service;

4º Le Délégué intermédiaire entre le Conseil et la Sublime-Porte, dit *Mouhassèbedgi*.

Art. 167. — La nomination de l'Inspecteur général, de l'Inspecteur de service et du Délégué précité, désignés par le Conseil, sera ratifiée par le Gouvernement ottoman.

Art. 168. — Les Hautes Parties Contractantes reconnaissent à la Roumanie le droit, comme Puissance maritime, d'être représentée au sein du Conseil par un Délégué.

Art. 169. — Les Délégués des divers Etats doivent être des médecins régulièrement diplômés par une Faculté de médecine européenne, nationaux du pays qu'ils représentent, ou des fonctionnaires consulaires du grade de Vice-Consul au moins ou d'un grade équivalent.

Les Délégués ne doivent avoir d'attache d'aucun genre avec l'autorité locale ni avec une Compagnie maritime.

Ces dispositions ne s'appliquent pas aux titulaires actuellement en fonctions.

Art. 170. — Les décisions du Conseil supérieur de santé, prises à la majorité des membres qui le composent, ont un caractère exécutoire sans autre recours.

Mais le concours de la Turquie est indispensable pour assurer, sur le territoire de l'Empire Ottoman, l'exécution des mesures prescrites par la Convention dans le but de la défendre contre l'invasion des affections pestilentielles. C'est pourquoi, sur la proposition de M. Barrère, la Commission des Voies et Moyens, dans sa séance du 4 novembre 1903, a adopté à l'unanimité la résolution suivante :

« Les Gouvernements signataires conviennent d'intervenir auprès de la Sublime-Porte pour obtenir d'Elle son adhésion aux actes de la présente Conférence, ainsi qu'aux Conventions antérieures, » reproduite dans des termes à peu près identiques par le deuxième paragraphe de l'article 170 ci-après :

Les Gouvernements signataires conviennent que leurs Représentants à Constantinople seront chargés de notifier au Gouvernement Ottoman la présente Convention et d'intervenir auprès de lui pour obtenir son accession.

Il est à craindre que la réorganisation du Conseil de Constantinople ne reste longtemps encore à l'état de projet, en raison de la restriction finale de l'article 169 précité. Tout le monde convient que le Conseil de Constantinople est inférieur à sa mission et que sa réorganisation est impérieusement exigée par la défense sanitaire de l'Orient et de l'Europe. La Convention le proclame hautement en consacrant les critiques des hommes les mieux au courant des choses sanitaires, en codifiant les *desiderata* formulés dans les Sociétés savantes et les Revues spéciales. Aussi regrettons-nous vivement que la Conférence n'ait pas cru devoir fixer une date (et nous l'aurions voulue peu éloignée) à partir de laquelle tous les délégués au Conseil devraient remplir les conditions exigées par l'article 169; le souci de certains intérêts particuliers nous semble avoir occupé dans l'esprit de la Conférence une trop large place, au détriment de l'intérêt général. Cependant nous voulons espérer que les Puissances sauront hâter la réalisation des réformes prévues par la Convention ; la politique ne manque pas de ressources, et si elle a des intérêts « respectables » à ménager, il ne lui sera pas difficile de les « respecter » tout en accordant à la santé publique les garanties qu'elle est en droit d'exiger.

Exécution de la Convention.

La Convention de 1903, comme celle de Paris 1894, confie à un Comité, choisi dans le Conseil de Santé, la mise en pratique des mesures sanitaires; de plus elle prévoit la création d'un

---

1. *Conf. de Paris*, 1903, p. 519.

Un deuxième exemplaire du procès-verbal certifié conforme doit être adressé par l'autorité sanitaire qui a constaté la contravention au Président du Conseil de santé de Constantinople, qui communique cette pièce à la Commission consulaire.

Une annotation est inscrite sur la patente par l'autorité sanitaire ou consulaire, indiquant la contravention relevée et le dépôt de l'amende.

Art. 174. — Il est créé à Constantinople une Commission consulaire pour juger les déclarations contradictoires de l'agent sanitaire et du capitaine inculpé. Elle est désignée chaque année par le corps consulaire. L'Administration sanitaire peut être représentée par un agent remplissant les fonctions de ministère public. Le Consul de la nation intéressée est toujours convoqué; il a droit de vote.

La Turquie, qui n'avait pas adhéré aux dispositions adoptées à Dresde en 1894, relativement à la création d'une Commission consulaire des pénalités, renouvelait ses réserves en 1903 et demandait que le Conseil de santé fût chargé de juger les infractions sanitaires.

Mais déjà, en 1894, le délégué de l'Angleterre avait exposé que ce Conseil de santé n'est pas une juridiction dont les étrangers puissent être justiciables. Et à Paris, en 1903, M. de Cazotte[1], reprenant cette argumentation, ajoutait que l'administration ottomane n'a jamais pu obliger les capitaines étrangers à payer les amendes sanitaires qui leur avaient été infligées; — que cependant les amendes sont le seul moyen d'éviter les déclarations mensongères capables de compromettre la santé publique; — qu'au surplus, les Puissances sont encore libres de se passer de la Turquie, d'instituer pour leur usage la Commission consulaire de l'article 174, et de prescrire à leurs capitaines de navires de verser leurs amendes entre les mains de leurs consuls respectifs. De sorte que les réserves du Gouvernement Turc aboutiraient en fin de compte à le priver du produit des amendes sanitaires.

1. *Conf. de Paris,* p. 648.

Dispositions financières.

Le Conseil de santé de Constantinople perçoit les taxes sanitaires et en dispose pour les dépenses auxquelles il doit faire face. Son indépendance financière est consacrée par la Convention signée en 1871 entre la Porte et les Puissances; mais son initiative est limitée par l'obligation où il se trouve de se conformer au budget établi par la Commission mixte de 1882. Les conséquences de ce système sont des plus fâcheuses, car le Conseil n'a pu procéder à aucune installation nouvelle, ni assurer les améliorations indispensables, bien qu'il ait une réserve de plus de six millions [1]. D'où la nécessité, admise par la Conférence, de lui faire fournir par la « Commission mixte de revision » les sommes nécessaires prises sur les réserves disponibles.

Les ressources financières du Conseil de santé de Constantinople ont été au sein de la Conférence l'objet d'une intéressante discussion.

M. le Dr Panayote Bey, délégué de la Perse, s'exprimait ainsi :

« Le Conseil supérieur de santé perçoit annuellement 600,000 à 700,000 piastres avec les droits payés par la navigation, et 700,000 piastres qui lui sont au surplus versées, à raison de 10 piastres par personne, par les voyageurs et pèlerins franchissant la frontière, et 50 piastres payées pour chaque cadavre introduit à Kerbellah. Grâce à ces ressources, le Conseil dispose de plusieurs millions, et la dernière Commission mixte des tarifs sanitaires a décidé que des sommes devaient être affectées à la construction des lazarets indispensables à la préservation de la Turquie et, par conséquent, de l'Europe contre les maladies épidémiques. »

Le Dr Duca Pacha, délégué de Turquie, objecta que « si les pèlerins persans versent 10 piastres par tête, cette taxe est ap-

---

1. Santoliquido, *Conf. de Paris*, 1903, p. 395.

plicable aux lazarets de la frontière terrestre et non dans un autre but. Au surplus, le Conseil supérieur de santé de Constantinople ne possède pas de fonds disponibles ». Répondant à l'affirmation du Dr Panayote Bey qu'il existe des millions d'excédents, il ajouta que le « déficit du service des quarantaines atteint, au contraire, annuellement 3 millions ».

En présence d'une telle divergence d'appréciations, M. Barrère, président de la Commission des Voies et Moyens, estimait que la « Commission aurait sans doute intérêt à être éclairée par ceux de ses membres qui siègent au Conseil supérieur de santé de Constantinople », et les délégués au Conseil ont donné sur la situation financière de cette assemblée les renseignements suivants :

D'après le Dr Karakanowsky [1], délégué de Russie, « il n'y a pas de déficit dans la Caisse sanitaire, il y a même des excédents. Un déficit existe, il est vrai, mais dans la Caisse quarantenaire, et il provient des avances qui ont été consenties par le Conseil à la Porte pour le lazaret de Camaran ou pour d'autres améliorations sanitaires ».

Mais la Caisse sanitaire et la Caisse des retraites ont chaque année un excédent considérable.

« La réserve liquide est d'environ 6 millions de francs. De plus, le Gouvernement turc a une dette envers le Conseil d'environ 3 millions de francs. De son côté, la Caisse des retraites possède presque 7 millions de francs. Cela fait un total de près de 16 millions. »

M. le Dr Mally [2], délégué d'Autriche, explique que le Conseil de Constantinople possède trois caisses distinctes : la Caisse sanitaire, la Caisse quarantenaire et la Caisse des retraites.

1º *Caisse des retraites* : le Conseil n'en dispose pas ; elle appartient aux employés ; elle est alimentée par les 5 % de leurs appointements, par les amendes, par le montant des livrets-patentes et des certificats.

---

1. *Conf. de Paris*, 1903, pp. 459 et s.
2. *Conf. de Paris*, p. 460.

2° *Caisse sanitaire* : elle est alimentée par les taxes sanitaires payées par les navires arrivant dans un port ottoman ; elle
se monte actuellement à 28,146,143 piastres (environ 6 millions
de francs) et est destinée *exclusivement* au payement des frais
ordinaires du service et à l'entretien du personnel. Elle ne peut
être affectée à aucun autre objet.

3° *Caisse quarantenaire* : cette Caisse, riche il y a quelques
années, est aujourd'hui en déficit de 3,257,000 piastres (environ
700,000 francs). Ce déficit résulte de la diminution des quarantaines et de dépenses occasionnées par les améliorations des
divers lazarets ottomans. La Porte devrait combler le déficit ; au
contraire, elle sollicite des avances.

La Conférence, suffisamment éclairée par les communications
que nous venons de rapporter, a adopté les dispositions ci-
après :

Art. 175. — Les dépenses d'établissement dans le ressort du Conseil
supérieur de santé de Constantinople, des postes sanitaires définitifs et
provisoires prévus par la présente Convention, sont, quant à la construction des bâtiments, à la charge du Gouvernement ottoman. Le Conseil supérieur de santé de Constantinople est autorisé, si besoin est, et
vu l'urgence, à faire l'avance des sommes nécessaires sur le fonds de
réserve ; ces sommes lui seront fournies, sur sa demande, par la « Commission mixte chargée de la revision du tarif sanitaire ». Il devra, dans
ce cas, veiller à la construction de ces établissements.

Le Conseil supérieur de Constantinople devra organiser sans délai les
établissements sanitaires de Hanikin et de Kisil-Dizié, près de Bayazid,
sur les frontières turco-persane et turco-russe, au moyen des fonds qui
sont dès maintenant mis à sa disposition.

Les autres frais occasionnés, dans le ressort dudit Conseil, par le régime établi par la présente Convention, sont répartis entre le Gouvernement ottoman et le Conseil supérieur de santé de Constantinople, conformément à l'entente intervenue entre le Gouvernement et les Puissances représentées dans ce Conseil.

ANNEXE.

RÈGLEMENT ORGANIQUE POUR LES PROVENANCES DE MER [1]

Les soussignés, composant, d'une part, le Conseil de Santé sous la présidence de Son Excellence Hifzy Moustapha pacha, de l'autre, la délégation étrangère accréditée par les différentes missions, à la demande de la Sublime-Porte, près ledit Conseil, s'étant réunis en conférence à l'effet de délibérer sur le choix du système quarantenaire le mieux approprié à cette Capitale contre les provenances de mer ; animés d'un égal désir de concilier, autant que possible, les garanties sanitaires avec les besoins du commerce maritime, ont, après mûre délibération, arrêté d'un commun accord les résolutions suivantes :

Article premier. *De la patente.* — Tout navire arrivant à Constantinople devra être muni d'une patente de santé, qu'il sera tenu de remettre au préposé de l'Intendance sanitaire chargé de la réclamer, et qui la recevra au bout d'une perche et sans monter à bord.

Art. 2. — Il y aura trois catégories de patentes, à savoir :

La patente *nette;* la patente *suspecte;* la patente *brute.*

Patente nette. — Sera réputée *nette* toute patente délivrée *trente jours* après le dernier accident de peste. Le navire qui en est porteur sera admis immédiatement en libre pratique avec ses passagers, équipage et cargaison.

Patente suspecte. — Sera réputée *suspecte* toute patente délivrée *quinze jours* après le dernier accident de peste. Le navire qui en est porteur fera une quarantaine de *quinze jours* s'il est chargé, et de *dix* s'il est vide.

Patente brute. — Sera réputée *brute* toute patente délivrée dans l'intervalle des *quinze jours* depuis le dernier accident de peste. Le navire qui en est porteur fera une quarantaine de *vingt jours* s'il est chargé, et de *quinze* s'il est vide.

Art. 3. *Navires arrivant chargés avec patente suspecte ou brute.* — La quarantaine pour les navires chargés, tant suspects que bruts, leur sera comptée à partir du jour de leur mouillage devant le lazaret de *Kouléli*.

Toutefois, considérant, d'une part, que le temps pourra quelquefois les empêcher de poursuivre leur route jusqu'à ce mouillage, de l'autre, que pour le moment il n'existe pas encore de remorqueur pour les y conduire immédiatement, il demeure convenu que des magasins seront construits dans le plus court délai sur la pointe de *Fener-Baktché*, pour recevoir la cargaison des navires com-

1. *Conf. de Paris*, 1903, pp. 119 e suiv.

pris dans le cas prévu ci-dessus, et dont la quarantaine commencera dès lors à courir du jour de leur mouillage dans ledit lieu de *Fener-Baktché.*

Il est bien entendu, du reste, que cette facilité ne sera accordée qu'aux navires évidemment empêchés par le temps de se rendre au lazaret de *Kouléli,* et seulement jusqu'à l'époque où l'Intendance sanitaire aura à sa disposition les moyens convenables pour les y diriger par le vent contraire.

Art. 4. *Navires arrivant vides avec patente suspecte ou brute.* — La quarantaine pour les navires vides, tant suspects que bruts, leur sera comptée à partir du jour de leur arrivée.

Art. 5. *Obligation de prendre un garde sanitaire aux Dardanelles ou à Gallipoli.* — Tout navire, suspect ou brut, venant par le détroit des Dardanelles, qu'il soit chargé ou vide, sera tenu de prendre un garde de santé ou à l'office sanitaire des Dardanelles même, ou à celui de Gallipoli, au choix du Capitaine.

Si le navire est vide, sa quarantaine courra du jour où le garde est entré à bord, à condition qu'il se soumettra aux mesures de désinfection prescrites par ce dernier. Dans ce cas, et si le navire purge sa quarantaine durant le voyage, il sera reçu à Constantinople en libre pratique.

Si le navire est chargé, sa quarantaine devra toujours commencer du jour de son mouillage à *Kouléli* ou à *Fener-Baktché.*

Garde supplémentaire. — Arrivés à Constantinople, le navire chargé, ainsi que le navire vide qui n'aurait pas terminé sa contumace en route, recevront un garde supplémentaire qu'ils conserveront, avec celui pris aux Dardanelles ou à Gallipoli, jusqu'à l'expiration de la quarantaine.

Il est sous-entendu que les navires avec patente nette ne seront tenus de s'arrêter ni aux Dardanelles, ni à Gallipoli.

Art. 6. *Mouillage des navires suspects ou bruts.* — Les navires, tant suspects que bruts, arrivés vides, pourront mouiller à l'entrée du port ou dans le canal, à quelque distance de la terre, sous la surveillance de leurs gardes. Les navires arrivés chargés jouiront de cette même faculté, mais seulement après leur déchargement, devant d'abord déposer leurs cargaisons ou à *Kouléli* ou à *Fener-Baktché.*

Art. 7. *Navires destinés pour la mer Noire avec patente brute ou suspecte.* — Les navires, tant vides que chargés, venant de la mer Blanche et destinés pour la mer Noire, avec patente suspecte ou brute, seront également tenus de recevoir un garde de santé aux Dardanelles ou à Gallipoli, soit qu'ils veuillent purger leur quarantaine à Constantinople, soit qu'ils préfèrent poursuivre en contumace pour leur destination. Arrivés ici, ils arboreront au mât de misaine un pavillon formé de deux bandes jaune et noire placées verticalement, qu'ils garderont jusqu'à leur départ.

Il sera loisible à ces navires de faire leur quarantaine à Constantinople, en se soumettant aux mesures précisées dans les articles précédents à l'égard des navires destinés pour ce port; seulement, dans ce cas, les capitaines devront déclarer leur intention dans l'interrogatoire qu'ils auront à subir.

Si, au contraire, ils préfèrent poursuivre en contumace, il recevront, à leur arrivée, un garde supplémentaire, qu'ils conserveront jusqu'à leur départ avec celui pris aux Dardanelles ou à Gallipoli, et, avant leur entrée dans la mer

Noire, ils les débarqueront l'un et l'autre au poste sanitaire de *Kavak*. Quant aux marchandises et passagers destinés pour Constantinople, ils seront débarqués au lazaret de *Kouléli*, où ils purgeront leur quarantaine conformément aux conditions sanitaires du navire.

Le bateau de l'intendance sanitaire chargé d'examiner les patentes, informera sans délai de leur arrivée leurs chancelleries respectives, afin qu'elles s'occupent de leur fournir, avec les précautions requises, les expéditions et les firmans d'usage pour la mer Noire.

Il est bien entendu que ceux de ces navires qui, étant vides, voudront profiter de la facilité de commencer leur quarantaine aux Dardanelles ou à Gallipoli, aux termes du deuxième paragraphe de l'article 5, en auront le droit ; seulement, dans ce cas, ils devront en faire la déclaration préalable dans celui des deux Offices où ils prendront la garde de santé, afin que ce dernier puisse les soumettre, durant le voyage, aux mesures convenables de désinfection.

Art. 8. *Navires destinés de la mer Noire pour la mer Blanche, avec patente suspecte ou brute.* — Les navires provenant de la mer Noire, tant chargés que vides, avec patente suspecte ou brute, prendront un garde de santé à l'Office sanitaire de *Kavak*, ou à celui de *Silvi-Bournou*, dans le cas d'impossibilité absolue pour eux, à cause du temps, de s'arrêter devant le premier de ces lieux ; mais ils n'auront à subir aucun interrogatoire, ni dans l'un, ni dans l'autre de ces deux offices. Cette formalité sera remplie au lazaret de *Kouléli*, où ils devront prendre également leur garde supplémentaire.

Toutes les dispositions de l'article 7, relatives aux navires suspects ou bruts destinés pour la mer Noire, sont également applicables aux navires provenant des ports compromis de cette mer, et qui, destinés pour la mer Blanche, ne voudront pas purger leur quarantaine à Constantinople. Seulement, ces navires auront la faculté de débarquer ici, au moment de leur départ, un des deux gardes sanitaires, et ils conserveront l'autre jusqu'à leur arrivée aux Dardanelles, où ils devront le remettre à l'Office sanitaire du lieu.

Art. 9. *Interrogatoire.* — Tout navire arrivant soit de la mer Blanche, soit de la mer Noire, devra subir un interrogatoire dans lequel le capitaine déclarera fidèlement les conditions sanitaires du navire, ainsi que les communications qu'il peut avoir eues durant le voyage. Si le navire est suspect ou brut, il recevra immédiatement le garde de santé supplémentaire.

Art. 10. *Défense de monter sur les navires.* — Il est expressément entendu quel nul préposé de la santé, à l'exception des gardes sanitaires, ne pourra, dans aucun cas, monter à bord des navires soit à Constantinople, soit dans tous les autres ports ou lieux de l'Empire ottoman où devront s'accomplir des formalités sanitaires.

Navires avec patente nette qui ne voudront pas communiquer avec Constantinople. — Cette défense sera surtout rigoureusement observée envers les navires qui, destinés avec patente nette pour les ports de la mer Noire où il existe des quarantaines organisées, ou bien de ces derniers ports pour les pays étrangers, ne voudront pas communiquer avec Constantinople ou tout autre lieu de la Turquie. Ces navires sont, de plus, exemptés de l'obligation de remettre leur patente au préposé de la santé.

Visite du médecin. — Quant aux navires, bruts ou suspects, destinés pour Constantinople et qui auront déjà reçu leurs gardes sanitaires, il ne sera permis qu'au seul médecin de la quarantaine de se rendre à bord, dans le cas spécial où il y aurait un malade, pour s'assurer du caractère de la maladie.

Art. 11. *Navire sur lequel il y a la peste.* — Le navire sur lequel un accident de peste se sera manifesté, sera toujours libre de partir sans purger sa quarantaine ici. Il sera tenu seulement de prendre une patente qui mentionnera le cas de peste survenu à bord.

Art. 12. *Pavillons à arborer par les navires qui arrivent.* — A l'effet de hâter autant que possible l'accomplissement des formalités sanitaires, il sera prescrit à tous les navires venant soit de la mer Blanche, soit de la mer Noire, d'arborer à leur mât de misaine un des trois pavillons suivants, à savoir :

    Blanc, pour la patente *nette*;
    Blanc et noir, pour la patente *suspecte*;
    Noir, pour la patente *brute*.

Sont exempts de l'obligation d'arborer ces couleurs les navires mentionnés dans le premier paragraphe de l'article 7.

Art. 13. *Des bateaux à vapeur.* — Pour éviter des frais considérables aux bateaux à vapeur qui font le service hebdomadaire, il leur sera permis de conserver leurs gardes à bord pendant tout le temps que leurs provenances seront compromises ou en état de suspicion.

Art. 14. *Des lieux de relâche.* — Tout navire porteur d'une patente nette qui aura communiqué en route avec un lieu suspect ou brut sera passible des rigueurs quarantenaires réclamées par l'état sanitaire de ce lieu.

Art. 15. *Des passagers.* — Les passagers arrivés sur des navires avec patente suspecte ou brute feront leur quarantaine à *Kouléli*; elle sera de quinze jours pour la patente brute et de dix pour la patente suspecte. Il est entendu que les passagers venant de la mer Blanche sur des navires vides, tant bruts que suspects, participeront au bénéfice de la facilité accordée à ces navires par le deuxième paragraphe de l'article 5. Ceux qui seront dans le cas de faire leur quarantaine à Constantinople, et qui se trouveraient embarqués sur des navires que le temps mettra dans l'impossibilité de se rendre à *Kouléli*, y seront transportés avec leurs effets dans les bateaux du lazaret et leur quarantaine commencera du jour de l'arrivée du navire.

Art. 16. *Des délits et contraventions.* — Tout délit en matière quarantenaire sera jugé d'après les lois en vigueur en Europe et le délinquant remis à l'autorité dont il relève pour recevoir sa punition.

Art. 17. *Des droits quarantenaires.* — Les soussignés étant déjà convenus depuis quelque temps que les droits quarantenaires ne pourront être perçus que deux mois après la conclusion et signature du règlement définitif, ils croient convenable d'ajouter ici que ce délai commence à courir dès ce jour même, et que, conséquemment, le payement de ces droits deviendra obligatoire à partir du 10 août prochain. MM. les Délégués européens se réservent de prier leurs chefs respectifs de recommander à l'approbation de leurs Cours le Tarif proposé dans le temps par le Conseil de santé et modifié par eux, afin que, dans l'intervalle des deux mois, cet objet puisse être aussi définitivement réglé.

Art. 18. *Des marchandises.* — Il est convenu que le maximum de la quarantaine des marchandises sera de vingt jours.

Art. 19. — Le présent règlement n'ayant trait qu'aux mesures de précaution dirigées contre les provenances de mer, le Conseil de santé, sur la proposition de MM. les Délégués, se réserve d'examiner et de discuter avec eux, dans une prochaine séance, la question relative aux cordons sanitaires et aux mesures locales de désinfection.

Art. additionnel. — Il est expressément entendu que les magasins à construire à *Fener-Baktché*, aux termes de l'article 3, seront en pierre. MM. les Délégués accordent trois mois pour la construction de ces magasins. Jusque-là les navires, suspects ou bruts, qui arriveront chargés, courront la chance du temps contraire, s'il les empêche de se rendre au lazaret de *Kouléli*. Seulement, le Conseil de santé s'engage d'employer tous les moyens en son pouvoir pour les y faire aller un moment plus tôt, leur quarantaine ne devant commencer à compter que du jour de leur mouillage devant ce lazaret.

Le présent règlement restera déposé aux archives du Conseil de santé, et fera foi comme acte organique et fondamental.

Fait et signé à Constantinople, dans la salle des conférences du Conseil de santé, le 27 de Rébiul-Ewel 1255 (10 juin 1839).

<table>
<tr><td>Délégués :</td><td>Membres du Conseil :</td></tr>
<tr><td>A. PEZZONI.</td><td>Cachet de Son Excellence le Président.</td></tr>
<tr><td>Ed. de CADALVÈNE.</td><td>HIFZY MOUSTAPHA PACHA.</td></tr>
<tr><td>Ant. de RAAB.</td><td>Docteur MINAS.</td></tr>
<tr><td>F. BOSGIOVICH.</td><td>Docteur MAC CARTHY.</td></tr>
<tr><td>J. BOSGIOVICH.</td><td>Docteur NEUNER.</td></tr>
<tr><td></td><td>Docteur BERNARD.</td></tr>
<tr><td></td><td>Docteur MARCHAND.</td></tr>
<tr><td></td><td>G. FRANCESCHI.</td></tr>
</table>

III.

CONSEIL SANITAIRE INTERNATIONAL DE TANGER.

Sur la proposition du professeur Proust, délégué de France, la Commission des Voies et Moyens, dans la séance du 26 octobre 1903, a émis à l'unanimité le vœu, « Que le pèlerinage marocain fût réglementé; — qu'un lazaret fût installé au Maroc dans un lieu facilement abordable, bien isolé et à proximité du siège du Conseil international de Tanger, à Malabata par exemple, de façon que le Conseil pût surveiller l'exécution des mesures sanitaires ; — qu'enfin il y avait lieu de demander au Conseil de Tanger (composé de délégués des Puissances) d'appliquer les décisions des Conférences internationales [1]. Seule cette dernière proposition a été formulée dans la Convention sanitaire sous l'article 176 ci-après :

Dans l'intérêt de la santé publique, les Hautes Parties Contractantes conviennent que leurs Représentants au Maroc appelleront de nouveau l'attention du Conseil sanitaire international de Tanger sur la nécessité d'appliquer les stipulations des Conventions sanitaires.

La Convention ne pouvait aller au-delà du « vœu » précité en ce qui concerne le Maroc, cet Etat n'ayant délégué aucun représentant à la Conférence de Paris.

Le Conseil de santé du Maroc remonté à 1792 ; c'est le plus ancien des trois Conseils de santé méditerranéens. Son organisation et son fonctionnement sont précisés par un règlement du 28 avril 1840, auquel il n'a été apporté depuis lors que de légères modifications [2].

1. *Conf. de Paris*, 1903, p. 413.
2. Voy. ce document p. 240.

L'article premier de ce document est ainsi conçu :

Les agents des puissances chrétiennes, constitués en Conseil sanitaire, sont chargés, d'après l'autorisation de S. M. l'Empereur, de l'honorable mission de veiller au maintien de la santé publique sur le littoral de cet Empire, de faire tous les règlements et de prendre toutes les mesures pour atteindre ce but.

Les pouvoirs confiés aux Représentants des Puissances étrangères furent confirmés par un décret chérifien (de mars 1879) dont voici la traduction [1] :

Gloire à Dieu l'Unique !
(L. S.) Le sultan El Hassan Ben Mohammed.
Nous déclarons par cettre illustre lettre, etc..., que nous confirmons au Corps des Représentants des nations amies résidant dans la ville de Tanger (la sauvegardée de Dieu le Très-Haut) ce que notre Seigneur l'aïeul, béni par Dieu, lui avait accordé : la permission d'être le délégué de sa Majesté, élevée par Dieu, dans les affaires de santé, c'est-à-dire de donner pratique aux bâtiments qui mouillent dans les ports (du Maroc), de les repousser ou de les mettre en quarantaine et de les délivrer de la quarantaine, conformément aux règlements. Et ceci n'est que seulement pour la mer et non pour la terre, puisqu'ils (les Représentants) connaissent bien ces règlements et que nos ancêtres élevés par Dieu leur (en) avaient confié (l'application) à cause de leur amitié envers notre Haute Majesté, élevée par Dieu, et de leur bonne volonté pour le bien du peuple et sa prospérité.
Nous confirmons définitivement et nous ordonnons à tous ceux de nos Gouverneurs et employés qui en prendront connaissance de se conformer strictement à cet ordre émanant de Nous, et qu'ils ne se séparent pas de notre ordre qui est par la grâce de Dieu.

Le 7 Radi-el-Aoual 1296 (mars 1879).

Ainsi donc, c'est en vertu d'une délégation du Souverain du Maroc que le Conseil sanitaire de Tanger est chargé de la défense de l'Empire contre les affections épidémiques, qu'il perçoit des taxes spéciales et fait des règlements [2]. Mais le Conseil,

---

1. *Conf. de Paris*, p. 431.
2. V. p. 245 et s., le Règlement de 1892 relatif au choléra et le Règlement concernant le retour des pèlerins.

émanation du pouvoir local, ne saurait avoir que les droits attribués à ce dernier par les capitulations, et si les règlements sanitaires sont strictement applicables aux sujets et aux navires du maghzen, ils ne sauraient viser les étrangers qu'avec l'approbation de leurs pays respectifs.

Comme l'a exposé à la Conférence[1] M. Barrère, « il résulte de cette constatation que les Puissances intéressées peuvent arrêter, sans que l'intervention du Gouvernement marocain soit nécessaire, des règlements d'ordre sanitaire auxquels devront se conformer les navires portant leurs pavillons lorsqu'ils relâchent dans des ports marocains et lorsqu'ils viennent y embarquer ou ramènent des pèlerins. Il suffit que ces règlements soient rendus exécutoires par leurs Agents diplomatiques ou consulaires au Maroc d'après les règles tracées à ces Agents par la législation de leur pays pour soumettre leurs ressortissants à des mesures de police dans les pays où ils ont des pouvoirs de juridiction.

« Les articles 3 à 17 de l'ordonnance du 3 mars 1781 et l'article 75 de la loi du 28 mai 1836 donnent au ministre de France à Tanger et aux consuls de France au Maroc les pouvoirs nécessaires pour sanctionner des règlements de cette nature. De même, l'ordre en Conseil du 28 novembre 1889 (art. 109) permet au représentant de la Grande-Bretagne et aux consuls britanniques au Maroc de prendre des mesures dans le même sens. Les agents de l'Allemagne et de l'Italie possèdent des pouvoirs analogues. Il y a lieu de penser qu'il en est de même des agents des autres puissances représentées dans le Conseil sanitaire de Tanger.

« S'il en était autrement, ces Puissances auraient à s'engager à introduire dans leur législation les dispositions utiles pour punir la violation par leurs nationaux des règlements sanitaires édictés par le Conseil sanitaire de Tanger. Il paraît dès lors utile de donner ci-après la liste des Puissances représentées à Tanger :

2. *Conf. de Paris,* p. 408.

<table>
<tr><td>Allemagne,</td><td>Grande-Bretagne,</td></tr>
<tr><td>Autriche-Hongrie,</td><td>Italie,</td></tr>
<tr><td>Belgique,</td><td>Pays-Bas,</td></tr>
<tr><td>Danemark,</td><td>Portugal,</td></tr>
<tr><td>Espagne,</td><td>Russie,</td></tr>
<tr><td>États-Unis,</td><td>Suède et Norwège.</td></tr>
<tr><td>France,</td><td></td></tr>
</table>

« En ce qui concerne les ressources financières dont dispose le Conseil sanitaire de Tanger, elles se composent uniquement des taxes sanitaires et de la contribution qui a pu être obtenue jusqu'ici du Gouvernement chérifien lorsqu'il s'est agi de mettre en observation, dans l'ile de Mogador, les pèlerins marocains venant de la Mecque, ou lorsque ces pèlerins ont été envoyés au lazaret algérien de Matifou.

« D'après les seuls renseignements que possède actuellement la délégation française à la Conférence, les recettes du Conseil s'étaient élevées, en 1896, à 13,000 pesetas en chiffres ronds, et, en 1897, à 17,000 pesetas. On croit savoir que le Conseil sanitaire de Tanger et les médecins qui sont chargés dans les ports marocains de la côte de reconnaître les navires n'ont pas à leur disposition des appareils de désinfection ni le personnel nécessaire pour effectuer des opérations de désinfection. Cette circonstance, qui est sans doute due à l'absence de ressources, et le fait que quelques-unes des Puissances représentées dans le Conseil sanitaire n'ont pas ratifié la Convention sanitaire de Venise de 1897, ont pour conséquence de créer au sein du Conseil sanitaire des divergences de vues sur le régime à imposer aux navires provenant d'un port où des cas de choléra ou de peste se sont produits. Elles entraînent souvent l'adoption, dans les ports du Maroc, de mesures qui provoquent de vives réclamations de la part du commerce international. »

Sur le fonctionnement actuel du Conseil de Tanger, le Dr Reynaud, directeur du service sanitaire maritime à Alger, a fourni à la Conférence d'intéressants renseignements. Ce Conseil n'a ni assez d'autorité ni assez de ressources ; d'autre part, il est en délicatesse constante avec le Gouvernement marocain auquel pèse beaucoup la tutelle de l'étranger. Enfin, le matériel sanitaire brille par son absence, et le personnel se borne à recevoir les navires indemnes et à repousser ceux qui viennent de pays contaminés.

Le Maroc ne possède aucun lazaret. L'île de Mogador, située à deux ou trois journées au sud dans l'Atlantique, est affectée en temps ordinaire aux prisonniers; au moment du pèlerinage, elle est plus ou moins une station sanitaire d'un genre un peu spécial, car elle renvoie régulièrement les navires suspects au lazaret européen le plus voisin.

« C'est ainsi que tout récemment *l'Arménie*[1], provenant de Marseille sans aucun malade à bord, fut dirigé sur Alger pour y subir une quarantaine; c'est ainsi qu'il y a deux ans un navire ayant touché un port non contaminé du Sénégal (fièvre jaune) fut autorisé à opérer une quarantaine à Mogador, mais ne put débarquer à Tanger les ouvriers indigènes employés au chargement, et dut continuer, quoique indemne, sa route sur Hambourg.

« Si c'est un navire à pèlerins, le Maghzen n'admet plus qu'on le repousse; alors on l'envoie à Alger ou à Mogador. »

D'après les investigations du Dr Reynaud, le Maroc a été visité par vingt-quatre épidémies de peste depuis l'invasion arabe; les dix premières sont douteuses en raison de leur coïncidence avec des famines; dix fois la peste s'est étendue sur tout le nord de l'Afrique, suivant le chemin parcouru par les caravanes et les pèlerins, depuis l'Égypte et la Tripolitaine jusqu'à l'Océan; trois fois elle a été importée directement à Tanger par des navires à pèlerins.

Les six épidémies de choléra sont dues aussi aux pèlerinages qui ont causé l'infection de l'Algérie, et par suite du Maroc, ou du Maroc d'emblée.

Le pèlerinage marocain est d'autant plus dangereux qu'il est libre tant pour l'aller que pour le retour. Les hadjis sont bien

1. Dr Reynaud, *Conf. de Paris*, p. 410.

astreints, en principe à faire une quarantaine à Mogador; mais ils esquivent cette formalité en revenant par petits paquets comme passagers ordinaires sur des navires ordinaires. C'est ainsi qu'en 1900, le Dr Reynaud a attendu pendant six mois, à Mogador, des pèlerins qui n'ont jamais paru.

Il faut donc de toute nécessité réglementer le pèlerinage au Maroc comme dans les autres pays. De plus, en raison de l'éloignement de Mogador, il est indispensable de construire un établissement sanitaire spécial, plus rapproché et permanent; la pointe de Malabata, à dix milles au nord-est de Tanger, paraît remplir les conditions exigées; abondamment pourvue d'eau, elle est éloignée des habitations, les plages y sont d'abord facile, et, d'une façon générale, le plateau présente les conditions de salubrité désirables. La Commission Technique internationale, réunie il y a quelques années pour choisir l'emplacement d'un lazaret, et qui comprenait des représentants de l'Allemagne, de l'Angleterre, de l'Espagne et de la France, se prononça à l'unanimité pour la presqu'île de Malabata [1].

Bien que la Commission des Voies et Moyens fût absolument convaincue des défectuosités et de l'insuffisance actuelle de la prophylaxie sanitaire au Maroc, elle ne « s'est pas crue autorisée à entamer d'aucune façon le débat sur le problème financier [2] » et s'est bornée à exprimer de nouveau un vœu de la Convention de Venise de 1897, que nous avons cité plus haut.

Depuis la réunion de la Conférence, la diplomatie s'est beaucoup occupée des affaires marocaines, et les événements actuels nous amènent à nous demander quelle peut être, sur l'exécution de la Convention sanitaire au Maroc, l'influence respective de l'entente franco-anglaise d'une part, et d'autre part des prétentions de l'Allemagne.

---

1. Voy. : TERRAS, *Rapatriement des pèlerins marocains revenant de la Mecque et mesures prophylactiques prises à bord du navire principalement contre la variole.* Th. Montpellier, 1898-99. — TOREL, Défense de la Méditerranée contre le pèlerinage de la Mecque. Organisation sanitaire du Maroc. *Arch. de Méd. nav.* Paris, 1902.

2. Rapport de M. Paulucci de Calboli, *Conf. de 1903*, p. 105.

Dans la déclaration signée à Londres, le 8 avril 1904, par M. Paul Cambon, au nom de la France, et par le marquis de Lansdowne, au nom de l'Angleterre, nous lisons (art. 2) que :

« ... le Gouvernement de sa Majesté Britannique reconnaît qu'il appartient à la France, notamment comme Puissance limitrophe du Maroc sur une vaste étendue, de veiller à la tranquillité dans ce pays et de lui prêter son assistance pour toutes les réformes administratives, économiques, financières et militaires dont il a besoin[1]. »

En outre, il résulte nettement[2] de la combinaison des diverses stipulations que les deux Puissances signataires ont eu l'intention d'établir au profit de la France un véritable protectorat sur le Maroc, quoique le mot « protectorat » ne figure pas dans les accords.

Si donc l'avenir confirme cette opinion, si la France établit son protectorat sur le Maroc, l'exécution de la Convention sanitaire y est assurée, pour le plus grand bien de l'Algérie et du monde civilisé.

Que si, au contraire, le Maghzen, s'appuyant sur la diplomatie allemande, oppose son mauvais vouloir traditionnel à l'action civilisatrice et bienfaisante de la France, c'est, au point de vue sanitaire, le maintien du lamentable *statu quo* dont nous avons parlé, attristé encore par l'affligeant spectacle d'une Grande Puissance se faisant aux deux extrémités de la Méditerranée l'auxiliaire de la barbarie musulmane contre la civilisation européenne.

---

1. Déclaration concernant l'Egypte et le Maroc, *Livre Jaune*, 1904.
2. ROUARD DE CARD, *Le Protectorat de la France sur le Maroc*, 1905, p. 45. — MÉRIGNHAC, *Traité de droit public international*, 1re partie, 1905, pp. 374 et 375.

ANNEXE I.

RÈGLEMENT

ADOPTÉ PAR LES AGENTS DES PUISSANCES CHRÉTIENNES

PRÈS S. M. L'EMPEREUR DU MAROC CONSTITUÉS EN CONSEIL SANITAIRE

(28 avril 1840[1].)

SECTION I.

CONSTITUTION DU CONSEIL SANITAIRE.

Article premier. — Les Agents des Puissances chrétiennes constituées en Conseil sanitaire sont chargés, d'après l'autorisation de S. M. l'Empereur, de l'honorable mission de veiller au maintien de la santé publique sur le littoral de cet Empire, de faire tous les règlements, et de prendre toutes les mesures pour atteindre ce but.

SECTION II.

PRÉSIDENCE.

Art. 2[2]. — Chaque Membre du Conseil sanitaire sera chargé, à tour de rôle, des fonctions de Président.

Ces fonctions dureront un mois et consisteront :

1° A provoquer les délibérations du Conseil sur les questions de sa compétence qui pourraient s'élever pendant la durée de l'exercice ;

2° A recevoir et à transmettre au Conseil toutes les communications qui lui seraient adressées ;

3° A convoquer le Conseil et à présider ses réunions ;

4° A exécuter et faire exécuter les décisions qui auront été prises ;

5° A recevoir et conserver la partie courante des archives du Conseil ;

6° A expédier les documents sanitaires et à pourvoir à l'encaissement et à la conservation des fonds provenant des droits établis par le Conseil.

Art. 3. — A partir du mois qui suivra l'adoption du présent règlement, les tours de présidence seront réglés d'après l'ordre alphabétique des Puissances représentées au Conseil.

1. *Conf. de Paris*, 1903, p. 422. — *Nous reproduisons en renvoi les modifications apportées au règlement jusqu'au 30 septembre 1892.*

2. Les fonctions de Président dureront un trimestre à partir de l'année 1894 (décision du 27 octobre 1883).

Art. 4. — Il sera loisible aux membres d'échanger volontairement entre eux ou de se céder réciproquement le tour de présidence.

Art. 5. — Dans le cas où quelque Membre représenterait plus d'une Puissance, il n'aurait droit, néanmoins, qu'à un seul tour de présidence et qu'à un seul vote dans les délibérations du Conseil.

Art. 6. — Les fonctionnaires chrétiens officiellement chargés de la gestion des Postes seront considérés comme membres du Conseil au même titre que les chefs de leur Mission.

SECTION III.

VICE-PRÉSIDENCE.

Art. 7[1]. — Le Président sortant remplira, pendant l'exercice de son successeur immédiat, les fonctions de Vice-Président. Il le suppléera en cas d'absence, maladie ou tout autre empêchement motivé, et sera chargé de seconder le Président pour la rédaction du procès-verbal en prenant, pendant la durée des séances, les votes nécessaires à cet effet.

SECTION IV.

RAPPORTS ENTRE LE PRÉSIDENT ET LES MEMBRES DU CONSEIL SANITAIRE.

Art. 8. — Aucune communication ne sera adressée au Conseil, ni faite en son nom, si ce n'est par l'intermédiaire du Président.

Art. 9. — La langue française est adoptée pour les communications entre le Président et le Conseil.

Si quelqu'un des membres se trouvait dans l'impossibilité de rédiger ses communications en français, le Président ou, à son défaut, le Vice-Président serait chargé d'annexer aux dites communications une traduction dans la langue adoptée.

Art. 10. — Les notes apposées sur les circulaires seront rédigées en langue française, sauf le cas prévu par l'article précédent. Dans cette hypothèse, et sur la demande d'un membre, une traduction y sera jointe par les soins du Président ou du Vice-Président.

Art. 11[2]. — Il n'y aura pas d'ordre déterminé pour la mise en circulation des documents adressés au Conseil sanitaire.

Après cette circulation, le Président résumera succinctement les opinions, précisera le résultat des votes et fera circuler de nouveau les documents.

A ce second tour, les membres devront, autant que possible, se borner à un simple *visa*, accompagné de leurs signatures.

Art. 12. — Si dans une circulaire les votes se trouvaient partagés en nombre égal, il y aura lieu à un second vote, et, si là même difficulté se présentait, la voix du Président compterait pour deux.

---

1. La disposition en vertu de laquelle le Président sortant remplissait les fonctions de Vice-Président est tombée en désuétude.

2. La mise en circulation des documents adressés au Conseil est faite d'après l'ordre alphabétique des Puissances représentées au Conseil.

SECTION V.

RAPPORTS DU CONSEIL AVEC L'AUTORITÉ TERRITORIALE.

Art. 13. — Toutes les lettres adressées à S. M. l'Empereur par le Conseil seront signées par tous les membres, sans suivre aucun ordre déterminé, sauf la signature du Président, qui sera toujours la dernière.

Art. 14. — Toutes les lettres adressées aux autorités locales seront signées par le Président seul, excepté dans le cas d'une certaine gravité reconnue préalablement par le Conseil.

Art. 15. — Le Président devra mettre tous ses soins à obtenir que les messages de l'autorité locale lui soient adressés par écrit.

SECTION VI.

RAPPORTS DU CONSEIL AVEC TOUTE AUTRE AUTORITÉ OU PERSONNES PRIVÉES.

Art. 16. — Les règles précédentes s'appliquent aux communications qui pourraient être faites au Conseil, ou par le Conseil dans ses relations soit avec des autorités autres que celles du pays, soit avec des personnes privées.

SECTION VII.

TENUE DES SÉANCES.

Art. 17. — Tout membre a droit de provoquer une réunion du Conseil par l'intermédiaire du Président.

Art. 18. — Dans chaque circulaire de convocation, l'objet de la réunion sera sommairement indiqué.

Art. 19. — Les séances auront lieu dans l'habitation du Président.

Art. 20. — Les places se prendront pêle-mêle et sans aucune attribution de préséance.

Art. 21. — La langue française est celle des séances, sauf le cas d'exception individuelle prévu par l'article 9.

Art. 22. — Le Président sera chargé de fixer la position des questions; aucune ne pourra être traitée sans avoir été mise à l'ordre du jour par une délibération préalable.

Le Président rappellera à l'ordre ou à la question les membres qui s'en écarteront. Quand la question sera jugée suffisamment éclaircie, il résumera les opinions, recueillera les votes, qui seront exprimés de vive voix; s'ils étaient partagés en nombre égal, il y aura lieu à un second tour de scrutin, et, en cas d'un nouveau partage égal, la voix du Président comptera pour deux.

Art. 23. — Le procès-verbal de chaque séance sera, dans le moindre délai possible, communiqué au Conseil par voie de circulaire, et la rédaction approuvée par la majorité des membres sera considérée comme définitive.

Art. 24. — Tout membre qui ne pourra pas assister à une séance aura la faculté de s'y faire représenter ou par un de ses Collègues ou par un de ses fonctionnaires chrétiens attachés à sa Mission. Le mandataire spécial aura droit au même vote que la personne représentée.

SECTION VIII.

TARIF.

Art. 25. — Les droits à percevoir par le Conseil sanitaire seront fixés d'après le tarif annexé au présent règlement.

SECTION IX.

ARCHIVES.

Art. 26[1]. — Les archives sont divisées en deux parties : l'une, relative aux affaires non courantes, restera, jusqu'à nouvelle décision, en dépôt chez le Consul général de Suède et de Norvége, conformément à la résolution du Conseil du 30 janvier 1837. La partie des archives courantes continuera à être transmise de Président en Président, suivant le mode usité jusqu'à ce jour.

Art. 27. — Il y aura un registre spécial pour le Conseil sanitaire.

Art. 28. — Les procès-verbaux des séances y seront transcrits intégralement après leur adoption.

Art. 29. — Les circulaires et autres documents adressés au Conseil ou émanés de lui seront également mentionnés audit registre avec une indication sommaire de leur objet.

Art. 30. — Le mode actuellement suivi pour l'enregistrement des décisions quarantenaires du Conseil est maintenu.

Art. 31. — Le registre sera tenu dans la langue commune adoptée par le Conseil.

SECTION X.

COMPTABILITÉ.

Art. 32. — Les recettes de la caisse sanitaire se composent des produits des droits perçus en vertu du tarif.

Art. 33. — Ces fonds ne pourront être employés que pour des dépenses intéressant le Service sanitaire proprement dit.

SECTION XI.

SCEAU.

Art. 34. — Tous les actes et les expéditions délivrés par le Président sont timbrés du sceau du Conseil sanitaire.

SECTION XII.

DÉLÉGUÉS SPÉCIAUX DU CONSEIL SANITAIRE A TANGER.

Art. 35. — Le capitaine du port, le médecin, les gardes de santé sont les Délégués du Conseil sanitaire.

---

1. Par décision postérieure, les archives sont déposées à la Légation d'Italie.

Art. 36. — Ils sont placés sous la direction spéciale du Président, qui leur communiquera, s'il y a lieu, les ordres et les instructions du Conseil.

SECTION XIII.

DÉLÉGUÉS DU CONSEIL SANITAIRE SUR LA CÔTE.

Art. 37. — Il sera institué, dans chacun des ports principaux de l'Empire, un Délégué spécial du Conseil sanitaire.

Art. 38. — Cet agent remplira dans sa résidence les fonctions exercées à Tanger par le Président du Conseil sanitaire.

Art. 39. — Une copie du règlement quarantenaire adopté par le Conseil sera envoyée à chaque Délégué, ainsi que les nouvelles décisions qui pourraient être adoptées ultérieurement.

Art. 40. Les Délégués ne correspondront, en ce qui concerne l'objet de leur mission, qu'avec le Président du Conseil.

Art. 41. — Les Délégués viseront les patentes de santé, concurremment avec les Agents consulaires respectifs, suivant le modèle établi à Tanger, et ils délivreront les patentes aux bâtiments indigènes.

Art. 42[1]. — Les Agents consulaires remettront aux délégués du Conseil sanitaire le montant des perceptions exercées sur les bâtiments de leurs nations respectives, conformément au tarif adopté par le Conseil sanitaire de Tanger, et dont expédition authentique sera adressée à chacun d'eux, ainsi qu'à chaque Délégué du Conseil.

Art. 43[2]. — Les Délégués, à l'expiration de chaque trimestre, adresseront au Président du Conseil sanitaire un état de leurs perceptions et des dépenses qu'ils pourraient avoir faites en vertu d'autorisations générales ou spéciales.

Art. 44. — Après le payement des dépenses ci-dessus indiquées, la moitié du produit net sera attribuée aux Délégués pour leur tenir lieu d'émoluments ou d'indemnités.

Art. 45. — Des instructions spéciales détermineront, pour chaque Délégué, les règles qu'il aura à suivre dans l'exercice de ses fonctions et pour la tenue de sa comptabilité.

Art. 46. — Les Délégués ne peuvent être nommés, suspendus ou révoqués que par une décision spéciale du Conseil.

Le titre de leur nomination sera délivré par le Président.

Art. 47. — Toutes les dispositions contraires à celles qui font partie du présent règlement sont abrogées.

Fait à Tanger et signé par le Président de tour du Conseil sanitaire, le vingt-huit avril mil huit cent quarante.

Signé : PONTI.

---

1. Les dispositions de cet article ne sont exécutées qu'à Tétouan. Dans tous les autres ports, les Délégués sanitaires perçoivent les droits sanitaires directement des capitaines des navires ou des agences des Compagnies maritimes.

2. Le terme de trois mois pour adresser les états des recettes fut ensuite porté à un an. A partir du 1er janvier 1892, il a été établi que les Délégués sanitaires transmettront ces états chaque semestre.

La part revenant aux Délégués sur les recettes a été ensuite fixée à un tiers. Le Délégué de Tétouan ne touche rien.

ANNEXE II.

CONSEIL SANITAIRE AU MAROC.

RÈGLEMENT EN CAS D'ÉPIDÉMIE CHOLÉRIQUE[1]

Article premier. — Sont considérés comme ports infectés :

A) Tous les ports qui expédieront des navires avec patente brute ;

B) Ceux que, par suite de nouvelles officielles ou particulières, le Conseil déclarera infectés.

Art. 2. — Seront déclarés suspects :

A) Tous les ports qui maintiennent des relations commerciales intimes avec les ports infectés, à moins qu'ils ne prennent les précautions nécessaires contre lesdits ports ;

B) Tous ceux qui ne prendront pas les précautions nécessaires vis-à-vis des ports infectés ;

C) Ceux que le Conseil jugera suspects soit en vertu de nouvelles officielles ou particulières, soit parce qu'il existe un foyer d'infection dans le pays dont ils font partie.

Art. 3. — *A)* Tout navire sortant d'un port infecté et ayant fait une quarantaine de dix jours dans un lazaret européen sera admis dans tous les ports du Maroc. S'il a fait moins de dix jours de quarantaine, il doit d'abord toucher à Tanger, afin que le Conseil décide lui-même les mesures à prendre à son sujet ;

B) Tout navire sortant d'un port infecté, qui a subi la quarantaine en vigueur à Gibraltar et les mesures restrictives prises dans cette ville tant à l'égard des voyageurs que des marchandises, sera admis au Maroc ; toutefois, il devra toucher, au préalable, à Tanger.

Dans tous les cas, l'introduction des marchandises suivantes provenant de ports infectés est prohibée :

1° Les pommes de terre ;
2° Les légumes, excepté en conserve ;
3° Tous les fruits, excepté en conserve ;
4° Le beurre ;
5° Le fromage ;

[1] *Conf. de Paris*, 1903, p. 432.

6º Le jambon et le lard ;
7º Le linge sale ;
8º Les chiffons.

Art. 4. — Les navires provenant de ports suspects ne seront admis en rade de Tanger qu'après inspection médicale, à la suite de laquelle le Président statuera, s'il y a lieu de procéder immédiatement à la désinfection des personnes, bagages et effets, conformément aux règles ci-après édictées, ou, s'il y a lieu d'imposer aux navires une quarantaine d'observation qui sera fixée par le Conseil, mais qui ne pourra dépasser sept jours, et à la suite de laquelle il sera procédé à la désinfection des personnes, bagages, etc.

Art. 5. — *A*) Les passagers venant de ports suspects, ayant été admis, au préalable, à un port considéré comme sain par le Conseil, seront admis librement, mais leurs bagages seront soumis à la désinfection, à moins qu'il ne soit prouvé, par un certificat de l'autorité sanitaire du port sain où a eu lieu la désinfection, que lesdits bagages ont été déjà désinfectés.

Ceux qui viendraient directement des ports suspects seront soumis, eux et leurs bagages, à la désinfection.

B) En ce qui concerne leur cargaison, les navires provenant de ports suspects devront produire un certificat d'origine de toutes leurs marchandises délivré par les agents consulaires ou par l'autorité locale compétente.

Si ce certificat établit que les marchandises ne viennent pas d'un port infecté, elles seront admises, à l'exception des articles suivants qui devront, au préalable, être désinfectés :

1º Tissus de coton et tissus de lin neuf ;
2º Poils fabriqués et tissus de lin neuf ;
3º Chanvre fabriqué et tissus de lin neuf ;
4º Lettres, journaux ou papiers hermétiquement clos ;
5º Cuir fabriqué neuf ;
6º Lin fabriqué neuf ;
7º Les plumes employées comme ornement ;
8º La soie filée ou manufacturée neuve ;
9º Le tabac.

Les articles ci-dessous sont, d'autre part, repoussés :

1º Coton brut ou usé ;
2º Poils à l'état naturel ;
3º Chanvre non filé ;
4º Cuirs frais et secs (bruts) ;
5º Crin naturel ;
6º Dépouilles ou débris frais d'animaux ;
7º Laine brute ou usée ;
8º Lin non filé ;
9º Peaux brutes ou dans un état quelconque ;
10º Plumes à l'état naturel ;
11º Soie en cocons ou grège ;
12º Sumahuma ;
13º Crin végétal ;
14º Foins ou herbes comprimées ou emballées.

C) Dans le cas où le certificat d'origine constaterait que les marchandises de la cargaison proviennent d'un port infecté, elles ne seront admises que si, par leur nature, elles sont déclarées par le Conseil, après consultation médicale, non susceptibles d'apporter la contagion.

D) Dans tous les cas est prohibée l'introduction des chiffons, du linge sale, des fruits, des pommes de terre et des légumes poussant près de la terre, venant des ports suspects. L'introduction des fruits des arbres demeure autorisée.

E) Le linge sale appartenant aux voyageurs et à l'équipage, comme conséquence de leur navigation, sera soumis à une désinfection prolongée par la voie humide.

Art. 6. — La désinfection des voyageurs sera payée par les intéressés : celle de la cargaison, par les consignataires des navires ; celle de l'équipage et des indigents sera gratuite.

Art. 7. — Ces prescriptions s'appliquent seulement au port de Tanger. Dans les autres ports de la côte marocaine, les navires venant de ports suspects ne seront pas admis, à moins qu'ils n'aient touché à Tanger et n'y aient été soumis au régime dont il s'agit.

Art. 8. — Le même régime est applicable aux colis postaux. L'indication du lieu de provenance portée sur le bulletin d'expédition tiendra lieu de certificat d'origine. Les colis postaux provenant directement des points sains ne seront pas ouverts.

Tanger, le 24 octobre 1892.

Le Président,

Ed. ANSPACH.

ANNEXE III.

RÈGLEMENT POUR L'EMBARQUEMENT ET LE RETOUR

DES PÈLERINS MAROCAINS [1]

(25 mars 1901.)

Article premier. — Les bateaux qui viendront dans les ports marocains pour embarquer des pèlerins devront faire connaître aux Délégués sanitaires le nombre des pèlerins qu'ils embarquent. Le Délégué se rendra à bord pour vérifier si le bateau est aménagé conformément aux prescriptions de la Convention de Venise. Il sera accompagné, dans cette visite, par un Délégué marocain chaque fois que les autorités marocaines le désireront.

Art. 2. — Si la peste n'est pas officiellement constatée au Hedjaz, les bateaux ramenant plus de vingt-cinq pèlerins, ayant purgé une quarantaine à Tor et n'ayant pas eu de cas de peste ou de choléra à bord pendant le voyage, devront se rendre à l'île de Mogador.

Si la peste est officiellement constatée au Hedjaz, lesdits bateaux ne pourront se rendre à l'île de Mogador qu'après avoir purgé la quarantaine à Tor et une seconde quarantaine dans un lazaret de la Méditerranée.

Les bateaux qui auront purgé la seconde quarantaine dans les lazarets d'Alger ou de Tunis seront admis en libre pratique à Tanger après visite médicale.

Art. 3. — Les bateaux ayant à bord moins de vingt-cinq pèlerins qui auront purgé la quarantaine à Tor et une seconde quarantaine dans un lazaret de la Méditerranée, et n'ayant pas eu de cas de peste ou de choléra pendant le voyage, seront reçus à Tanger après visite médicale et désinfection des hardes et bagages des pèlerins à l'étuve.

Toutefois, le Conseil sanitaire se réserve d'imposer à ces bateaux une quarantaine d'observation à Tanger ou à Mogador.

Les bateaux qui auront purgé la seconde quarantaine dans les lazarets d'Alger ou de Tunis seront admis en libre pratique à Tanger, après visite médicale.

Art. 4. — Tout bateau qui aura eu un cas de peste ou de choléra à bord depuis la dernière quarantaine se rendra à l'île de Mogador, où le Directeur du lazaret décidera s'il doit être admis à y purger la quarantaine ou être repoussé sur un autre lazaret de la Méditerranée.

1. *Conf. de Paris*, 1903, p. 435.

Art. 5. — Les bateaux autres que ceux visés dans les articles 2 et 3, ayant à bord des passagers musulmans, seront admis dans tous les ports du Maroc, pendant la durée de l'ouverture du lazaret de Mogador, à la condition que ces passagers puissent prouver, à la satisfaction des Délégués du Conseil sanitaire, qu'ils se trouvaient le jour du pèlerinage, 10 Doul Hedja (31 mars 1901), dans un pays non contaminé ni suspect. Dans le cas contraire, ces bateaux ne seront admis qu'au port de Tanger.

Art. 6. — Les passagers musulmans qui viendront à Tanger, pendant la durée de l'ouverture du lazaret de Mogador, par les bateaux indiqués dans 'article précédent, y seront admis librement s'ils peuvent établir, à la satisfaction du Conseil sanitaire, qu'ils ont subi la désinfection de leurs hardes et bagages dans un lazaret européen, algérien ou tunisien. Dans le cas contraire, il sera procédé, si le Conseil le juge nécessaire, à la désinfection de leurs hardes et bagages à l'étuve.

Art. 7. — Dans le cas où un bateau ayant à bord des pèlerins sera repoussé ou que des passagers musulmans seront exceptionnellement soumis à la désinfection de leurs hardes et bagages, l'autorité marocaine recevra copie du certificat de médecin qui donnera lieu à l'adoption de ces mesures.

Art. 8. — Le lazaret de Mogador sera ouvert pendant quatre mois : depuis le 12 Moharrem jusqu'au 16 Djoumada Ire 1319 (du 1er mai au 31 août 1901).

Art. 9. — Les Musulmans qui, pendant la durée de l'ouverture du lazaret de Mogador, se rendront de Tanger ou de Tétouan à Gibraltar, Algésiras, Cadix, Ceuta et Melilla, devront être munis par le Délégué sanitaire d'un billet personnel et valable seulement pour le voyage d'aller et retour. Ce billet devra être rendu au Délégué par le Musulman à son retour.

Art. 10. — Le présent règlement annule toutes les dispositions antérieures relatives au retour des pèlerins et à l'arrivé des passagers musulmans pendant l'époque du pèlerinage.

Tanger, le 25 mars 1901.

Le Président,

ALBERTO D'OLIVEIRA.

IV.

DISPOSITIONS DIVERSES.

Les trois articles de ce paragraphe se rapportent :

1" A la désinfection et à la dératisation ;

2° A l'emploi des taxes et amendes ;

3° Aux instructions à fournir aux capitaines de navires.

1° *Désinfection et dératisation.*

L'article 177 s'exprime ainsi :

Chaque Gouvernement déterminera les moyens à employer pour opérer la désinfection et la destruction des rats.

Sans répéter ce que nous avons dit précédemment sur le côté technique de ces questions, nous insisterons sur les avantages de la sulfuration par le gaz Clayton qui tue à la fois les bacilles pathogènes, les rongeurs et les insectes (puces, punaises, poux, moustiques), dont nous connaissons bien le rôle considérable dans la propagation des affections pestilentielles.

La Convention, n'ayant pas cru devoir donner la préférence à un système particulier, a simplement signalé les moyens de désinfection suivants *à titre d'indications*. (V. p. 83 et ss.)

2° *Emploi des taxes et amendes.*

Le professeur Lortet, Doyen de la Faculté de médecine de Lyon, qui venait de traverser pour la trente-deuxième fois la Méditerranée orientale, disait à la tribune de l'Académie de médecine dans la séance du 16 juin 1903 [1] :

« Les lazarets de la Méditerranée orientale sont horribles ; on

1. *Bulletin de l'Acad. de méd.*, 1903, t. XLIX, p. 743.

est exposé à y mourir, non de la peste ou du choléra, mais bien de la misère physiologique et morale. Celui de Marseille est un peu mieux, quoique bien pauvre en installations convenables. On peut y purger quarantaine, y guérir même de la peste, mais on est très exposé à y mourir d'ennui ou de pneumonie. »

Il n'est pas téméraire de supposer que l'affectation exclusive aux dépenses des services sanitaires du produit des taxes et des amendes nous eût doté d'une organisation moins imparfaite. Il est urgent de rompre avec les errements du passé dont on connaît trop les médiocres résultats, au moins dans la sphère d'action du Conseil supérieur de Constantinople.

La Commission de Codification avait maintenu les dispositions suivantes sous l'article 184 du projet de codification : « Le produit des taxes et amendes sanitaires perçues dans le ressort du Conseil supérieur de santé de Constantinople ne peut, en aucun cas, être employé à des objets autres que ceux relevant des Conseils sanitaires. »

Dans le texte de la Convention, on a substitué à cette disposition particulière une disposition d'ordre absolument général contenue dans l'article 178 ci-après :

Le produit des taxes et des amendes sanitaires ne peut, en aucun cas, être employé à des objets autres que ceux relevant des Conseils sanitaires.

On comprendra quelles améliorations la mise en pratique de cette décision peut apporter dans l'organisation des services sanitaires, quand nous aurons dit qu'en France, au cours des trente dernières années, les dépenses ont été de plus de 20 millions inférieures aux recettes !

3° *Instruction à l'usage des capitaines.*

L'article 179 s'exprime ainsi :

Les Hautes Parties contractantes s'engagent à faire rédiger par leurs administrations sanitaires une instruction destinée à mettre les capitaines des navires, surtout lorsqu'il n'y a pas de médecin à bord, en mesure d'appliquer les prescriptions contenues dans la présente Convention en ce qui concerne la peste et le choléra, ainsi que les règlements relatifs à la fièvre jaune.

Il faut que les mesures sanitaires soient appliquées même sur les navires non pourvus d'un médecin. Les capitaines sont tout désignés pour veiller, dans ce cas, à leur bonne exécution. On peut espérer aussi que ces officiers, mieux au courant de la prophylaxie et de son importance, ne marchanderont plus jamais aux médecins du bord le concours de leur bonne volonté.

V.

GOLFE PERSIQUE.

Nous nous bornerons à reproduire ici l'article unique de ce paragraphe que nous avons déjà étudié à propos de la défense du Golfe Persique et des obligations du Conseil supérieur de santé de Constantinople :

Art. 180. Les frais de construction et d'entretien de la station sanitaire, dont la création à l'île d'Ormuz est prescrite par l'article 81 de la présente Convention, sont mis à la charge du Conseil supérieur de santé de Constantinople. La Commission mixte de revision dudit Conseil devra se réunir le plus tôt possible pour lui fournir, sur sa demande, les ressources nécessaires prises sur les réserves disponibles.

VI.

OFFICE INTERNATIONAL DE SANTÉ.

Nous avons vu au cours de cette étude que de toutes les Conférences sanitaires aucune ne fut aussi libérale que celle de 1903, aucune ne s'engagea aussi loin dans la voie de l'atténuation des mesures quarantenaires dont nous pouvons escompter dès maintenant la disparition complète et définitive. Elle a fait mieux encore. Par l'institution d'un organisme permanent, le Bureau sanitaire international, opposant aux affections contagieuses les efforts solidaires, coordonnés, continus de presque tout le monde civilisé, elle inaugure une voie toute nouvelle et autorise les plus magnifiques espérances.

Déjà à Vienne, en 1874, on avait proposé la création d'une Commission sanitaire internationale permanente pour l'étude des maladies épidémiques; mais la Conférence se sépara sans avoir pris aucune décision, et un silence de près de vingt ans suivit cette tentative mort-née.

Le professeur Proust, transportant la question sur le terrain pratique, préconisa en 1896[1] l'institution d'un *Bureau sanitaire international* dans lequel il voyait le plus puissant moyen d'assurer l'exécution des décisions des Conférences.

Cette idée, soumise à la réunion de Venise, en 1897[2], fit peu à peu son chemin. Reprise en 1903, au cours des négociations qui précédèrent la Conférence, elle fut inscrite au programme de la délégation française et, peu après, soumise par M. Monod au Congrès international d'hygiène de Bruxelles qui l'accueillit favorablement.

Le Gouvernement français, qui avait provoqué en 1851 la première Conférence internationale contre les maladies exotiques, ne pouvait qu'accueillir avec la plus vive faveur l'idée de la création d'un organisme appelé à rendre les plus grands services à la santé publique, et à rapprocher les peuples en réunissant leurs efforts contre un danger universel. Il devient plus manifeste de jour en jour que les Conférences internationales, en limitant leur action à la lutte contre les maladies pestilentielles exotiques, n'ont rempli qu'une partie de leur tâche, et la moindre. Malgré leur caractère plus dramatique, que sont les ravages, intermittents après tout, de la peste, du choléra et de la fièvre jaune, quand on les compare aux ravages continuels de la tuberculose, de la

1. PROUST, *Conf. de Paris*, 1903, p. 27.
2. BROUARDEL. *Conf. de Paris*, 1903, p. 59.

malaria, de la fièvre typhoïde et des autres maladies infectieuses autochtones ?

L'étude de la création du Bureau international sanitaire, soumise à la Conférence de 1903 dans la séance d'inauguration par M. Barrère et par M. Proust, fut renvoyée pour examen à la Commission des Voies et Moyens, où les propositions des délégués français furent appuyées avec chaleur par M. Santoliquido, premier délégué d'Italie. D'autres nations leur firent un accueil particulièrement sympathique, comme la Russie, ou enthousiaste, comme la Grèce.

M. Beco, délégué de la Belgique, pensait que la Conférence se rallierait « unanimement au principe de solidarité sanitaire dont ce bureau serait l'expression ». Il n'en fut pas ainsi. Trois Puissances, l'Allemagne, l'Angleterre et l'Autriche, firent des réserves à la Commission des Voies et Moyens et les renouvelèrent lors de la signature de la Convention.

A) *L'Allemagne* a soulevé deux objections :

1° Dans les cas où une information immédiate sur la manifestation subite et le développement d'une épidémie est désirable, le Bureau international n'offrirait pas un avantage spécial. On resterait toujours obligé, pour avoir des indications précises, de s'adresser, comme on l'a fait jusqu'à présent, aux Gouvernements intéressés ou à ses représentants locaux, et la tâche assurée par le nouveau Bureau entraînerait forcément dans la plupart des cas une perte de temps[1].

Mais l'objection allemande ne repose sur rien, car ni la France qui proposait la création du Bureau international, ni les Puissances qui l'approuvaient, n'ont songé un seul instant à faire de ce Bureau un organe supérieur dont relèveraient les services sanitaires internes de tous les pays et aux injonctions duquel ils auraient à obéir. Les déclarations de M. Barrère sont aussi catégoriques que possible et méritent d'être rappelées : « Je tiens d'abord à marquer nettement que, dans notre pensée, il ne sau-

---

1. *Conf. de 1903*, p. 500.

rait s'agir de créer un organe ayant un pouvoir exécutif quelconque ou une faculté d'immixtion dans les affaires sanitaires intérieures des différents pays. Il ne pourrait non plus être question de lui attribuer un droit de contrôle[1]. »

2° En ce qui concerne les maladies contagieuses autochtones, l'Allemagne croit que des bureaux spéciaux[2], analogues au Bureau international de la tuberculose présidé à Berlin par M. Brouardel, « seraient peut-être appelés à combattre plus utilement certaines maladies dans certains pays, qu'un seul Bureau de renseignements d'une trop vaste étendue ».

Mais, comme le dit avec raison M. Monod[3], il n'y a aucune assimilation à faire entre ce Bureau (celui de Berlin), œuvre privée, ne s'occupant que d'une seule maladie, et d'une maladie dont nulle part la déclaration n'est obligatoire, qui échappe donc presque entièrement à l'action des autorités sanitaires, — et le Bureau international officiel, intergouvernemental, d'hygiène publique générale que la Conférence a décidé d'établir.

B) *L'Autriche* a déclaré se rallier à la création du Bureau international, à la seule condition que les Puissances soient unanimes à accepter les propositions françaises.

C) *L'Angleterre*, enfin, a fait une objection presque inattendue ; son délégué, M. de Bunzen, a déclaré, en effet, « qu'il n'est pas encore très convaincu de l'utilité d'un Bureau sanitaire international, ce qui n'implique pas, d'ailleurs, que cette utilité ne lui sera pas démontrée par un examen attentif de la question et par la discussion actuellement ouverte[4] ».

Et pourtant, l'Angleterre est probablement le pays qui retirera le plus de profit du Bureau international. Aucune nation, en effet, n'a travaillé à son assainissement avec autant de persévérance, de fermeté et de succès ; l'Office international ne saurait ni le méconnaitre, ni lui refuser le secours de son influence

1. *Conf. de Paris,* 1903, p. 475.
2. *Conf. de Paris,* 1903, p. 501.
3. *Revue philanthropique,* 10 mars 1904, p. 551.
4. *Conf. de Paris,* 1903, p. 501.

morale pour s'opposer à l'application, aux provenances anglaises, de mesures sanitaires exagérées ou non justifiées.

Quoi qu'il en soit, en défalquant du nombre des signataires de la Convention de 1903 les trois Puissances qui ont fait des réserves sur la création de l'Office international de santé, il en reste dix-sept qui, approuvant cette institution, sauront assurer son fonctionnement, conformément au projet de la délégation française adopté[1] par la Commission des Voies et Moyens dans la séance du 3 novembre 1903, et ainsi conçu :

« I. Il est créé un Office international de santé d'après les principes qui ont présidé à la formation et au fonctionnement du Bureau international des Poids et Mesures. Ce bureau a son siège à Paris.

« II. L'Office international aura pour mission de recueillir des renseignements sur la marche des maladies infectieuses. Il recevra à cet effet les informations qui lui seront communiquées par les autorités supérieures d'hygiène des États participants.

« III. L'Office exposera périodiquement les résultats de ses travaux dans des rapports officiels qui seront communiqués aux Gouvernements contractants. Ces rapports devront être rendus publics.

« IV. L'Office sera alimenté par les contributions des Gouvernements contractants.

« V. Le Gouvernement, sur le territoire duquel sera établi l'Office international de santé, sera chargé, dans un délai de trois mois après la signature des actes de la Conférence, de soumettre à l'approbation des États contractants, un Règlement pour l'installation et le fonctionnement de cette institution. »

Dans l'élaboration du « Règlement pour l'installation et le fonctionnement du Bureau international », la France aura à tenir compte et des résolutions adoptées par la Conférence, et des renseignements complémentaires communiqués à la Com-

---

1. *Conf. de Paris*, 1903, p. 504.

mission des Voies et Moyens[1] par M. Lardy, délégué de la Suisse. C'est en nous inspirant des mêmes éléments que nous allons esquisser à grands traits le caractère, le rôle et le fonctionnement du Bureau sanitaire international.

On ne saurait s'étonner que la protection de la santé publique soit restée jusqu'ici en dehors du domaine des organisations internationales permanentes. Ce retard est dû principalement à l'incertitude de nos connaissances sur la nature et les modes de transmission des affections épidémiques. Mais dans ces dernières années, la bactériologie nous a fourni sur ces diverses questions des données précises qui nous ont permis d'élaborer une réglementation rationnelle, scientifique et conséquemment capable de s'imposer aux Gouvernements et à l'opinion publique.

La Conférence de 1903 a décidé que le Bureau sanitaire devait être autonome, strictement international, absolument indépendant du Gouvernement du pays où il fonctionnera; et rendant hommage à la généreuse initiative de la France, elle a choisi, comme siège du futur Office international de santé, la ville « à la fois la plus universelle et la plus centrale[2] », la ville de Paris.

Ce Bureau sera créé d'après les principes qui ont présidé à la formation et au fonctionnement du Bureau international des Poids et Mesures. Celui-ci, choisissant lui-même son directeur, réglant son fonctionnement, est absolument indépendant et international; le rôle du pays où il siège se borne à lui offrir l'hospitalité. Son organisation et ses attributions sont fixées par la Convention du Mètre signée à Paris le 20 mai 1875, et par le règlement y annexé[3].

Nous nous bornerons à indiquer ici dans ses grandes lignes le fonctionnement du Bureau des Poids et Mesures; il est bien évident qu'en raison de la diversité extrême de leur objet, l'Office international de santé et l'organe précité ne sauraient être calqués l'un sur l'autre.

---

[1]. *Conf. de Paris*, pp. 491 et s.
[2]. M. DE WAXEL, *Conf. de Paris 1903*, p. 491.
[3]. Voy. GUSTAVE MOYNIER, *Les Bureaux internationaux des Unions Universelles*. Genève-Paris, 1892.

La Convention sanitaire de 1903, en effet, n'a prévu ni la périodicité des Conférences sanitaires, ni la création d'un Comité international. Or, dans le Bureau des Poids et Mesures, tout repose sur les Conférences[1] dont émane le Comité international et qui doivent se réunir au moins une fois tous les six ans ; elles comprennent des délégués de tous les États contractants ; on y vote par État, et chaque État n'a droit qu'à une voix. Nommé par la Conférence générale, le Comité international comprend quatorze membres, à raison d'un pour chacun des États signataires de la Convention du Mètre de 1875 ; il est renouvelable par moitié ; les sept membres sortants sont tirés au sort et rééligibles. Dans l'intervalle des Conférences, le Comité a le droit de s'adjoindre des membres provisoires ; mais ces derniers font toujours partie de la série sortante.

En raison du silence de la Convention sanitaire sur ces points, il n'y a pas lieu de poursuivre la comparaison.

Une fois constitué, le Bureau sanitaire international aura pour mission de recueillir et de centraliser tous les renseignements relatifs aux maladies épidémiques, toutes les lois, tous les règlements internes des États, contractants ou non, et relatifs à la protection de la santé publique.

En attendant la réalisation de cet idéal que serait l'uniformité de la législation sanitaire de tous les États, il indiquera les lacunes des règlements édictés par les Conventions, s'efforcera de mettre les textes en concordance et d'en harmoniser l'ensemble, surveillera leur exécution et signalera les abus ou les défaillances. Il contrôlera l'équivalence des examens et des titres des médecins sanitaires à bord des paquebots ou dans les ports.

Il est désirable que le Bureau sanitaire international puisse correspondre directement, sans passer par la voie diplomatique, avec les autorités supérieures des services d'hygiène de tous les pays, la rapidité des relations étant une condition essentielle de son bon fonctionnement.

Il publiera périodiquement des rapports d'ensemble et les

. Convention du 20 mai 1875, art. 3 ; Règlement annexé, art. 7.

adressera aux divers Gouvernements. En outre, il est indispensable que les résultats de son activité soient consignés dans un *Bulletin* hebdomadaire qui recevrait la plus grande publicité.

La surveillance de l'exécution des Conventions sanitaires sera la moindre partie de sa tâche; il aura à s'occuper de toutes les maladies évitables dont il importe de combattre les ravages continuels. En faisant connaître l'organisation de la défense sanitaire dans les différents États et les résultats certains obtenus dans divers pays par les mesures d'assainissement, il intéressera l'opinion aux choses de l'hygiène et peut-être pourra-t-il décider les Parlements à voter les crédits indispensables à la protection de la santé publique.

Quant aux ressources financières, la Conférence a simplement admis que le Bureau sanitaire serait « alimenté par les contributions des Gouvernements contractants », sans fixer ni un budget maximum, ni un mode de répartition.

Les tableaux que nous reproduisons plus loin (V. p. 261 et s.) nous donnent la part contributive de chaque État dans les dépenses des Bureaux existants. Leur budget est d'environ 100,000 francs, et le traitement du personnel y figure en moyenne pour 60,000 francs, mais le mode de répartition des frais n'est pas uniforme.

Pour l'Office central des Chemins de Fer, la contribution des États est basée sur le nombre de kilomètres en exploitation.

Dans le Bureau des Poids et Mesures, la répartition est basée sur la population des États, multipliée par 3 à l'égard des États qui ont le système métrique obligatoire, par 2 à l'égard des États qui ont le système métrique facultatif et par 1 à l'égard des autres États. La somme de ces produits donne le nombre d'unités par lequel le montant des frais est divisé.

Dans les Bureaux de la Propriété Littéraire et de la Propriété Industrielle, les États sont répartis en six classes payant respectivement 25, 20, 15, 10, 5 et 3 unités.

Dans les Unions Postale et Télégraphique, les États ont été groupés en sept classes payant respectivement 25, 20, 15, 10, 5, 3, 1 unité. On divise le budget total par le total des unités; le quotient obtenu multiplié par le nombre d'unités de chaque classe donne la quote-part de chaque État.

En ce qui concerne le Bureau sanitaire international, la répartition des États par classes nous paraît plus équitable qu'une répartition proportionnelle à la population.

Le tableau ci-après (p. 264), dressé par M. Lardy, nous donne, d'après cette base, la part contributive de chaque État dans le fonctionnement du Bureau sanitaire doté d'un budget de 100,000 francs.

Cette dotation nous semble beaucoup trop faible. Le Bureau sanitaire comprendra forcément une bibliothèque et des laboratoires auxquels il faudra ouvrir de larges crédits pour en obtenir tous les résultats qu'on est en droit d'en attendre. Quant au personnel supérieur, il faudra lui assurer un traitement suffisant pour l'attacher exclusivement à sa fonction ; on ne saurait perdre de vue que la valeur de ce Bureau sera en raison de la compétence et de l'activité des personnes qui en auront la direction.

Bien que le Bureau international ne puisse s'immiscer à aucun degré dans les affaires sanitaires intérieures des différents pays, bien qu'il soit dépourvu de toute puissance exécutive, nous avons la conviction absolue qu'il est appelé au plus magnifique avenir, et que son action, basée sur sa seule autorité morale, rendra à l'humanité les plus considérables services[1].

---

1. Par une lettre en date du 27 mars 1905, M. Delcassé, Ministre des Affaires Étrangères, a bien voulu nous faire connaître que la création du Bureau international est actuellement soumise à la ratification des Puissances.

Tableau I.   Comptes des Dépenses de quelques bureaux internationaux. (Exercice 1902.)

	PROPRIÉTÉ LITTÉRAIRE	PROPRIÉTÉ INDUSTRIELLE	POSTES	TÉLÉGRAPHES	CHEMINS DE FER	POIDS ET MESURES (2)
Comité international	//	//	//	//	//	7,000f //
Directeur	(1) 9,000f //	(1) 9,000f //	18,000f //	18,000f //	18,000f //	15,000 //
Personnel supérieur	(1) 19,470 //	(1) 19,470 //	31,000 //	39,600 //	37,000 //	28,000 //
Personnel subalterne			13,800 //		15,700 //	5,520 //
Assurances ou pensions	(1) 4,207 50	(1) 4,207 50	9,420 //	8,640 //	10,425 //	1,000 //
Loyer	1,185 //	1,185 //	4,100 //	4,750 //	3,100 //	(3) 6,000 //
Frais de bureaux	772 92	909 11	5,772 30	2,868 17	3,537 74	4,350 //
Publications du bureau international	4,027 25	7,659 60	11,019 39	44,712 42	13,419 95	15,200 //
Bibliothèque, instruments, laboratoires	471 93	562 75	398 40	759 79	723 30	22,000 //
Divers	1,075 80	482 20	3,260 12	2,674 73	622 60	4,930 //
Totaux des Dépenses	40,210f 40	43,475f 72	96,770f 21	122,005f 11	102,528f 59	101,000f //
Recettes	1,411 29	6,355 72	(4) //	45,379 11	7,046 95	1,000 //
Net	38,799f 11	37,120f //	96,770f 21	76,626f //	95,481f 64	100,000f //
Budget maximum admis par les Conventions	60,000f //	60,000f //	125,000f //	100,000f //	100,000f //	100,000f //
Réserves existantes pour pensions, secours, etc.	//	53,334f 85	58,197f //	58,299f 25	21,847f 47	25,000f //

(1) Le personnel est commun aux deux bureaux. — (2) Évaluations pour 1903. — (3) Entretien des bâtiments.
(4) Une somme de 23,434 fr. 79 c. a été, en outre, versée au fonds pour l'érection d'un monument commémoratif de la fondation de l'Union Postale.

Répartition par États des Frais de quelques bureaux internationaux.

	PROPRIÉTÉ LITTÉRAIRE	PROPRIÉTÉ INDUSTRIELLE	POSTES	TÉLÉGRAPHES	CHEMINS DE FER	POIDS ET MESURES
Allemagne	5,000f »	»	4,775f »	3,300f »	24,635f 96	12,745f »
Argentine	»	»	955 »	3,300 »	»	1,056 »
Australasie	»	»	4,775 »	»	»	»
Australie méridionale	»	»	»	1,320 »	»	»
Australie occidentale	»	»	»	396 »	»	»
Autriche	»	»	4,775 »	3,300 »	8,860 28	5,582 »
Belgique	3,000 »	2,175f »	2,865 »	1,980 »	2,148 30	1,508 »
Bosnie-Herzégovine	»	»	955 »	660 »	411 31	»
Brésil	»	2,175 »	2,865 »	3,300 »	»	»
Bulgarie	»	»	955 »	660 »	»	»
Canada	»	»	2,865 »	»	»	»
Cap de Bonne-Espérance	»	»	»	1,320 »	»	»
Ceylan	»	»	»	396 »	»	»
Cochinchine	»	»	»	660 »	»	»
Colonies britanniques (Inde exceptée)	»	»	4,775 »	»	»	»
Colonies portugaises	»	»	1,910 »	660 »	»	»
Corée	»	»	191 »	»	»	»
Crète	»	»	191 »	1/2 198 »	»	»
Danemark	»	1,450 »	1,910 »	1,320 »	916 22	151 »
Dominicaine (République)	»	435 »	573 »	»	»	»
Egypte	»	»	2,865 »	1,320 »	»	4,223 »
Espagne	4,000 »	2,900 »	3,820 »	2,640 »	»	11,530 »
Etats-Unis d'Amérique	»	3,625 »	4,775 »	»	»	8,824 »
France et Algérie	5,000 »	3,625 »	4,775 »	3,300 »	17,864 91	»
Colonies françaises	»	»	2,865 »	»	»	»
Grande-Bretagne	5,000 »	3,625 »	4,775 »	3,300 »	»	6,259 »
Grèce	»	»	955 »	660 »	»	»
Haïti	1,000 »	»	573 »	»	»	»
Hongrie	»	»	4,775 »	3,300 »	7,969 44	4,374 »
Inde Britannique	»	»	4,775 »	3,300 »	»	»
Indes Néerlandaises	»	»	2,865 »	1,980 »	»	»
Italie	5,600 »	3,625 »	4,775 »	3,300 »	6,153 38	7,315 »
Japon	4,000 »	2,900 »	4,775 »	3,300 »	»	7,014 »
Luxembourg	600 »	»	573 »	396 »	175 94	»
Mexique	»	»	955 »	»	»	3,092 »
Monaco	600 »	»	»	»	»	»
Monténégro	»	»	»	396 »	»	»
Natal	»	»	191 »	396 »	»	»
Norvège	2,000 »	1,450 »	1,910 »	1,980 »	»	528 »
Nouvelle-Calédonie	»	»	»	396 »	»	»
Nouvelles-Galles du Sud	»	»	»	1,320 »	»	»
Nouvelle-Zélande	»	»	»	1,320 »	»	»
Pays-Bas	»	1,450 »	2,865 »	1,980 »	1,205 40	1,056 »
Pérou	»	»	955 »	»	»	»
Perse	»	»	573 »	396 »	»	»
Portugal	»	2,175 »	1,910 »	660 »	»	1,207 »
Queensland	»	»	»	1,320 »	»	»
Roumanie	»	»	2,865 »	1,980 »	»	1,357 »
Russie	»	»	4,775 »	3,300 »	23,478 75	19,306 »
Sénégal	»	»	»	660 »	»	»
Serbie	»	725 »	955 »	660 »	»	603 »
Siam	»	»	573 »	660 »	»	»
Suède	»	2,175 »	2,865 »	1,980 »	»	1,207 »
Suisse	3,000 »	2,175 »	1,910 »	1,320 »	1,652 75	754 »
Tasmanie	»	»	»	396 »	»	»
Tunisie	600 »	435 »	955 »	660 »	»	»
Turquie	»	»	4,775 »	3,300 »	»	»
Uruguay	»	»	573 »	1/2 660 »	»	»
Vénézuéla	»	»	573 »	»	»	»
Victoria	»	»	»	1,320 »	»	»
Autres Etats	»	»	11,842 »	»	»	»
Totaux	38,800f »	37,120f »	125,296f »	76,626f »	95,481f 64	99,700f »

Tableau III

Répartition des frais d'un bureau international sanitaire
AVEC DOTATION DE 100,000 FRANCS PAR AN

Classification admise pour l'Union postale.

1re classe. — Allemagne, Autriche, Etats-Unis, France, Grande-Bretagne, Hongrie, Italie, Indes Britanniques, Russie, Turquie.
2e classe. — Espagne.
3e classe. — Belgique, Brésil, Egypte, Pays-Bas, Roumanie, Suède.
4e classe. — Danemark, Portugal, Norvège, Suisse.
5e classe. — République Argentine, Grèce, Serbie.
6e classe. — Luxembourg, Monténégro, Perse.

A. — *Répartition entre tous les Etats représentés à la Conférence sanitaire de Paris.*

10 pays de 1re classe	à 25 unités	....	250 unités·
1 — de 2e —	à 20 —	....	20 —
6 — de 3e —	à 15 —	....	90 —
4 — de 4e —	à 10 —	....	40 —
4 — de 5e —	à 5 —	....	20 —
3 — de 6e —	à 3 —	....	9 —

429 unités.

BUDGET TOTAL MAXIMUM : 100,000 FRANCS

100,000 francs : 429 = 233 francs 10 centimes par unité.

Pour la 1re classe	5,827f 50	soit pour 10 pays	....	58,275f	//
— 2e —	4,662 //	— 1 —	....	4,662	//
— 3e —	3,496 50	— 6 —	....	20,979	//
— 4e —	2,331 //	— 4 —	....	9,324	//
— 5e —	1,165 50	— 4 —	....	4,662	//
— 6e —	699 30	— 3 —	....	2,098	//

100,000f //

B. — *Mêmes calculs, si la Grèce, la Perse et la Turquie sont exceptées.*

9 pays de 1re classe	à 25 unités	....	225 unités.
1 — 2e —	à 20 —	....	20 —
6 — 3e —	à 15 —	....	90 —
4 — 4e —	à 10 —	....	40 —
3 — 5e —	à 5 —	....	15 —
2 — 6e —	à 3 —	....	6 —

396 unités.

100,000 francs : 396 = 252 francs 57 centimes par unité.

Pour la 1re classe	7,122f 25	soit pour 9 pays	....	56,838f 25
— 2e —	5,051 14	— 1 —	....	5,051 15
— 3e —	3,788 55	— 6 —	....	22,761 50
— 4e —	2,525 70	— 4 —	....	10,105 80
— 5e —	1,262 50	— 3 —	....	3,728 05
— 6e —	757 70	— 2 —	....	1,515 25

100,000f //

TITRE V

Fièvre jaune.

La Convention ne prescrit aucune mesure prophylactique spéciale à l'égard de cette affection; par l'article 182 il est simplement

... recommandé aux pays intéressés de modifier leurs règlements sanitaires de manière à les mettre en rapport avec les données actuelles de la science sur le mode de transmission de la fièvre jaune, et surtout sur le rôle des moustiques comme véhicules des germes de la maladie.

On s'est même demandé si la Conférence avait à s'occuper de la prophylaxie de la fièvre jaune; plusieurs Etats, en effet, n'avaient donné à leurs délégués aucune instruction sur ce point; par contre, le Brésil et l'Argentine demandaient expressément que la Conférence règlementât la prophylaxie du typhus amaryl; enfin le Dr Thomson, délégué d'Angleterre, estimait que cette question relevait plutôt d'une Conférence spéciale des Etats intéressés.

Cependant il n'est pas douteux que la prophylaxie de la fièvre jaune rentrait dans le programme de la Conférence de 1903. Aux termes même de son préambule elle avait pour objet... « de « reviser les Conventions sanitaires internationales actuellement « en vigueur ». En outre, par l'article 164 (Conv. de 1903), « le Conseil sanitaire, maritime et quarantenaire d'Egypte est chargé de mettre en concordance avec les dispositions de la présente Convention les règlements actuellement appliqués par lui concernant la peste, le choléra et la *fièvre jaune*... ».

Or, la Convention de Venise de 1892 stipulait déjà que : « En ce qui concerne la modification des règlements contre la peste et la *fièvre jaune*, ainsi que ceux applicables aux animaux, le Conseil sanitaire maritime et quarantenaire d'Egypte réformé est chargé de les *reviser* et de les mettre en harmonie avec les décisions consignées dans les Annexes de la Convention »; et dans l'annexe IV de la même Convention de 1892 nous lisons que « le règlement contre la peste, le règlement contre la *fièvre jaune*, ainsi que le règlement quarantenaire applicable aux animaux, seront remaniés par le Conseil sanitaire, maritime et quarantenaire d'Egypte, renouvelé ».

Donc la Conférence de 1903, qui devait *reviser* et *compléter* l'œuvre des précédentes, devait par cela même s'occuper de la prophylaxie de la fièvre jaune et la mettre en harmonie avec nos connaissances scientifiques actuelles, — malgré les doutes que pouvaient faire naître la demande expresse du Brésil et de l'Argentine d'une part, et d'autre part ce fait que plusieurs Etats n'avaient donné à leurs délégués aucune instruction relativement à la fièvre jaune.

Avant de décrire la prophylaxie rationnelle de la fièvre jaune, il nous faut exposer rapidement les faits scientifiques nouveaux qui en sont la base, et qui sont venus récemment éclairer d'un jour décisif bien des points incompréhensibles jusqu'ici de la pathologie amarylienne [1].

On avait remarqué depuis longtemps, à Rio de Janeiro, que les pluies très abondantes, torrentielles, enrayaient les épidémies de fièvre jaune, tandis qu'au contraire, les pluies légères et prolongées étaient suivies d'une recrudescence du fléau.

---

1. Séjourné, *Fièvre antilienne dite fièvre jaune. Contribution à l'étude clinique de quelques formes et essai thérapeutique d'après l'épidémie de Port-au-Prince (Haïti), octobre 1896 à janvier 1897.* Th. de Paris, 1896-98. — Sanarelli, *La fièvre jaune.* Collection Critzman, 1898. — Housquains, *La fièvre jaune.* Th. de Paris, 1900. — Azeredo Sodre et Miguel Coutho, *Gelbfieber.* Collection Nothnagel, 1901. — Laveran, Sur la nature de l'agent pathogène de la fièvre jaune. *C. R. de la Soc. de Biologie*, 1902. — Marchoux, Salimbeni et Simond, La fièvre jaune (Rapport de la Mission Française). *Annales de l'Institut Pasteur*, novembre 1903.

On avait constaté aussi que les navires étrangers, abordant en pays contaminé, étaient respectés quand ils restaient à l'ancre à une assez grande distance du rivage; dans le port, au contraire, ils étaient toujours infectés, surtout s'ils étaient placés sous le vent; on en a cité qui perdirent en très peu de temps presque tout leur équipage.

En ville, la fièvre se contractait la nuit de préférence; et ceux des habitants qui pouvaient, le soir venu, aller coucher sur les collines environnantes, étaient préservés par cette simple précaution.

On savait également que les chaleurs favorisent l'éclosion et l'extension des épidémies, tandis que le froid les arrête, surtout s'il est un peu prolongé. Enfin, on n'ignorait pas que les villes intérieures, situées à une certaine altitude, jouissaient d'une immunité à peu près complète.

On ne pouvait donner de ces faits une explication satisfaisante, et on en était réduit à constater que l'agent pathogène n'aimait ni le froid, ni le vent, ni les orages, ni les régions élevées; que son habitat de prédilection se trouvait dans les parties basses et humides de la côte et dans les estuaires des fleuves.

Cependant, dès 1881, Finlay, de la Havane, avait incriminé les moustiques dans la propagation de la fièvre jaune. Cette opinion, qui s'était heurtée à l'incrédulité, à l'indifférence à peu près générales, a été confirmée par des recherches récentes qui ont démontré jusqu'à l'évidence que la fièvre jaune est transmise par la piqûre d'un moustique spécial, le *Stegomya fasciata*. Dès lors, tout s'éclaire dans l'histoire du typhus amaryl : toutes les causes qui favorisent le développement et la multiplication des stegomyas, favorisent du même coup la diffusion des épidémies de fièvre jaune; la prophylaxie se réduit donc à supprimer l'agent de transmission et il importe de le bien connaître.

Le stegomya est un petit moustique de 4 à 5 cinq millimètres de longueur, de couleur brun foncé, présentant sur tout le corps des points blancs argentés. Sur la face dorsale, les zébrures blanches du thorax et de la tête dessinent une lyre à deux cordes dont le pied est vers l'extrémité céphalique; ce caractère morphologique permet de différencier immédiatement le stegomya de tous les autres culicides.

Ce moustique est extrêmement sensible aux variations thermiques. Au dessus de + 39°, il ne peut vivre; vers + 16° son activité est faible, et à + 12°, il est engourdi et titubant; aussi ne le trouve-t-on que dans la zone comprise entre les parallèles 40° ou 42°, au nord et au sud de l'équateur.

Dans la monographie que publia Théobald[1], à la suite de l'enquête ordonnée en 1898 par M. Chamberlain, et qui porta sur les moustiques envoyés de tous les pays chauds au Musée Britannique, le célèbre entomologiste a prouvé « l'existence des stegomyas en Portugal et en Espagne dès le commencement du siècle passé, ce qui explique les épidémies de Lisbonne, de Madrid et de Gibraltar ». Il signale également depuis cette époque la présence de cette variété de culicidiens dans le bassin de la Méditerranée et prétend que « partout où la chaleur et l'humidité sont suffisantes pendant quelques mois d'été, le stegomya peut être introduit et acclimaté[2] ».

Laveran[3] a constaté la présence des stegomyas dans des

---

1. Théobald, *Monographie des Culicides.* Londres, 1901. — J. Guiart, Les moustiques. Importance de leur rôle en médecine et en hygiène. *Ann. d'Hyg. publ.*, 1900. — Ribas, *O Mosquito como agente de propagação da febre amarella.* Sâo-Paulô, 1900. — H. Polaillon, *Contribution à l'histoire naturelle et médicale des moustiques.* Th. de Paris, 1901. — R. Blanchard, Les moustiques de Paris; leurs méfaits; mesures de préservation. *Rapport à l'Acad. de Méd.*, 1901. et *Arch. de Parasitologie*, 1901. — Freyssinge et Neveu-Lemaire, Rôle des moustiques dans la propagation de la filariose et de la fièvre jaune. *Bulletin des sciences pharmaceutiques*, 1901. — L. Dyé, Notes et observations sur les Culicidés. *Arch. de Parasitologie*, 1902. — Forest, *Les moustiques et la fièvre jaune.* Th. de Paris, 1902-03. — Sergent, *La lutte contre les moustiques. Une campagne antipaludique en Algérie.* Th. de Paris, 1902-03. — Sergent (Ed. et Et.), *Moustiques et maladies infectieuses.* Collection Leauté. — L. Vincent et Salanoue-Ipin, La fièvre jaune; son étiologie et sa prophylaxie. *Rev. d'hyg. et de police sanitaire*, juin 1903. — Carrol, The etiology of yellow fever. *Journal of the Amer. med. Assoc.*, 28 nov. 1903. — M. Lühe, Zur Frage der Parthenogenese bei Culiciden. *Allgemeine Zeitschrift für Entomologie*, VIII, pp. 372-373, 1903. — Dyé, *Les parasites des Culicides.* Th. de Paris, 1903-1904.

2. M. de Piza, *Conf. de Paris*, 1903, p. 350.

3. *Soc. de Biologie*, 29 novembre 1903. — *Acad. des Sc.*, 6 avril 1903.

échantillons de culicides envoyés de Thanh-Hoa (Annam). Ce fait est d'une importance considérable, et ne saurait manquer d'éveiller l'attention de nos autorités coloniales.

Bien que sa trompe soit munie de stylets, le mâle ne pique pas ; seule la femelle est dangereuse ; elle est plus vorace lorsqu'elle est fécondée. Elle pique à partir de midi, mais surtout la nuit ; sa digestion est très longue, et, en général, trois ou quatre jours se passent avant qu'elle soit reprise du désir de piquer. Elle pond à la surface des eaux stagnantes, surtout la nuit ; ses œufs sont isolés et non groupés. L'éclosion se fait quelques jours après la ponte si les conditions sont favorables, et en quinze ou dix-huit jours les larves arrivent à l'état parfait.

Ces insectes sont très fragiles ; leur vie est courte ; à partir du quarantième jour, leur mortalité est considérable ; cependant, on en a vu qui ont vécu quatre-vingts, quatre-vingt-dix, cent six jours et davantage. M. de Piza a cité le cas d'un moustique qui est allé de Buenos-Ayres à Montréal, au Canada, où il est arrivé vivant et vigoureux au bout de six semaines. Il cite également, d'après le colonel Gorgas, deux cas de stegomyas ayant vécu l'un soixante-cinq et l'autre cent cinquante jours [1] ; ce dernier aurait eu le temps de faire deux fois le tour du monde, en propageant la maladie dans de nombreux pays chauds.

Tels sont, succinctement résumés, les caractères biologiques du seul agent, actuellement connu, de la transmission de la fièvre jaune. Nous allons voir quel parti les Américains ont su tirer des idées nouvelles.

Après la guerre de Cuba, ils commencèrent à la Havane des travaux d'assainissement dont le premier résultat fut de diminuer d'une façon considérable la mortalité générale qui passait de 91,03 pour 1.000 en 1898, dernière année de la guerre,

à 33,67 p. 1.000 en 1899.
à 24,40   —   1900.
à 22,11   —   1901.

1. *Conf. de Paris*, p. 349.

En même temps, la variole était exterminée grâce à une vaccination générale et systématique ; si bien que, depuis juillet 1900, on n'a pas constaté un seul cas de variole à la Havane.

En France, patrie de Pasteur, ils sont, hélas ! beaucoup moins rares.

Contre la fièvre jaune, la campagne fut conduite énergiquement, méthodiquement. Les résultats, absolument merveilleux, ont dépassé les espérances les plus optimistes et méritent d'être exposés avec quelques détails.

La situation était lamentable ; jamais pays ne fut plus dévasté par le typhus amaryl ; il y régnait à l'état endémique, et souvent des poussées épidémiques formidables venaient faucher les existences par milliers, comme en témoigne éloquemment l'anéantissement des armées anglaises, françaises, espagnoles. Laroche nous apprend que, sur 25.000 hommes envoyés à Haïti au printemps de 1800, plus de 22.000 étaient morts de la fièvre jaune avant l'automne, et les pertes anglaises ou espagnoles ne furent pas moins terrifiantes.

Il résulte des statistiques officielles que, depuis 1762, il ne s'est pas passé un seul mois sans qu'on n'enregistrât plusieurs décès par fièvre jaune à la Havane. Dans cette ville de 260.000 habitants, la mortalité due au typhus amaryl dans ces dernières années, a été la suivante :

1890......	308 décès.	1896.....	1,282 décès.
1891......	356 —	1897.....	858 —
1892......	357 —	1898.....	156 —
1893......	496 —	1899.....	103 —
1894......	382 —	1900.....	310 —
1895......	353 —		

et pendant les deux premiers mois de l'année 1901, on compte douze décès.

Telle était la situation sanitaire de Cuba à la veille de la campagne qu'allait entreprendre un comité médical des officiers de l'armée, comprenant le major Walter Reed, le Dr Lazear, le Dr Carroll et le Dr Agramonte.

Par des expériences préalables faites sur des individus de bonne volonté, ces médecins démontrèrent :

que la fièvre jaune peut être transmise par des injections directes de sang ;

qu'un seul moustique stegomya femelle, contaminé quinze ou vingt jours auparavant, mis en contact avec des personnes non immunisées, isolées par des moustiquaires métalliques, peut en infecter un grand nombre : *quatorze* dans un cas ;

que des personnes non immunisées, mais protégées contre les moustiques, ont pu, sans contracter la maladie, porter des vêtements enlevés à des individus morts de la fièvre jaune ; — habiter pendant plusieurs semaines des baraques où on avait entassé des hardes infectées ; — coucher dans des draps souillés par les vomissements et les déjections des malades. — Ces mêmes personnes, piquées ensuite par le stegomya, furent rapidement atteintes de vomito negro.

Au printemps de 1901 commença la guerre aux moustiques, guerre acharnée, entreprise avec méthode et poursuivie sans défaillance dans toutes les directions. Dans une note qui valut à son auteur les félicitations enthousiastes de la Conférence, le Colonel Gorgas résumait en ces termes les mesures prises :

« Des stations centrales ont été établies où des voitures, avec des appareils à fumigation et des charpentiers, étaient prêtes à partir instantanément. Dès qu'un cas était signalé, la voiture se rendait immédiatement dans la localité ; on protégeait l'habitation par des moustiquaires métalliques soigneusement établies, on fumigeait toutes les chambres, sauf celle occupée par le malade, et toutes les maisons voisines. Généralement ce travail était acccompli en l'espace de deux heures. Nous ne nous occupions pas des hardes infectées, des vêtements, de la literie, ni des marchandises qui pouvaient entrer et sortir librement ; nous tenions seulement en observation pendant six jours les personnes non immunisées qui venaient d'une région infectée[1]. »

Le résultat de ces mesures fut la décroissance rapide, puis la

1. *Conf. de Paris,* 1903, p. 258.

disparition complète de la fièvre jaune dont le dernier cas fut constaté le 28 septembre 1901. *En quelques mois, les Américains avaient assaini un pays ravagé par le typhus amaryl depuis cent quarante ans.* La voilà bien, la faillite de la science!

Saluons respectueusement ces hommes courageux dont l'abnégation et le dévouement ont su triompher d'un aussi redoutable fléau. Au cours de cette périlleuse entreprise, le Dr Carroll et le Dr Lazear furent piqués par des moustiques infectés; le Dr Carroll, bien que gravement atteint, eut la bonne fortune de se rétablir; quant au Dr Lazear, il succomba aux suites de sa piqûre[1]. »

La victoire américaine est d'autant plus brillante qu'elle est durable et, on peut l'espérer, définitive.

Deux ans plus tard (1903), au moment où le colonel Gorgas exposait à la Conférence les magnifiques résultats de la campagne sanitaire à Cuba, aucun nouveau cas de fièvre jaune n'avait été constaté à la Havane. Enfin, tout récemment, la Légation de Cuba à Paris communiquait à la Presse (18 février 1905) un Rapport du Conseil général des États-Unis à la Havane duquel il résulte que l'état sanitaire de l'île est excellent. *Il n'y a pas eu un seul cas de fièvre jaune depuis trois ans*, et le paludisme, grâce aux travaux sanitaires accomplis, ne contribue que pour une faible proportion à la mortalité qui a été, l'année dernière, de 16,37 pour 1.000 habitants!

1. Reed, Carrol and Agramonte, The propagation of yellow fever, observations based on recent researches. *Med. Record*, août 1901. — *Id.* Recent researches concerning the etiology, propagation and prevention of yellow fever, by the United-States Army Commission, *Journ. of Hyg.*, april 1902. — The prevention of yellow fever. *Medical Record*, octobre 1901. — W. C. Gorgas, The work of the sanatory department of Havana with special reference to the repression of yellow fever. *Medical Record*, septembre 1901. — A. H. Doty, On the mode of transmission of the infectious agent in yellow fever and its bearing upon quarantine regulations. *Med. Record*, octobre 1901. — J. M. Éager. Yellow fever in France, Italy, Great-Britain and Austria, and bibliography of yellow fever in Europa. *Yellow fever institute. Bull.* n° 8 Washington, 1902. — Ch. J. Finlay, Nombreux mémoires sur la fièvre jaune et sa transmission par les moustiques. *Med. Record*, 1899-1901; *American Journal of medical science*, 1886-1891; *Journal of the American medical Association*, 1901, 1902.

Dans l'Amérique du Sud, les résultats de la lutte contre les moustiques n'ont pas été moins encourageants.

M. de Piza, délégué du Brésil, a cité la ville de Santos, le port le plus important de l'État de Saint-Paul ; les conditions tellu- riques et climatériques en faisaient le paradis des moustiques, et la fièvre jaune y causait de terribles ravages. Les grands tra- vaux de construction du port et les mesures d'asséchement des jardins et des cours furent suivis de la suppression à peu près complète de la fièvre jaune. Ainsi :

En 1900, année où l'on effectuait encore les principaux travaux du port, il y eut 400 cas.

En 1901, il y eut à peine 4 cas, 2 en février et 2 en mars, c'est- à-dire pendant les mois les plus chauds et les plus humides.

En 1902, il n'y eut aucun cas originaire de la ville ; seuls 2 cas furent importés et ne donnèrent lieu à aucune propagation. Un de ces cas fut celui d'un Portugais qui, avant d'être isolé, resta quatre jours dans un hôtel au centre de la ville sans contaminer un seul habitant.

En 1903, aucun cas n'a été signalé. Cependant, au mois de mars, un Espagnol, arrivant de Rio, venait s'aliter, atteint de la fièvre, dans un quartier suburbain. Or, ce quartier misérable et construit sur un sol spécialement marécageux était particuliè- rement infecté de moustiques. Sept personnes furent conta- minées. Mais les mesures sanitaires prises contre les moustiques pour isoler ces quelques cas permirent à la ville de demeurer indemne[1].

Or, pendant ces trois années, les moustiques ont sinon dis- paru, du moins diminué d'une façon remarquable.

De même, à Campinas, la fièvre jaune disparut sans retour, en même temps que les moustiques, après le construction des égouts et la suppression de six mille puits qui furent comblés.

L'exemple de Sorocaba est également très éloquent ; cette ville n'avait jamais eu un seul cas de fièvre jaune jusqu'en 1899.

1. *Conf. de Paris*, 1903, p. 345.

En octobre et novembre, la chaleur y fut exceptionnelle ; des pluies abondantes ayant fait déborder le fleuve, les terrains avoisinants furent inondés et des nuées de moustiques s'abattirent en décembre sur la ville. A cette époque un Allemand, venant de Rio, apporta la fièvre jaune, contamina sa famille, ses voisins, toute la ville enfin, si bien que sur 12.000 habitants plus de 2.300 furent hospitalisés.

On désinfecta énergiquement tout ce que l'on croyait contaminé : vêtements, chaussures, meubles, habitations. Tout fut inutile. Bien plus, parmi les employés à la désinfection, 109 cas de fièvre furent constatés !

C'est en décembre 1900 que l'on eut connaissance des résultats obtenus à la Havane. Immédiatement on se mit en campagne contre les moustiques et leurs larves — et depuis, *il n'y eut plus un seul cas de fièvre.*

A Ribeirao Preto, à Sertao Zinho, à Araras et dans beaucoup d'autres localités, les mesures prises contre les moustiques ont toujours amené la disparition de la fièvre jaune.

Les expériences que nous venons de citer ne laissent aucun doute sur la transmission du typhus amaryl par le stégomya. Le savant directeur de l'Institut Pasteur de Paris a exposé à la Commission Technique l'état actuel de nos connaissances scientifiques, et c'est à son remarquable rapport que nous empruntons les propositions suivantes [1] :

« 1° Le virus amaryl existe dans le sang à une certaine période de la maladie ;

« 2° Ce virus est transporté et inoculé par un moustique particulier, le stégomya fasciata ; ce moustique est dangereux seulement *à partir du douzième jour après sa contamination,* et pendant une période de quatre semaines au moins ;

« 3° Les vêtements, linges et objets souillés par les vomissements et les déjections des malades n'ont jamais pu, dans les nombreuses expériences américaines, transmettre la maladie ;

---

1. Dr Roux, *Conf. de Paris,* 1903, p. 235.

« 4° On ne connaît jusqu'ici aucun fait de transmission de la fièvre jaune par un autre insecte ou par une autre espèce de moustique. »

Conclusion : pas de stégomya, pas de fièvre jaune ; voilà pourquoi les cas importés s'éteignent sur place, sans épidémie, dans les régions où le stégomya ne peut vivre.

RÉGLEMENTATION DE LA PROPHYLAXIE.

Dans la séance de la Commission Technique du 13 novembre [1], le délégué de la République Argentine proposait, dans le cas d'un navire infecté par la fièvre jaune, les mesures suivantes :

a) Visite médicale des passagers et de l'équipage ;

b) Débarquement des malades confirmés ou suspects, entourés de moustiquaires ;

c) désinfection des effets souillés par le malade, afin d'empêcher l'infection possible des stégomyas ;

d) Destruction des moustiques par des procédés reconnus suffisants par les autorités sanitaires du port ;

e) Dans le cas où le délai généralement admis comme durée maxima de l'incubation de la fièvre jaune ne serait pas encore accompli, les passagers et l'équipage pourront être soumis à la surveillance sanitaire. Ce délai doit commencer à compter du moment de l'isolement du malade et de la destruction des moustiques à bord, et ne dépassera jamais douze jours.

Il serait à désirer que, dans tout navire quittant un port infecté de fièvre jaune, on fît la destruction des moustiques dans les locaux habités pendant que le navire s'éloigne des côtes.

Mais la Conférence, sans prescrire aucune mesure spéciale, s'est bornée à la recommandation générale de l'article 182 que nous avons cité plus haut. Chaque pays conserve donc entière sa liberté de réglementer sa protection contre la fièvre jaune.

1. *Conf. de Paris*, p. 341.

Le Brésil s'est entendu avec les pays riverains du Rio de la Plata pour baser sur le principe suivant la prophylaxie contre la fièvre jaune : « Il n'y a pas à proprement parler de foyer d'endémicité de la fièvre jaune ; tout malade atteint de typhus amaryl dans un pays où existent des stégomyas, et non protégé contre eux, constitue un foyer d'infection [1]. »

La prophylaxie rationnelle de cette affection doit viser :

les malades ;
les moustiques.

Les malades. — Dans les pays où le stégomya existe ou peut exister, il faudra isoler les malades et les protéger par des moustiquaires, afin d'empêcher les moustiques de s'infecter.

Les moustiques. — Dans la chambre du malade, il faudra faire des fumigations à la poudre de pyrèthre, puis recueillir les moustiques et les brûler. Les autres pièces de l'appartement et les maisons voisines seront sulfurées.

Il faudra supprimer toutes les flaques d'eau où peuvent éclore les larves des moustiques : les mares, les récipients quelconques abandonnés en plein air et pouvant recevoir la pluie, les tessons de bouteille fichés sur les murs de clôture, les vases de jardins ; — inspecter les gouttières, les conduites d'eau, les égouts, et pétroler fréquemment (tous les dix jours) les pièces d'eau qu'on ne peut assécher. On sait que les liquides gras, étendus en petite quantité à la surface des eaux stagnantes, font périr les larves par asphyxie en obturant leurs voies respiratoires [2].

1. Dr Dupuy, Épidémiologie de la fièvre jaune à Rio de Janeiro. *Rev. d'hygiène,* janvier 1905.

2. Gatrot, *Prophylaxie du paludisme et de la fièvre jaune à bord des navires en station ou en relâche aux Colonies.* Th. de Bordeaux, 1903-1904. — Lacerda (J. B. de), *Prophylaxia internacional da febre amarella.* Rio de Janeiro, 1904. — B. Galli-Valerio und J. Rochaz de Jough, Ueber Vernichtung der Larven und Nymphen der Culiciden und über einen Apparat zur Petrolierung der Sümpfe. *Therapeutische Monatshefte,* septembre 1904. — L. Vincent, L'hôpital de « las Animas » à la Havane. *Arch. de parasitologie,* 1904. — Vincent, Prophylaxie de la fièvre jaune. *Arch. de parasitologie,* janvier 1905. — Gorgas, Sanitary conditions as encoutered in Cuba and Panama, and what is being done to render the Canal Zone healthy. *Med. Record,* 4 febr. 1905.

A Rio, les mesures que nous venons d'indiquer sont appliquées en grand; deux mille employés sont chargés des fumigations et de la suppression des eaux stagnantes. En outre, dans les bassins des jardins, on entretient un poisson spécial, le *Barrigueto*, dont la voracité est extrême et qui fait une consommation extraordinaire de larves de moustiques. Rio possède deux réseaux d'égouts dont l'un est uniquement affecté à l'évacuation des eaux en cas de pluies torentielles. Les moustiques et les rats qui y sont très nombreux sont tués par le gaz Clayton[1].

Mais l'application des mesures prophylactiques soulève parfois des difficultés considérables, comme dans le cas suivant : Un habitant de Rio, dont le domicile tombait sous le coup du règlement sanitaire par suite de la constatation d'un cas de fièvre jaune, s'opposa absolument à ce que le personnel de désinfection publique pénétrât dans son appartement, et, pour faire décider l'inviolabilité de son domicile, il s'adressa aux tribunaux. L'affaire est venue dernièrement devant le tribunal suprême fédéral, qui a reconnu au demandeur le droit d'empêcher les agents du service d'hygiène de pénétrer dans son appartement.

Cette décision, qui, appliquée sur une large échelle, annulerait tous les efforts de prophylaxie épidémique tentés depuis deux ans dans la capitale, a donné lieu à une protestation adressée par le Directeur général de la Santé publique au Ministre de la Justice, dans le but de démontrer qu'en présence de la décision du tribunal suprême il lui sera impossible désormais d'appliquer les mesures nécessaires pour sauvegarder le pays d'une épidémie, toujours menaçante, de fièvre jaune[2].

Les pays européens sont peu menacés par la fièvre jaune, parce que, à l'exception de ceux qui sont au-dessous du $42°$ parallèle (Espagne, Italie, etc.), ils n'offrent pas au développement des stegomyas des conditions thermiques ou climatériques favorables.

1. Otto et Neumann (Mission de l'Institut de Hambourg), *Arch. für Schiff- und Tropen Hygiène*, 1904, p. 529.
2. *Semaine Médicale*, 8 mars 1905.

En outre, les importations du typhus amaryl en Europe sont plus difficiles et plus rares depuis la navigation à vapeur et la substitution du fer au bois dans la construction des vaisseaux. La vapeur, en augmentant la vitesse, a diminué la durée de la traversée, et les navires arrivent plus vite dans les régions froides impropres à la prospérité du stégomya.

Dans les navires en fer on ne trouve plus cette mare nauséabonde que portaient à fond de cale tous les navires en bois, et que Foussagrive appelait si justement, en 1856, un *marais nautique*, où les larves pouvaient se multiplier et se développer tout à leur aise.

Les mesures que l'on peut logiquement imposer aux navires fréquentant les pays à fièvre jaune sont applicables au départ, en cours de route ou à l'arrivée, — et varient suivant l'état sanitaire du bord.

Dans les pays contaminés, les navires devront s'amarrer au large; l'équipage devra toujours rentrer coucher à bord et sous la protection de moustiquaires.

Au moment du départ, il faudrait détruire les moustiques pouvant se trouver à bord, comme le proposait le délégué de l'Argentine à la Conférence, ou tout au moins établir de violents courants d'air pendant que le navire s'éloigne des côtes.

En tout temps, les provisions d'eau à bord devront être protégées d'une façon absolue contre les moustiques.

Si un cas de fièvre jaune se déclare pendant la traversée, il faudra prendre à l'égard du malade et des moustiques les mesures indiquées plus haut.

Enfin, le régime applicable à l'arrivée en France d'un bâtiment provenant d'un pays contaminé, peut être réduit à sa plus simple expression, si aucun incident sanitaire n'est survenu à bord : libre pratique immédiate, sans autre formalité.

Ce régime est proposé par Chantemesse et Borel[1] même s'il y a eu à bord un ou plusieurs cas contractés en pays contaminé, mais n'ayant pas créé de foyer.

Enfin, dans le cas où il y aurait eu à bord un véritable foyer

épidémique, les mêmes auteurs proposent d'évacuer le navire
et de procéder de suite — au large si c'est possible — à des
fumigations sulfureuses dans tous les locaux habités ; si tout
ou partie de la cargaison est de nature à abriter des moustiques
(bananes, fruits, sucre, bois humide), les cales seront également
fumigées ; les personnes atteintes de fièvre jaune au moment de
l'arrivée seront transportées à l'hôpital ; dans les ports où il
n'existe pas de lazaret, elles pourront être placées sans inconvénient à l'hôpital de la ville : la fièvre jaune, en effet, ne saurait
être considérée en France comme une maladie contagieuse[1].

Des mesures plus rigoureuses devraient être prises dans nos
colonies, où vit le stégomya — et sur quelques points de notre
littoral méditerranéen qui peuvent offrir à son développement
des conditions favorables.

Les mesures prises actuellement contre la fièvre jaune sont
d'une efficacité certaine, les faits cités plus haut le démontrent ;
d'autre part, elles sont aussi peu onéreuses pour le commerce
et aussi peu vexatoires que possible pour les personnes. On ne
reverra donc plus jamais les procédés empiriques, barbares et
inutiles de l'ancien système, comme le sabordement de l'*Anne-
Marie*, en 1681, ou les cordons sanitaires qui, à Barcelone,
en 1821, rejetaient en plein foyer épidémique des malheureux
que la fuite dans les montagnes voisines eût suffi, peut-être, à
protéger contre les atteintes du fléau.

1. CHANTEMESSE et BOREL, *Communication à l'Académie de Médecine*,
21 février 1905.

TITRE VI.

Adhésions et ratifications.

Ce Titre comprend les deux articles ci-après :

Art. 183. — Les Gouvernements qui n'ont pas signé la présente Convention sont admis à y adhérer sur leur demande. Cette adhésion sera notifiée par la voie diplomatique au Gouvernement de la République française et, par celui-ci, aux autres Gouvernements signataires.

Art. 184. — La présente Convention sera ratifiée, et les ratifications en seront déposées à Paris aussitôt que faire se pourra.

Elle sera mise à exécution dès que la publication en aura été faite conformément à la législation des États signataires. Elle remplacera, dans les rapports respectifs des Puissances qui l'auront ratifiée ou y auront accédé, les Conventions sanitaires internationales signées les 30 janvier 1892, 15 avril 1893, 3 avril 1894 et 19 mars 1897.

Les arrangements antérieurs énumérés ci-dessus demeureront en vigueur à l'égard des Puissances qui, les ayant signés ou y ayant adhéré, ne ratifieraient pas le présent acte ou n'y accéderaient pas.

La Convention de 1903 a été signée par vingt Puissances : Allemagne, Autriche, Belgique, Brésil, Espagne, États-Unis, France, Grande-Bretagne, Grèce, Italie, Luxembourg, Monténégro, Pays-Bas, Pérou, Portugal, Roumanie, Russie, Serbie, Suisse et Égypte. Les quatre États suivants, représentés à la Conférence, n'ont pas signé la Convention : la République Argentine, le Danemark, la Suède et la Norvège, et la Turquie.

M. Paul Roux, chef du Bureau de l'Hygiène au Ministère de l'Intérieur, a bien voulu nous faire savoir[1] que jusqu'ici les dis-

1. Lettre du 5 avril 1905.

positions de la Convention de 1903 n'ont pu recevoir leur application qu'à titre isolé ou anticipé, ce document international n'ayant pas encore fait l'objet des ratifications prévues. Les négociations à cet effet sont actuellement en cours.

Nous rappellerons que la Convention sanitaire deviendra exécutoire sur le territoire de la principauté de Monaco, conformément à l'article 3 de la Convention internationale signée à Paris entre les Représentants de la France et de la Principauté, et ainsi conçu :

Les règlements et tarifs français relatifs à la police sanitaire seront appliqués dans la Principauté au nom et par l'autorité du Prince.

Enfin, tandis que la Convention de 1897 avait été conclue pour une durée de cinq ans, à compter de l'échange des ratifications, et renouvelable de cinq en cinq années par tacite reconduction, à moins d'une dénonciation expresse notifiée six mois avant l'expiration de la période de cinq années, les Puissances n'ont assigné aucun terme à la Convention du 3 décembre 1903.

TROISIÈME PARTIE

Etude de la Réglementation française.

Les Puissances sont liées, dans leurs rapports mutuels, par les Conventions qu'elles ont signées et qui constituent le droit public sanitaire international. Chacune d'elles possède, en outre, une législation sanitaire complémentaire applicable dans les limites de sa souveraineté. Nous nous proposons d'étudier ici l'organisation française de la défense contre les affections pestilentielles visées par les Conventions, c'est-à-dire le choléra, la peste et la fièvre jaune.

Cette organisation est régie par les dispositions :

1° De la loi du 3 mars 1822 sur la police sanitaire;

2° Du décret du 4 janvier 1896 réglementant la police sanitaire maritime;

3° De la loi du 15 février 1902 sur la protection de la santé publique.

Nous donnons[1] plus loin le texte complet de ces documents, auxquels nous avons joint quelques décrets, arrêtés, circulaires ou instructions fixant les détails d'application des mesures prescrites.

La réglementation française de la défense sanitaire devant

---

1. Voy. *Annexes.*

être mise en concordance avec les dispositions de la Convention de 1903, l'analyse détaillée que nous avons faite de ce document international nous permettra d'être bref et de nous limiter exclusivement ici à l'exposé du *régime sanitaire spécial à notre Pays*.

I.

LOI DU 3 MARS 1822 SUR LA POLICE SANITAIRE.

Promulguée, ainsi que nous l'avons dit dans un chapitre précédent[1], à la suite de l'épidémie de fièvre jaune de Barcelone (1821) et vieille bientôt d'un siècle, cette loi a pu survivre aux transformations imposées aux pratiques sanitaires par les conquêtes de la science moderne, grâce à la prudente élasticité d'un texte qui, sans édicter de mesures précises, autorise le Gouvernement à prendre les *dispositions nécessitées par les circonstances*, ainsi qu'il résulte de l'article Ier ci-après :

Art. 1er. — Le roi détermine par des ordonnances : 1° les pays dont les provenances doivent être habituellement ou temporairement soumises au régime sanitaire ; 2° les mesures à observer sur les côtes, dans les ports et rades, dans les lazarets et autres lieux réservés ; 3° les mesures extraordinaires que l'invasion ou la crainte d'une maladie pestilentielle rendrait nécessaires sur les frontières de terre ou dans l'intérieur.

Il règle les attributions, la composition et le ressort des autorités et administrations chargées de l'exécution de ces mesures, et leur délègue le pouvoir d'appliquer provisoirement, dans les cas d'urgence, le régime sanitaire aux portions du territoire qui seraient inopinément menacées.

Sept ordonnances ou décrets ont été rendus pour l'exécution de cette loi depuis le 7 août 1822 jusqu'au 4 janvier 1896, date à laquelle fut publié notre Règlement de police sanitaire actuel. Et si, à diverses reprises, des épidémies de choléra ont envahi la France malgré la loi de 1822, la faute en retombe uniquement

1. V. p. 35.

sur le système empirique des quarantaines que devaient ruiner les immortelles découvertes de Pasteur. Nous ne reviendrons pas sur ce que nous avons déjà dit touchant la valeur toute relative de ce procédé si désastreux pour le commerce, si vexatoire pour les personnes et si insuffisant pour protéger la santé publique. L'obligation, imposée à des personnes saines, de rester plus ou moins longtemps en contact avec des malades atteints de peste ou de choléra, était un procédé barbare qui, en les exposant à la contagion, risquait de provoquer l'éclosion d'épidémies redoutables, et l'histoire des lazarets témoigne de la trop fréquente réalisation de cette triste éventualité.

. La loi de 1822 soumettait les navires, à leur arrivée dans les ports français, aux visites et interrogatoires d'usage; elle distinguait trois catégories de patentes : brute, suspecte, nette, et les quarantaines imposées étaient plus ou moins longues, selon le régime, la durée du voyage et la gravité du péril. Elle prévoyait même, pour certains cas exceptionnels, des mesures beaucoup plus rigoureuses, comme la destruction par le feu des objets matériels, l'abattage et l'enfouissement des animaux. Enfin, elle autorisait à repousser par la force, après sommation, tout navire qui refuserait de se conformer aux règlements sanitaires.

Les pénalités qui sanctionnaient les infractions à la loi de 1822 comprenaient : l'amende, la dégradation, la prison, la réclusion, les travaux forcés et la peine de mort. Avec le temps la rigueur de ce régime devait le rendre inapplicable; plusieurs fois la magistrature refusa de sévir contre les auteurs de délits évidents [1], et vers le milieu du siècle dernier la loi était tombée en désuétude. Si bien que lorsque le choléra vint ravager Toulon et Marseille (1884), le Gouvernement n'osa faire appel à cette loi dans la crainte que sa violation ne demeurât impunie.

L'année suivante (1885), pour protéger la France contre les provenances d'Espagne, où régnait le choléra, deux décrets du 15 juin et du 2 juillet interdirent l'importation : le premier, des objets de literie; le deuxième, des fruits et légumes poussant

1. H. MAYER, *Législation sur la police sanitaire.* Paris, 1885.

dans le sol et au ras du sol. Un troisième décret du 7 juillet obligeait toutes les personnes logeant des voyageurs venant d'Espagne à les déclarer à la mairie, et à déclarer également « tout cas suspect survenu dans leur maison ».

En 1886, un décret du 29 janvier, provoqué par l'initiative de M. Monod, alors préfet du Finistère, déléguait le Dr Charrin avec des pouvoirs suffisants pour prendre contre le choléra en Bretagne toutes les mesures que comportait la situation.

En 1890, le choléra sévissant en Espagne, trois décrets [1] du 18 juin, du 28 juin et du 2 juillet prescrivirent des mesures pour la défense du territoire français, et, au cours de cette campagne sanitaire, les tribunaux infligèrent à de nombreux délinquants les pénalités de la loi de 1822 [2].

La police sanitaire maritime était régie depuis 1876 par un Règlement publié à cette date, et dont les dispositions ne concordaient plus avec les décisions des Conférences internationales postérieures, de Dresde et de Paris. Des modifications s'imposaient, et, quelques années plus tard, était rendu le décret du 4 janvier 1896 portant *Règlement de la police sanitaire maritime.*

Nous allons exposer l'économie de cette réglementation toujours en vigueur.

1. V. *Annexes.*
2. PROUST, NETTER et THOINOT, Le choléra dans le département de la Seine en 1892. *Recueil des travaux du Comité consultatif d'Hygiène,* 1894. — H. MONOD, *Le choléra, histoire d'une épidémie.* Paris, 1892. — H. MONOD, Les mesures administratives prises en France contre le choléra en 1892. *Rev. d'hyg.,* 1893. — VILLARD, *De quelques mesures prophylactiques prises pendant l'épidémie de choléra de 1892.* Th. de Paris, 1892-93. — PROUST, NETTER et THOINOT, Le choléra en Seine-et-Oise. *Rev. d'hyg.,* 1893. BAYLAC, *Considérations sur l'épidémie de choléra qui a régné en 1893 dans le département de l'Ariège.* Th. de Toulouse, 1893-94. — LASSALLE, *Relation de l'épidémie cholérique de l'année 1893 à Cette.* Th. Montpellier, 1893-94. — CASSOUTE, *Du rôle de l'eau dans la transmission du choléra. Épidémies de Marseille et de Barrême, 1892-93.* Th. Paris, 1893-94. — MAREY, Rapport de l'épidémie de choléra en France pendant l'année 1884. *Bulletin de l'Acad. de méd.,* 1885.

II.

RÈGLEMENT SANITAIRE MARITIME DU 4 JANVIER 1896.

Ce Règlement, discuté et adopté à l'unanimité par le Comité consultatif d'Hygiène publique de France dans sa séance du 8 juillet 1895, ne comprend pas moins de cent trente-cinq articles répartis en quinze titres. Il constitue un progrès très sensible sur le Règlement précédent (1876); à la désinfection facultative et à la quarantaine obligatoire (pour les navires provenant de pays contaminés ou suspects), il substitue la désinfection obligatoire et l'isolement facultatif; aux mesures prescrites à l'arrivée, il cherche à substituer autant que possible des mesures prises au point de départ et en cours de traversée; enfin, par l'institution des *médecins sanitaires maritimes*, il réorganise le service médical à bord et donne à la santé publique des garanties nouvelles [1].

Mais, à l'époque où ce Règlement fut élaboré, on ignorait le rôle des rats dans la peste; depuis, des mesures spéciales ont dû être prises contre les rongeurs [2]. Enfin, la ratification de la récente Convention entraînera des changements dans la défini-

---

1. V. THIERRY, *La police sanitaire maritime d'après le Règlement du 4 janvier 1896.*

2. V. *Annexes.* — *Recueil des travaux du Comité consultatif d'hygiène publique*, t. XXX, p. 595; t. XXXI, pp. 327 et 330; t. XXXII, pp. 247, 312, 470, 571; on trouvera dans ce *Recueil* les documents officiels sur les épidémies et les mesures prises contre elles. — Le professeur Ferré a employé avec succès pour la destruction des rats, à Bordeaux, la mixture suivante :

> Poudre de scille......................... 15 gr.
> Axonge................................... 60 —
> Farine................................... 25 —

distribuée par boulettes de 75 centigrammes environ. Cette mixture, qui semble inoffensive pour les chiens et dont les chats ne veulent point, fait périr les rats par néphrite toxique aiguë avec accidents urémiques.

tion des navires infectés ou indemnes, ainsi que dans le régime sanitaire à leur appliquer.

Nous suivrons le plan même de ce Règlement dans l'exposé que nous allons faire de ses principales dispositions.

I. — Objet de la police sanitaire maritime.

La peste, la fièvre jaune et le choléra sont les seules maladies exotiques qui, en France, soient l'objet de mesures permanentes. Toutefois, notre Règlement prévoit que d'autres affections contagieuses, notamment le typhus et la variole, peuvent être exceptionnellement l'objet de précautions spéciales.

II. — Patente de santé (art. 3 à 14).

Définition, objet, contenu. — La patente de santé, dont nous reproduisons plus loin le modèle (v. p. 290), constitue le passeport du navire; on y mentionne l'état sanitaire du pays de provenance et particulièrement l'existence des maladies pestilentielles : choléra, peste, fièvre jaune. Elle indique le nom du navire et du capitaine, la nature de la cargaison, l'effectif de l'équipage, le nombre des passagers et l'état sanitaire du bord au moment du départ. Elle est datée, et n'est valable que si elle a été délivrée depuis moins de quarante-huit heures avant le départ. — Un navire ne doit avoir qu'une patente.

Deux catégories de patente. — La patente est *brute* ou *nette*, selon qu'on a constaté ou non des cas de maladie pestilentielle dans les points touchés par le navire.

Délivrance de la patente. — En France et en Algérie, elle est délivrée gratuitement par l'autorité sanitaire à tout capitaine qui en fait la demande. — *A l'étranger*, elle est délivrée aux navires français à destination de France et d'Algérie, par le consul français, ou, à défaut de consul, par l'autorité locale. Aux navires étrangers à destination de France ou d'Algérie, elle peut être délivrée par l'autorité locale, mais alors elle sera visée et annotée, s'il y a lieu, par le consul français.

Visa pendant la traversée. — En aucun cas, le capitaine ne doit se dessaisir de sa patente. Dans les ports d'escale, elle est visée par le consul français, ou, à son défaut, par l'autorité locale, qui y relate l'état sanitaire du port et de ses environs.

Patente obligatoire. — La patente est en tout temps obligatoire pour les navires provenant :

1° Des pays situés hors de l'Europe, Algérie et Tunisie exceptées ;

2° Du littoral de la Mer Noire et des côtes de la Turquie d'Europe sur l'Archipel et la Mer de Marmara ;

3° Des autres circonscriptions quand elles sont contaminées, et dans certains cas des circonscriptions voisines.

Dispense de patente. — Les navires du cabotage français et algérien, et ceux qui relient directement la France et la Tunisie, sont dispensés de la patente. En outre, *peuvent* être dispensés du visa à chaque escale les navires qui font un service régulier dans les Mers d'Europe.

Sanctions. — L'absence de patente ou son irrégularité sont passibles des peines édictées par l'article 14 de la loi du 3 mars 1822 [1], sans préjudice de l'isolement, des autres mesures sanitaires et des poursuites en cas de fraude (art. 14).

---

1. Emprisonnement de trois à quinze jours et amende de 5 à 50 francs.

MODÈLE DE PATENTE DE SANTÉ (Article 6 du Règlement).

N°
____

PATENTE DE SANTÉ

Nom du bâtiment

Nature du bâtiment

Pavillon

Tonneaux

Canons

Appartenant au port de

Destination

Nom du capitaine

Nom du médecin

Equipage (tout compris)

Passagers

Cargaison

Etat hygiénique du navire

Etat hygiénique de l'équipage (couchage, vêtements, etc.)

Etat hygiénique des passagers

Vivres et approvisionnements divers

Eau

Malades à bord

Etat sanitaire... { du port / des environs

Il a été constaté dans le port (ou ses environs), pendant la dernière semaine écoulée :

cas de choléra.

cas de fièvre jaune.

cas de peste.

Délivré le ____ du mois de ____ 190 ,

à ____ heure du ____

ADMINISTRATION ☸ SANITAIRE ☸ DE ☸ FRANCE

N°   RÉPUBLIQUE FRANÇAISE   Port

ADMINISTRATION SANITAIRE.

PATENTE DE SANTÉ

Nous ____ de la santé à ____ certifions que le bâtiment ci-après désigné part de ce port dans les conditions suivantes, dûment constatées :

Nom du bâtiment

Nature du bâtiment

Pavillon

Tonneaux   Malades à bord

Canons

Appartenant au port de

Destination   Etat hygiénique du navire

Nom du capitaine   Etat hygiénique de l'équipage (couchage, vêtements, etc.)

Nom du médecin   Etat hygiénique des passagers

Equipage (tout compris)   Vivres et approvisionnements divers

Passagers   Eau

Cargaison

Conformément aux articles 30, 31, 32 et 33 du règlement, l'état sanitaire du navire a été vérifié, la visite médicale a été passée au moment de l'embarquement des passagers, et il a été constaté qu'il n'existait à bord, *au moment du départ,* aucun malade atteint d'affection pestilentielle (choléra, fièvre jaune, peste), ni linge sale, ni substance susceptible de nuire à la santé du bord.

Nous certifions en outre que l'état sanitaire............... { du port est / des environs est

et qu'il a été constaté dans le port (ou ses environs) pendant la dernière semaine écoulée, { cas de choléra. / cas de fièvre jaune. / cas de peste.

En foi de quoi nous avons délivré la présente patente à ____ le ____ du mois de ____ 190 , à ____ heure ____ du ____

L'Expéditionnaire de la Patente,   (Sceau de l'Administration.)

Le ____ de la Santé,

Prescriptions extraites du Règlement général de police sanitaire maritime.

(*Voir au verso.*)

PRESCRIPTIONS

EXTRAITES DU

RÈGLEMENT GÉNÉRAL DE POLICE SANITAIRE MARITIME

La patente de santé est un document qui a pour objet de mentionner l'état sanitaire du pays de provenance et particulièrement l'existence ou la non-existence des maladies visées à l'article premier. La patente de santé indique, en outre, le nom du navire, celui du capitaine, la nature de la cargaison, l'effectif de l'équipage et le nombre des passagers, ainsi que l'état sanitaire du bord au moment du départ. La patente de santé est datée; elle n'est valable que si elle a été délivrée dans les quarante-huit heures qui ont précédé le départ du navire. (Art. 3.)

Un navire ne doit avoir qu'une patente de santé. (Art. 4.)

A l'étranger, la patente de santé est délivrée aux navires français à destination de France ou d'Algérie par le consul français du port ou, à défaut du consul, par l'autorité locale.

Pour les navires étrangers à destination de France ou d'Algérie, la patente peut être délivrée par l'autorité locale, mais, dans ce cas, elle doit être visée et annotée, s'il y a lieu, par le consul français. (Art. 8.)

La patente de santé délivrée au port de départ est conservée jusqu'au port de destination. Le capitaine ne doit en aucun cas s'en dessaisir. Dans chaque port d'escale, elle est visée par le consul français ou, à son défaut, par l'autorité locale qui y relate l'état sanitaire du port et de ses environs. (Art. 9.)

La présentation d'une patente de santé, à l'arrivée dans un port de France ou d'Algérie, est en tout temps obligatoire pour les navires provenant : 1o des pays situés hors d'Europe, l'Algérie et la Tunisie exceptées; 2o du littoral de la mer Noire et des côtes de la Turquie d'Europe sur l'Archipel et la mer de Marmara. (Art. 11.)

Pour les régions autres que celles désignées à l'article 11, la présentation d'une patente de santé est obligatoire pour les navires provenant d'une circonscription contaminée par une maladie pestilentielle. La même obligation peut être étendue, par décision du Ministre de l'Intérieur, aux pays se trouvant soit à proximité de ladite circonscription, soit en relations directes avec elle. Dans ce cas, l'obligation de la patente est immédiatement portée à la connaissance du public, notamment par la voie du *Journal officiel* de la République française. (Art. 12.)

Tout bâtiment à vapeur français affecté au service postal ou au transport d'au moins cent voyageurs, qui fait un trajet, dont la durée, escales comprises, dépasse quarante-huit heures, est tenu d'avoir à bord un médecin sanitaire. Ce médecin doit être français et pourvu du diplôme de docteur en médecine; il prend le titre de médecin sanitaire maritime. (Art. 15.)

Le médecin sanitaire maritime inscrit jour par jour, sur un registre, toutes les circonstances de nature à intéresser la santé du bord. (Art. 23.)

Sur les navires qui n'ont pas de médecin sanitaire, les renseignements relatifs à l'état sanitaire et aux communications en mer sont recueillis par le capitaine et inscrits par lui sur son livre de bord. (Art. 29.)

Le capitaine d'un navire : *a)* dépourvu d'une patente de santé alors qu'il devrait en être muni ou ayant une patente irrégulière (art. 14) ; *(b)* ne pouvant justifier de la présence à bord d'un médecin sanitaire régulièrement embarqué, ou d'un motif d'empêchement légitime (art. 28), est passible, à son arrivée dans un port français, de pénalités édictées par l'article 14 de la loi du 3 mars 1822, sans préjudice des mesures exceptionnelles auxquelles le navire peut être assujetti pour ces motifs et des poursuites qui pourraient être exercées en cas de fraude.

Le capitaine d'un navire français ou étranger se trouvant dans un port de France ou d'Algérie et se disposant à quitter ce port est tenu d'en faire la déclaration à l'autorité sanitaire, avant d'opérer son chargement ou d'embarquer ses passagers. (Art. 30.)

Dans le cas où elle le juge nécessaire, l'autorité sanitaire a la faculté de procéder à la visite du navire avant le chargement et d'exiger tous renseignements et justifications utiles concernant la propreté des vêtements de l'équipage, la qualité de l'eau potable embarquée et les moyens de la conserver, la nature des vivres et des boissons, l'état de la pharmacie et, en général, les conditions hygiéniques du personnel et du matériel embarqués. L'autorité sanitaire peut, dans le même cas, prescrire la désinfection du linge sale, soit à terre, soit à bord. Le cas échéant, ces diverses opérations sont effectuées dans le plus court délai possible, de manière à éviter tout retard au navire. (Art. 31.)

L'autorité sanitaire s'oppose à l'embarquement des personnes ou des objets susceptibles de propager des maladies pestilentielles. (Art. 32.)

Les permis nécessaires soit pour opérer le chargement, soit pour prendre la mer, ne sont délivrés par la douane que sur le vu d'une licence remise par l'autorité sanitaire. (Art. 33.)

Tout navire qui arrive dans un port de France ou d'Algérie doit, avant toute communication, être reconnu par l'autorité sanitaire. (Art. 48.)

III. — Médecins sanitaires maritimes (art. 15 à 29).

Recrutement. — Les médecins sanitaires maritimes doivent être français et docteurs en médecine. Ils sont choisis par le Ministre après un examen portant sur l'épidémiologie, la prophylaxie et la réglementation sanitaires.

Affectation. — La présence d'un médecin sanitaire est obligatoire à bord de tout vapeur français affecté au service postal ou au transport d'au moins cent voyageurs, qui fait un trajet dont la durée, escales comprises, dépasse quarante-huit heures.

Fonctions. — Le médecin doit s'opposer à l'introduction à bord des germes des affections pestilentielles, soit par les personnes, soit par les marchandises.

Pendant la traversée, il veille sur la santé des passagers et de l'équipage et prend toutes les mesures sanitaires justifiées par les circonstances. Il note jour par jour, sur un registre spécial, tous les incidents sanitaires; il consigne sur le même registre et à chaque escale ou relâche : la date d'arrivée, celle du départ et tous les renseignements qu'il a pu recueillir sur l'état sanitaire du port et de ses environs. Enfin, il inscrit de la même manière toutes les mesures de désinfection et d'isolement.

A l'arrivée dans un port français, le médecin est tenu de communiquer son registre à l'autorité sanitaire, et de lui fournir, sous la foi du serment, tous les renseignements qu'elle juge utiles.

Enfin, le médecin doit adresser au Ministre de l'Intérieur, au moins une fois l'an, un rapport sur le fonctionnement de son service et les observations qu'il a pu recueillir sur l'épidémiologie et la prophylaxie.

Pénalités. — Le médecin, en cas d'infraction aux règlements, peut être rayé de la liste d'embarquement; le délit de fausse déclaration est poursuivi conformément aux lois.

Le capitaine qui ne peut justifier de la présence d'un médecin
à bord — dans le cas où elle est exigée — est passible, à son
arrivée dans un port français, des peines édictées par l'article 14
de la loi du 3 mars 1822, sans préjudice des mesures sanitaires
exceptionnelles auxquelles le navire peut être assujetti, et des
poursuites qui pourraient être exercées en cas de fraude.

L'institution des Médecins sanitaires de paquebots n'a pas
encore donné tous les résultats qu'on est en droit d'en espérer,
— cela pour des raisons qui tiennent au recrutement de ces fonctionnaires et à la situation qui leur est faite.

Leur recrutement devrait être plus sérieux, et nous ne verrions
aucun inconvénient à ce que l'examen d'entrée — examen jusqu'ici trop facile — fût précédé ou suivi d'un stage d'application
de quelques mois, pendant lequel ces médecins seraient initiés à
la pratique de leurs nouvelles fonctions, à la pathologie exotique et à la technique bactériologique[1].

Une sévérité plus grande dans les épreuves d'admission ne
saurait tarir le recrutement des médecins de paquebots, si on veut
bien leur assurer à bord la situation morale et matérielle due à
leurs titres et à leurs fonctions. Insuffisamment rémunérés, sans
aucune garantie pour le lendemain, ces agents sont trop souvent
tenus, par les Compagnies qui les payent, dans un état de dépendance incompatible avec la bonne exécution du service.

Nous pensons qu'il serait bon de fusionner en un seul corps
les médecins de paquebots et les médecins de la santé. Tous seraient nommés et commissionnés par le Gouvernement. Cette
unification du personnel médical serait avantageuse pour toutes
les parties intéressées : pour la santé publique, mieux garantie
par des agents mieux recrutés et plus indépendants; pour les
médecins, dont l'avenir serait assuré et l'autorité mieux établie;
pour les Compagnies de navigation elles-mêmes, qui, si jalouses
qu'on les suppose de leur autorité, ne sauraient être indifférentes
aux conséquences de la présence sur leurs navires d'un médecin
officiel, délégué à bord de l'autorité sanitaire, et dont les déclara

---

1. V. VALLIN, *Rapport à l'Acad. de Médecine*, séance du 11 mars 1902.

tions n'auraient plus à être contrôlées, ce qui supprimerait souvent et simplifierait toujours les formalités à l'arrivée.

IV. — Mesures sanitaires au port de départ (art. 3o à 34).

Le capitaine d'un navire français ou étranger, se trouvant dans un port de France ou d'Algérie et se disposant à quitter ce port, est tenu d'en faire la *déclaration* à l'autorité avant d'opérer son chargement ou d'embarquer ses passagers.

Après cette déclaration, dont sont dispensés les bateaux de pêche et en général ceux qui s'écartent peu du port de départ, l'autorité sanitaire a la faculté, dans les cas où elle le juge nécessaire, de procéder à la *visite du navire* et d'exiger tous les renseignements utiles concernant la propreté des vêtements de l'équipage, la qualité de l'eau potable, etc., et en général toutes les conditions hygiéniques du personnel et du matériel embarqués.

V. — Mesures sanitaires à l'arrivée (art. 48 à 69).

Reconnaissance. — Tout navire qui arrive dans un port de France ou d'Algérie doit, avant toute communication, être *reconnu* par l'autorité sanitaire.

La *reconnaissance* s'applique aux bâtiments notoirement indemnes et consiste en un interrogatoire sommaire dont la formule est arrêtée par le Ministre de l'Intérieur ; en voici un modèle :

MODÈLE D'INTERROGATOIRE

POUR LA RECONNAISSANCE SANITAIRE DES NAVIRES

(Article 48 du Règlement.)

1. D'où venez-vous?

2. Avez-vous une patente de santé?

3. Quels sont vos noms, prénoms et qualité?

4. Quel est le nom, le pavillon et le tonnage de votre navire?

5. De quoi se compose votre cargaison?

6. Quel jour êtes-vous parti?

7. Quel était l'état de la santé publique à l'époque de votre départ?

8. Avez-vous le même nombre d'hommes que vous aviez au départ, et sont-ce les mêmes hommes?

9. Avez-vous eu, pendant votre séjour, pendant la traversée, des malades à bord?

En avez-vous actuellement?

10. Est-il mort quelqu'un pendant votre séjour, soit à bord, soit à terre, ou pendant votre traversée?

11. Avez-vous relâché quelque part? Où? A quelle époque?

12. Avez-vous eu quelque communication pendant la traversée?
N'avez-vous rien recueilli en mer?

Nota. — Dans la pratique, cet interrogatoire peut être abrégé pour les navires venant de ports français ou de pays notoirement sains.

Dans le cas de suspicion, les autorités sanitaires peuvent faire, indépendamment des questions ci-dessus spécifiées, toutes les autres interrogations qu'elles jugent nécessaires pour s'éclairer sur les conditions sanitaires du navire, notamment celles relatives aux cas de maladie ou de mort observés pendant la traversée. Elles peuvent exiger l'exhibition du rôle de l'équipage et des passagers, ainsi que de tous les documents qui permettent de contrôler le nombre des personnes présentes à bord au moment de l'arrivée.

Si les réponses aux questions font naître des doutes, le navire est soumis à un examen plus approfondi qui prend le nom d'*arraisonnement* et peut avoir pour conséquence, lorsque l'autorité sanitaire le juge nécessaire, l'*inspection sanitaire*, comprenant, s'il y a lieu, la *visite médicale* des passagers et de l'équipage.

Toutes ces opérations doivent être effectuées sans délai, même de *nuit*, mais seulement quand il n'y a pas de doute sur l'état sanitaire du navire ou des provenances.

Les résultats de la reconnaissance ou de l'arraisonnement doivent être consignés simultanément sur le registre médical et le livre de bord et sur un registre spécial tenu par l'autorité sanitaire du port.

Dispenses. — Sont dispensés de la reconnaissance les bateaux des ponts et chaussées, de la douane, les garde-pêches, les bateaux de la petite pêche, et en général tous ceux qui s'écartent peu du rivage et peuvent être reconnus facilement.

Obligations du capitaine (art. 52). — Tout capitaine arrivant dans un port français est tenu :

1° D'empêcher toute communication, tout déchargement de son navire avant que celui-ci ait été reconnu et admis à la libre pratique ;

2° De produire aux autorités chargées de la police sanitaire tous les papiers de bord ; de répondre, après avoir prêté serment de dire la vérité, à l'interrogatoire sanitaire ; de déclarer tous les faits, donner tous les renseignements venus à sa connaissance et pouvant intéresser la santé publique ;

3° De se conformer aux règles de la police sanitaire, ainsi qu'aux ordres qui lui sont donnés par lesdites autorités.

Passeport sanitaire. — Dans les cas où la *surveillance* doit fonctionner, chaque passager reçoit un passeport sanitaire indiquant son nom et celui de la commune dans laquelle il déclare se rendre. L'autorité sanitaire donne en même temps avis du départ du passager au maire de cette commune, et appelle son attention sur la nécessité de surveiller ledit passager au point de vue sanitaire jusqu'à l'expiration du délai de surveillance.

On pourra peut-être généraliser l'emploi des passeports sanitaires lorsque les principes de solidarité inspireront exclusivement les actes des hommes. En attendant, l'intérêt public exige qu'on en subordonne l'usage aux conditions particulières de chaque pays[1].

Le passeport et la surveillance remplacent la période d'observation à bord ou au lazaret. Il ne faut pas se faire d'illusions sur la sécurité procurée par ce nouveau système. Il est à craindre qu'elle ne soit souvent illusoire, parce qu'il est impossible de contrôler l'exactitude des renseignements fournis par les passagers sur leur nom et leur destination. On a proposé d'exiger d'eux la production de certaines pièces, telles que celles réclamées par la poste pour le paiement d'un mandat. La mesure est bonne, mais, pensons-nous, d'une application restreinte.

Arrivé à destination, le passager, sous peine d'un emprisonnement de trois à quinze jours et d'une amende de 5 à 5o francs, est tenu de présenter ou de faire présenter son passeport à la mairie dans les vingt-quatre heures. Le cas du professeur Lortet, de Lyon[2], nous montre que, sur ce point, les municipalités, même des grandes villes, ne connaissent pas toujours leurs obligations ni leurs intérêts.

Mesures exceptionnelles. — L'autorité sanitaire d'un port a le devoir, en présence d'un danger imminent et en dehors de toute prévision, de prescrire provisoirement telles mesures qu'elle juge indispensables pour garantir la santé publique, sauf à en référer dans le plus bref délai, soit au Ministre de l'Intérieur, soit au Gouverneur général de l'Algérie.

VI. — Stations sanitaires et lazarets (art 77 à 93).

Les lazarets sont des établissements permanents situés à proximité des ports, installés et outillés de façon à permettre

---

1. Voy. p. 79 et suiv.
2. LORTET, *Bulletin de l'Acad. de médecine,* 16 juin 1903, p. 744.

l'application des mesures sanitaires : isolement des passagers, désinfection des marchandises et du navire.

Le lazaret doit être séparé d'une façon absolue de tout le voisinage ; il doit avoir un port sûr, capable de recevoir à la fois un certain nombre de navires. Il doit être abondamment pourvu d'eau potable.

Les constructions seront nombreuses, bien séparées, de façon à permettre l'isolement complet de passagers débarqués par divers navires à des dates différentes. Les étuves à désinfection, le système d'évacuation des eaux usées, seront installés dans des conditions d'absolue sécurité.

Nous possédons en France onze lazarets permanents :

A) Six grands lazarets :

   a) Sur la *Méditerranée* : Ajaccio ;

                    Marseille ;

                    Toulon, plus spécialement affecté à la marine militaire.

   b) Sur l'*Océan* : Trompeloup, dans la Gironde ;

                    Mindin, à l'entrée de la Loire ;

                    Brest, plus spécialement affecté à la marine militaire.

B) Cinq lazarets secondaires :

   a) Sur la *Manche* : Dunkerque ;

                    Le Havre ;

                    Cherbourg.

   b) Sur la *Méditerranée* : Cette ;

                    Villefranche.

La persistance et l'extension des affections pestilentielles dans les pays d'Orient devaient avoir leur répercussion dans notre grand port méditerranéen. Des incidents sanitaires, toujours désagréables, parfois extrêmement douloureux [1], ont appelé l'at-

---

1. Teissier, *Bulletin de l'Acad. de Méd.* ; 1900, t. XLIX, p. 688 ; — Lortet, *ibid.*, p. 743 ; — Proust, *ibid.*, p. 773 ; — Monod, Le lazaret du Frioul. *Santé publique*, pp. 168 et s.

tention sur les défectuosités du lazaret du Frioul. Les enquêtes
du Ministère de l'Intérieur et de l'Académie de Médecine décide-
ront, sans doute, le Parlement, nous osons du moins l'espérer,
à prélever sur les recettes sanitaires les crédits suffisants pour
améliorer le matériel, et assurer aux internés du Frioul un minimum de confort absolument indispensable.

Au point de vue technique, le principal reproche adressé à
l'organisation du Frioul par M. Vallin[1], c'est la réunion, dans
une même enceinte, du lazaret et de la station sanitaire, — le
lazaret étant sacrifié à la station, — avec un matériel et un
personnel communs. Le professeur Proust[2], pour remédier à ce
fâcheux état de choses, a proposé de créer une station à la
pointe qui se trouve à l'est du hangar de Pomègue.

Les lazarets nécessitant pour leur établissement et leur entretien des frais considérables qui en limitent forcément le nombre,
on a créé des stations sanitaires, d'une installation moins onéreuse et moins complète, mais pourvues cependant des moyens
indispensables pour désinfecter les navires, les marchandises, et
au besoin pour isoler les malades et les suspects. Ces stations
épargnent aux bâtiments les détours, parfois assez longs, que
leur imposerait le passage au lazaret.

Le cas du *City of Perth* est très instructif à cet égard. Ce
vapeur anglais, parti de Calcutta le 1er mai, arrivait à Dunkerque le 10 juin à trois heures après midi, avec un chargement
de graines oléagineuses, de jute et de salpêtre. Les visas de la
patente attestaient qu'à Suez le navire n'offrait rien de particulier. Deux hommes présentèrent des symptômes de peste le 6 et

1. VALLIN, Services sanitaires et Lazaret du Frioul. *Rapport à l'Acad. de
Méd.*, 11 mars 1902. *Recueil des trav. du Com. cons. d'hyg. publ.*, t. XXXII,
p. 456. — Un petit détail à citer : « Il n'existe pas de Règlement au lazaret
(Vallin, p. 465), ou plutôt celui qui est appendu aux murailles dans les corri-
dors et toutes les salles porte la date de 1835 ou 1848. Nous y avons lu, il y
a quelques semaines, que toute réclamation doit être adressée à l'Intendance
sanitaire, supprimée depuis plus de cinquante ans... »

2. PROUST et FAIVRE, Améliorations à apporter au service du port de Marseille et au lazaret du Frioul. *Recueil des trav. du Cons. cons. d'hyg. publ.*,
t. XXXII, p. 216.

7 juin ; tous deux moururent le 11. Le navire fut invité à quitter le port et autorisé à rester en rade. Le 13, un autre cas de peste se déclarait, et se terminait par la mort quelques jours plus tard.

Le 17 au matin, le *City of Perth* se dirigeait sur Gravesend, à six kilomètres de Londres, et fut désinfecté par le système Clayton le 20. Les marchandises, qui étaient à destination de Dunkerque, de Lille et autres villes du Nord, furent rapportées en France par d'autres bâtiments.

« Pendant six jours le *City of Perth* était resté en rade attendant une décision des armateurs, très embarrassés eux-mêmes sur le parti à prendre : bien qu'ouvert aux provenances des pays contaminés de peste, le port de Dunkerque[1] ne possède pas encore des ressources sanitaires suffisantes pour recevoir un navire infecté. Aussi, aux termes de l'article 66 du Règlement de police sanitaire, devait-il être dirigé vers le lazaret le plus voisin. Or le lazaret le plus voisin était celui du Mindin, près de Saint-Nazaire, situé à trois journées de Dunkerque, et encore ce lazaret, dans lequel auraient pu être isolés les malades, ne disposait pas, au point de vue de la désinfection du navire et des marchandises, de ressources plus grandes que la station sanitaire de Dunkerque. Il aurait fallu y faire, à l'embouchure de la Loire, le débarquement sur gabarres et la désinfection simultanée au sublimé, opération longue, onéreuse, dangereuse pour la cargaison lorsque la mer est un peu agitée, impossible lorsqu'elle l'est beaucoup… et au demeurant peu efficace. On comprend que, dans de semblables conditions, les armateurs aient hésité : on comprend mieux encore qu'ils se soient décidés à envoyer leur navire à Londres pour le soumettre avant son déchargement au traitement le plus rationnel en pareille circonstance, la sulfuration au moyen de l'appareil Clayton. »

---

1. PROUST et FAIVRE, Rapport général sur les maladies pestilentielles exotiques en 1902. *Comité consult. d'hygiène publique.*

VII. — Droits sanitaires (art. 94 à 100).

Les droits sanitaires sont perçus par le service des douanes conformément aux dispositions de l'article 94. Dans le but d'encourager les Compagnies à améliorer leur outillage sanitaire à bord, le Règlement leur accorde des réductions très appréciables en spécifiant que

Les droits de désinfection déterminés par les paragraphes 1, 2 et 4 (de l'art. 94) peuvent être réduits de moitié pour le navire qui, ayant à bord un médecin sanitaire nommé ou agréé par le Gouverment du pays auquel appartient le navire, et une étuve à désinfection dont la sécurité et l'efficacité ont été constatées, justifierait que toutes les mesures d'assainissement et de désinfection ont été régulièrement appliquées au cours de la traversée, conformément aux prescriptions du titre V.

Nous avons vu qu'aux termes de l'article 178 de la Convention de 1903,

Le produit des taxes et amendes ne peut, en aucun cas, être employé à des objets autres que ceux relevant des Conseils sanitaires.

Il faut espérer que la France ne tardera pas trop à se conformer à cette décision. Pendant que nos lazarets sont l'objet des récriminations des passagers et des critiques des inspecteurs sanitaires[1], l'Etat réalise sur les droit perçus des économies qui dépassent vingt millions pour la période trentenaire de 1873 à 1902, et qui atteignent près de huit millions et demi[2] pour les dix années 1891 à 1900. Une telle pratique est injustifiable et doit être abandonnée.

---

1. PROUST et FAIVRE, Améliorations à apporter au service du port de Marseille et au lazaret du Frioul. *Recueil des travaux du Comité consultatif d'hygiène*, 1904, t. XXXII, pp. 213 et suiv. — VALLIN, Services sanitaires et lazaret du Frioul. *Rapport au nom d'une Commission, Acad. de Médecine*, séance du 11 mars 1902.

2. Exactement 20,033,647 fr. 11 et 8,462,860 fr. 03.

VIII. — **Autorités sanitaires** (art. 101 à 114).

Le littoral de la France est divisé en six circonscriptions sanitaires dont les chefs-lieux respectifs sont Dunkerque, Le Havre, Brest, Saint-Nazaire, Pauillac et Marseille. A la tête de chaque circonscription est placé un *Directeur de la Santé*, docteur en médecine. Il y a une septième direction à Ajaccio pour la Corse, et trois autres pour l'Algérie, à Oran, à Alger et à Bône.

Pour assurer l'exécution et la surveillance des mesures sanitaires, le Directeur a sous ses ordres un nombreux personnel d'agents et sous-agents, avec un ou plusieurs *médecins de la santé*. Il centralise tous les renseignements relatifs à la santé publique dans sa circonscription et dans les pays étrangers avec lesquels elle est en relation. Il délivre ou vise les patentes de santé, correspond directement avec le Ministre et reçoit ses ordres.

Les médecins de la santé et les médecins attachés aux lazarets sont nommés, en France, par le Ministre, en Algérie, par le Gouverneur général.

Ce personnel médical a été complété, depuis 1899, par la désignation officielle, dans chaque circonscription sanitaire maritime, d'un technicien spécialiste, chargé des examens bactériologiques.

Des pouvoirs très étendus sont accordés aux directeurs et agents principaux ou ordinaires de la santé pour l'exécution de leur service. C'est ainsi qu'ils ont le droit de requérir non seulement le concours de la force publique, mais encore, dans les cas d'urgence, des officiers et employés de la marine, des employés des douanes et des contributions indirectes, des officiers et maîtres de port, des gardes forestiers et au besoin de tout citoyen. — C'est ainsi encore que le Directeur de la santé, en cas de circonstance menaçante et imprévue, peut prendre d'urgence telle mesure qu'il juge propre à garantir la santé publique, sous réserve d'en référer immédiatement, soit au Ministre de l'Intérieur, soit au Gouverneur général de l'Algérie.

IX. — Conseils sanitaires (art. 115 à 121).

Il existe au moins un Conseil par circonscription sanitaire. Cette assemblée médico-administrative est nécessairement consultée : sur le règlement local du port où elle est instituée, — sur l'organisation de la station sanitaire ou du lazaret, — sur les plans et devis des bâtiments à construire, — sur les traités à passer, le cas échéant, avec les administrations hospitalières. Enfin, ce Conseil donne son avis sur toutes les questions qui lui sont soumises par l'administration, ou sur lesquelles il croit devoir appeler son attention dans l'intérêt du port..

X. — Médecins sanitaires d'Orient (art 129).

Ces médecins, dont l'institution date de plus d'un demi-siècle [1], sont chargés de renseigner les agents du service consulaire français, l'administration supérieure et, en cas d'urgence, les directeurs de la santé sur l'état sanitaire des pays où ils résident. Tout le monde s'accorde à reconnaître les services considérables rendus à la santé publique et au commerce par les médecins sanitaires de la France dans les pays du Levant.

*
*　*

Ce rapide exposé de la protection sanitaire maritime, telle que l'organise le Règlement de 1896, doit être complété par les renseignements que nous a très obligeamment fournis M. le Dr Torel, de la Santé de Marseille, sur les mesures prises actuellement contre la peste dans notre grand port de la Méditerranée.

Régime des navires infectés. — « Les malades sont débarqués et isolés jusqu'après guérison dans l'hôpital du lazaret.

« Les autres personnes sont mises en observation au lazaret en

1. V. p. 38.

les divisant par groupes. Cet isolement était de sept jours pleins après le débarquement ou la terminaison du dernier cas. Mais, bien que le Règlement de 1896 soit encore en vigueur, nous appliquons les données admises par la Conférence internationale de 1903. Cet isolement n'existe plus, il est remplacé par une observation de cinq jours au domicile privé. A cet effet, chaque débarquant est muni d'un passeport sanitaire dont le double, avec toutes les indications, est adressé au Maire de la commune dans laquelle il déclare résider.

« Le linge sale, les effets à usage, la literie, les bagages sont désinfectés à l'étuve ou par les antiseptiques, suivant la nature de ces objets.

« Le navire est désinfecté, ainsi que les marchandises qu'il transporte. Cette désinfection se fait en lavant à l'éponge ou par un jet de liquide antiseptique les enveloppes des marchandises. Une fois les cales vides, elles sont dératisées au moyen de l'acide sulfureux (60 grammes par mètre cube).

« Ces opérations se font dans le port du lazaret du Frioul, le navire étant isolé de terre et ses amarres garnies de balais pour arrêter l'exode des rongeurs.

Régime des navires suspects. — « On se contente de désinfecter les marchandises comme ci-dessus et de dératiser. Mais le navire fait ces opérations dans les bassins du port, de jour, et isolé de la terre.

Mesures contre les rats. — « Pendant tout le temps que durent les mesures sanitaires, des échantillons de rats sont soumis à de fréquentes analyses bactériologiques, tant en ce qui concerne ceux qui sont pris à bord que ceux qui sont capturés dans le voisinage.

« La surveillance des rongeurs s'exerce quotidiennement sur les navires de provenance contaminée, sur tous les quais, dans les hangars et les égouts avoisinant les quais.

Mesures concernant les équipages et les passagers. — « Les équipages hindous des navires anglais sont toujours consignés à bord ; les passagers de pont sont soumis à une désinfection qui consiste en étuvage de leurs vêtements et linge et en une douche avec savonnage au crésyl. »

* *

Fièvre jaune. — A Saint-Nazaire, les mesures sanitaires sont appliquées conformément à nos connaissances actuelles [1].

III.

LOI DU 15 FÉVRIER 1902 SUR LA PROTECTION DE LA SANTÉ PUBLIQUE.

Nous n'avions pas encore dé *loi sanitaire générale;* cette lacune a été comblée par la loi du 15 février 1902 qui a pour but de protéger la santé publique contre les affections transmissibles, exotiques ou autochtones, dont la *déclaration,* obligatoire ou facultative, entraîne l'application de mesures prophylactiques.

Cette loi est venue confirmer et compléter sur certains points la législation de 1822; nous nous limiterons à celles de ces dispositions qui concernent les trois affections pestilentielles visées par les Conventions internationales.

Déclaration obligatoire. — Notre législation interne répond au desideratum de la Convention [2] en inscrivant le choléra, la peste et la fièvre jaune sur la liste (nᵒˢ 8, 9 et 10) des maladies dont la *déclaration* est *obligatoire* « pour tout docteur en médecine [3], officier de santé ou sage-femme qui en constate l'existence » (art. 5).

Conformément à l'arrêté ministériel du 10 février 1903 [4], pris

1. Lettre de M. le Directeur de la Santé.
2. V. p. 57 et s.
3. Cf. l'article 15 de la loi du 3o novembre 1892 sur l'exercice de la médecine.
4. Voy. *Annexes.*

après avis de l'Académie de médecine et du Comité consultatif d'hygiène publique de France, la déclaration de ces affections est faite simultanément au maire et au sous-préfet, à l'aide de cartes-lettres détachées d'un carnet à souches mis gratuitement à la disposition des docteurs, officiers de santé ou sages-femmes.

L'autorité, ainsi avisée, fait procéder dans le plus bref délai aux mesures de désinfection conformément aux dispositions de l'article 7 ci-après :

La désinfection est *obligatoire* pour tous les cas des maladies prévues à l'article 4 ; les procédés de désinfection devront être approuvés par le Ministre de l'Intérieur, après avis du Comité consultatif d'hygiène publique de France.

Les mesures de désinfection sont mises à exécution, dans les villes de 20.000 habitants et au-dessus, par les soins de l'autorité municipale, suivant des arrêtés du maire approuvés par le préfet, et, dans les communes de moins de 20.000 habitants, par les soins d'un service départemental.

Les dispositions de la loi du 21 juillet 1855 et des décrets et arrêtés ultérieurs, pris conformément aux dispositions de ladite loi, sont applicables aux appareils de désinfection.

Un règlement d'administration publique, rendu après avis du Comité consultatif d'hygiène publique de France, déterminera les conditions que ces appareils doivent remplir au point de vue de l'efficacité des opérations à y effectuer[1].

Il n'entre pas dans notre plan d'exposer en détail les procédés de désinfection ; nous nous bornerons à rappeler qu'on l'obtient soit par des agents chimiques (liquides et gaz bactéricides), soit par des agents physiques (chaleur, étuves).

Devoirs du maire. — L'obligation de protéger la santé publique est imposée aux maires par l'article Ier ci-après :

Dans toute commune le maire *est tenu* (art. Ier), afin de protéger la santé publique, de déterminer, après avis du Conseil municipal et sous forme d'arrêtés municipaux portant règlement sanitaire : 1° les précautions à prendre, en exécution de l'article 97 de la loi du 5 avril 1884, pour *prévenir* ou *faire cesser* les maladies transmissibles visées à l'article 4 de la présente loi, spécialement les mesures de *désinfection* ou

1. V. décret du 7 mars 1903, *Annexes.*

même de *destruction* des objets à l'usage des malades ou qui ont été souillés par eux, et généralement des objets quelconques pouvant servir de véhicule à la contagion.

Par cet article, le maire est donc strictement *tenu* de prescrire les mesures prophylactiques nécessaires. Des dispositions législatives antérieures attribuaient bien à la police municipale (loi du 5 avril 1884) le maintien de la salubrité publique ; mais dans la pratique, le pouvoir des maires était absolument annihilé par une jurisprudence qu'hypnotisait la protection de la propriété. Les tribunaux reconnaissaient bien que le maire peut enjoindre d'assainir, mais ils n'admettaient pas qu'il pût prescrire une mesure prophylactique *déterminée*. « Il a le droit d'ordonner l'assainissement et la désinfection d'une maison ravagée par la variole ; mais s'il a le malheur de prescrire le badigeonnage à la chaux des murs intérieurs, il porte atteinte au droit de propriété, et le jugement est cassé par le Conseil de Préfecture ou le Conseil d'État, parce que le propriétaire doit être laissé absolument libre de choisir tout autre moyen qu'il lui plaît d'assainir ou de désinfecter. S'il choisit de préférence un moyen aussi inepte que de brûler un peu de sucre sur une pelle chaude, il faudra que le maire recommence à rédiger un deuxième et peut-être un troisième arrêté, jusqu'à ce que la désinfection lui paraisse vraiment réalisée, et cela alors qu'un retard de deux ou trois jours dans l'application des mesures peut permettre l'extension de l'épidémie à toute la maison et causer la mort de plusieurs personnes[1]. »

Les termes impératifs de l'article 1er de la loi de 1902 mettront fin à une jurisprudence aussi contraire à l'intérêt général.

Si le maire oublie ou refuse de se conformer aux dispositions de l'article 1er, ou bien s'il y a urgence, la loi charge le préfet de prendre les mesures exigées par les circonstances. Tel est l'objet des articles 2 et 3 ci-après :

Art. 2. — Les règlements sanitaires communaux ne font pas obstacle aux droits conférés au Préfet par l'article 99 de la loi du 5 avril 1884.

1. Dr VALLIN, *Revue d'hygiène*, 1890, n° 1.

Art. 3. — *En cas d'urgence,* c'est-à-dire en cas d'épidémie ou d'un autre danger imminent pour la santé publique, le préfet peut ordonner l'exécution immédiate, tous droits réservés, des mesures prescrites par les règlements sanitaires prévus par l'article 1er. L'urgence doit être constatée par un arrêté du maire et, à son défaut, par un arrêté du préfet, que cet arrêté spécial s'applique à une ou plusieurs personnes ou qu'il s'applique à tous les habitants de la commune.

Art. 99. — Les pouvoirs qui appartiennent au maire en vertu de l'article 91 ne font pas obstacle au droit du préfet de prendre, pour toutes les communes du département ou plusieurs d'entre elles, et dans tous les cas où il n'y aurait pas été pourvu par les autorités municipales, toutes mesures relatives au maintien de la salubrité, de la sûreté et de la tranquillité publiques. Ce droit ne pourra être exercé par le préfet à l'égard d'une seule commune qu'après une mise en demeure au maire restée sans résultat.

Il ne faut pas, en matière d'affections pestilentielles, que la santé publique soit compromise par la mauvaise volonté, l'indifférence ou l'ignorance; l'article 3 autorise le préfet à prescrire l'*exécution immédiate* des mesures prophylactiques même *individuelles.*

Enfin, la loi de 1902 a prévu le cas où les moyens de défense locaux seraient insuffisants pour s'opposer à l'extension d'une épidémie, et, par une disposition empruntée à l'article 1er de la loi de 1822, elle confie au Président de la République le soin de prendre toutes les mesures nécessaires. Cette disposition est contenue dans l'article 8 ci-après :

Lorsqu'une épidémie menace tout ou partie du territoire de la République ou s'y développe et que les moyens de défense locaux sont reconnus insuffisants, un décret du Président de la République détermine, après avis du Comité consultatif d'hygiène publique de France, les mesures propres à empêcher la propagation de cette épidémie.

Il règle les attributions, la composition et le ressort des autorités administratives chargées de l'exécution de ces mesures, et leur délégué, pour un temps déterminé, a le pouvoir de les exécuter. Les *frais* d'exécution de ces mesures, en personnel et en matériel, sont à la charge de l'État.

Les décrets et actes administratifs qui prescrivent l'application de ces mesures sont *exécutoires dans les vingt-quatre heures* à partir de leur publication au *Journal officiel.*

Dépenses. — Les dépenses rendues nécessaires par l'exécution des mesures prophylactiques sont *obligatoires*. Dans l'avenir, l'absence de *crédits votés* ne viendra plus paralyser l'action des maires ou des préfets sur le terrain de la protection de la santé publique. L'exemple suivant montre asséz l'intérêt et l'utilité de cette disposition de la loi nouvelle.

« Au cours de l'épidémie de 1884, raconte M. Monod[1], le choléra éclate dans un bourg du littoral normand. Le maire, très zélé, demande du secours. Le médecin des épidémies, un de mes amis, arrive, et il se présente muni d'une lettre de l'Inspecteur général des services sanitaires et d'une dépêche ministérielle l'autorisant à ordonner les mesures qu'il jugera nécessaires. La première prescription est d'isoler immédiatement les malades. Il n'y a pas d'hôpital dans cette bourgade; mais il y a un casino inutilisé; il n'est ouvert qu'en été et l'on est en novembre; le temps ne manquera pas, le mal vaincu, pour désinfecter le local. « Il faut occuper le casino, » dit le médecin. Le maire, docile, prend un arrêté de réquisition. Là-dessus le préfet survient. S'il y a plus tard des indemnités à payer, qui les payera? demande-t-il. Le Conseil municipal en a-t-il délibéré? Le maire dut avouer que le Conseil municipal n'avait pas été réuni et qu'il était fort peu présumable qu'il consentît à s'engager dans les aléas qu'il faudrait bien lui faire envisager. « La dépense, reprit le préfet, n'est obligatoire ni pour le département, ni pour la commune. S'il y a des indemnités à payer, si elles sont considérables, quelle sera votre situation à vous, maire, qui aurez requis; à vous, médecin des épidémies, qui aurez exigé cette réquisition; à moi, préfet, qui l'aurai sanctionnée? » L'arrêté municipal fut déchiré; des contagions, des morts se produisirent que l'isolement des malades eût évitées.

Une autre disposition originale de la loi de 1902 établit entre les communes, les départements et l'État une responsabilité *solidaire* dans les dépenses obligatoires qui seront réparties entre ces trois collectivités, conformément aux dispositions de l'article 26 ci-après.

---

1. Monod, *La Santé Publique*, 1904, p. 27.

Les dépenses rendues nécessaires par la présente loi, notamment celles causées par la destruction des objets mobiliers, sont obligatoires. En cas de contestation sur leur nécessité, il est statué par décret rendu en Conseil d'État.

Ces dépenses seront réparties entre les communes, les départements et l'État, suivant les règles fixées par les articles 27, 28 et 29 de la loi du 15 juillet 1893.

Toutefois, les dépenses d'organisation du service de la désinfection dans les villes de 20,000 habitants et au-dessus sont supportées par les villes et par l'État dans les proportions établies au barème du tableau A annexé à la loi du 15 juillet 1893. Les dépenses d'organisation du service départemental de la désinfection sont supportées par les départements et par l'État dans les proportions établies au barème du tableau B.

Des taxes seront établies par un règlement d'administration publique pour le remboursement des dépenses relatives à ce service.

À défaut par les villes et les départements d'organiser les services de la désinfection et les bureaux d'hygiène et d'en assurer le fonctionnement dans l'année qui suivra la mise à exécution de la présente loi, il y sera pourvu par des décrets en forme de règlement d'administration publique.

Pénalités. — Les pénalités sont établies par l'article 27, ainsi conçu :

Sera puni des peines portées à l'article 471 du Code pénal quiconque, en dehors des cas prévus par l'article 21 de la loi du 30 novembre 1892, aura commis une contravention aux prescriptions des règlements sanitaires prescrits aux articles 1 et 2, ainsi qu'à celles des articles 5, 6, 7, 8 et 14.

Le paragraphe 15 de l'article 471 du Code pénal punit les contrevenants d'une amende de 1 à 5 francs, et en cas de récidive la sanction peut arriver jusqu'à trois jours de prison (art. 474).

Les contraventions aux règlements sanitaires peuvent favoriser l'extension des épidémies et coûter la vie à de nombreuses personnes. En présence de ces tristes éventualités, il nous sera permis, après avoir désapprouvé la rigueur excessive de la loi de 1822, de regretter la trop grande mansuétude du législateur de 1902.

CONCLUSIONS

L'œuvre des Conférences sanitaires : mesures purement défensives. — L'œuvre de l'avenir : la protection de l'Europe par l'assainissement des foyers pestilentiels.

Depuis le jour, encore peu lointain, où se réunissait à Paris la première Conférence sanitaire internationale, la science, après nous avoir fait connaître les agents et les modes de propagation des maladies pestilentielles, nous a fourni les moyens de nous préserver sûrement, et même de nous guérir des atteintes de ces redoutables fléaux. Ces découvertes, ces procédés, devaient entraîner dans les mesures de protection sanitaire des transformations radicales, et atténuer d'une façon progressive et constante les entraves imposées à la libre circulation des hommes et des produits de l'activité humaine.

Préoccupée, comme ses devancières, d'accorder à la santé publique un maximum de garanties tout en n'imposant aux relations internationales qu'un minimum d'entraves, la dernière Convention, pour atteindre ce double but, organise le système de protection que nous avons envisagé au cours de cette étude, et dont nous rappelons ici les dispositions principales :

1° Durée de l'incubation de la peste abaissée à cinq jours;
2° Faculté de substituer la surveillance à l'observation;

3° L'isolement admis comme point de départ pour la cessation des mesures de défense ;

4° La notification n'entraînant des mesures de défense que s'il y a plusieurs cas non importés de peste, ou si les cas de choléra forment foyer ;

5° Délimitation plus étroite de la circonscription contaminée ;

6• Dératisation en cas de peste ;

7° Destruction des moustiques en cas de fièvre jaune ;

8° Réforme du Conseil supérieur de santé de Constantinople ;

9° Affectation exclusive au service sanitaire du produit des taxes et des amendes ;

10° Enfin, création du Bureau sanitaire international.

Mais, nous ne saurions trop le répéter, les meilleurs règlements ne valent que par les personnes chargées de leur application. Il faut donc de toute nécessité que partout et toujours les médecins sanitaires offrent, au point de vue de leur compétence et de leur indépendance, toutes les garanties. impérieusement exigées par leurs difficiles et importantes fonctions.

Malgré les quelques critiques qu'on lui peut adresser, la récente Convention constitue un progrès considérable sur la Réglementation antérieure, et nous sommes convaincu que la santé publique trouvera dans l'exécution de ses dispositions une protection absolument efficace. En outre, par la création du Bureau sanitaire international, la Conférence de 1903 inaugure une ère nouvelle et apporte une contribution brillante et durable à l'œuvre de solidarité sanitaire internationale, dont les bases furent jetées à Venise, en 1892, par la notification obligatoire de l'existence des foyers de choléra. Cette heureuse innovation marquera une date mémorable dans la voie indéfinie du progrès scientifique.

La méthode exclusivement *défensive* adoptée jusqu'ici par les Conférences sanitaires ne saurait être le dernier mot de la protection. Aussi longtemps que les foyers pestilentiels ne seront pas éteints, aussi longtemps que les pays d'endémicité ne seront pas assainis, l'Europe sera à la merci d'une faute ou d'une défaillance dans l'application des mesures protectrices, et nous savons, par les terribles expériences du passé, ce que de tels incidents ont coûté à la santé publique.

Un jour viendra où, passant résolument à l'*offensive*, les peuples devront attaquer le mal à sa source et entreprendre l'assainissement méthodique de ces pays lointains, où les maladies pestilentielles ne persistent que grâce à l'ensemble des conditions extraordinairement favorables qu'elles y rencontrent. Dans ces régions, en effet, l'hygiène publique ou privée est absolument inconnue ; les immondices s'entassent indéfiniment autour des habitations indigènes; aucune mesure n'est prise pour protéger l'eau potable contre des causes multiples de pollution; rien n'est tenté pour combattre les affections pestilentielles et localiser leurs ravages [1].

Au Hedjaz, où le choléra se montre toujours après l'arrivée des pèlerins hindous, l'hygiène est absolument déplorable et constitue une menace permanente pour la santé publique européenne. Dans les villes, les chiens et les chèvres sont à peu près les seuls agents de la voirie ; le sol est couvert de détritus de toutes sortes et de matières organiques en décomposition, et nous avons vu combien sont meurtrières les épidémies de choléra qui éclatent dans un tel milieu, à l'époque des pèlerinages.

A toutes ces causes d'insalubrité viennent s'ajouter certaines coutumes dont on ne saurait trop déplorer la persistance et que nous devons signaler en quelques mots.

Les Hindous groupent leurs huttes (*bustees*) autour de mares (*tanks*) dont les eaux, abominablement souillées, servent indifféremment aux ablutions et aux besoins alimentaires. En outre, ils abandonnent au cours du Gange de nombreux cadavres à

---

1. Voy. Arminius Vambéry, *Voyages d'un faux derviche à travers l'Asie Centrale.* — Basile Vereschaguine, *Voyage dans l'Asie Centrale.* — Faradj Khan, *Hygiène et Islamisme*, Th. Lyon, 1903-04.

demi brûlés ou putréfiés qui contaminent les eaux et rendent l'atmosphère parfois irrespirable.

Les Parsees, qui constituent la caste la plus élevée des Hindous, pratiquent un genre de sépulture assurément original mais fort dangereux en temps d'épidémie. Les cadavres sont déposés dans une tour ouverte par le haut, — la *Tour du Silence*, située aux environs de Bombay, — où des vautours exclusivement affectés à cette besogne viennent les dévorer. Par leurs déjections et surtout par les produits cadavériques qui souillent leur bec, leurs serres et leur plumage, ces oiseaux de proie deviennent d'excellents agents de dissémination des bacilles de la peste.

En Perse, le mode de sépulture est également très défectueux au point de vue de l'hygiène ; les cadavres sont à peine recouverts d'une mince couche de terre que soulèvent facilement les gaz de la putréfaction, comme le professeur Proust a pu le constater aux environs de Téhéran. Mais ces sépultures ne sont que provisoires ; au moment des pèlerinages, les cadavres sont exhumés, transportés aux lieux saints, sommairement enveloppés dans des feutres qui laissent suinter les liquides organiques, et définitivement inhumés auprès des tombeaux des imans vénérés. On conçoit sans peine les dangers de cette coutume en temps de choléra et ce que devient, grâce à elle, l'hygiène des caravanes de pèlerins.

En attendant l'organisation de l'hygiène publique dans ces pays, il serait utile d'y envoyer dès maintenant des médecins européens, répartis dans les centres les plus importants. La création d'écoles de médecine ou d'infirmeries indigènes nous paraît de nature à modifier progressivement et dans une certaine mesure les déplorables habitudes de populations auxquelles il n'est peut-être pas impossible d'inculquer quelques notions élémentaires sur la prophylaxie des maladies pestilentielles.

Déjà la France est entrée dans cette voie. En 1902, des Comités et des Commissions d'hygiène ont été créés en Indo-Chine pour connaître de toutes les questions de salubrité publique et de prophylaxie des affections contagieuses ; et actuellement, le gouvernement de l'Afrique occidentale s'occupe de recruter des médecins spéciaux auxquels il va confier l'assainissement de cette colonie.

L'assainissement des pays exotiques, on ne peut le méconnaître, est une entreprise colossale et fort coûteuse ; longtemps encore elle se heurtera au fanatisme et à l'ignorance des indigènes, mais elle ne saurait laisser plus longtemps indifférent le monde civilisé. Déjà, des peuples de race jaune nous ont montré qu'ils étaient capables de rompre avec leurs séculaires habitudes, pour adopter, jusque dans leurs défauts, les mœurs et les usages des nations occidentales.

Le passé, d'autre part, nous offre de puissants encouragements : l'exemple des Américains à Cuba est aussi démonstratif que possible, et il n'est pas inutile de rappeler que notre vieille Europe, ravagée pendant de longs siècles par la peste, s'est pourtant si bien assainie, qu'aujourd'hui on a pù, à diverses reprises, y localiser, en les étouffant sur place, des épidémies d'origine exotique.

Lorsque, grâce à cette méthode de prophylaxie offensive, les foyers d'endémicité seront éteints, notre système défensif actuel aura perdu son importance et jusqu'à sa raison d'être, et nous pourrons voir débarquer dans nos ports les provenances des pays d'Orient avec la même sérénité que si elles nous arrivaient directement de Liverpool ou de Hambourg.

Cette tâche si lourde, mais si humanitaire et si belle, ne coûterait pourtant qu'une faible partie de ces milliards que les nations dépensent sans compter pour créer des engins de destruction de plus en plus terribles. Un jour viendra où, plus conscients de leurs devoirs, plus soucieux de leurs intérêts, les hommes ne feront plus la guerre qu'aux germes de maladie et de mort qui devraient être leurs seuls ennemis.

De nombreuses générations se succéderont sans doute avant que se lève sur l'humanité, enfin assagie, cette aurore nouvelle annoncée par tant d'esprits généreux ; les lois de l'évolution, les

étonnantes découvertes de la science contemporaine nous permettent d'espérer qu'elle viendra. Ayons confiance et travaillons :

« Lentement, mais toujours, l'humanité réalise les rêves des
sages[1] ».

1. Anatole France, *Discours prononcé à l'inauguration de la statue de Renan à Tréguier*, le 14 septembre 1903.

ANNEXES

PROCÈS-VERBAL DE SIGNATURE

JEUDI 3 DÉCEMBRE 1903

Présidence de M. BARRÈRE

Le jeudi trois décembre mil neuf cent trois, la Conférence sanitaire internationale s'est réunie en séance plénière à trois heures de l'après-midi en l'hôtel du Ministère des Affaires étrangères.

Étaient présents :

Pour l'Allemagne :

M. LE COMTE DE GRŒBEN, Conseiller de Légation et premier Secrétaire à l'Ambassade impériale d'Allemagne à Paris.

M. BUMM, Conseiller intime supérieur de régence, Membre du Conseil sanitaire de l'Empire.

M. LE DOCTEUR GAFFKY, Conseiller intime de médecine grand-ducal Hessois, et professeur à l'Université de Giessen, membre du Conseil sanitaire de l'Empire.

M. LE DOCTEUR NOCHT, Médecin du port de Hambourg, Membre du Conseil sanitaire de l'Empire.

Pour la République Argentine :

M. LE DOCTEUR DAVEL, Chef du service des maladies infectieuses à la Casa de expositos à Buenos-Ayres.

Pour l'Autriche-Hongrie :

Pour l'Autriche et pour la Hongrie :

M. LE CHEVALIER ALEXANDRE DE SUZZARA, Chef de section au Ministère impérial et royal des Affaires étrangères.

Pour l'Autriche :

M. NOEL-EDNER D'EBENTHAL, Président de l'Administration maritime impériale et royale à Trieste.

M. JOSEPH DAIMER, Conseiller au Ministère impérial et royal de l'Intérieur.

Pour la Hongrie :

M. LE DOCTEUR KORNEL CHYZER, Conseiller au Ministère royal hongrois de l'Intérieur.

M. ÉRNEST RŒDIGER, Conseiller de section, capitaine de port à Fiume.

Pour la Belgique :

M. BECO, Secrétaire général du Ministère de l'Agriculture, chargé de la direction générale du service de santé et de l'hygiène publique.

Pour le Brésil :

M. G. DE PIZA, Envoyé extraordinaire et Ministre plénipotentiaire près le Président de la République Française.

Pour le Danemark :

M. LE COMTE DE REVENTLOW, Envoyé extraordinaire et Ministre plénipotentiaire près le Président de la République Française.

Pour l'Espagne :

M. FERNAND JORDAN DE URRIES Y RUIZ DE ARANA, MARQUIS DE NOVALLAS, Chambellan de Sa Majesté, premier Secrétaire de l'Ambassade royale d'Espagne à Paris.

Pour les États-Unis :

M. LE DOCTEUR H. D. GEDDINGS, Chirurgien général adjoint du service de la santé et de l'hôpital de la marine.

M. FRANK ANDERSON, Inspecteur médical de la marine.

Pour la France :

M. CAMILLE BARRÈRE, Ambassadeur de la République Française près Sa Majesté le roi d'Italie.

M. GEORGES LOUIS, Ministre plénipotentiaire de première classe, Directeur des consulats et des affaires commerciales au Ministère des Affaires étrangères.

M. LE PROFESSEUR BROUARDEL, Doyen honoraire de la Faculté de médecine de Paris, président du Comité consultatif d'hygiène publique de France, membre de l'Institut et de l'Académie de médecine.

M. HENRI MONOD, Conseiller d'État, Directeur de l'assistance et de l'hygiène publiques au Ministère de l'Intérieur, membre de l'Académie de médecine.

M. LE DOCTEUR EMILE ROUX, Sous-Directeur de l'Institut Pasteur, vice-président du Comité consultatif d'hygiène publique de France, membre de l'Académie des sciences et de l'Académie de médecine.

M. JACQUES DE CAZOTTE, Sous-Directeur des affaires consulaires au Ministère des Affaires étrangères.

M. LE DOCTEUR LEGRAND, Médecin sanitaire de France à Alexandrie.

Pour la Grande-Bretagne :

M. MAURICE-WILLIAM-ERNEST DE BUNSEN, Ministre plénipotentiaire, faisant fonctions de premier Secrétaire à l'Ambassade royale britannique à Paris.

M. LE DOCTEUR THÉODORE THOMSON du Local Government Board.

M. LE DOCTEUR FRANK GERARD CLEMOW, Délégué de la Grande-Bretagne au Conseil supérieur de santé de Constantinople.

M. Arthur-David ALBAN, Consul de Sa Majesté Britannique au Caire.

M. John RICHARDSON, Médecin en chef, membre du Comité sanitaire de l'armée, Délégué spécial de l'Inde britannique.

Pour la Grèce :

M. DELYANNI, Envoyé extraordinaire et Ministre plénipotentiaire près le Président de la République française.

M. LE DOCTEUR S. CLADO, Médecin de la Légation royale hellénique à Paris.

Pour l'Italie :

M. LE COMMANDEUR ROCCO SANTOLIQUIDO, Directeur général de la santé publique d'Italie.

M. LE MARQUIS Paulucci DE'CALBOLI, Conseiller à l'Ambassade royale d'Italie à Paris.

M. LE CHEVALIER Adolphe COTTA, Chef du Bureau des affaires générales à la direction générale de la santé publique d'Italie.

Pour le grand-duché de Luxembourg :

M. VANNERUS, Chargé d'Affaires de Luxembourg à Paris.

Pour le Monténégro :

M. LE CHEVALIER Alexandre DE SUZZARA, Chef de section au Ministère impérial et royal des Affaires étrangères d'Autriche-Hongrie.

Pour les Pays-Bas :

M. LE BARON W.-B.-R. DE WELDEREN RENGERS, Conseiller de la Légation royale des Pays-Bas à Paris.

M. LE DOCTEUR W.-P. RUIJSCH, Inspecteur général du service sanitaire dans la Hollande méridionale et la Zélande, membre du Conseil supérieur d'hygiène.

M. LE DOCTEUR C. STÉKOULIS, Délégué des Pays-Bas au Conseil supérieur de santé de Constantinople.

M. A. PLATE, Président de la Chambre de commerce de Rotterdam, membre extraordinaire du Conseil supérieur d'hygiène.

Pour la Perse :

M. LE GÉNÉRAL NAZARE AGA YÉMIN-ÈS-SALTANÉ, Envoyé extraordinaire et plénipotentiaire près le Président de la République Française.

Pour le Portugal :

M. LE DOCTEUR José-Joachim DA SILVA AMADO, du Conseil de Sa Majesté Très-Fidèle, professeur à l'Institut d'hygiène de Lisbonne, vice-président de l'Académie royale des sciences.

Pour la Roumanie :

M. Grégoire G. GHIKA, Envoyé extraordinaire et Ministre plénipotentiaire près le Président de la République française.

M. LE DOCTEUR Jean CANTACUZÈNE, Membre du Conseil sanitaire supérieur de Roumanie.

Pour la Russie :

M. Platon DE WAXEL, Conseiller d'Etat actuel.

Pour la Serbie :

M. LE DOCTEUR MICHEL POPOVITCH, Chargé d'Affaires de Serbie, à Paris.

Pour la Suède et la Norwège :

M. H. AKERMAN, Envoyé extraordinaire et Ministre plénipotentiaire près le Président de la République française.

Pour la Suisse :

M. CHARLES-EDOUARD LARDY, Envoyé extraordinaire et Ministre plénipotentiaire de la Confédération Suisse près le Président de la République française ;

M. LE DOCTEUR F. SCHMID, Directeur du Bureau sanitaire fédéral.

Pour l'Empire Ottoman :

M. LE DOCTEUR DUCA PACHA, Inspecteur général de l'Administration sanitaire de l'Empire Ottoman ;

M. LE GÉNÉRAL DJELAL ISMAÏL-PACHA, Professeur agrégé de clinique, interne à l'Ecole impériale de médecine.

Pour l'Egypte :

MOHAMED CHÉRIF-PACHA, Sous-Secrétaire d'Etat au Ministère des Affaires étrangères ;

M. LE DOCTEUR M.-A. RUFFER, Président du Conseil sanitaire, maritime et quarantenaire d'Egypte:

M. le PRÉSIDENT présente à la Conférence le texte authentique du projet de Convention où sont consignés les résultats des travaux de la Conférence. Il invite les Délégués qui sont munis des pouvoirs nécessaires à signer cette Convention dont l'instrument diplomatique a été préparé en un seul exemplaire, suivant un usage déjà établi par plusieurs précédents.

Cet exemplaire restera déposé dans les Archives du Gouvernement de la République, et une copie certifiée conforme en sera remise par la voie diplomatique à chacune des Puissances signataires.

MM. les Délégués de Belgique, d'Espagne, de France, d'Italie, de Luxembourg, de Monténégro, de Russie, de Roumanie et de Suisse annoncent qu'ils sont prêts à signer la Convention.

M. le DOCTEUR DA SILVA AMADO, délégué du Portugal, déclare, au nom de son Gouvernement, qu'il est autorisé à signer la Convention *ad referendum*.

M. DELYANNI, délégué de Grèce, fait la même déclaration.

M. le DOCTEUR DUCA PACHA, délégué de l'Empire Ottoman, donne lecture de la déclaration suivante :

« MM. les Délégués ottomans, au nom de leur Gouvernement, déclarent qu'ils sont autorisés à accéder, *ad referendum*, sous le bénéfice des réserves qu'ils ont faites dans les protocoles et dans les procès-verbaux, ainsi qu'à l'occasion des votes, aux questions numéros un, deux, trois, quatre, cinq, sept et neuf du rapport de M. Proust, et maintiennent leurs protestations pour les questions : numéro six, concernant la modification du Conseil supérieur de santé de Constantinople; numéro huit, concernant l'obligation pour le Conseil supérieur de santé de Constantinople d'exécuter les décisions de la Conférence ; numéro dix, concernant la création d'un Bureau sanitaire international; questions que le Gouvernement Impérial Ottoman considère comme n'entrant point dans les prérogatives de la Conférence, et aux discussions desquelles MM. les Délégués ottomans se sont abstenus de prendre part.

« MM. les Délégués ottomans maintiennent également leurs protestations, faites en séance plénière du 16 novembre 1903, en ce qui concerne la déclaration de l'état sanitaire du pèlerinage et du Hedjaz, et déclarent protester contre tout envoi de médecins étrangers au Hedjaz pour accompagner les pèlerins de leur nationalité. »

M. BARRÈRE, président de la Conférence, constate que, dans ces conditions, MM. les Délégués ottomans ne pourront signer que le procès-verbal de signature.

M. AKERMAN, délégué de Suède et de Norvège, fait connaître qu'il n'est pas autorisé à procéder à la signature de la Convention, ni pour la Suède, ni pour la Norvège. Il réserve, d'ailleurs, pour chacun des Royaumes-Unis, le droit d'y accéder après examen.

M. le Général NAZARE AGA, délégué de Perse, déclare signer la Convention *ad referendum*.

M. le Comte de REVENTLOW, délégué du Danemark, déclare qu'il n'est pas autorisé à signer la Convention, mais seulement les procès-verbaux constatant le résultat des travaux de la Conférence.

M. le Comte de GROEBEN, premier délégué d'Allemagne, lit la déclaration suivante :

« Tout en autorisant les Délégués d'Allemagne à signer la Convention, le Gouvernement impérial leur a donné l'instruction de faire la déclaration suivante :

« 1° Art. 15, 3°. — Le Gouvernement allemand aime à espérer que, dans la
« réglementation relative au tarif de dératisation, tous les Gouvernements
« seront d'accord pour éviter, dans leurs tarifs spéciaux, une surcharge des
« frais de *dératisation*, dans le cas où elle sera effectuée par une société ou
« par un particulier ;

« 2° Art. 24, I, c. — De ce que, dans l'article 24, I, § c, il est seulement
« question du terme « objets », on ne doit pas conclure que, sur les autres
« navires (voir les art. 21, 22, 26 et 27), la désinfection des objets ne serait
« également pas admise.

« L'article 12, réglant la désinfection des objets, doit être considéré comme
« applicable à tous les navires ;

« 3° Art. 181 et annexe III. — Le Gouvernement impérial renouvelle les
« réserves faites par sa Délégation dans la Commission des voies et moyens, à
« l'égard d'un tel établissement. »

La Conférence donne acte de cette déclaration.

MOHAMED CHÉRIF PACHA, premier délégué d'Egypte, indique que, tout en signant la Convention *ad referendum*, les Plénipotentiaires égyptiens ont le devoir de faire connaître que le Gouvernement khédivial n'est pas en mesure d'accepter les dispositions de l'article 163.

La Conférence donne acte de cette déclaration.

M. le Baron de WELDEREN RENGERS, premier délégué des Pays-Bas, donne lecture de la communication ci-après :

« La Délégation néerlandaise est autorisée à signer la présente Convention en déclarant que son Gouvernement interprète l'article 169 de la Convention de telle façon qu'il aura le droit de nommer, pour le cas où son Délégué actuel ne sera plus en fonctions comme Délégué au Conseil supérieur de santé de Constantinople, soit un médecin régulièrement diplômé néerlandais, soit un fonctionnaire consulaire du grade de Vice-Consul au moins, quel que soit le pays que ce dernier représente ou la nationalité à laquelle il appartient. »

La Conférence donne acte de cette déclaration.

M. DE BUNSEN, premier délégué de la Grande-Bretagne, fait la déclaration suivante :

« Tout en autorisant les Délégués de la Grande-Bretagne à signer la Convention, le Gouvernement de Sa Majesté Britannique leur a donné l'instruction de faire, en son nom, la déclaration suivante :

« En ce qui concerne la question d'un Office international de santé (art. 181
« et annexe III de la Convention), le Gouvernement de Sa Majesté renouvelle
« les réserves faites par sa Délégation dans la Commission des voies et moyens,
« sur l'utilité d'un tel établissement.

« En ce qui concerne les articles 81, 82 et 180 (station sanitaire d'Ormuz),
« il renouvelle la déclaration faite par sa Délégation à la sixième séance plé-
« nière de la Conférence, en y ajoutant les réserves suivantes, qu'il attache
« également à son acceptation desdits articles.

« Qu'il soit bien entendu : 1° que la Commission mixte pour la revision des
« tarifs sanitaires ne soit autorisée à statuer sur la provenance des fonds pour
« la construction de ladite station qu'avec l'assentiment de tous ses membres,
« et 2° qu'on ne procède à l'établissement de ladite station qu'après la réorga-
« nisation du Conseil supérieur de santé de Constantinople, conformément aux
« prescriptions de la présente Convention.

« Les plénipotentiaires britanniques déclarent, en outre, que les stipulations
« de la présente Convention ne seront applicables à aucune des colonies, pos-
« sessions ou protectorats de Sa Majesté Britannique qu'après notification à
« cet effet adressée par le représentant de Sa Majesté Britannique à Paris au
« Ministre des Affaires étrangères de la République Française, au nom de telle
« colonie, possession ou protectorat.

« Il est entendu par le Gouvernement Britannique que le droit de dénoncia-
« tion de la présente Convention, ainsi que le droit des Puissances de se
« concerter pour l'introduction de modifications dans le texte de la Convention,
« subsiste, ainsi qu'il résultait de la Convention de Venise, de 1897.

« En ce qui concerne les frais de dératisation, lorsque cette mesure est
« exécutée par une société ou par un individu, la Délégation d'Angleterre
« s'associe au vœu que vient d'émettre la Délégation d'Allemagne. »

La Conférence donne acte de cette déclaration.

M. DE PIZA, délégué du Brésil, annonce qu'il signera la Convention *ad referendum*.

M. DE SUZZARA, délégué d'Autriche-Hongrie, lit la déclaration ci-après, dont la Conférence lui donne acte :

« L'Autriche-Hongrie, tout en signant la Convention, ne croit pas pouvoir se départir des réserves faites par sa Délégation au cours des discussions de la Commission des voies et moyens à l'égard de l'établissement prévu par l'article 181 de la Convention.

MM. les Délégués des États-Unis d'Amérique se déclarent prêts à signer la Convention *ad referendum*, en faisant seulement des réserves quant à la substitution de la surveillance à l'observation, en raison de la législation particulière des différents États de l'Union.

La Conférence donne acte de cette déclaration.

M. le Docteur POPOVITCH, délégué de Serbie, fait connaître qu'il est en mesure de signer la Convention *ad referendum*.

Sous le bénéfice des déclarations qui précèdent, la Convention est signée par les Délégués munis des pleins pouvoirs nécessaires.

M. le Président donne ensuite lecture du vœu suivant, qui a été émis par la Conférence, en ce qui concerne le pèlerinage marocain.

« La Conférence a exprimé le vœu que le pèlerinage marocain soit dûment réglementé, et qu'une station sanitaire soit installée au Maroc dans un lieu facilement abordable, bien isolé et à proximité du siège du Conseil, à Malabata, par exemple, de manière que le Conseil puisse surveiller l'exécution des mesures sanitaires.

En foi de quoi, les soussignés, Délégués à la Conférence sanitaire internationale de Paris, ont signé le présent Procès-verbal, auquel une copie authentique de la Convention sera annexée.

Signé : GROEBEN.

Dr DAVEL.

SUZZARA.

BECO.
Gabriel de PIZA.
ROVENTLOW.
Marquis de NOVALLAS.

Frank ANDERSON.

Camille BARRÈRE.

Maurice de BUNSEN.

N. DELYANNI.
S. CLADO.

Rocco SANTOLIQUIDO.

VANNERUS.

SUZZARA.

Signé : BUMM.
GAFFKY.
NOCHT.

EBNER.
Dr DAIMER.
ROEDIGER.
CHYZER.

H. D. GEDDINGS.

Georges LOUIS.
P. BROUARDEL.
Henri MONOD.
Dr ROUX.
J. de CAZOTTE.
H. LEGRAND.

Théodore THOMSON.
Frank G. CLEMOW.
Arthur D. ALBAN.
J. RICHARDSON.

Paulucci de CALBOLI.
Adolfo COTTA.

Signé : W. WELDEREN RENGERS.   *Signé :* W. RUIJSCH.
Dr C. STEKOULIS.
A. PLATE.

NAZARE AGA.

J. J. DA SILVA AMADO.

GR. G. GHIKA.   Dr J. CANTACUZÉNE.

PLATON DE WAXEL.
Dr MICHL POPOVITCH.
H. AKERMAN.
LARDY.   Dr SCHMID.
Dr DUCA.   Dr DJELAL.
M. CHÉRIF.   MARC-ARMAND RUFFER.

Le Président de la Conférence,

CAMILLE BARRÈRE.

Le Chef du secrétariat,

E. RONSSIN.

Les Secrétaires :

N. DE POGGENPOHL.
M. HERBETTE.
G. HARISMENDY.
P. FAIVRE.
A. MARTIN-FRANKLIN.
P. GAUTHIER.
BARNEWITZ.

CONVENTION

Sa Majesté l'Empereur d'Allemagne, Roi de Prusse, au nom de l'Empire Allemand ; Sa Majesté l'Empereur d'Autriche, Roi de Bohême, etc., etc., et Roi apostolique de Hongrie ; Sa Majesté le Roi des Belges ; le Président de la République des Etats-Unis du Brésil ; Sa Majesté le Roi d'Espagne ; le Président des Etats-Unis d'Amérique ; le Président de la République Française ; Sa Majesté le Roi du Royaume-Uni de la Grande-Bretagne et d'Irlande et des Territoires britanniques au delà des mers, Empereur des Indes ; Sa Majesté le Roi des Hellènes ; Sa Majesté le Roi d'Italie ; Son Altesse Royale le Grand Duc de Luxembourg ; Son Altesse Royale le Prince de Monténégro ; Sa Majesté la Reine des Pays-Bas ; Sa Majesté le Schah de Perse ; Sa Majesté le Roi de Portugal et des Algarves ; Sa Majesté le Roi de Roumanie ; Sa Majesté l'Empereur de toutes les Russies ; Sa Majesté le Roi de Serbie ; le Conseil Fédéral Suisse, et Son Altesse le Khédive d'Egypte, agissant dans les limites des pouvoirs à lui conférés par les firmans impériaux,

Ayant jugé utile d'arrêter, dans un même arrangement, les mesures propres à sauvegarder la santé publique contre l'invasion et la propagation de la peste et du choléra, et désirant reviser, en les complétant, les Conventions sanitaires internationales actuellement en vigueur, ont nommé pour Leurs Plénipotentiaires, savoir :

SA MAJESTÉ L'EMPEREUR D'ALLEMAGNE, ROI DE PRUSSE :

> M. le comte DE GRŒBEN, Conseiller de Légation et premier Secrétaire à l'Ambassade impériale d'Allemagne à Paris ;

> M. BUMM, Conseiller intime supérieur de régence, membre du Conseil sanitaire de l'Empire ;

> M. le docteur GAFFKY, Conseiller intime de médecine grand-ducal hessois et professeur à l'Université de Giessen, membre du Conseil sanitaire de l'Empire ;

> M. le docteur NOCHT, Médecin du port de Hambourg, membre du Conseil sanitaire de l'Empire.

SA MAJESTÉ L'EMPEREUR D'AUTRICHE, ROI DE BOHÊME, etc., etc., ET ROI APOSTOLIQUE DE HONGRIE :

> M. le Chevalier Alexandre DE SUZZARA, Chef de section au Ministère impérial et royal des Affaires étrangères, Commandeur de l'ordre de François-Joseph, Chevalier de troisième classe de l'Ordre de la Couronne de Fer ;

> M. Noël EBNER D'EBENTHAL, Président de l'Administration maritime impériale et royale à Trieste, Chevalier des Ordres de Léopold et de François-Joseph ;

> M. Joseph DAIMER, Conseiller au Ministère impérial et royal de l'Intérieur, Chevalier de troisième classe de l'Ordre de la Couronne de Fer, Chevalier de l'Ordre de François-Joseph ;

> M. KORNEL CHYZER, Conseiller au Ministère royal hongrois de l'Intérieur, Chevalier des Ordres de Léopold et de François-Joseph ;

> M. Ernest RŒDIGER, Conseiller de section.

SA MAJESTÉ LE ROI DES BELGES :

> M. BECO, Secrétaire général du Ministère de l'Agriculture, chargé de la direction générale du service de santé et de l'hygiène publique, Commandeur de l'Ordre de Léopold, décoré de la Croix civique de première classe.

LE PRÉSIDENT DE LA RÉPUBLIQUE DES ÉTATS-UNIS DU BRÉSIL :

> M. G. DE PIZA, Son Envoyé extraordinaire et Ministre plénipotentiaire près le Président de la République Française.

SA MAJESTÉ LE ROI D'ESPAGNE :

> M. Fernand JORDAN DE URRIEZ Y RUIZ DE ARANA, Marquis DE NOVALLAS, Chambellan de Sa Majesté, premier Secrétaire de l'Ambassade royale d'Espagne à Paris, Commandeur de l'Ordre de Charles III.

LE PRÉSIDENT DES ÉTATS-UNIS D'AMÉRIQUE :

> M. le docteur H. D. GEDDINGS, Chirurgien général adjoint du service de la santé et de l'hôpital de la marine ;

> M. Frank ANDERSON, Inspecteur médical de la marine.

LE PRÉSIDENT DE LA RÉPUBLIQUE FRANÇAISE :

> M. Camille BARRÈRE, Ambassadeur de la République Française près Sa Majesté le Roi d'Italie, Grand-Officier de l'Ordre national de la Légion d'honneur ;

> M. Georges LOUIS, Ministre plénipotentiaire de première classe, Directeur des consulats et des affaires commerciales au Ministère des Affaires étrangères, Officier de l'Ordre national de la Légion d'honneur ;

M. le professeur BROUARDEL, Doyen honoraire de la Faculté de méde-
cine de Paris, président du Comité consultatif d'hygiène publique de
France, membre de l'Institut et de l'Académie de médecine, Grand-
Officier de l'Ordre national de la Légion d'honneur ;

M. Henri MONOD, Conseiller d'État, Directeur de l'assistance et de l'hygiène publiques au Ministère de l'Intérieur, membre de l'Académie de
médecine, Commandeur de l'Ordre national de la Légion d'honneur ;

M. le docteur Émile ROUX, Sous-Directeur de l'Institut Pasteur, vice-
président du Comité consultatif d'hygiène publique de France, membre
de l'Académie des sciences et de l'Académie de médecine, Commandeur de l'Ordre national de la Légion d'honneur ;

M. Jacques DE CAZOTTE, Sous-Directeur des affaires consulaires au Ministère des Affaires étrangères, Officier de l'Ordre national de la Légion
d'honneur.

SA MAJESTÉ LE ROI DU ROYAUME-UNI DE LA GRANDE-BRETAGNE
ET D'IRLANDE ET DES TERRITOIRES BRITANNIQUES AU DELA
DES MERS, EMPEREUR DES INDES :

M. Maurice-William-Ernest DE BUNSEN, Ministre plénipotentiaire, faisant
fonctions de premier Secrétaire à l'Ambassade royale britannique à
Paris, Commandeur de l'Ordre royal de Victoria, Compagnon de
l'Ordre du Bain ;

M. le docteur Théodore THOMSON, du Local Government Board ;

M. le docteur Frank-Gerard CLEMOW, Délégué de la Grande-Bretagne au
Conseil supérieur de santé de Constantinople ;

M. Arthur-David ALBAN, consul de S. M. Britannique au Caire.

SA MAJESTÉ LE ROI DES HELLÈNES :

M. DELYANNI, Son Envoyé extraordinaire et Ministre plénipotentiaire
près le Président de la République Française, Grand-Commandeur
de l'Ordre royal du Sauveur ;

M. le docteur S. CLADO, Médecin de la Légation royale hellénique à
Paris.

SA MAJESTÉ LE ROI D'ITALIE :

M. le Commandeur Rocco SANTOLIQUIDO, Directeur général de la santé
publique d'Italie ;

M. le Marquis Paulucci DE' CALBOLI, Conseiller à l'Ambassade royale
d'Italie, à Paris ;

M. le Chevalier Adolphe CORRA, Chef du Bureau des affaires générales
à la direction générale de la santé publique d'Italie.

SON ALTESSE ROYALE LE GRAND-DUC DE LUXEMBOURG :

M. VANNERUS, Chargé d'affaires de Luxembourg, à Paris.

SON ALTESSE ROYALE LE PRINCE DE MONTÉNÉGRO :

M. le Chevalier Alexandre DE SUZZARA, Chef de section au Ministère
impérial et royal des Affaires étrangères d'Autriche-Hongrie, Commandeur de l'Ordre de François-Joseph, Chevalier de troisième classe
de la Couronne de Fer.

SA MAJESTÉ LA REINE DES PAYS-BAS :

    M. le baron W.-B.-R. DE WELDERENS-RENGERS, Conseiller de la Légation royale des Pays-Bas, à Paris;

    M. le docteur W.-P. RUIJSCH, Inspecteur général du service sanitaire dans la Hollande méridionale et la Zélande, membre du Conseil supérieur d'hygiène;

    M. le docteur C. STÉKOULIS, Délégué des Pays-Bas au Conseil supérieur de santé de Constantinople;

    M. A. PLATE, Président de la Chambre de commerce de Rotterdam, membre extraordinaire du Conseil supérieur d'hygiène.

SA MAJESTÉ LE SCHAH DE PERSE :

    M. le général NAZARE AGA YÉMIN-ÈS-SALTANÉ, Son Envoyé extraordinaire et Ministre plénipotentiaire près le Président de la République Française, titulaire du portrait du Schah en diamants, Grand-Cordon de l'Ordre du Lion et du Soleil en diamants.

SA MAJESTÉ LE ROI DE PORTUGAL ET DES ALGARVES :

    M. le docteur José-Joaquim DA SILVA AMADO, du Conseil de S. M. Très-Fidèle, professeur à l'Institut d'hygiène de Lisbonne, vice-président de l'Académie royale des sciences, Commandeur de l'Ordre de Saint-Jacques.

SA MAJESTÉ LE ROI DE ROUMANIE :

    M. Grégoire-G. GHIKA, Son Envoyé extraordinaire et Ministre plénipotentiaire près le Président de la République Française, Grand-Officier de l'Ordre de l'Étoile de Roumanie, Grand-Officier de l'Ordre de la Couronne de Roumanie;

    M. le docteur Jean CANTACUZÈNE, Membre du Conseil sanitaire supérieur de Roumanie.

SA MAJESTÉ L'EMPEREUR DE TOUTES LES RUSSIES :

    M. Platon DE WAXEL, Conseiller d'État actuel, Grand-Cordon de l'Ordre de Saint-Stanislas.

SA MAJESTÉ LE ROI DE SERBIE :

    M. le docteur Michel POPOVITCH, Chargé d'affaires de Serbie, à Paris.

LE CONSEIL FÉDÉRAL SUISSE :

    M. Charles-Édouard LARDY, Envoyé extraordinaire et Ministre plénipotiaire de la Confédération Suisse près le Président de la République française;

    M. le docteur F. SCHMID, Directeur du Bureau sanitaire fédéral.

Et SON ALTESSE LE KHÉDIVE D'ÉGYPTE :

    Mohamed CHÉRIF-PACHA, Sous-Secrétaire d'État au Ministère des Affaires étrangères, Grand-Cordon de l'Ordre du Medjidié, Grand-Officier de l'Ordre de l'Osmanié;

M. le docteur Marc-Armand Ruffer, Président du Conseil sanitaire maritime et quarantenaire d'Égypte, Grand-Officier des Ordres de l'Osmanié et du Medjidié;

Lesquels, ayant échangé leurs pleins pouvoirs trouvés en bonne et due forme, sont convenus des dispositions suivantes :

TITRE I.

DISPOSITIONS GÉNÉRALES.

CHAPITRE I.

PRESCRIPTIONS A OBSERVER PAR LES PAYS SIGNATAIRES DE LA CONVENTION DÈS QUE LA PESTE OU LE CHOLÉRA APPARAIT SUR LEUR TERRITOIRE.

Section I. — **Notification et communications ultérieures aux autres pays.**

Article premier. — Chaque Gouvernement doit notifier immédiatement aux autres Gouvernements la première apparition sur son territoire de cas avérés de peste ou de choléra.

Art. 2. — Cette notification est accompagnée ou très promptement suivie de renseignements circonstanciés sur : 1o l'endroit où la maladie est apparue ; 2o la date de son apparition, son origine et sa forme; 3o le nombre des cas constatés et celui des décès; 4o pour la peste : l'existence, parmi les rats ou les souris, de la peste ou d'une mortalité insolite; 5o les mesures immédiatement prises à la suite de cette première apparition.

Art. 3. — La notification et les renseignements prévus aux articles 1 et 2 sont adressés aux agences diplomatiques ou consulaires dans la capitale du pays contaminé.

Pour les pays qui n'y sont pas représentés, ils sont transmis directement par télégraphe aux Gouvernements de ces pays.

Art. 4. — La notification et les renseignements prévus aux articles 1 et 2 sont suivis de communications ultérieures données d'une façon régulière, de manière à tenir les Gouvernements au courant de la marche de l'épidémie.

Ces communications, qui se font au moins une fois par semaine et qui sont aussi complètes que possible, indiquent plus particulièrement les précautions prises en vue de combattre l'extension de la maladie.

Elles doivent préciser : a) les mesures prophylactiques appliquées relativement à l'inspection sanitaire ou à la visite médicale, à l'isolement et à la désinfection; b) les mesures exécutées au départ des navires pour empêcher l'exportation du mal et spécialement, dans le cas prévu par le 4o de l'article 2 ci-dessus, les mesures prises contre les rats.

Art. 5. — Le prompt et sincère accomplissement des prescriptions qui précèdent est d'une importance primordiale.

Les notifications n'ont de valeur réelle que si chaque Gouvernement est prévenu lui-même, à temps, des cas de peste, de choléra et des cas douteux survenus sur son territoire. On ne saurait donc trop recommander aux divers Gouvernements de rendre obligatoire la déclaration des cas de peste et des cas de choléra, et de se tenir renseignés sur toute mortalité insolite des rats ou des souris, notamment dans les ports.

Art. 6. — Il est entendu que les pays voisins se réservent de faire des arrangements spéciaux en vue d'organiser un service d'informations directes entre les chefs des administrations des frontières.

SECTION II. — **Conditions qui permettent de considérer une circonscription territoriale comme contaminée ou redevenue saine.**

Art. 7. — La notification d'un premier cas de peste ou de choléra n'entraîne pas, contre la circonscription territoriale où il s'est produit, l'application des mesures prévues au chapitre II ci-après. Mais, lorsque plusieurs cas de peste non importés se sont manifestés ou que les cas de choléra forment foyer, la circonscription est déclarée contaminée.

Art. 8. — Pour restreindre les mesures aux seules régions atteintes, les Gouvernements ne doivent les appliquer qu'aux provenances des circonscriptions contaminées.

On entend par le mot *circonscription* une partie de territoire bien déterminée dans les renseignements qui accompagnent ou suivent la notification, ainsi : une province, un « gouvernement », un district, un département, un canton, une île, une commune, une ville, un quartier de ville, un village, un port, un polder, une agglomération, etc., quelles que soient l'étendue et la population de ces portions de territoire.

Mais cette restriction limitée à la circonscription contaminée ne doit être acceptée qu'à la condition formelle que le Gouvernement du pays contaminé prenne les mesures nécessaires : 1º pour prévenir, à moins de désinfection préalable, l'exportation des objets visés aux 1º et 2º de l'article 12, provenant de la circonscription contaminée, et 2º pour combattre l'extension de l'épidémie.

Quand une circonscription est contaminée, aucune mesure restrictive n'est prise contre les provenances de cette circonscription, si ces provenances l'ont quittée cinq jours au moins avant le début de l'épidémie.

Art. 9. — Pour qu'une circonscription ne soit plus considérée comme contaminée il faut la constatation officielle : 1º qu'il n'y a eu ni décès ni cas nouveau de peste ou de choléra depuis cinq jours soit après l'isolement[1], soit après la mort ou la guérison du dernier pesteux ou cholérique ; 2º que toutes les mesures de désinfection ont été appliquées, et, s'il s'agit de cas de peste, que les mesures contre les rats ont été exécutées.

---

1. Le mot « isolement » signifie : isolement du malade, des personnes qui lui donnent des soins d'une façon permanente et interdiction des visites de toute autre personne.

CHAPITRE II.

MESURES DE DÉFENSE PAR LES AUTRES PAYS CONTRE LES TERRITOIRES DÉCLARÉS CONTAMINÉS.

SECTION I. — Publication des mesures prescrites.

Art. 10. — Le Gouvernement de chaque pays est tenu de publier immédiatement les mesures qu'il croit devoir prescrire au sujet des provenances d'un pays où d'une circonscription territoriale contaminés.

Il communique aussitôt cette publication à l'agent diplomatique ou consulaire du pays contaminé, résidant dans sa capitale, ainsi qu'aux Conseils sanitaires internationaux.

Il est également tenu de faire connaître, par les mêmes voies, le retrait de ces mesures ou les modifications dont elles seraient l'objet.

A défaut d'agence diplomatique ou consulaire dans la capitale, les communications sont faites directement au Gouvernement du pays intéressé.

SECTION II. — Marchandises. — Désinfection. — Importation et transit. — Bagages.

Art. 11. — Il n'existe pas de marchandises qui soient par elles-mêmes capables de transmettre la peste ou le choléra. Elles ne deviennent dangereuses qu'au cas où elles ont été souillées par des produits pesteux ou cholériques.

Art. 12. — La désinfection ne peut être appliquée qu'aux marchandises et objets que l'autorité sanitaire locale considère comme contaminés.

Toutefois, les marchandises ou objets énumérés ci-après peuvent être soumis à la désinfection ou même prohibés à l'entrée, indépendamment de toute constatation qu'ils seraient ou non contaminés :

1º Les linges de corps, hardes et vêtements portés (effets à usage), les literies ayant servi.

Lorsque ces objets sont transportés comme bagages ou à la suite d'un changement de domicile (effets d'installation), ils ne peuvent être prohibés et sont soumis au régime de l'article 19.

Les paquets laissés par les soldats et les matelots, et renvoyés dans leur patrie après décès, sont assimilés aux objets compris dans le premier alinéa du 1º ;

2º Les chiffons et drilles, à l'exception, quant au choléra, des chiffons comprimés qui sont transportés comme marchandises en gros par ballots cerclés.

Ne peuvent être interdits les déchets neufs provenant directement d'ateliers de filature, de tissage, de confection ou de blanchiment; les laines artificielles (Kunstwolle, Shoddy) et les rognures de papier neuf.

Art. 13. — Il n'y a pas lieu d'interdire le transit des marchandises et objets spécifiés aux 1º et 2º de l'article qui précède, s'ils sont emballés de telle sorte qu'ils ne puissent être manipulés en route.

De même, lorsque les marchandises ou objets sont transportés de telle façon qu'en cours de route ils n'aient pu être en contact avec les objets souillés, leur transit à travers une circonscription territoriale contaminée ne doit pas être un obstacle à leur entrée dans le pays de destination.

Art. 14. — Les marchandises et objets spécifiés aux 1º et 2º de l'article 12 ne tombent pas sous l'application des mesures de prohibition à l'entrée, s'il est démontré à l'autorité du pays de destination qu'ils ont été expédiés cinq jours au moins avant le début de l'épidémie.

Art. 15. — Le mode et l'endroit de la désinfection, ainsi que les procédés à employer pour assurer la destruction des rats, sont fixés par l'autorité du pays de destination. Ces opérations doivent être faites de manière à ne détériorer les objets que le moins possible.

Il appartient à chaque Etat de régler la question relative au payement éventuel des dommages-intérêts résultant de la désinfection ou de la destruction des rats.

Si, à l'occasion des mesures prises pour assurer la destruction des rats à bord des navires, des taxes sont perçues par l'autorité sanitaire, soit directement, soit par l'intermédiaire d'une Société ou d'un particulier, le taux de ces taxes doit être fixé par un tarif publié d'avance et établi de façon qu'il ne puisse résulter de l'ensemble de son application une source de bénéfice pour l'Etat ou pour l'Administration sanitaire.

Art. 16. — Les lettres et correspondances, imprimés, livres, journaux, papiers d'affaires, etc. (non compris les colis postaux), ne sont soumis à aucune restriction ni désinfection.

Art. 17. — Les marchandises, arrivant par terre ou par mer, ne peuvent être retenues aux frontières ou dans les ports.

Les seules mesures qu'il soit permis de prescrire à leur égard sont spécifiées dans l'article 12 ci-dessus.

Toutefois, si des marchandises, arrivant par mer en vrac ou dans des emballages défectueux, ont été, pendant la traversée, contaminées par des rats reconnus pesteux et si elles ne peuvent être désinfectées, la destruction des germes peut être assurée par leur mise en dépôt pendant une durée maxima de deux semaines.

Il est entendu que l'application de cette dernière mesure ne doit entraîner aucun délai pour le navire, ni des frais extraordinaires résultant du défaut d'entrepôts dans les ports.

Art. 18. — Lorsque des marchandises ont été désinfectées, par application des prescriptions de l'article 12, ou mises en dépôt temporaire, en vertu du troisième alinéa de l'article 17, le propriétaire ou son représentant a le droit de réclamer, de l'autorité sanitaire qui a ordonné la désinfection ou le dépôt, un certificat indiquant les mesures prises.

Art. 19. — *Bagages* : La désinfection du linge sale, des hardes, vêtements et objets qui font partie de bagages ou de mobiliers (effets d'installation) provenant d'une circonscription territoriale déclarée contaminée, n'est effectuée que dans le cas où l'autorité sanitaire les considère comme contaminés.

SECTION III. — **Mesures dans les ports et aux frontières de mer.**

Art. 20. — *Classification des navires* : Est considéré comme *infecté* le navire qui a la peste ou le choléra à bord, ou qui a présenté un ou plusieurs cas de peste ou de choléra depuis sept jours ;

Est considéré comme *suspect* le navire à bord duquel il y a eu des cas de peste ou de choléra au moment du départ ou pendant la traversée, mais aucun cas nouveau depuis sept jours ;

Est considéré comme *indemne*, bien que venant d'un port contaminé, le navire qui n'a eu ni décès ni cas de peste ou de choléra à bord, soit avant le départ, soit pendant la traversée, soit au moment de l'arrivée.

Art. 21. — Les navires *infectés de peste* sont soumis au régime suivant :

1º Visite médicale ;

2º Les malades sont immédiatement débarqués et isolés ;

3º Les autres personnes doivent être également débarquées, si possible, et soumises à dater de l'arrivée, soit à une observation[1] qui ne dépassera pas cinq jours et pourra être suivie ou non d'une surveillance[2] de cinq jours au plus, soit simplement à une surveillance qui ne pourra excéder dix jours ; il appartient à l'autorité sanitaire du port d'appliquer celle de ces mesures qui lui paraît préférable selon la date du dernier cas, l'état du navire et les possibilités locales ;

4º Le linge sale, les effets à usage et les objets de l'équipage[3] et des passagers qui, de l'avis de l'autorité sanitaire, sont considérés comme contaminés seront désinfectés ;

5º Les parties du navire qui ont été habitées par des pesteux ou qui, de l'avis de l'autorité sanitaire, sont considérées comme contaminées, doivent être désinfectées ;

6º La destruction des rats du navire doit être effectuée avant ou après le déchargement de la cargaison, le plus rapidement possible et, en tout cas, dans un délai maximum de quarante-huit heures, en évitant de détériorer les marchandises, les tôles et les machines.

Pour les navires sur lest, cette opération doit se faire le plus tôt possible avant le chargement.

Art. 22. — Les navires *suspects de peste* sont soumis aux mesures ci-dessus indiquées sous les nᵒˢ 1º, 4º et 5º de l'article 21.

En outre, l'équipage et les passagers peuvent être soumis à une surveillance qui ne dépassera pas cinq jours à dater de l'arrivée du navire. On peut, pendant le même temps, empêcher le débarquement de l'équipage, sauf pour raisons de service.

Il est recommandé de détruire les rats du navire. Cette destruction est

----

1. Le mot « observation » signifie : isolement des voyageurs soit à bord d'un navire, soit dans une station sanitaire, avant qu'ils n'obtiennent la libre pratique

2. Le mot « surveillance » signifie que les voyageurs ne sont pas isolés, qu'ils obtiennent tout de suite la libre pratique, mais sont signalés à l'autorité dans les diverses localités où ils se rendent et soumis à un examen médical constatant leur état de santé.

3. Le mot « équipage » s'applique aux personnes qui font ou ont fait partie de l'équipage ou du personnel de service du bord, y compris les maîtres d'hôtel, garçons, cafedji, etc. C'est dans ce sens qu'il faut comprendre ce mot chaque fois qu'il est employé dans la présente Convention.

effectuée, avant ou après le déchargement de la cargaison, le plus rapidement possible et, en tout cas, dans un délai maximum de quarante-huit heures, en évitant de détériorer les marchandises, les tôles et les machines.

Pour les navires sur lest, cette opération se fera, s'il y a lieu, le plus tôt possible et, en tout cas, avant le chargement.

Art. 23. — Les navires *indemnes de peste* sont admis à la libre pratique immédiate, quelle que soit la nature de leur patente.

Le seul régime que peut prescrire à leur sujet l'autorité du port d'arrivée consiste dans les mesures suivantes :

1º Visite médicale;

2º Désinfection du linge sale, des effets à usage et des autres objets de l'équipage et des passagers, mais seulement dans les cas exceptionnels, lorsque l'autorité sanitaire a des raisons spéciales de croire à leur contamination ;

3º Sans que la mesure puisse être érigée en règle générale, l'autorité sanitaire peut soumettre les navires venant d'un port contaminé à une opération destinée à détruire les rats à bord, avant ou après le déchargement de la cargaison. Cette opération doit être faite aussitôt que possible et, en tout cas, ne doit pas durer plus de vingt-quatre heures, en évitant de détériorer les marchandises, les tôles et les machines, et d'entraver la circulation des passagers et de l'équipage entre le navire et la terre ferme. Pour les navires sur lest, il sera procédé, s'il y a lieu, à cette opération le plus tôt possible et en tout cas avant le chargement.

Lorsqu'un navire venant d'un port contaminé a été soumis à la destruction des rats, celle-ci ne peut être renouvelée que si le navire a fait relâche dans un port contaminé en s'y amarrant à quai, ou si la présence de rats morts ou malades est constatée à bord.

L'équipage et les passagers peuvent être soumis à une surveillance qui ne dépassera pas cinq jours à compter de la date où le navire est parti du port contaminé. On peut également, pendant le même temps, empêcher le débarquement de l'équipage, sauf pour raisons de service.

L'autorité compétente du port d'arrivée peut toujours réclamer sous serment un certificat du médecin du bord, ou, à son défaut, du capitaine, attestant qu'il n'y a pas eu de cas de peste sur le navire depuis le départ et qu'une mortalité insolite des rats n'a pas été constatée.

Art. 24. — Lorsque, sur un navire *indemne*, des rats ont été reconnus pesteux après examen bactériologique, ou bien que l'on constate parmi ces rongeurs une mortalité insolite, il y a lieu de faire application des mesures suivantes :

I. *Navires avec rats pesteux*. — a) visite médicale; b) les rats doivent être détruits, avant ou après le déchargement de la cargaison, le plus rapidement possible et, en tout cas, dans un délai maximum de quarante-huit heures, en évitant de détériorer les marchandises, les tôles et les machines. Les navires sur lest subissent cette opération le plus tôt possible et, en tout cas, avant le chargement; c) les parties du navire et les objets que l'autorité sanitaire locale juge être contaminés sont désinfectés ; d) les passagers et l'équipage peuvent être soumis à une surveillance dont la durée ne doit pas dépasser cinq jours comptés à partir de la date d'arrivée, sauf des cas exceptionnels où l'autorité sanitaire peut prolonger la surveillance jusqu'à un maximum de dix jours.

II. *Navires où est constatée une mortalité insolite des rats.* — a) visite médicale ; *b*) l'examen des rats au point de vue de la peste sera fait autant et aussi vite que possible ; *c*) si la destruction des rats est jugée nécessaire, elle aura lieu, dans les conditions indiquées ci-dessus relativement aux navires avec rats pesteux ; *d*) jusqu'à ce que tout soupçon soit écarté, les passagers et l'équipage peuvent être soumis à une surveillance dont la durée ne dépassera pas cinq jours comptés à partir de la date d'arrivée, sauf dans des cas exceptionnels où l'autorité sanitaire peut prolonger la surveillance jusqu'à un maximum de dix jours.

Art. 25. — L'autorité sanitaire du port délivre au capitaine, à l'armateur ou à son agent, toutes les fois que la demande en est faite, un certificat constatant que les mesures de destruction des rats ont été effectuées et indiquant les raisons pour lesquelles ces mesures ont été appliquées.

Art. 26. — Les navires *infectés* de choléra sont soumis au régime suivant :

1° Visite médicale ;

2° Les malades sont immédiatement débarqués et isolés ;

3° Les autres personnes doivent être également débarquées, si possible, et soumises à dater de l'arrivée du navire à une observation ou à une surveillance dont la durée variera, selon l'état sanitaire du navire et selon la date du dernier cas, sans pouvoir dépasser cinq jours ;

4° Le linge sale, les effets à usage et les objets de l'équipage et des passagers qui, de l'avis de l'autorité sanitaire du port, sont considérés comme contaminés, sont désinfectés ;

5° Les parties du navire qui ont été habitées par les malades atteints de choléra, ou qui sont considérées par l'autorité sanitaire comme contaminées, sont désinfectées ;

6° L'eau de la cale est évacuée après désinfection.

L'autorité sanitaire peut ordonner la substitution d'une bonne eau potable à celle qui est emmagasinée à bord.

Il peut être interdit de laisser s'écouler ou de jeter dans les eaux du port les déjections humaines, à moins de désinfection préalable.

Art. 27. — Les navires *suspects de choléra* sont soumis aux mesures ci-dessus prescrites sous les n°s 1°, 4°, 5° et 6° de l'article 26.

L'équipage et les passagers peuvent être soumis à une surveillance qui ne doit pas dépasser cinq jours à partir de l'arrivée du navire. Il est recommandé d'empêcher, pendant le même temps, le débarquement de l'équipage, sauf pour raisons de service.

Art. 28. — Les navires *indemnes de choléra* sont admis à la libre pratique immédiate, quelle que soit la nature de leur patente.

Le seul régime que puisse prescrire à leur sujet l'autorité du port d'arrivée consiste dans les mesures prévues ci-dessus aux n°s 1°, 4° et 6° de l'article 26.

L'équipage et les passagers peuvent être soumis, au point de vue de leur état de santé, à une surveillance qui ne doit pas dépasser cinq jours à compter de la date où le navire est parti du port contaminé.

Il est recommandé d'empêcher, pendant le même temps, le débarquement de l'équipage, sauf pour raisons de service.

L'autorité compétente du port d'arrivée peut toujours réclamer sous serment un certificat du médecin du bord ou, à son défaut, du capitaine, attestant qu'il n'y a pas eu de cas de choléra sur le navire depuis le départ.

Art. 29. — L'autorité compétente tiendra compte, pour l'application des mesures indiquées dans les articles 21 à 28, de la présence d'un médecin et d'appareils de désinfection (étuves) à bord des navires des trois catégories susmentionnées.

En ce qui concerne la peste, elle aura égard également à l'installation à bord d'appareils de destruction des rats.

Les autorités sanitaires des États auxquels il conviendrait de s'entendre sur ce point, pourront dispenser de la visite médicale et d'autres mesures les navires indemnes qui auraient à bord un médecin spécialement commissionné par leur pays.

Art. 3o. — Des mesures spéciales peuvent être prescrites à l'égard des navires encombrés, notamment des navires d'émigrants ou de tout autre navire offrant de mauvaises conditions d'hygiène.

Art. 3i. — Tout navire |qui ne veut pas se soumettre aux obligations imposées par l'autorité du port en vertu des stipulations de la présente Convention est libre de reprendre la mer.

Il peut être autorisé à débarquer ses marchandises après que les précautions nécessaires auront été prises, à savoir : 1o isolement du navire, de l'équipage et des passagers; 2o en ce qui concerne la peste, demande de renseignements relatifs à l'existence d'une mortalité insolite parmi les rats; 3o en ce qui concerne le choléra, évacuation de l'eau de cale après désinfection et substitution d'une bonne eau potable à celle qui est emmagasinée à bord.

Il peut également être autorisé à débarquer des passagers qui en font la demande, à la condition que ceux-ci se soumettent aux mesures prescrites par l'autorité locale.

Art. 32. — Les navires d'une provenance contaminée qui ont été désinfectés et ont été l'objet de mesures sanitaires appliquées d'une façon suffisante, ne subiront pas une seconde fois ces mesures à leur arrivée dans un port nouveau, à la condition qu'il ne se soit produit aucun cas depuis que la désinfection a été pratiquée, et qu'ils n'aient pas fait escale dans un port contaminé.

Quand un navire débarque seulement des passagers et leurs bagages ou la malle postale, sans avoir été en communication avec la terre ferme, il n'est pas considéré comme ayant touché le port.

Art. 33. — Les passagers arrivés par un navire infecté ont la faculté de réclamer de l'autorité sanitaire du port un certificat indiquant la date de leur arrivée et les mesures auxquelles ils ont été soumis, ainsi que leurs bagages.

Art. 34. — Les bateaux de cabotage feront l'objet d'un régime spécial à établir d'un commun accord entre les pays intéressés.

Art. 35. — Sans préjudice du droit qu'ont les Gouvernements de se mettre d'accord pour organiser des stations sanitaires communes, chaque pays doit pourvoir au moins un des ports du littoral de chacune de ses mers d'une organisation et d'un outillage suffisants pour recevoir un navire, quel que soit son état sanitaire.

Lorsqu'un navire indemne, venant d'un port contaminé, arrive dans un grand port de navigation maritime, il est recommandé de ne pas le renvoyer à un autre port en vue de l'exécution des mesures sanitaires prescrites.

Dans chaque pays, les ports ouverts aux provenances de ports contaminés de peste ou de choléra doivent être outillés de telle façon que les navires indemnes puissent y subir, dès leur arrivée, les mesures prescrites, et ne soient pas envoyés, à cet effet, dans un autre port.

Les Gouvernements feront connaître les ports qui sont ouverts chez eux aux provenances de ports contaminés de peste ou de choléra.

Art. 36. — Il est recommandé que, dans les grands ports de navigation maritime, il soit établi : *a*) un service médical régulier du port et une surveillance médicale permanente de l'état sanitaire des équipages et de la population du port ; *b*) des locaux appropriés à l'isolement des malades et à l'observation des personnes suspectes ; *c*) les installations nécessaires à une désinfection efficace et des laboratoires bactériologiques ; *d*) un service d'eau potable non suspecte à l'usage du port et l'application d'un système présentant toute la sécurité possible pour l'enlèvement des déchets et ordures.

Section IV. — **Mesures aux frontières de terre. — Voyageurs. — Chemins de fer. — Zones frontières. — Voies fluviales.**

Art. 37. — Il ne doit plus être établi de quarantaines terrestres. Seules, les personnes présentant des symptômes de peste ou de choléra peuvent être retenues aux frontières.

Ce principe n'exclut pas le droit, pour chaque État, de fermer au besoin une partie de ses frontières.

Art. 38. — Il importe que les voyageurs soient soumis, au point de vue de leur état de santé, à une surveillance de la part du personnel des chemins de fer.

Art. 39. — L'intervention médicale se borne à une visite des voyageurs et aux soins à donner aux malades. Si cette visite se fait, elle est combinée, autant que possible, avec la visite douanière, de manière que les voyageurs soient retenus le moins longtemps possible. Les personnes visiblement indisposées sont seules soumises à un examen médical approfondi.

Art. 40. — Dès que les voyageurs venant d'un endroit contaminé seront arrivés à destination, il serait de la plus haute utilité de les soumettre à une surveillance qui ne devrait pas dépasser dix ou cinq jours à compter de la date du départ, suivant qu'il s'agit respectivement de peste ou de choléra.

Art. 41. — Les Gouvernements se réservent le droit de prendre des mesures particulières à l'égard de certaines catégories de personnes, notamment des bohémiens et des vagabonds, des émigrants et des personnes voyageant ou passant la frontière par groupes.

Art. 42. — Les voitures affectées au transport des voyageurs, de la poste et des bagages ne peuvent être retenues aux frontières. S'il arrive qu'une de ces voitures soit contaminée ou ait été occupée par un malade atteint de peste ou de choléra, elle sera détachée du train pour être désinfectée le plus tôt possible. Il en sera de même pour les wagons à marchandises.

Art. 43. — Les mesures concernant le passage aux frontières du personnel des chemins de fer et de la poste sont du ressort des administrations intéressées. Elles sont combinées de façon à ne pas entraver le service.

Art. 44. — Le règlement du trafic-frontière et des questions inhérentes à ce trafic, ainsi que l'adoption des mesures exceptionnelles de surveillance, doivent tre laissés à des arrangements spéciaux entre les États limitrophes.

Art. 45. — Il appartient aux Gouvernements des États riverains de régler, par des arrangements spéciaux, le régime sanitaire des voies fluviales.

TITRE II.

DISPOSITIONS SPÉCIALES AUX PAYS SITUÉS HORS D'EUROPE.

CHAPITRE I.

PROVENANCES PAR MER.

SECTION I. — Mesures dans les ports contaminés au départ des navires.

Art. 46. — L'autorité compétente est tenue de prendre des mesures efficaces pour empêcher l'embarquement des personnes présentant des symptômes de peste ou de choléra.

Toute personne prenant passage à bord d'un navire doit être, au moment de l'embarquement, examinée individuellement, de jour, à terre, pendant le temps nécessaire, par un délégué de l'autorité publique. L'autorité consulaire dont relève le navire peut assister à cette visite.

Par dérogation à cette stipulation, à Alexandrie et à Port-Saïd, la visite médicale peut avoir lieu à bord, quand l'autorité sanitaire locale le juge utile, sous la réserve que les passagers de troisième classe ne seront plus ensuite autorisés à quitter le bord. Cette visite médicale peut être faite de nuit pour les passagers de première et de deuxième classes, mais non pour les passagers de troisième classe.

Art. 47. — L'autorité compétente est tenue de prendre des mesures efficaces :

1º Pour empêcher l'exportation de marchandises ou objets quelconques qu'elle considérerait comme contaminés et qui n'auraient pas été préalablement désinfectés à terre sous la surveillance du médecin délégué de l'autorité publique ;

2º En cas de peste, pour empêcher l'embarquement des rats ;

3º En cas de choléra, pour veiller à ce que l'eau potable embarquée soit saine.

SECTION II. — Mesures à l'égard des navires ordinaires venant des ports du Nord contaminés et se présentant à l'entrée du Canal de Suez ou dans les ports égyptiens.

Art. 48. — Les navires ordinaires *indemnes* venant d'un port contaminé de peste ou de choléra, d'Europe ou du bassin de la Méditerranée, et se présentant pour passer le Canal de Suez, obtiennent le passage en quarantaine. Ils continuent leur trajet en observation de cinq jours.

Art. 49. — Les navires ordinaires *indemnes*, qui veulent aborder en Égypte, peuvent s'arrêter à Alexandrie ou à Port-Saïd, où les passagers achèveront le temps de l'observation de cinq jours, soit à bord, soit dans une station sanitaire, selon la décision de l'autorité sanitaire locale.

Art. 5o. — Les mesures auxquelles seront soumis les navires *infectés* et *suspects*, venant d'un port contaminé de peste ou de choléra d'Europe ou des rives de la Méditerranée, et désirant aborder dans un des ports d'Égypte ou passer le Canal de Suez, seront déterminées par le Conseil sanitaire d'Égypte, conformément aux stipulations de la présente Convention.

Les règlements contenant ces mesures devront, pour devenir exécutoires, être acceptés par les diverses Puissances représentées au Conseil ; ils fixeront le régime imposé aux navires, aux passagers et aux marchandises et devront être présentées dans le plus bref délai possible.

SECTION III. — **Mesures dans la Mer Rouge.**

A) *Mesures à l'égard des navires ordinaires venant du Sud, se présentant dans les ports de la Mer Rouge ou allant vers la Méditerranée.*

Art. 5i. — Indépendamment des dispositions générales qui font l'objet de la section III du chapitre II du titre I concernant la classification et le régime des navires infectés, suspects ou indemnes, les prescriptions spéciales, contenues dans les articles ci-après, sont applicables aux navires ordinaires venant du Sud et entrant dans la Mer Rouge.

Art. 52. — Les navires *indemnes* devront avoir complété ou auront à compléter, en observation, cinq jours pleins à partir du moment de leur départ du dernier port contaminé.

Ils auront la faculté de passer le Canal de Suez en quarantaine et entreront dans la Méditerranée en continuant l'observation susdite de cinq jours. Les navires ayant un médecin et une étuve ne subiront pas la désinfection avant le transit en quarantaine.

Art. 53. — Les navires *suspects* sont traités d'une façon différente suivant qu'ils ont ou qu'ils n'ont pas à bord un médecin et un appareil de désinfection (étuve).

a) Les navires ayant un médecin et un appareil de désinfection (étuve), remplissant les conditions voulues, sont admis à passer le Canal de Suez en quarantaine dans les conditions du règlement pour le transit.

b) Les autres navires suspects, n'ayant ni médecin ni appareil de désinfection (étuve), sont, avant d'être admis à transiter en quarantaine, retenus à Suez ou aux Sources de Moïse pendant le temps nécessaire pour exécuter les mesures de désinfection prescrites et s'assurer de l'état sanitaire du navire.

S'il s'agit de navires postaux ou de paquebots spécialement affectés au transport des voyageurs sans appareil de désinfection (étuve), mais ayant un médecin à bord, si l'autorité locale a l'assurance, par une constatation officielle, que les mesures d'assainissement et de désinfection ont été convenablement pratiquées, soit au point de départ, soit pendant la traversée, le passage en quarantaine est accordé.

S'il s'agit de navires postaux ou de paquebots spécialement affectés au transport des voyageurs, sans appareil de désinfection (étuve), mais ayant un médecin à bord, si le dernier cas de peste ou de choléra remonte à plus de sept jours et si l'état sanitaire du navire est satisfaisant, la libre pratique peut être donnée à Suez, lorsque les opérations réglementaires sont terminées.

Lorsqu'un bateau a un trajet indemne de moins de sept jours, les passagers à destination d'Égypte sont débarqués dans un établissement désigné par le Conseil d'Alexandrie et isolés pendant le temps nécessaire pour compléter l'observation de cinq jours. Leur linge sale et leurs effets à usage sont désinfectés. Ils reçoivent alors la libre pratique.

Les bateaux ayant un trajet indemne de moins de sept jours et demandant à obtenir la libre pratique en Égypte sont retenus dans un établissement désigné par le Conseil d'Alexandrie le temps nécessaire pour compléter l'observation de cinq jours; ils subissent les mesures réglementaires concernant les navires suspects.

Lorsque la peste ou le choléra s'est montré exclusivement dans l'équipage, la désinfection ne porte que sur le linge sale de celui-ci, mais sur tout ce linge sale, et s'étend également aux postes d'habitation de l'équipage.

Art. 54. — Les navires *infectés* se divisent en navires avec médecin et appareil de désinfection (étuve) et navires sans médecin et sans appareil de désinfection (étuve).

a) Les navires sans médecin et sans appareil de désinfection (étuve) sont arrêtés aux Sources de Moïse [1]; les personnes présentant des symptômes de peste ou de choléra sont débarquées et isolées dans un hôpital. La désinfection est pratiquée d'une façon complète. Les autres passagers sont débarqués et isolés par groupes composés de personnes aussi peu nombreuses que possible, de manière que l'ensemble ne soit pas solidaire d'un groupe particulier, si la peste ou le choléra venait à se développer. Le linge sale, les objets à usage, les vêtements de l'équipage et des passagers sont désinfectés ainsi que le navire.

Il est bien entendu qu'il ne s'agit pas du déchargement des marchandises, mais seulement de la désinfection de la partie du navire qui a été infectée.

Les passagers resteront pendant cinq jours dans un établissement désigné par le Conseil sanitaire maritime et quarantenaire d'Égypte. Lorsque les cas de peste ou de choléra remonteront à plusieurs jours, la durée de l'isolement sera diminuée. Cette durée variera selon l'époque de la guérison, de la mort ou de l'isolement du dernier malade. Ainsi, lorsque le dernier cas de peste ou de choléra se sera terminé depuis six jours par la guérison ou la mort, ou que le dernier malade aura été isolé depuis six jours, l'observation durera un jour; s'il ne s'est écoulé qu'un laps de cinq jours, l'observation sera de deux jours; s'il ne s'est écoulé qu'un laps de quatre jours, l'observation sera de trois jours; s'il ne s'est écoulé qu'un laps de trois jours, l'observation sera de quatre jours; s'il ne s'est écoulé qu'un laps de deux jours ou d'un jour, l'observation sera de cinq jours.

b) Les navires avec médecin et appareil de désinfection (étuve) sont arrêtés aux Sources de Moïse. Le médecin du bord doit déclarer, sous serment, quelles sont les personnes à bord présentant des symptômes de peste, de choléra. Ces malades sont débarqués et isolés.

Après le débarquement de ces malades, le linge sale du reste des passagers,

---

1. Les malades sont autant que possible débarqués aux Sources de Moïse; les autres personnes peuvent subir l'observation dans une station sanitaire désignée par le Conseil sanitaire maritime et quarantenaire d'Égypte (lazaret des pilotes).

que l'autorité sanitaire considérera comme dangereux, et de l'équipage subira la désinfection à bord.

Lorsque la peste ou le choléra se sera montré exclusivement dans l'équipage, la désinfection du linge ne portera que sur le linge sale de l'équipage et le linge des postes de l'équipage.

Le médecin du bord doit indiquer aussi, sous serment, la partie ou le compartiment du navire et la section de l'hôpital dans lesquels le ou les malades ont été transportés. Il doit déclarer également, sous serment, quelles sont les personnes qui ont été en rapport avec le pestiféré ou le cholérique depuis la première manifestation de la maladie, soit par des contacts directs, soit par des contacts avec des objets qui pourraient être contaminés. Ces personnes seules seront considérées comme suspectes.

La partie ou le compartiment du navire et la section de l'hôpital dans lesquels le ou les malades auront été transportés seront complètement désinfectés. On entend par « partie du navire » la cabine du malade, les cabines attenantes, le couloir de ces cabines, le pont, les parties du pont sur lesquelles le ou les malades auraient séjourné.

S'il est impossible de désinfecter la partie ou le compartiment du navire qu a été occupé par les personnes atteintes de peste ou de choléra, sans débarquer les personnes déclarées suspectes, ces personnes seront ou placées sur un autre navire spécialement affecté à cet usage, ou débarquées et logées dans l'établissement sanitaire, sans contact avec les malades, lesquels doivent être placés dans l'hôpital.

La durée de ce séjour sur le navire ou à terre pour la désinfection sera auss courte que possible et n'excédera pas vingt-quatre heures.

Les suspects subiront, soit sur leur bâtiment, soit sur le navire affecté à cet usage, une observation dont la durée variera suivant les cas et dans les termes prévus au troisième alinéa du paragraphe *a*).

Le temps pris par les opérations réglementaires est compris dans la durée de l'observation.

Le passage en quarantaine peut être accordé avant l'expiration des délais indiqués ci-dessus, si l'autorité sanitaire le juge possible. Il sera, en tout cas, accordé lorsque la désinfection aura été accomplie, si le navire abandonne, outre ses malades, les personnes indiquées ci-dessus comme « suspectes ».

Une étuve placée sur un ponton peut venir accoster le navire pour rendre plus rapides les opérations de désinfection.

Les navires infectés demandant à obtenir la libre pratique en Égypte son retenus aux Sources de Moïse cinq jours ; ils subissent, en outre, les mêmes mesures que celles adoptées pour les navires infectés arrivant en Europe.

B) *Mesures à l'égard des navires ordinaires venant de ports contaminés du Hedjaz en temps de pèlerinage.*

Art. 55. — A l'époque du pèlerinage de la Mecque, si la peste ou le choléra sévit au Hedjaz, les navires provenant du Hedjaz ou de toute autre partie de la côte arabique de la Mer Rouge, sans y avoir embarqué des pèlerins ou masses analogues et qui n'ont pas eu à bord, durant la traversée, d'accident suspect, sont placés dans la catégorie des navires ordinaires suspects. Ils sont soumis aux mesures préventives et au traitement imposés à ces navires.

S'ils sont à destination de l'Égypte, ils subissent, dans un établissement sanitaire désigné par le Conseil sanitaire maritime et quarantenaire, une observation de cinq jours, à compter de la date du départ, pour le choléra comme pour la peste. Ils sont soumis en outre à toutes les mesures prescrites pour les bateaux suspects (désinfection, etc.) et ne sont admis à la libre pratique qu'après visite médicale favorable.

Il est entendu que si les navires, durant la traversée, ont eu des accidents suspects, l'observation sera subie aux Sources de Moïse et sera de cinq jours, qu'il s'agisse de peste ou de choléra.

Section IV. — Organisation de la surveillance et de la désinfection à Suez et aux Sources de Moïse.

Art. 56. — La visite médicale prévue par les règlements est faite, pour chaque navire arrivant à Suez, par un ou plusieurs médecins de la station; elle est faite de jour pour les provenances des ports contaminés de peste ou de choléra. Elle peut avoir lieu même de nuit sur ces navires qui se présentent pour transiter le Canal, s'ils sont éclairés à la lumière électrique, et toutes les fois que l'autorité sanitaire locale a l'assurance que les conditions d'éclairage sont suffisantes.

Art. 57. — Les médecins de la station de Suez sont au nombre de sept au moins : un médecin en chef, six titulaires. Ils doivent être pourvus d'un diplôme régulier et choisis de préférence parmi les médecins ayant fait des études spéciales pratiques d'épidémiologie et de bactériologie. Ils sont nommés par le Ministre de l'Intérieur, sur la présentation du Conseil sanitaire maritime et quarantenaire d'Égypte. Ils reçoivent un traitement qui, de huit mille francs, peut s'élever progressivement à douze mille francs pour les six médecins, et de douze mille à quinze mille francs pour le médecin en chef.

Si le service médical était encore insuffisant, on aurait recours aux médecins de la marine des différents États; ces médecins seraient placés sous l'autorité du médecin en chef de la station sanitaire.

Art. 58. — Un corps de gardes sanitaires est chargé d'assurer la surveillance et l'exécution des mesures de prophylaxie appliquées dans le Canal de Suez, à l'établissement des Sources de Moïse et à Tor.

Art. 59. — Ce corps comprend dix gardes.

Il est recruté parmi les anciens sous-officiers des armées et marines européennes et égyptiennes.

Les gardes sont nommés, après que leur compétence a été constatée par le Conseil, dans les formes prévues à l'article 14 du décret khédivial du 19 juin 1893.

Art. 60. — Les gardes sont divisés en deux classes : la 1re classe comprend quatre gardes; la 2e comprend six gardes.

Art. 61. — La solde annuelle allouée aux gardes est pour : la 1re classe, de 160 l. ég. à 200 l. ég.; la 2e classe, de 120 l. ég. à 168 l. ég.; avec augmentation progressive jusqu'à ce que le maximum soit atteint.

Art. 62. — Les gardes sont investis du caractère d'agents de la force publique, avec droit de réquisition en cas d'infraction aux règlements sanitaires.

Ils sont placés sous les ordres immédiats du directeur de l'office de Suez ou de Tor.

Ils doivent être initiés à toutes les pratiques et à toutes les opérations de désinfection usitées, et connaître la manipulation des substances et instruments employés à cet effet.

Art. 63. — La station de désinfection et d'isolement des Sources de Moïse est placée sous l'autorité du médecin en chef de Suez.

Si des malades y sont débarqués, deux des médecins de Suez y seront internés, l'un pour soigner les pesteux ou les cholériques, l'autre pour soigner les personnes non atteintes de peste ou de choléra.

Dans le cas où il y aurait à la fois des pesteux, des cholériques et d'autres malades, le nombre des médecins internés sera porté à trois : un pour les pesteux, un pour les cholériques, et le troisième pour les autres malades.

Art. 64. — La station de désinfection et d'isolement des Sources de Moïse doit comprendre :

1º Trois étuves à désinfection au moins, dont une placée sur un ponton, et l'outillage nécessaire pour la destruction des rats;

2º Deux hôpitaux d'isolement, chacun de douze lits, l'un pour les pesteux et les suspects de peste, l'autre pour les personnes atteintes ou suspectes de choléra; ces hôpitaux doivent être disposés de façon que, dans chacun d'eux, les malades, les suspects, les hommes et les femmes soient isolés les uns des autres;

3º Des baraquements, des tentes-hôpital et des tentes ordinaires pour les personnes débarquées;

4º Des baignoires et des douches-lavage en nombre suffisant;

5º Les bâtiments nécessaires pour les services communs, le personnel médical, les gardes, etc.; un magasin, une buanderie;

6º Un réservoir d'eau;

7º Les divers bâtiments doivent être disposés de telle façon qu'il n'y ait pas de contact possible entre les malades, les objets infectés ou suspects et les autres personnes.

Art. 65. — Un mécanicien est spécialement chargé de l'entretien des étuves placées aux Sources de Moïse.

Section V. — Passage en quarantaine du Canal de Suez.

Art. 66. — L'autorité sanitaire de Suez accorde le passage en quarantaine. Le Conseil en est immédiatement informé. Dans les cas douteux, la décision est prise par le Conseil.

Art. 67. — Dès que l'autorisation prévue à l'article précédent est accordée, un télégramme est expédié à l'autorité désignée par chaque Puissance. L'expédition du télégramme est faite aux frais du navire.

Art. 68. — Chaque Puissance édictera des dispositions pénales contre les bâtiments qui, abandonnant le parcours indiqué par le capitaine, aborderaient indûment un des ports du territoire de cette Puissance. Seront exceptés les cas de force majeure et de relâche forcée.

Art. 69. — Lors de l'arraisonnement, le capitaine est tenu de déclarer s'il a à son bord des équipes de chauffeurs indigènes ou de serviteurs à gages quelconques, non inscrits sur le rôle d'équipage ou le registre à cet usage.

Les questions suivantes sont notamment posées aux capitaines de tous les navires se présentant à Suez, venant du Sud. Ils y répondent sous serment :

« Avez-vous des auxiliaires : chauffeurs ou autres gens de service, non inscrits sur le rôle de l'équipage ou sur le registre spécial ? Quelle est leur nationalité ? Où les avez-vous embarqués ? »

Les médecins sanitaires doivent s'assurer de la présence de ces auxiliaires, et s'ils constatent qu'il y a des manquants parmi eux, chercher avec soin les causes de l'absence.

Art. 70. — Un officier sanitaire et deux gardes sanitaires montent à bord. Ils doivent accompagner le navire jusqu'à Port-Saïd. Ils ont pour mission d'empêcher les communications et de veiller à l'exécution des mesures prescrites pendant la traversée du Canal.

Art. 71. — Tout embarquement ou débarquement et tout transbordement de passagers ou de marchandises sont interdits pendant le parcours du Canal de Suez à Port-Saïd. Toutefois, les voyageurs peuvent s'embarquer à Port-Saïd en quarantaine.

Art. 72. — Les navires transitant en quarantaine doivent effectuer le parcours de Suez à Port-Saïd sans garage.

En cas d'échouage ou de garage indispensable, les opérations nécessaires sont effectuées par le personnel du bord, en évitant toute communication avec le personnel de la Compagnie du Canal de Suez.

Art. 73. — Les transports de troupes par bateaux suspects ou infectés transitant en quarantaine sont tenus de traverser le Canal seulement de jour. S'ils doivent séjourner de nuit dans le Canal, ils prennent leur mouillage au lac Timsah ou dans le grand lac.

Art. 74. — Le stationnement des navires transitant en quarantaine est interdit dans le port de Port-Saïd, sauf dans les cas prévus aux articles 71, alinéa 2, et 75.

Les opérations de ravitaillement doivent être pratiquées avec les moyens du bord.

Les chargeurs ou toutes autres personnes qui seraient montés à bord sont isolés sur le ponton quarantenaire. Leurs vêtements y subissent la désinfection réglementaire.

Art. 75. — Lorsqu'il est indispensable pour les navires transitant en quarantaine de prendre du charbon à Port-Saïd, ces navires doivent exécuter cette opération dans un endroit offrant les garanties nécessaires d'isolement et de surveillance sanitaire, qui sera indiqué par le Conseil sanitaire. Pour les navires à bord desquels une surveillance efficace de cette opération est possible et où tout contact avec les gens du bord peut être évité, le charbonnage par les ouvriers du port est autorisé. La nuit, le lieu de l'opération doit être éclairé à la lumière électrique.

Art. 76. — Les pilotes, les électriciens, les agents de la Compagnie et les gardes sanitaires sont déposés à Port-Saïd, hors du port, entre les jetées, et de là conduits directement au ponton de quarantaine, où leurs vêtements subissent la désinfection lorsqu'elle est jugée nécessaire.

Art. 77. — Les navires de guerre ci-après déterminés bénéficient, pour le passage du Canal de Suez, des dispositions suivantes :

Ils seront reconnus indemnes par l'autorité quarantenaire sur la production d'un certificat émanant des médecins du bord, contresigné par le commandant et affirmant sous serment :

a) Qu'il n'y a eu à bord, soit au moment du départ, soit pendant la traversée, aucun cas de peste ou de choléra ;

b) Qu'une visite minutieuse de toutes les personnes existant à bord, sans exception, a été passée moins de douze heures avant l'arrivée dans le port égyptien et qu'elle n'a révélé aucun cas de ces maladies.

Ces navires sont exempts de la visite médicale et reçoivent immédiatement libre pratique, à la condition qu'ils aient complété, à partir de leur départ du dernier port contaminé, une période de cinq jours pleins.

Ceux de ces navires qui n'ont pas complété la période exigée peuvent transiter le Canal en quarantaine sans subir la visite médicale, pourvu qu'ils produisent le susdit certificat à l'autorité quarantenaire.

L'autorité quarantenaire a néanmoins le droit de faire pratiquer, par ses agents, la visite médicale à bord des navires de guerre toutes les fois qu'elle le juge nécessaire.

Les navires de guerre suspects ou infectés seront soumis aux règlements en vigueur.

Ne sont considérés comme navires de guerre que les unités de combat. Les bateaux-transports, les navires-hôpitaux entrent dans la catégorie des navires ordinaires.

Art. 78. — Le Conseil maritime et quarantenaire d'Égypte est autorisé à organiser le transit du territoire égyptien, par voie ferrée, des malles postales et des passagers ordinaires venant de pays contaminés dans des trains quarantenaires, sous les conditions déterminées dans l'annexe n° I. (V. p. 125.)

SECTION VI. — **Régime sanitaire applicable au Golfe Persique.**

Art. 79. — Les navires, avant de pénétrer dans le Golfe Persique, sont arraisonnés à l'établissement sanitaire de l'île d'Ormuz. Ils sont, d'après l'état sanitaire du bord et d'après leur provenance, soumis au régime prévu par la section III du chapitre II du titre I.

Toutefois, les navires qui doivent remonter le Chat-el-Arab seront autorisés, si la durée de l'observation n'est pas terminée, à continuer leur route, à la condition de passer le Golfe Persique et le Chat-el-Arab en quarantaine. Un gardien-chef et deux gardes sanitaires pris à Ormuz surveilleront le bateau jusqu'à Bassorah, où une seconde visite médicale sera pratiquée et où se feront les désinfections nécessaires.

En attendant que la station sanitaire d'Ormuz soit organisée, ce seront des gardes sanitaires pris dans le poste provisoire établi en vertu de l'article 82 ci-après, alinéa 2, qui accompagneront les navires passant en quarantaine jusque dans le Chat-el-Arab, dans l'établissement placé aux environs de Bassorah.

Les bateaux qui doivent toucher aux ports de la Perse pour y débarquer des passagers ou des marchandises pourront faire ces opérations à Bender-Bouchir.

Il est bien entendu qu'un navire qui reste indemne à l'expiration des cinq jours à compter de la date à laquelle il a quitté le dernier port contaminé de peste ou de choléra, recevra la libre pratique dans les ports du Golfe après constatation, à l'arrivée, de son état indemne.

Art. 80. — Les articles 20 à 28 de la présente Convention sont applicables, en ce qui concerne la classification des navires, ainsi que le régime à leur faire subir dans le Golfe Persique, sous les trois réserves suivantes :

1° La surveillance des passagers et de l'équipage sera toujours remplacée par une observation de même durée;

2° Les navires indemnes ne pourront y recevoir libre pratique qu'à la condition d'avoir complété cinq jours pleins à partir du moment de leur départ du dernier port contaminé;

3° En ce qui concerne les navires suspects, le délai de cinq jours pour l'observation de l'équipage et des passagers comptera à partir du moment où n'existe plus de cas de peste ou de choléra à bord.

Section VII. — Établissements sanitaires du Golfe Persique.

Art. 81. — Des établissements sanitaires doivent être construits sous la direction du Conseil de santé de Constantinople et à ses frais, l'un à l'île d'Ormuz, l'autre aux environs de Bassorah, dans un lieu à déterminer.

Il y aura à la station sanitaire de l'île d'Ormuz deux médecins au moins, des agents sanitaires, des gardes sanitaires et tout un outillage de désinfection et de destruction des rats. Un petit hôpital sera construit.

A la station des environs de Bassorah seront construits un grand lazaret comportant un service médical composé de plusieurs médecins et des installations pour la désinfection des marchandises.

Art. 82. — Le Conseil supérieur de santé de Constantinople, qui a sous sa dépendance l'établissement sanitaire de Bassorah, exercera le même pouvoir en ce qui concerne celui d'Ormuz. En attendant que l'établissement sanitaire d'Ormuz soit construit, un poste sanitaire y sera établi par les soins du Conseil supérieur de santé de Constantinople.

CHAPITRE II.

PROVENANCES PAR TERRE.

Section I. — Règles générales.

Art. 83. — Les mesures prises sur la voie de terre contre les provenances des régions contaminées de peste ou de choléra doivent être conformes aux principes sanitaires formulés par la présente Convention.

Les pratiques modernes de la désinfection doivent être substituées aux quarantaines de terre. Dans ce but, des étuves et d'autres outillages de désinfection seront disposés dans des points bien choisis sur les routes suivies par les voyageurs.

Les mêmes moyens seront employés sur les lignes de chemins de fer créées ou à créer.

Les marchandises seront désinfectées suivant les principes de la présente Convention.

Art. 84. — Chaque Gouvernement est libre de fermer au besoin une partie de ses frontières aux passagers et aux marchandises, dans les endroits où l'organisation d'un contrôle sanitaire rencontre des difficultés.

Section II. — Frontières terrestres turques.

Art. 85. — Le Conseil supérieur de santé de Constantinople devra organiser sans délai les établissements sanitaires de Hanikin et de Kisil-Dizié, près de Bayazid, sur les frontières turco-persane et turco-russe.

TITRE III.

DISPOSITIONS SPÉCIALES AUX PÈLERINAGES.

CHAPITRE I.

PRESCRIPTIONS GÉNÉRALES.

Art. 86. — Les dispositions des articles 46 et 47 du titre II sont applicables aux personnes et objets devant être embarqués à bord d'un navire à pèlerins partant d'un port de l'Océan Indien et de l'Océanie, alors même que le port ne serait pas contaminé de peste ou de choléra.

Art. 87. — Lorsqu'il existe des cas de peste ou de choléra dans le port, l'embarquement ne se fait à bord des navires à pèlerins qu'après que les personnes réunies en groupes ont été soumises à une observation permettant de s'assurer qu'aucune d'elles n'est atteinte de la peste ou du choléra.

Il est entendu que, pour exécuter cette mesure, chaque Gouvernement peut tenir compte des circonstances et possibilités locales.

Art. 88. — Les pèlerins sont tenus, si les circonstances locales le permettent, de justifier des moyens strictement nécessaires pour accomplir le pèlerinage, spécialement du billet d'aller et retour.

Art. 89. — Les navires à vapeur sont seuls admis à faire le transport des pèlerins au long cours. Ce transport est interdit aux autres bateaux.

Art. 90. — Les navires à pèlerins faisant le cabotage destinés aux transports de courte durée dits « voyages au cabotage » sont soumis aux prescriptions contenues dans le règlement spécial applicable au pèlerinage du Hedjaz, qui sera publié par le Conseil de santé de Constantinople, conformément aux principes édictés dans la présente Convention.

Art. 91. — N'est pas considéré comme navire à pèlerins celui qui, outre ses passagers ordinaires, parmi lesquels peuvent être compris les pèlerins des classes supérieures, embarque des pèlerins de la dernière classe, en proportion moindre d'un pèlerin par cent tonneaux de jauge brute.

Art. 92. — Tout navire à pèlerins, à l'entrée de la Mer Rouge et du Golfe Persique, doit se conformer aux prescriptions contenues dans le règlement spécial applicable au pèlerinage du Hedjaz, qui sera publié par le Conseil de santé de Constantinople, conformément aux principes édictés dans la présente Convention.

Art. 93. — Le capitaine est tenu de payer la totalité des taxes sanitaires exigibles des pèlerins. Elles doivent être comprises dans le prix du billet.

Art. 94. — Autant que faire se peut, les pèlerins qui débarquent ou embarquent dans les stations sanitaires ne doivent avoir entre eux aucun contact sur les points de débarquement.

Les navires, après avoir débarqué leurs pèlerins, doivent changer de mouillage pour opérer le rembarquement.

Les pèlerins débarqués doivent être répartis au campement en groupes aussi peu nombreux que possible.

Il est nécessaire de leur fournir une bonne eau potable, soit qu'on la trouve sur place, soit qu'on l'obtienne par distillation.

Art. 95. — Lorsqu'il y a de la peste ou du choléra au Hedjaz, les vivres emportés par les pèlerins sont détruits si l'autorité sanitaire le juge nécessaire.

CHAPITRE II.

NAVIRES A PÈLERINS. — INSTALLATIONS SANITAIRES.

Section I. — Conditionnement général des navires.

Art. 96. — Le navire doit pouvoir loger les pèlerins dans l'entrepont.

En dehors de l'équipage, le navire doit fournir à chaque individu, quel que soit son âge, une surface de 1m50 carrés, c'est-à-dire 16 pieds carrés anglais, avec une hauteur d'entrepont d'environ 1m80.

Pour les navires qui font le cabotage, chaque pèlerin doit disposer d'un espace d'au moins 2 mètres de largeur dans le long des plats-bords du navire.

Art. 97. — De chaque côté du navire, sur le pont, doit être réservé un endroit dérobé à la vue et pourvu d'une pompe à main, de manière à fournir de l'eau de mer pour les besoins des pèlerins. Un local de cette nature doit être exclusivement affecté aux femmes.

Art. 98. — Le navire doit être pourvu, outre les lieux d'aisances à l'usage de l'équipage, de latrines à effet d'eau ou pourvues d'un robinet dans la proportion d'au moins une latrine pour chaque centaine de personnes embarquées.

Des latrines doivent être affectées exclusivement aux femmes.

Des lieux d'aisances ne doivent pas exister dans les entreponts ni dans la cale.

Art. 99. — Le navire doit être muni de deux locaux affectés à la cuisine personnelle des pèlerins. Il est interdit aux pèlerins de faire du feu ailleurs, notamment sur le pont.

Art. 100. — Une infirmerie régulièrement installée et offrant de bonnes conditions de sécurité et de salubrité doit être réservée aux logements des malades.

Elle doit pouvoir recevoir au moins 5 °/₀ des pèlerins embarqués à raison de 3 mètres carrés par tête.

Art. 101. — Le navire doit être pourvu des moyens d'isoler les personnes présentant des symptômes de peste ou de choléra.

Art. 102. — Chaque navire doit avoir à bord les médicaments, les désinfectants et les objets nécessaires aux soins des malades. Les règlements faits pour ce genre de navires par chaque Gouvernement doivent déterminer la nature et la quantité des médicaments[1]. Les soins et les remèdes sont fournis gratuitement aux pèlerins.

Art. 103. — Chaque navire embarquant des pèlerins doit avoir à bord un

---

1. Il est désirable que chaque navire soit muni des principaux agents d'immunisation (. antipesteux, vaccin de Haffkine, etc.).

médecin régulièrement diplômé et commissionné par le Gouvernement du pays auquel le navire appartient ou par le Gouvernement du port où le navire prend des pèlerins. Un second médecin doit être embarqué dès que le nombre des pèlerins portés par le navire dépasse mille.

Art. 104. — Le capitaine est tenu de faire apposer à bord, dans un endroit apparent et accessible aux intéressés, des affiches rédigées dans les principales langues des pays habités par les pèlerins à embarquer, et indiquant : 1º la destination du navire; 2º le prix des billets; 3º la ration journalière en eau et en vivres allouée à chaque pèlerin; 4º le tarif des vivres non compris dans la ration journalière et devant être payés à part.

Art. 105. — Les gros bagages des pèlerins sont enregistrés, numérotés et placés dans la cale. Les pèlerins ne peuvent garder avec eux que les objets strictement nécessaires. Les règlements faits pour ses navires par chaque Gouvernement en déterminent la nature, la quantité et les dimensions.

Art. 106. — Les prescriptions du chapitre I, du chapitre II (sections I, II et III), ainsi que du chapitre III du présent titre, seront affichées, sous la forme d'un règlement, dans la langue de la nationalité du navire ainsi que dans les principales langues des pays habités par les pèlerins à embarquer, en un endroit apparent et accessible, sur chaque pont et entrepont de tout navire transportant des pèlerins.

Section II. — Mesures à prendre avant le départ.

Art. 107. — Le capitaine ou, à défaut du capitaine, le propriétaire ou l'agent de tout navire à pèlerins est tenu de déclarer à l'autorité compétente du port de départ son intention d'embarquer des pèlerins, au moins trois jours avant le départ. Dans les ports d'escale, le capitaine ou, à défaut de capitaine, le propriétaire ou l'agent de tout navire à pèlerins est tenu de faire cette même déclaration douze heures avant le départ du navire. Cette déclaration doit indiquer le jour projeté pour le départ et la destination du navire.

Art. 108. — A la suite de la déclaration prescrite par l'article précédent, l'autorité compétente fait procéder, aux frais du capitaine, à l'inspection et au mesurage du navire. L'autorité consulaire dont relève le navire peut assister à cette inspection.

Il est procédé seulement à l'inspection, si le capitaine est déjà pourvu d'un certificat de mesurage délivré par l'autorité compétente de son pays, à moins qu'il n'y ait soupçon que le document ne réponde plus à l'état actuel du navire[1].

Art. 109. — L'autorité compétente ne permet le départ d'un navire à pèlerins qu'après s'être assurée :

a) Que le navire a été mis en état de propreté parfaite et, au besoin, désinfecté;

b) Que le navire est en état d'entreprendre le voyage sans danger, qu'il est bien équipé, bien aménagé, bien aéré, pourvu d'un nombre suffisant d'embar-

---

1. L'autorité compétente est actuellement : dans les Indes anglaises un fonctionnaire (*officer*) dés gné à cet effet par le Gouvernement loca (*Native Passenger Ships Act*, 1887, art. 7); dans les Inde néerlandaises, le maître du port; en Turquie, l'autorité sanitaire; en Autriche-Hongrie, l'autorité du port; en Italie, le capitaine de port; en France, en Tunisie et en Espagne, l'autorité sanitaire; en Égypte, l'autorité sanitaire quarantenaire, etc.

cations, qu'il ne contient rien à bord qui soit ou puisse devenir nuisible à la santé ou à la sécurité des passagers, que le pont est en bois ou en fer recouvert de bois ;

c) Qu'il existe à bord, en sus de l'approvisionnement de l'équipage et convenablement arrimés, des vivres ainsi que du combustible, le tout de bonne qualité et en quantité suffisante pour tous les pèlerins et pour toute la durée déclarée du voyage ;

d) Que l'eau potable embarquée est de bonne qualité et a une origine à l'abri de toute contamination ; qu'elle existe en quantité suffisante ; qu'à bord les réservoirs d'eau potable sont à l'abri de toute souillure et fermés de sorte que la distribution de l'eau ne puisse se faire que par les robinets ou les pompes ; les appareils de distribution dits « suçoirs » sont absolument interdits ;

e) Que le navire possède un appareil distillatoire pouvant produire une quantité d'eau de 5 litres au moins, par tête et par jour, pour toute personne embarquée, y compris l'équipage ;

f) Que le navire possède une étuve à désinfection dont la sécurité et l'efficacité auront été constatées par l'autorité sanitaire du port d'embarquement des pèlerins ;

g) Que l'équipage comprend un médecin diplômé et commissionné [1], soit par le Gouvernement du pays auquel le navire appartient, soit par le Gouvernement du port où le navire prend des pèlerins, et que le navire possède des médicaments, le tout conformément aux articles 102 et 103 ;

h) Que le pont du navire est dégagé de toutes marchandises et objets encombrants ;

i) Que les dispositions du navire sont telles que les mesures prescrites par la Section III ci-après peuvent être exécutées.

Art. 110. — Le capitaine ne peut partir qu'autant qu'il a en mains :

1º Une liste visée par l'autorité compétente et indiquant le nom, le sexe et le nombre total des pèlerins qu'il est autorisé à embarquer ;

2º Une patente de santé constatant le nom, la nationalité et le tonnage du navire, le nom du capitaine, celui du médecin, le nombre exact des personnes embarquées : équipage, pèlerins et autres passagers, la nature de la cargaison, le lieu du départ.

L'autorité compétente indique sur la patente si le chiffre réglementaire des pèlerins est atteint ou non, et, dans le cas où il ne le serait pas, le nombre complémentaire des passagers que le navire est autorisé à embarquer dans les escales subséquentes.

Section III. — Mesures à prendre pendant la traversée.

Art. 111. — Le pont doit, pendant la traversée, rester dégagé des objets encombrants ; il doit être réservé jour et nuit aux personnes embarquées et mis gratuitement à leur disposition.

Art. 112. — Chaque jour, les entreponts doivent être nettoyés avec soin et frottés au sable sec, avec lequel on mélange des désinfectants, pendant que les pèlerins sont sur le pont.

Art. 113. — Les latrines destinées aux passagers, aussi bien que celles de

---

1 Exception est faite pour les Gouvernements qui n'ont pas de médecins commissionnés.

l'équipage, doivent être tenues proprement, nettoyées et désinfectées trois fois par jour.

Art. 114. — Les excrétions et déjections des personnes présentant des symptômes de peste ou de choléra doivent être recueillies dans des vases contenant une solution désinfectante. Ces vases sont vidés dans les latrines, qui doivent être rigoureusement désinfectées après chaque projection de matières.

Art. 115. — Les objets de literie, les tapis, les vêtements qui ont été en contact avec les malades visés dans l'article précédent doivent être immédiatement désinfectés. L'observation de cette règle est spécialement recommandée pour les vêtements des personnes qui approchent ces malades, et qui ont pu être souillés.

Ceux des objets ci-dessus qui n'ont pas de valeur doivent être, soit jetés à la mer, si le navire n'est pas dans un port ni dans un canal, soit détruits par le feu. Les autres doivent être portés à l'étuve dans des sacs imperméables lavés avec une solution désinfectante.

Art. 116. — Les locaux occupés par les malades visés dans l'article 100 doivent être rigoureusement désinfectés.

Art. 117. — Les navires à pèlerins sont obligatoirement soumis à des opérations de désinfection conformes aux règlements en vigueur sur la matière dans le pays dont ils portent le pavillon.

Art. 118. — La quantité d'eau potable mise chaque jour gratuitement à la disposition de chaque pèlerin, quel que soit son âge, doit être d'au moins 5 litres.

Art. 119. — S'il y a doute sur la qualité de l'eau potable ou sur la possibilité de sa contamination, soit à son origine, soit au cours du trajet, l'eau doit être bouillie ou stérilisée autrement et le capitaine est tenu de la rejeter à la mer au premier port de relâche où il lui est possible de s'en procurer de meilleure.

Art. 120. — Le médecin visite les pèlerins, soigne les malades et veille à ce que, à bord, les règles de l'hygiène soient observées. Il doit notamment :

1° S'assurer que les vivres distribués aux pèlerins sont de bonne qualité, que leur qualité est conforme aux engagements pris, qu'ils sont convenablement préparés ;

2° S'assurer que les prescriptions de l'article 118 relatif à la distribution de l'eau sont observées ;

3° S'il y a doute sur la qualité de l'eau potable, rappeler par écrit au capitaine les prescriptions de l'article 119 ;

4° S'assurer que le navire est maintenu en état constant de propreté, et spécialement que les latrines sont nettoyées conformément aux prescriptions de l'article 113 ;

5° S'assurer que les logements des pèlerins sont maintenus salubres, et que, en cas de maladie transmissible, la désinfection est faite conformément aux articles 116 et 117 ;

6° Tenir un journal de tous les incidents sanitaires survenus au cours du voyage et présenter ce journal à l'autorité compétente du port d'arrivée.

Art. 121. — Les personnes chargées de soigner les malades atteints de peste ou de choléra peuvent seules pénétrer auprès d'eux et ne doivent avoir aucun contact avec les autres personnes embarquées.

Art. 122. — En cas de décès survenu pendant la traversée, le capitaine doit mentionner le décès en face du nom sur la liste visée par l'autorité du port de départ, et, en outre, inscrire sur son livre de bord le nom de la personne décédée, son âge, sa provenance, la cause présumée de la mort d'après le certificat du médecin et la date du décès.

En cas de décès par maladie transmissible, le cadavre, préalablement enveloppé d'un suaire imprégné d'une solution désinfectante, doit être jeté à la mer.

Art. 123. — Le capitaine doit veiller à ce que toutes les opérations prophylactiques exécutées pendant le voyage soient inscrites sur le livre de bord. Ce livre est présenté par lui à l'autorité compétente du port d'arrivée.

Dans chaque port de relâche, le capitaine doit faire viser par l'autorité compétente la liste dressée en exécution de l'article 110. Dans le cas où un pèlerin est débarqué en cours de voyage, le capitaine doit mentionner sur cette liste le débarquement en face du nom du pèlerin.

En cas d'embarquement, les personnes embarquées doivent être mentionnées sur cette liste, conformément à l'article 110 précité, et préalablement au visa nouveau que doit apposer l'autorité compétente.

Art. 124. — La patente délivrée au port de départ ne doit pas être changée au cours du voyage.

Elle est visée par l'autorité sanitaire de chaque port de relâche. Celle-ci y inscrit :

1º Le nombre des passagers débarqués ou embarqués dans ce port ;

2º Les incidents survenus en mer et touchant à la santé ou à la vie des personnes embarquées ;

3º L'état sanitaire du port de relâche.

<h3 style="text-align:center">Section IV. — Mesures à prendre à l'arrivée des pèlerins
dans la Mer Rouge.</h3>

A) *Régime sanitaire applicable aux navires à pèlerins musulmans venant d'un port contaminé et allant du Sud vers le Hedjaz.*

Art. 125. — Les navires à pèlerins venant du Sud et se rendant au Hedjaz doivent, au préalable, faire escale à la station sanitaire de Camaran, et sont soumis au régime fixé par les articles 126 à 128.

Art. 126. — Les navires reconnus *indemnes* après visite médicale reçoivent libre pratique, lorsque les opérations suivantes sont terminées :

Les pèlerins sont débarqués ; ils prennent une douche-lavage ou un bain de mer ; leur linge sale, la partie de leurs effets à usage et de leurs bagages qui peut être suspecte, d'après l'appréciation de l'autorité sanitaire, sont désinfectés ; la durée de ces opérations, en y comprenant le débarquement et l'embarquement, ne doit pas dépasser quarante-huit heures.

Si aucun cas avéré ou suspect de peste ou de choléra n'est constaté pendant ces opérations, les pèlerins seront réembarqués immédiatement et le navire se dirigera vers le Hedjaz.

Pour la peste, les prescriptions de l'article 23 et de l'article 24 sont appliquées en ce qui concerne les rats pouvant se trouver à bord des navires.

Art. 127. — Les navires *suspects*, à bord desquels il y a eu des cas de peste ou de choléra au moment du départ, mais aucun cas nouveau de peste ou de choléra depuis sept jours, sont traités de la manière suivante :

Les pèlerins sont débarqués ; ils prennent une douche-lavage ou un bain de mer ; leur linge sale, la partie de leurs effets à usage et de leurs bagages qui peut être suspecte, d'après l'appréciation de l'autorité sanitaire, sont désinfectés.

En temps de choléra, l'eau de la cale est changée.

Les parties du navire habitées par les malades sont désinfectées. La durée de ces opérations, en y comprenant le débarquement et l'embarquement, ne doit pas dépasser quarante-huit heures.

Si aucun cas avéré ou suspect de peste ou de choléra n'est constaté pendant ces opérations, les pèlerins sont réembarqués immédiatement, et le navire est dirigé sur Djeddah, où une seconde visite médicale a lieu à bord. Si son résultat est favorable, et sur le vu de la déclaration écrite des médecins du bord certifiant, sous serment, qu'il n'y a pas eu de cas de peste ou de choléra pendant la traversée, les pèlerins sont immédiatement débarqués.

Si, au contraire, un ou plusieurs cas avérés ou suspects de peste ou de choléra ont été constatés pendant le voyage ou au moment de l'arrivée, le navire est renvoyé à Camaran, où il subit de nouveau le régime des navires infectés.

Pour la peste, les prescriptions de l'article 22, troisième alinéa, sont appliquées en ce qui concerne les rats pouvant se trouver à bord des navires.

Art. 128. — Les *navires infectés*, c'est-à-dire ayant à bord des cas de peste ou de choléra, ou bien ayant présenté des cas de peste ou de choléra depuis sept jours, subissent le régime suivant :

Les personnes atteintes de peste ou de choléra sont débarquées et isolées à l'hôpital. Les autres passagers sont débarqués et isolés par groupes composés de personnes aussi peu nombreuses que possible, de manière que l'ensemble ne soit pas solidaire d'un groupe particulier si la peste ou le choléra venait à s'y développer.

Le linge sale, les objets à usage, les vêtements de l'équipage et des passagers sont désinfectés ainsi que le navire. La désinfection est pratiquée d'une façon complète.

Toutefois, l'autorité sanitaire locale peut décider que le déchargement des gros bagages et des marchandises n'est pas nécessaire, et qu'une partie seulement du navire doit subir la désinfection.

Les passagers restent à l'établissement de Camaran sept ou cinq jours, suivant qu'il s'agit de peste ou de choléra. Lorsque les cas de peste ou de choléra remontent à plusieurs jours, la durée de l'isolement peut être diminuée. Cette durée peut varier selon l'époque de l'apparition du dernier cas et d'après la décision de l'autorité sanitaire.

Le navire est dirigé ensuite sur Djeddah, où est faite une visite médicale individuelle et rigoureuse. Si son résultat est favorable, le navire reçoit la libre pratique. Si, au contraire, des cas avérés de peste ou de choléra se sont montrés à bord pendant le voyage ou au moment de l'arrivée, le navire est renvoyé à Camaran, où il subit de nouveau le régime des navires infectés.

Pour la peste, le régime prévu par l'article 21 est appliqué en ce qui concern les rats pouvant se trouver à bord des navires.

1° Station de Camaran.

Art. 129. — La station de Camaran doit répondre aux conditions ci-après:

L'île sera évacuée complètement par ses habitants.

Pour assurer la sécurité et faciliter le mouvement de la navigation dans la baie de l'île de Camaran, il doit être :

1° Installé des bouées et des balises en nombre suffisant ;

2º Construit un môle ou quai principal pour débarquer les passagers et les colis ;

3º Disposé un appontement différent pour l'embarquement séparé des pèlerins de chaque campement ;

4º Acquis des chalands en nombre suffisant, avec un remorqueur à vapeur, pour assurer le service de débarquement et d'embarquement des pèlerins.

Art. 130. — Le débarquement des pèlerins des navires infectés est opéré par les moyens du bord. Si ces moyens sont insuffisants, les personnes et les chalands qui ont aidé au débarquement subissent le régime des pèlerins et du navire infecté.

Art. 131. — La station sanitaire comprendra les installations et l'outillage ci-après :

1º Un réseau de voies ferrées reliant les débarcadères aux locaux de l'Administration et de désinfection ainsi qu'aux locaux des divers services et aux campements ;

2º Des locaux pour l'Administration et pour le personnel des services sanitaires et autres ;

3º Des bâtiments pour la désinfection et le lavage des effets à usage et autres objets ;

4º Des bâtiments où les pèlerins seront soumis à des bains-douches ou à des bains de mer pendant que l'on désinfectera les vêtements en usage ;

5º Des hôpitaux séparés pour les deux sexes et complètement isolés : *a*) pour l'observation des suspects ; *b*) pour les pesteux ; *c*) pour les cholériques ; *d*) pour les malades atteints d'autres affections contagieuses ; *e*) pour les malades ordinaires ;

6º Des campements séparés les uns des autres d'une manière efficace ; la distance entre eux devant être la plus grande possible ; les logements destinés aux pèlerins doivent être construits dans les meilleures conditions hygiéniques et ne doivent contenir que vingt-cinq personnes.

7º Un cimetière bien situé et éloigné de toute habitation, sans contact avec une nappe d'eau souterraine, et drainé à 0ᵐ50 au-dessous du plan des fosses.

8º Des étuves à vapeur en nombre suffisant et présentant toutes les conditions de sécurité, d'efficacité et de rapidité ; des appareils pour la destruction des rats ;

9º Des pulvérisateurs, étuves à désinfection et moyens nécessaires pour une désinfection chimique ;

10º Des machines à distiller l'eau : des appareils destinés à la stérilisation de l'eau par la chaleur ; des machines à fabriquer la glace. Pour la distribution de l'eau potable : des canalisations et réservoirs fermés, étanches, et ne pouvant se vider que par des robinets ou des pompes ;

11º Un laboratoire bactériologique avec le personnel nécessaire ;

12º Une installation de tinettes mobiles pour recueillir les matières fécales préalablement désinfectées et l'épandage de ces matières sur une des parties de l'île les plus éloignées des campements, en tenant compte des conditions nécessaires pour le bon fonctionnement de ces champs d'épandage au point de vue de l'hygiène ;

13º Les eaux sales doivent être éloignées des campements sans pouvoir stagner ni servir à l'alimentation. Les eaux-vannes qui sortent des hôpitaux doivent être désinfectées.

Art. 132. — L'autorité sanitaire assure, dans chaque campement, un établissement pour les comestibles, un pour le combustible.

Le tarif des prix fixés par l'autorité compétente est affiché en plusieurs endroits du campement et dans les principales langues des pays habités par les pèlerins.

Le contrôle de la qualité des vivres et d'un approvisionnement suffisant est fait chaque jour par le médecin du campement.

L'eau est fournie gratuitement.

2° Stations d'Abou-Ali, Abou-Saad, Djeddah, Wasta et Yambo.

Art. 133. — Les stations sanitaires d'Abou-Ali, d'Abou-Saad, de Wasta, ainsi que celles de Djeddah et de Yambo, doivent répondre aux conditions ci-après :

1° Création à Abou-Ali de quatre hôpitaux, deux pour pesteux, hommes et femmes, deux pour cholériques, hommes et femmes ;

2° Création à Wasta d'un hôpital pour malades ordinaires ;

3° Installation à Aboud-Saad et à Wasta de logements en pierre capables de contenir cinquante personnes par logement ;

4° Trois étuves de désinfection placées à Abou-Ali, Abou-Saad et Wasta, avec buanderies, accessoires et appareils pour la destruction des rats ;

5° Etablissement de douches-lavages à Abou-Saad et à Wasta ;

6° Dans chacune des îles d'Abou-Saad et de Wasta, établissement de machines à distiller pouvant fournir ensemble 15 tonnes d'eau par jour ;

7° Pour les matières fécales et les eaux sales, le régime sera réglé d'après les principes admis pour Camaran ;

8° Un cimetière sera établi dans une des îles ;

9° Installations sanitaires à Djeddah et Yambo, prévues dans l'article 150, et notamment des étuves et autres moyens de désinfection pour les pèlerins quittant le Hedjaz.

Art. 134. — Les règles prescrites pour Camaran, en ce qui concerne les vivres et l'eau, sont applicables aux campements d'Abou-Ali, d'Abou-Saad et de Wasta.

B) *Régime sanitaire applicable aux navires à pèlerins musulmans venant du Nord et allant vers le Hedjaz.*

Art. 135. — Si la présence de la peste ou du choléra n'est pas constatée dans le port de départ ni dans ses environs, et qu'aucun cas de peste ou de choléra ne se soit produit pendant la traversée, le navire est immédiatement admis à la libre pratique.

Art. 136. — Si la présence de la peste ou du choléra est constatée dans le port de départ ou dans ses environs, ou si un cas de peste ou de choléra s'est produit pendant la traversée, le navire est soumis, à El-Tor, aux règles instituées pour les navires qui viennent du Sud et qui s'arrêtent à Camaran. Les navires sont ensuite reçus en libre pratique.

Section V. — **Mesures à prendre au retour des pèlerins.**

A) *Navires à pèlerins retournant vers le Nord.*

Art. 137. — Tout navire à destination de Suez ou d'un port de la Méditerranée, ayant à bord des pèlerins ou masses analogues, et provenant d'un port du Hedjaz ou de tout autre port de la côte arabique de la Mer Rouge, est tenu de se rendre à El-Tor pour y subir l'observation et les mesures sanitaires indiquées dans les articles 141 et 143.

Art. 138. — Les navires ramenant les pèlerins musulmans vers la Méditerranée ne traversent le Canal qu'en quarantaine.

Art. 139. — Les agents des Compagnies de navigation et les capitaines sont prévenus qu'après avoir fini leur observation à la station sanitaire de El-Tor, les pèlerins égyptiens seront seuls autorisés à quitter définitivement le navire pour rentrer ensuite dans leurs foyers.

Ne seront reconnus comme Egyptiens ou résidant en Egypte que les pèlerins porteurs d'une carte de résidence émanant d'une autorité égyptienne et conforme au modèle établi. Des exemplaires de cette carte seront déposés auprès des autorités consulaires et sanitaires de Djeddah et de Yambo, où les agents et capitaines de navires pourront les examiner.

Les pèlerins non égyptiens, tels que les Turcs, les Russes, les Persans, les Tunisiens, les Algériens, les Marocains, etc., ne peuvent, après avoir quitté El-Tor, être débarqués dans un port égyptien. En conséquence, les agents de navigation et les capitaines sont prévenus que le transbordement des pèlerins étrangers à l'Egypte soit à Tor, soit à Suez, à Port-Saïd ou à Alexandrie, est interdit.

Les bateaux qui auraient à leur bord des pèlerins appartenant aux nationalités dénommées dans l'alinéa précédent suivront la condition de ces pèlerins et ne seront reçus dans aucun port égyptien de la Méditerranée.

Art. 140. — Les pèlerins égyptiens subissent soit à El-Tor, soit à Souakim, ou dans toute autre station désignée par le Conseil sanitaire d'Egypte, une observation de trois jours et une visite médicale, avant d'être admis en libre pratique.

Art. 141. — Si la présence de la peste ou du choléra est constatée au Hedjaz ou dans le port d'où provient le navire, ou l'a été au Hedjaz au cours du pèlerinage, le navire est soumis, à El-Tor, aux règles instituées à Camaran pour les navires infectés.

Les personnes atteintes de peste ou de choléra sont débarquées et isolées à l'hôpital. Les autres passagers sont débarqués et isolés par groupes composés de personnes aussi peu nombreuses que possible, de manière que l'ensemble ne soit pas solidaire d'un groupe particulier, si la peste ou le choléra venait à s'y développer.

Le linge sale, les objets à usage, les vêtements de l'équipage et des passagers, les bagages et les marchandises suspectes d'être contaminées sont débarqués pour être désinfectés. Leur désinfection et celle du navire sont pratiquées d'une façon complète.

Toutefois, l'autorité sanitaire locale peut décider que le déchargement des gros bagages et des marchandises n'est pas nécessaire, et qu'une partie seulement du navire doit subir la désinfection.

Le régime prévu par les articles 21 et 24 est appliqué en ce qui concerne les rats qui pourraient se trouver à bord.

Tous les pèlerins sont soumis, à partir du jour où ont été terminées les opérations de désinfection, à une observation de sept jours pleins, qu'il s'agisse de peste ou de choléra. Si un cas de peste ou de choléra s'est produit dans une section, la période de sept jours ne commence pour cette section qu'à partir du jour où le dernier cas a été constaté.

Art. 142. — Dans le cas prévu par l'article précédent, les pèlerins égyptiens subissent en outre une observation supplémentaire de trois jours.

Art. 143. — Si la présence de la peste ou du choléra n'est constatée ni au Hedjaz, ni au port d'où provient le navire, et ne l'a pas été au Hedjaz au cours du pèlerinage, le navire est soumis à El-Tor aux règles instituées à Camaran pour les navires indemnes.

Les pèlerins sont débarqués ; ils prennent une douche-lavage ou un bain de mer ; leur linge sale ou la partie de leurs effets à usage et de leurs bagages qui peut être suspecte d'après l'appréciation de l'autorité sanitaire, sont désinfectés. La durée de ces opérations, y compris le débarquement et l'embarquement, ne doit pas dépasser soixante-douze heures.

Toutefois, un navire à pèlerins, appartenant à une des nations ayant adhéré aux stipulations de la présente Convention et des Conventions antérieures, s'il n'a pas eu de malades atteints de peste ou de choléra en cours de route de Djeddah à Yambo et à El-Tor, et si la visite médicale individuelle, faite à El-Tor, après débarquement, permet de constater qu'il ne contient pas de tels malades, peut être autorisé, par le Conseil sanitaire d'Egypte, à traverser en quarantaine le Canal de Suez, même la nuit, lorsque sont réunies les quatre conditions suivantes :

1° Le service médical est assuré à bord par un ou plusieurs médecins commissionnés par le Gouvernement auquel appartient le navire ;

2° Le navire est pourvu d'étuves à désinfection, et il est constaté que le linge sale a été désinfecté en cours de route ;

3° Il est établi que le nombre des pèlerins n'est pas supérieur à celui autorisé par les règlements du pèlerinage ;

4° Le capitaine s'engage à se rendre directement dans un des ports du pays auquel appartient le navire.

La visite médicale après débarquement à El-Tor doit être faite dans le moindre délai possible.

La taxe sanitaire payée à l'Administration quarantenaire est la même que celle qu'auraient payée les pèlerins s'ils étaient restés trois jours en quarantaine

Art. 144. — Le navire qui, pendant la traversée de El-Tor à Suez, aurait eu un cas suspect à bord, sera repoussé à El-Tor.

Art. 145. — Le transbordement des pèlerins est strictement interdit dans les ports égyptiens.

Art. 146. — Les navires partant du Hedjaz et ayant à leur bord des pèlerins à destination d'un port de la côte africaine de la Mer Rouge sont autorisés à se rendre directement à Souakim, ou en tel autre endroit que le Conseil sanitaire d'Alexandrie décidera, pour y subir le même régime quarantenaire qu'à El-Tor.

Art. 147. — Les navires venant du Hedjaz ou d'un port de la côte arabique de la Mer Rouge avec patente nette, n'ayant pas à bord des pèlerins ou masses analogues et qui n'ont pas eu d'accident suspect durant la traversée, sont admis en libre pratique à Suez, après visite médicale favorable.

Art. 148. — Lorsque la peste ou le choléra aura été constaté au Hedjaz :

1° Les caravanes composées de pèlerins égyptiens doivent, avant de se rendre en Égypte, subir une quarantaine de rigueur à El-Tor, de sept jours en cas de choléra ou de peste ; elles doivent ensuite subir à El-Tor une observation de trois jours, après laquelle elles ne sont admises en libre pratique qu'après visite médicale favorable et désinfection des effets ;

2° Les caravanes composées de pèlerins étrangers devant se rendre dans leurs foyers par la voie de terre sont soumises aux mêmes mesures que les caravanes égyptiennes et doivent être accompagnées par des gardes sanitaires jusqu'aux limites du désert.

Art. 149. — Lorsque la peste ou le choléra n'a pas été signalé au Hedjaz, les caravanes de pèlerins venant du Hedjaz par la route d'Akaba ou de Moïla sont soumises, à leur arrivée au canal ou à Nakhel, à la visite médicale et à la désinfection du linge sale et des effets à usage.

B) *Pèlerins retournant vers le Sud.*

Art. 150. — Il y aura dans les ports d'embarquement du Hedjaz des installations sanitaires assez complètes pour qu'on puisse appliquer aux pèlerins qui doivent se diriger vers le Sud pour rentrer dans leur pays les mesures qui sont obligatoires, en vertu des articles 46 et 47, au moment du départ de ces pèlerins dans les ports situés au delà du détroit de Bab-el-Mandeb.

L'application de ces mesures est facultative, c'est-à-dire qu'elles ne sont appliquées que dans les cas où l'autorité consulaire du pays auquel appartient le pèlerin, ou le médecin du navire à bord duquel il va s'embarquer, les juge nécessaires.

CHAPITRE III.

PÉNALITÉS.

Art. 151. — Tout capitaine convaincu de ne pas s'être conformé, pour la distribution de l'eau, des vivres ou du combustible, aux engagements pris par lui, est passible d'une amende de 2 livres turques (45 fr.). Cette amende est perçue au profit du pèlerin qui aurait été victime du manquement et qui établirait qu'il a en vain réclamé l'exécution de l'engagement pris.

Art. 152. — Toute infraction à l'article 104 est punie d'une amende de 30 livres turques.

Art. 153. — Tout capitaine qui a commis ou qui a sciemment laissé commettre une fraude quelconque concernant la liste des pèlerins ou la patente sanitaires prévues à l'article 110 est passible d'une amende de 50 livres turques.

Art. 154. — Tout capitaine de navire arrivant sans patente sanitaire du port de départ, ou sans visa des ports de relâche, ou non muni de la liste réglementaire et régulièrement tenue suivant les articles 110, 123 et 124, est passible, dans chaque cas, d'une amende de 12 livres turques.

Art. 155. — Tout capitaine convaincu d'avoir ou d'avoir eu à bord plus de cent pèlerins sans la présence d'un médecin commissionné, conformément aux prescriptions de l'article 103, est passible d'une amende de 300 livres turques.

Art. 156. — Tout capitaine convaincu d'avoir ou d'avoir eu à son bord un nombre de pèlerins supérieur à celui qu'il est autorisé à embarquer, conformément aux prescriptions de l'article 110, est passible d'une amende de 5 livres turques par chaque pèlerin en surplus.

Le débarquement des pèlerins dépassant le nombre régulier est effectué à la première station où réside une autorité compétente, et le capitaine est tenu de fournir aux pèlerins débarqués l'argent nécessaire pour poursuivre leur voyage jusqu'à destination.

Art. 157. — Tout capitaine convaincu d'avoir débarqué des pèlerins dans un endroit autre que celui de leur destination, sauf leur consentement ou hors le cas de force majeure, est passible d'une amende de 20 livres turques par chaque pèlerin débarqué à tort.

Art. 158. — Toutes autres infractions aux prescriptions relatives aux navires à pèlerins sont punies d'une amende de 10 à 100 livres turques.

Art. 159. — Toute contravention constatée en cours de voyage est annotée sur la patente de santé, ainsi que sur la liste des pèlerins. L'autorité compétente en dresse procès-verbal pour le remettre à qui de droit.

Art. 160. — Dans les ports ottomans, la contravention aux dispositions concernant les navires à pèlerins est constatée, et l'amende imposée par l'autorité compétente, conformément aux articles 173 et 174.

Art. 161. — Tous les agents appelés à concourir à l'exécution des prescriptions de la présente Convention, en ce qui concerne les navires à pèlerins, sont passibles de punitions conformément aux lois de leurs pays respectifs en cas de fautes commises par eux dans l'application desdites prescriptions.

TITRE IV.

SURVEILLANCE ET EXÉCUTION.

I.

CONSEIL SANITAIRE, MARITIME ET QUARANTENAIRE D'ÉGYPTE.

Art. 162. — Sont confirmées les stipulations de la Convention sanitaire de Venise du 30 janvier 1892, concernant la composition, les attributions et le fonctionnement du Conseil sanitaire, maritime et quarantenaire d'Égypte, telles qu'elles résultent des décrets de S. A. le Khédive en date des 19 juin 1893 et 25 décembre 1894, ainsi que de l'arrêté ministériel du 19 juin 1893.

Lesdits décrets et arrêté demeurent annexés à la présente Convention.

Art. 163. — Les dépenses ordinaires résultant des dispositions de la présente Convention relatives notamment à l'augmentation du personnel relevant du Conseil sanitaire, maritime et quarantenaire d'Égypte, seront couvertes à l'aide d'un versement annuel complémentaire, par le Gouvernement égyptien, d'une somme de 4,000 livres égyptiennes, qui pourrait être prélevée sur l'excédent du service des phares resté à la disposition de ce Gouvernement.

Toutefois, il sera déduit de cette somme le produit d'une taxe quarantenaire supplémentaire de 10 P. T. (piastres tarif) par pèlerin, à prélever à El-Tor.

Au cas où le Gouvernement égyptien verrait des difficultés à supporter cette part dans les dépenses, les Puissances représentées au Conseil sanitaire s'entendraient avec le Gouvernement khédivial pour assurer la participation de ce dernier aux dépenses prévues.

Art. 164. — Le Conseil sanitaire, maritime et quarantenaire d'Égypte est chargé de mettre en concordance avec les dispositions de la présente Convention les règlements actuellement appliqués par lui concernant la peste, le choléra et la fièvre jaune, ainsi que le règlement relatif aux provenances des ports arabiques de la Mer Rouge, à l'époque du pèlerinage.

Il revisera, s'il y a lieu, dans le même but, le règlement général de police sanitaire, maritime et quarantenaire présentement en vigueur.

Ces règlements, pour devenir exécutoires, doivent être acceptés par les diverses Puissances représentées au Conseil.

II.

CONSEIL SUPÉRIEUR DE SANTÉ DE CONSTANTINOPLE.

Art. 165. — Le Conseil supérieur de santé de Constantinople est chargé d'arrêter les mesures à prendre pour prévenir l'introduction dans l'Empire ottoman et la transmission à l'étranger des maladies épidémiques.

Art. 166. — Le nombre des délégués ottomans au Conseil supérieur de santé qui prendront part aux votes est fixée à quatre membres, savoir :

Le Président du Conseil ou, en son absence, le Président effectif de la séance (ils ne prendront part au vote qu'en cas de partage des voix); l'Inspecteur général des services sanitaires; l'Inspecteur de service; le Délégué intermédiaire entre le Conseil et la Sublime-Porte, dit *Mouhassébedgi*.

Art. 167. — La nomination de l'Inspecteur général, de l'Inspecteur de service et du Délégué précité, désignés par le Conseil, sera ratifiée par le Gouvernement ottoman.

Art. 168. — Les Hautes Parties Contractantes reconnaissent à la Roumanie le droit, comme Puissance maritime, d'être représentée au Conseil par un Délégué.

Art. 169. — Les Délégués des divers États doivent être des médecins régulièrement diplômés par une Faculté de médecine européenne, nationaux des pays qu'ils représentent, ou des fonctionnaires consulaires, du grade de vice-consul au moins ou d'un grade équivalent.

Les Délégués ne doivent avoir d'attache d'aucun genre avec l'autorité locale ni avec une Compagnie maritime.

Ces dispositions ne s'appliquent pas aux titulaires actuellement en fonctions.

Art. 170. — Les décisions du Conseil supérieur de santé, prises à la majorité des membres qui le composent, ont un caractère exécutoire, sans autre recours.

Les Gouvernements signataires conviennent que leurs Représentants à Constantinople seront chargés de notifier au Gouvernement ottoman la présente Convention et d'intervenir auprès de lui pour obtenir son accession.

Art. 171. — La mise en pratique et la surveillance des dispositions de la présente Convention, en ce qui concerne les pèlerinages et les mesures contre l'invasion et la propagation de la peste et du choléra, sont confiées, dans l'étendue de la compétence du Conseil supérieur de santé de Constantinople, à un Comité pris exclusivement dans le sein de ce Conseil, et composé de représentants des diverses Puissances qui auront adhéré à la présente Convention.

Les représentants de la Turquie dans ce Comité sont au nombre de trois : l'un d'eux a la présidence du Comité. En cas de partage des voix, le président a voix prépondérante.

Art. 172. — Un corps de médecins diplômés, de désinfecteurs et de mécaniciens bien exercés, ainsi que de gardes sanitaires recrutés parmi les personnes ayant fait le service militaire comme officiers ou sous-officiers, est créé et aura pour mission d'assurer, dans le ressort du Conseil supérieur de santé de Constantinople, le bon fonctionnement des divers établissements sanitaires énumérés et institués par la présente Convention.

Art. 173. — L'autorité sanitaire du port ottoman de relâche ou d'arrivée, qui constate une contravention, en dresse un procès-verbal, sur lequel le capitaine peut inscrire ses observations. Une copie certifiée conforme de ce procès-verbal est transmise, au port de relâche ou d'arrivée, à l'autorité consulaire du pays dont le navire porte le pavillon. Cette autorité assure le dépôt de l'amende entre ses mains. En l'absence d'un consul, l'autorité sanitaire reçoit cette amende en dépôt. L'amende n'est définitivement acquise au Conseil supérieur de santé de Constantinople que lorsque la Commission consulaire indiquée ci-dessous a prononcé sur la validité de l'amende.

Un deuxième exemplaire du procès-verbal certifié conforme doit être adressé par l'autorité sanitaire qui a constaté la contravention au Président du Conseil de santé de Constantinople, qui communique cette pièce à la Commission consulaire.

Une annotation est inscrite sur la patente par l'autorité sanitaire ou consulaire, indiquant la contravention relevée et le dépôt de l'amende.

Art. 174. — Il est créé à Constantinople une Commission consulaire pour juger les déclarations contradictoires de l'agent sanitaire et du capitaine inculpé. Elle est désignée chaque année par le corps consulaire. L'Administration sanitaire peut être représentée par un agent remplissant les fonctions de ministère public. Le Consul de la nation intéressée est toujours convoqué; il a droit de vote.

Art. 175. — Les dépenses d'établissement, dans le ressort du Conseil supérieur de santé de Constantinople, des postes sanitaires définitifs et provisoires prévus par la présente Convention sont, quant à la construction des bâtiments, à la charge du Gouvernement ottoman. Le Conseil supérieur de santé de Constantinople est autorisé, si besoin est et vu l'urgence, à faire l'avance des sommes nécessaires sur le fonds de réserve; ces sommes lui seront fournies, sur sa demande, par la « Commission mixte chargée de la revision du tarif sanitaire ». Il devra, dans ce cas, veiller à la construction de ces établissements.

Le Conseil supérieur de santé de Constantinople devra organiser sans délai les établissements sanitaires de Hanikin et de Kisil-Dizié, près de Bayazid, sur les frontières turco-persane et turco-russe, au moyen des fonds qui sont dès maintenant mis à sa disposition.

Les autres frais occasionnés, dans le ressort dudit Conseil, par le régime établi par la présente Convention, sont répartis entre le Gouvernement ottoman et le Conseil supérieur de santé de Constantinople, conformément à l'entente intervenue entre le Gouvernement et les Puissances représentées dans ce Conseil.

III

CONSEIL SANITAIRE INTERNATIONAL DE TANGER.

Art. 176. — Dans l'intérêt de la santé publique, les Hautes Parties Contractantes conviennent que leurs Représentants au Maroc appelleront de nonveau l'attention du Conseil sanitaire international de Tanger sur la nécessité d'appliquer les stipulations des Conventions sanitaires.

IV.

DISPOSITIONS DIVERSES.

Art. 177. — Chaque Gouvernement déterminera les moyens à employer pour opérer la désinfection et la destruction des rats[1].

1. Les moyens de désinfection suivants sont donnés à titre d'indications :

Les hardes, vieux chiffons, pansements infectés, les papiers et autres objets sans valeur doivent être détruits par le feu.

Les effets à usage individuel, les objets de literie, les matelas souillés par le bacille pesteux sont sûrement désinfectés :

Par le passage à l'étuve à vapeur sous pression ou à l'étuve à vapeur fluente à 100° ;

Par l'exposition aux vapeurs de formol.

Les objets qui peuvent, sans détérioration, être trempés dans des solutions antiseptiques (couvertures, linges, draps de lit) peuvent être désinfectés au moyen des solutions de sublimé à 1 °/₀₀, d'acide phénique à 3 °/₀, de lysol et de crésyl commercial à 3 °/₀, de formol à 1 °/₀ (une partie de la solution commerciale de formaldéhyde à 40 °/₀), ou au moyen des hypochlorites alcalins (de soude, de potasse) à 1 °/₀, c'est-à-dire une partie de la solution usuelle d'hypochlorite commercial.

Il va sans dire que le temps de contact doit être assez long pour que les germes desséchés soient bien pénétrés par les solutions antiseptiques. Quatre à six heures suffisent.

Pour la destruction des rats, trois procédés sont actuellement mis en pratique :

1° Celui à l'*acide sulfureux mélangé d'une petite quantité d'anhydride sulfurique, propulsé sous pression dans les cales, avec brassage de l'air,* qui fait périr les rats et les insectes et détruirait en même temps les bacilles pesteux lorsque la teneur en anhydride sulfureux-sulfurique est assez élevée;

2° *Le procédé qui envoie dans les cales un mélange non combustible de protoxyde et de dioxyde de carbone;*

3° *Le procédé qui utilise l'acide carbonique de façon que la teneur de ce gaz dans l'air du navire soit de 30 °/₀ environ.*

Ces deux derniers procédés font périr les rongeurs sans avoir la prétention de tuer les insectes et les bacilles de la peste.

La Commission technique de la Conférence sanitaire de Paris (1903) a indiqué les trois procédés ci-après :

Mélange d'anhydride sulfureux-sulfurique, mélange d'oxyde de carbone et d'acide carbonique, acide

Art. 178. — Le produit des taxes et des amendes sanitaires ne peut, en aucun cas, être employé à des objets autres que ceux relevant des Conseils sanitaires.

Art. 179. — Les Hautes Parties Contractantes s'engagent à faire rédiger par leurs Administrations sanitaires une instruction destinée à mettre les capitaines des navires, surtout lorsqu'il n'y a pas de médecin à bord, en mesure d'appliquer les prescriptions contenues dans la présente Convention en ce qui concerne la peste et le choléra, ainsi que les règlements relatifs à la fièvre jaune.

V.

GOLFE PERSIQUE.

Art. 180. — Les frais de construction et d'entretien de la station sanitaire, dont la création à l'île d'Ormuz est prescrite par l'article 81 de la présente Convention, sont mis à la charge du Conseil supérieur de santé de Constantinople. La Commission mixte de revision dudit Conseil devra se réunir le plus tôt possible pour lui fournir, sur sa demande, les ressources nécessaires prises sur les réserves disponibles.

VI.

D'UN OFFICE INTERNATIONAL DE SANTÉ.

Art. 181. — La Conférence ayant pris acte des conclusions ci-annexées de sa Commission des voies et moyens sur la création d'un Office sanitaire international à Paris, le Gouvernement français saisira, quand il le jugera opportun, de propositions à cet effet, par la voie diplomatique, les États représentés à la Conférence.

TITRE V.

FIÈVRE JAUNE.

Art. 182. — Il est recommandé aux pays intéressés de modifier leurs règlements sanitaires de manière à les mettre en rapport avec les données actuelles de la science sur le mode de transmission de la fièvre jaune, et surtout sur le rôle des moustiques comme véhicules des germes de la maladie.

carbonique, parmi ceux auxquels les Gouvernements pourraient avoir recours, et elle a été d'avis que, dans le cas où ils ne seraient pas mis en œuvre par l'Administration sanitaire elle-même, celle-ci devrait contrôler chaque opération et constater que la destruction des rats a été réalisée.

TITRE VI.

ADHÉSIONS ET RATIFICATIONS.

Art. 183. — Les Gouvernements qui n'ont pas signé la présente Convention sont admis à y adhérer sur leur demande. Cette adhésion sera notifiée par la voie diplomatique au Gouvernement de la République française et, par celui-ci, aux autres Gouvernements signataires.

Art. 184. — La présente Convention sera ratifiée et les ratifications en seront déposées à Paris aussitôt que faire se pourra.

Elle sera mise à exécution dès que la publication en aura été faite conformément à la législation des États signataires. Elle remplacera, dans les rapports respectifs des Puissances qui l'auront ratifiée ou y auront accédé, les Conventions sanitaires internationales signées les 30 janvier 1892, 15 avril 1893, 3 avril 1894 et 19 mars 1897.

Les arrangements antérieurs énumérés ci-dessus demeureront en vigueur à l'égard des Puissances qui, les ayant signés ou y ayant adhéré, ne ratifieraient pas le présent acte ou n'y accéderaient pas.

En foi de quoi, les Plénipotentiaires respectifs ont signé la présente Convention et y ont apposé leurs cachets.

Fait à Paris, le trois décembre mil neuf cent trois, en un seul exemplaire qui restera déposé dans les Archives du Gouvernement de la République Française et dont des copies, certifiées conformes, seront remises par la voie diplomatique aux Puissances contractantes.

GRŒBEN.	BUMM.
	GAFFKY.
	NOCHT.
SUZZARA.	EBNER.
	Dr DAIMER.
	CHYZER.
	RŒDIGER.
E. BECO.	
Gabriel de PIZA.	
Marquis de NOVALLAS.	
H.-D. GEDDINS.	Frank ANDERSON.
Camille BARRÈRE.	Georges LOUIS.
	P. BROUARDEL.
	Henri MONOD.
	Dr ROUX.
	J. de CAZOTTE.

Maurice de BUNSEN.

Théodore THOMSON.
Frank-G. CLEMOW.
Arthur-D. ALBAN.

N. DELYANNI.

S. CLADO.

Rocco SANTOLIQUIDO.

Paulucci de CALBOLI.
Adolfo COTTA.

VANNERUS.

SUZZARA.

W. WELDEREN-RENGERS.

W. RUIJSCH.
Dr C. STÉKOULIS.
A. PLATE.

NAZARE AGA.

J.-J. da SILVA AMADO.

G.-G. GHIKA.

Platon de WAXEL.

Dr J. CANTACUZÈNE.

Dr Michel POPOVITCH.

LARDY.

M. CHÉRIF.

Dr SCHMID.
Marc-Armand RUFFER.

Certifié conforme à l'original :

Le Ministre des Affaires Etrangères de la République Française,

DELCASSÉ.

LOI DU 3 MARS 1822 SUR LA POLICE SANITAIRE

TITRE I.

DE LA POLICE SANITAIRE.

Article premier. — Le Roi détermine par des ordonnances : 1º les pays dont les provenances doivent être habituellement ou temporairement soumises au régime sanitaire ; 2º les mesures à observer sur les côtes, dans les ports et rades, dans les lazarets et autres lieux réservés ; 3º les mesures extraordinaires que l'invasion ou la crainte d'une maladie pestilentielle rendrait nécessaires sur les frontières de terre ou dans l'intérieur.

Il règle les attributions, la composition et le ressort des autorités et administrations chargées de l'exécution de ces mesures, et leur délègue le pouvoir d'appliquer provisoirement, dans des cas d'urgence, le régime sanitaire aux portions du territoire qui seraient inopinément menacées.

Les ordonnances du Roi ou les actes administratifs qui prescriront l'application des dispositions de la présente loi à une portion du territoire français seront, ainsi que la loi elle-même, publiés et affichés dans chaque commune qui devra être soumise à ce régime ; les dispositions pénales de la loi ne seront applicables qu'après cette publication.

Art. 2. — Les provenances, par mer, de pays habituellement et actuellement *sains* continueront d'être admises à la libre pratique, immédiatement après les visites et les interrogatoires d'usage, à moins d'accidents ou de communications de nature suspecte survenus depuis leur départ.

Art. 3. — Les provenances, par la même voie, de pays qui ne sont pas habituellement *sains* ou qui se trouvent accidentellement *infectés* sont, relativement à leur état sanitaire, rangées sous l'un des trois régimes ci-après déterminés :

Sous le régime de la *patente brute,* si elles sont ou ont été, depuis leur départ, infectées d'une maladie réputée pestilentielle, si elles viennent de pays qui en soient infectés, ou si elles ont communiqué avec des lieux, des personnes ou des choses qui auraient pu leur transmettre la contagion ;

Sous le régime de la *patente suspecte,* si elles viennent de pays où règne une maladie soupçonnée d'être pestilentielle, ou de pays qui, quoique exempts de soupçons, sont ou viennent d'être en libre relation avec des pays qui s'en trouvent entachés, ou enfin si des communications avec des provenances de ces derniers pays, ou des circonstances quelconques, font suspecter leur état sanitaire ;

Sous le régime de la *patente nette,* si aucun soupçon de maladie pestilentielle n'existait dans le pays d'où elles viennent, si ce pays n'était point ou ne venait point d'être en libre relation avec des lieux entachés de ce soupçon, et, enfin, si aucune communication, aucune circonstance quelconque, ne fait suspecter leur état sanitaire.

Art. 4. — Les provenances spécifiées en l'article 3 ci-dessus pourront être soumises à des quarantaines plus ou moins longues, selon chaque régime, la durée du voyage et la gravité du péril. Elles pourront même être repoussées du territoire, si la quarantaine ne peut avoir lieu sans exposer la santé publique.

Les dispositions du présent article et de l'article 3 s'appliqueront aux communications par terre, toutes les fois qu'il aura été jugé nécessaire de les y soumettre.

Art. 5. — En cas d'impossibilité de purifier, de conserver ou de transporter sans danger des animaux ou des objets matériels susceptibles de transmettre la contagion, ils pourront être, sans obligation d'en rembourser la valeur, les animaux tués et enfouis, les objets matériels détruits et brûlés.

La nécessité de ces mesures sera constatée par des procès-verbaux, lesquels feront foi jusqu'à inscription de faux.

Article 6. — Tout navire, tout individu, qui tenterait, en infraction aux règlements, de pénétrer en libre pratique, de franchir un cordon sanitaire, ou de passer d'un lieu *infecté* ou *interdit* dans un lieu qui ne le serait point, sera, après due sommation de se retirer, repoussé de vive force, et ce, sans préjudice des peines encourues.

TITRE II.

DES PEINES, DÉLITS ET CONTRAVENTIONS EN MATIÈRE SANITAIRE.

Art. 7. — Toute violation des lois et des réglements sanitaires sera punie :

De la peine de mort, si elle a opéré communication avec des pays dont les provenances sont soumises au régime de la *patente brute*, avec ces provenances, ou avec des lieux, des personnes ou des choses placés sous ce régime ;

De la peine de la réclusion et d'une amende de 100 francs à 20,000 francs, si elle a opéré communication avec des pays dont les provenances sont soumises au régime de la *patente suspecte* avec ces provenances, ou avec des lieux, des personnes ou des choses placés sous ce régime.

De la peine d'un an à dix ans d'emprisonnement et d'une amende de 100 francs à 10,000 francs si elle a opéré communication prohibée avec des lieux, des personnes ou des choses qui, sans être dans l'un des cas ci-dessus spécifiés, ne seraient point en libre pratique.

Seront punis de la même peine ceux qui se rendraient coupables de communications interdites entre des personnes ou des choses soumises à des quarantaines de différents termes.

Tout individu qui recevra sciemment des matières ou des personnes en contravention aux règlements sanitaires sera puni des mêmes peines que celles encourues par le porteur ou le délinquant pris en flagrant délit.

Art. 8. — Dans le cas où la violation du régime de la *patente brute* mentionnée à l'article précédent, n'aurait point occasionné d'invasion pestilentielle, les tribunaux pourront ne prononcer que la réclusion et l'amende portées au second paragraphe du dit article.

Art. 9. — Lors même que ces crimes ou délits n'auraient point occasionné d'invasion pestilentielle, s'ils ont été accompagnés de rébellion ou commis avec des armes apparentes ou cachées, ou avec effraction, ou avec escalade : la peine de mort sera prononcée en cas de violation du régime de la patente brute ; la peine des travaux forcés à temps sera substituée à la peine de réclusion pour la violation du régime de la patente suspecte, et la peine de réclusion à l'emprisonnement pour les cas déterminés dans les deux avant-derniers paragraphes de l'article 7.

Le tout indépendamment des amendes portées au dit article, et sans préjudice des peines plus fortes qui seraient prononcées par le Code pénal.

Art. 10. — Tout agent du gouvernement au dehors, tout fonctionnaire, tout capitaine, officier ou chef quelconque d'un bâtiment de l'Etat ou de tout autre navire ou embarcation, tout médecin, chirurgien, officier de santé, attaché, soit au service sanitaire, soit à un bâtiment de l'Etat ou du commerce, qui, officiellement, dans une dépêche, un certificat, un rapport, une déclaration ou une déposition aurait sciemment altéré ou dissimulé les faits de manière à exposer la santé publique, sera puni de mort, s'il s'en est suivi une invasion pestilentielle.

Il sera puni des travaux forcés à temps et d'une amende de 1,000 francs à 20,000 francs, lors même que son faux exposé n'aurait point occasionné d'invasion pestilentielle, s'il était de nature à pouvoir y donner lieu en empêchant les précautions nécessaires.

Les mêmes individus seront punis de la dégradation civique et d'une amende de 500 francs à 10,000 francs s'ils ont exposé la santé publique en négligeant sans excuse légitime d'informer qui de droit de faits à leur connaissance de nature à produire ce danger, ou si, sans s'être rendus complices de l'un des crimes prévus par les articles 7, 8 et 9, ils ont sciemment, et par leur faute, laissé enfreindre ou enfreint eux-mêmes des dispositions réglementaires qui eussent pu le prévenir.

Art. 11. — Sera puni de mort tout individu faisant partie d'un cordon sanitaire, ou en faction pour surveiller une quarantaine ou pour empêcher une communication interdite, qui aurait abandonné son poste ou violé sa consigne.

Art. 12. — Sera puni d'un emprisonnement d'un à cinq ans tout commandant de la force publique qui, après avoir été requis par l'autorité compétente, aurait refusé de faire agir pour un service sanitaire la force sous ses ordres.

Seront punis de la même peine et d'une amende de 50 francs à 500 francs, tout individu attaché à un service sanitaire, ou chargé par état de concourir à l'exécution des dispositions prescrites pour ce service, qui aurait, sans excuse légitime, refusé ou négligé de remplir ces fonctions;

Tout citoyen faisant partie de la garde nationale, qui se refuserait à un service de police sanitaire pour lequel il aurait été légalement requis en cette qualité;

Toute personne qui, officiellement chargée de lettres ou paquets pour une autorité ou une agence sanitaire, ne les aurait point remis, ou aurait exposé la santé publique en tardant à les remettre; sans préjudice des réparations civiles qui pourraient être dues, aux termes de l'article 10 du Code pénal.

Art. 13. — Sera puni d'un emprisonnement de quinze jours à trois mois et d'une amende de 50 à 500 francs tout individu qui, n'étant dans aucun des cas prévus par les articles précédents, aurait refusé d'obéir à des réquisitions d'urgence, pour un service sanitaire, ou qui, ayant connaissance d'un symptôme de maladie pestilentielle, aurait négligé d'en informer qui de droit.

Si le prévenu de l'un ou de l'autre de ces délits est médecin, il sera, en outre, puni d'une interdiction d'un à cinq ans.

Art. 14. — Sera puni d'un emprisonnement de trois à quinze jours et d'une amende de 5 à 50 francs quiconque, sans avoir commis aucun des délits qui viennent d'être spécifiés, aurait contrevenu, en matière sanitaire, aux règlements généraux ou locaux, aux ordres des autorités compétentes.

Art. 15. — Les infractions en matière sanitaire pourront n'être passibles d'aucune peine, lorsqu'elles n'auront été commises que par force majeure, ou pour porter secours en cas de danger, si la déclaration en a été immédiatement faite à qui de droit.

Art. 16. — Pourra être exempté de toute poursuite et de toute peine celui qui, ayant d'abord altéré la vérité ou négligé de la dire dans les cas prévus par l'article 10, réparerait l'omission ou rétracterait son faux exposé, avant qu'il eût pu en résulter aucun danger pour la santé publique, et avant que les faits eussent été connus par toute autre voie.

TITRE III.

DES ATTRIBUTIONS DES AUTORITÉS SANITAIRES EN MATIÈRE DE POLICE JUDICIAIRE ET DE L'ETAT CIVIL.

Art. 17. — Les membres des autorités sanitaires exerceront les fonctions d'officiers de police judiciaire exclusivement, et pour tous crimes, délits et contraventions, dans l'enceinte et les parloirs des lazarets et autres lieux réservés. Dans les autres parties du ressort de ces autorités, ils exerceront concurremment avec les officiers ordinaires, pour les crimes, délits et contraventions en matière sanitaire.

Art. 18. — Les autorités sanitaires connaîtront exclusivement, dans l'enceinte et les parloirs des lazarets et autres lieux réservés, sans appel ni recours en cassation, des contraventions de simple police. Des ordonnances royales régleront la forme de procéder; les expéditions des jugements et autres actes de la procédure seront délivrés sur papier libre et sans frais.

Art. 19. — Les membres desdites autorités exerceront les fonctions d'officiers de l'état civil dans les mêmes lieux réservés. Les actes de naissance et de décès seront dressés en présence de deux témoins, et les testaments conformément aux articles 985, 986 et 987 du Code civil. Expédition des actes de naissance et de décès sera adressée, dans les vingt-quatre heures, à l'officier ordinaire de l'état civil de la commune où sera situé l'établissement, lequel en fera la transcription.

TITRE IV.

DISPOSITIONS GÉNÉRALES

Art. 20. — Les marchandises et autres objets déposés dans les lazarets et autres lieux réservés, qui n'auront pas été réclamés dans le délai de deux ans, seront vendus aux enchères publiques.

Ils pourront, s'ils sont périssables, être vendus avant ce délai, en vertu d'une ordonnance du président du Tribunal de commerce, ou, à défaut, du juge de paix.

Le prix en provenant, déduction faite des frais, sera acquis à l'Etat, s'il n'a pas été réclamé dans les cinq années qui suivront la vente.

LA DÉFENSE CONTRE LE CHOLÉRA EN 1890

1º Mesures à prendre pour l'organisation et le fonctionnement des postes sanitaires destinés à prévenir l'importation du choléra[1].

I. Visite médicale des voyageurs venant de l'étranger à chaque poste frontière des voies de pénétration.

II. Mise en observation des malades et des suspects, qui seront placés dans un local spécialement préparé.

III. Examen attentif des bagages, de façon à ne pas laisser pénétrer le linge sale qui peut être contaminé.

Ce linge sera immédiatement désinfecté par une étuve à vapeur sous pression, qui devra être installée autant que possible dans les différents postes.

Le local se composera d'au moins deux pièces : l'une pour les malades, l'autre pour les suspects. Dans chacune d'elles seront installés des lits en fer aussi simples que possible, afin qu'ils soient plus facilement désinfectés.

Le poste sera en outre muni de médicaments et d'antiseptiques, suivant les prescriptions du Comité consultatif.

Le nombre des lits, l'approvisionnement en désinfectants, en linge, seront réglés d'après les besoins locaux.

Le poste pourra être installé sous une tente (système Tollet et Herbet, par exemple).

Un local sera aménagé pour la désinfection, qui se fera conformément aux instructions du Comité.

Les postes seront pourvus, autant que possible, d'une étuve à désinfection par la vapeur sous pression.

Le personnel de chaque poste comprendra :

Un médecin-directeur ; un ou deux infirmiers ; des aides en nombre variable, selon l'importance du transit.

Autant que possible, le médecin résidera dans la localité où se trouve établi le poste. Il devra être présent à chaque train venant des pays contaminés ou suspects.

Si les médecins font défaut dans la région, on pourra demander du personnel à la Faculté voisine.

A l'arrivée de chaque train, les chefs de gare et leurs employés s'assureront que tous les voyageurs sont descendus ; ceux-ci seront alors conduits dans une salle où se tiendra le médecin, et subiront tour à tour l'inspection.

Dans l'intérêt du bon ordre et afin que personne ne puisse se soustraire à la visite, il y aura lieu de faire défiler les voyageurs entre deux barrières suffisamment rapprochées pour que deux personnes ne puissent passer de front.

---

1. MONOD, *La Santé publique,* p. 142 et suiv.

Toute personne atteinte de gastro-entérite devra être retenue et soignée au poste ; toute personne qui, sans présenter des signes de gastro-entérite, offrira des symptômes suspects, pourra être retenue en observation.

On remettra à chaque voyageur reconnu bien portant « une carte » constatant qu'il a subi la visite médicale. Il sera tenu de la présenter au Maire de la localité dans laquelle il se rendra, et là, il subira une nouvelle inspection et sera observé pendant le nombre de jours qui correspondent à la durée de l'incubation du choléra.

Le Maire de la localité aura été prévenu de l'arrivée du voyageur par une carte postale envoyée par le Directeur du poste.

Dans le cas où le voyageur serait pris de choléra, il serait immédiatement isolé et traité. Toute production du foyer serait ainsi évitée.

La visite des bagages devra être faite avec le plus grand soin par les employés de la douane, assistés d'un infirmier du poste.

Les linges sales pouvant être contaminés seront immédiatement saisis et ne seront rendus à leur propriétaire qu'après avoir subi la désinfection.

La rapidité de la stérilisation obtenue à l'aide de l'étuve Geneste-Herscher simplifiera considérablement les détails pratiques de cette opération.

Des rapports quotidiens ou hebdomadaires, suivant les circonstances, seront adressés par le médecin-directeur du poste au Ministre ou à ses délégués.

2º Modèle de la carte délivrée à chaque voyageur venant d'Espagne.

POSTE SANITAIRE DE LA FRONTIÈRE.

PASSEPORT SANITAIRE.

M.

venant de   , passant à la frontière, a été reconnu sain au moment de la visite médicale qu'il a subie ici en vertu des instructions qui nous ont été données.

Il a déclaré vouloir se rendre à   , commune du département de   , où il prendra domicile, rue   , nº

Le porteur devra se présenter devant le Maire de la commune et subir les visites que la municipalité jugera bon d'ordonner.

                    , le   189   .

Le Directeur du poste sanitaire,

3º Modèle de la carte postale adressée au Maire de la commune où se rend le voyageur.

POSTE SANITAIRE DE LA FRONTIÈRE.

MONSIEUR LE MAIRE,

J'ai l'honneur de vous informer que M.
venant de   , qui a subi à la frontière la visite

médicale et qui a déclaré vouloir se rendre dans votre commune où il aura son domicile, rue   , nº   , est parti aujourd'hui d'ici, muni du passeport sanitaire.

            , le   189 .

Le Directeur du poste sanitaire,

4° Décret du 18 juin 1890.

OBLIGATIONS POUR LES PERSONNES QUI REÇOIVENT UN VOYAGEUR VENANT D'ESPAGNE DE DÉCLARER SON ARRIVÉE ET TOUT CAS DE MALADIE SUSPECTE.

Le Président de la République Française,

Sur le rapport du Ministre de l'Intérieur,

Vu les dispositions des articles 1 et 14 de la loi du 3 mars 1822 sur la police sanitaire ;

Vu l'avis du Comité de direction des services de l'hygiène,

Décrète :

Article premier. — Il est enjoint à toute personne logeant un ou plusieurs voyageurs venant d'Espagne d'en faire la déclaration à la Mairie de la commune, dès l'arrivée du voyageur.

Cette obligation s'applique non seulement aux aubergistes et aux logeurs en garni, mais encore à tout particulier.

Art. 2. — La même déclaration devra être faite par les personnes ci-dessus dénommées pour tout cas suspect survenu dans leur maison, et dès l'apparition des premiers accidents.

Art. 3. — Les contraventions aux dispositions du présent décret seront constatées par des procès-verbaux et poursuivies conformément à l'article 14 de la loi du 3 mars 1822, qui punit d'un emprisonnement de trois à quinze jours et d'une amende de 5 à 50 francs, quiconque aura contrevenu en matière sanitaire aux ordres des autorités compétentes.

Art. 4. — Le Ministre de l'Intérieur, les Préfets dans leurs départements respectifs, les Maires de chacune des communes de France sont délégués, conformément à l'article 1er de la loi du 3 mars 1822, pour assurer l'exécution du présent décret qui sera publié au *Journal officiel* et au *Bulletin des lois.*

La loi du 3 mars 1822 et le présent décret seront publiés et affichés dans toutes les communes du territoire de la République.

Fait à Paris, le 18 juin 1890.

Signé : CARNOT.

Par le Président de la République :

Le Ministre de l'Intérieur,
Signé : CONSTANS.

Le Ministre des Finances,
Signé : ROUVIER.

5° Décret du 28 juin 1890.

OBLIGATION POUR LES VOYAGEURS VENANT D'ESPAGNE DE DÉCLARER LEUR LIEU
DE DESTINATION A LEUR ARRIVÉE.

Le Président de la République française,

Sur le rapport du Ministre de l'Intérieur,

Vu la loi du 3 mars 1822 sur la police sanitaire, et notamment l'article 14, ainsi conçu : « Sera puni d'un emprisonnement de trois à quinze jours et d'une amende de 5 à 5o francs quiconque, sans avoir commis aucun des délits qui viennent d'être spécifiés, aurait contrevenu, en matière sanitaire, aux règlements généraux ou locaux, aux ordres des autorités compétentes. »

Vu le décret du 18 juin 1890 prescrivant la déclaration au Maire de tout voyageur venant d'Espagne ;

Vu l'avis du Comité de direction des services de l'hygiène,

Décrète :

Article premier. — Toute personne venant d'Espagne et entrant en France ou en Algérie, soit par terre, soit par mer, est tenu de déclarer à la frontière, aux autorités chargées de recevoir cette déclaration, la commune de France dans laquelle elle se rend.

Elle est, en outre, tenue de présenter au Maire de cette commune, dans les vingt-quatre heures de son arrivée, le passeport sanitaire qui lui aura été remis à la frontière.

A Paris, cette présentation du passeport sanitaire devra être faite à la Préfecture de police ou aux Mairies.

Devront également être faites à la Préfecture de police ou aux Mairies les déclarations des personnes logeant chez elles, à Paris, des voyageurs venus d'Espagne, en exécution du décret du 18 juin 1890.

Art. 2. — Les infractions aux dispositions qui précèdent seront poursuivies conformément à la loi du 3 mars 1822.

Art. 3. — Les autorités sanitaires, constituées en exécution de la loi du 3 mars 1822 antérieurement au présent décret, le Gouverneur général de l'Algérie, les préfets, les maires, les commissaires spéciaux des chemins de fer, les commissaires de police, les commissaires de surveillance administrative, les agents des douanes, et généralement tous les agents de la force publique, sont délégués, chacun dans les limites de sa circonscription, pour assurer l'exécution du présent décret, qui sera publié au *Journal officiel* et inséré au *Bulletin des lois*.

Fait à Paris, le 28 juin 1890.

Signé : CARNOT.

Par le Président de la République :

Le Ministre de l'Intérieur,
Signé : CONSTANS.

6° Décret du 2 juillet 1890.

VISITE MÉDICALE. — OBLIGATION POUR LES MAIRES DE LA FAIRE FAIRE,
ET POUR LES VOYAGEURS DE LA SUBIR.

Le Président de la République française,

Sur le rapport du Ministre de l'Intérieur,

Vu la loi du 3 mars 1822 sur la police sanitaire et notamment l'article 14 ainsi conçu : « Sera puni d'un emprisonnement de trois à quinze jours et d'une amende de cinq à cinquante francs quiconque, sans avoir commis aucun des délits qui viennent d'être spécifiés, aurait contrevenu en matière sanitaire aux règlements généraux ou locaux, aux ordres des autorités compétentes »;

Vu les décrets des 18 et 28 juin 1890 relatifs aux déclarations auxquelles sont astreints les voyageurs venant d'Espagne et les personnes qui les reçoivent ;

Vu l'avis du Comité de direction des services de l'hygiène,

Décrète :

Article premier. — Tout maire auquel aura été faite la déclaration d'arrivée dans sa commune d'un voyageur venant d'Espagne devra faire visiter ce voyageur par un médecin désigné à cet effet, pendant un délai de cinq jours au minimum à partir du jour de l'entrée de ce voyageur en France.

En cas d'impossibilité, il devra en référer au préfet ou au sous-préfet par les voies les plus rapides.

Art. 2. — Toute personne venant d'Espagne est tenue de subir, pendant cinq jours au moins à partir de son entrée en France, la visite d'un médecin désigné à cet effet.

Celles qui viendraient à se rendre dans une nouvelle commune avant l'expiration de ce délai sont tenues de faire une nouvelle déclaration conforme à celle prescrite par le décret du 28 juin.

Art. 3. — Toute personne venant d'Espagne et empêchée par un motif quelconque de se rendre dans la commune désignée par elle aux autorités sanitaires de la frontière est tenue, dans les douze heures de son arrivée, de le déclarer au maire de la commune où elle s'arrête. Le Maire fera procéder à la visite médicale prescrite par l'article 1er du présent décret.

Art. 4. — Les infractions aux dispositions qui précèdent seront poursuivies conformément à la loi du 3 mars 1822.

Art. 5. — Les autorités sanitaires, constituées en exécution de la loi du 3 mars 1822 antérieurement au présent décret, les préfets, les maires, les commissaires spéciaux des chemins de fer, les commissaires de police, les commissaires de surveillance administrative, les agents des douanes, et généralement tous les agents de la force publique, sont délégués, chacun dans les limites de sa circonscription, pour assurer l'exécution du présent décret, qui sera publié au *Journal officiel* et inséré au *Bulletin des lois*.

Fait à Paris le 2 juillet 1890.

Signé : CARNOT.

Par le Président de la République :

Le Ministre de l'Intérieur,

Signé : CONSTANS.

7° Circulaire du Ministre des Travaux publics aux Administrateurs des Compagnies de chemins de fer.

(SURVEILLANCE MÉDICALE DES VOYAGEURS EN COURS DE ROUTE.)

MESSIEURS,

M. le Ministre de l'Intérieur vient de m'informer que, dès l'apparition du choléra en Espagne, il a organisé sur divers points de la frontière, et notamment sur les voies ferrées, à Hendaye et à Cerbère, des postes de surveillance sanitaire où les voyageurs sont l'objet d'un examen médical. Ceux qui sont trouvés malades y sont soignés ; ceux qui paraissent suspects sont retenus ; ceux qui sont reconnus sains reçoivent un passeport sanitaire et, par carte postale, on avise de leur arrivée les maires des communes où ils ont déclaré se rendre. Les mêmes mesures sont d'ailleurs prises dans les ports pour les voyageurs arrivant d'Espagne par mer.

D'autre part, un décret du 28 juin dernier, rendu en exécution de la loi du 3 mars 1822, oblige toutes les personnes venant d'Espagne à faire connaître la commune dans laquelle elles se rendent. Aux termes d'un autre décret du 2 juillet courant, ces mêmes personnes, au cas où elles seraient empêchées, pour un motif quelconque, d'aller dans la commune désignée par elles à la frontière, sont tenues de notifier cet empêchement au maire de la commune où elles s'arrêtent, dans les douze heures de leur arrivée. Les unes et les autres doivent, en vertu de ce dernier décret, recevoir pendant cinq jours au moins la visite d'un médecin délégué par l'administration. Or, il se peut (et le fait se serait produit sur le réseau d'Orléans) qu'un voyageur venant d'Espagne soit pris d'indisposition pendant le trajet et contraint de s'arrêter dans une gare intermédiaire. C'est alors surtout qu'une surveillance plus étroite s'impose dans l'intérêt de la santé publique, et elle ne pourra s'exercer que si le maire de la commune sur le territoire de laquelle se trouve la station intermédiaire est immédiatement prévenu.

En conséquence, et suivant le désir exprimé par M. le Ministre de l'Intérieur, je vous serai obligé, Messieurs, d'inviter tous les agents de votre compagnie qui seraient à même de constater la descente d'un voyageur avant son arrivée à la destination marquée sur son billet, à interroger ce voyageur sur sa provenance. S'il venait d'Espagne, avertissement devrait en être immédiatement donné par le chef de gare ou son suppléant au maire de la commune, pour qu'il puisse faire procéder sans retard à la visite médicale prescrite.

Je vous prie de m'accuser réception de la présente communication et de me faire connaître, en même temps, la suite qu'elle aura reçue sur votre réseau.

Recevez, Messieurs, etc.

Pour le Ministre des Travaux publics :

Le Conseiller d'État,
Directeur des chemins de fer,

Signé : GAY.

RÈGLEMENT SANITAIRE MARITIME

(DÉCRET DU 4 JANVIER 1896.)

TITRE I.

OBJET DE LA POLICE SANITAIRE MARITIME.

Article premier. — Le choléra, la fièvre jaune et la peste sont les seules maladies pestilentielles exotiques qui, en France et en Algérie, déterminent l'application des mesures sanitaires permanentes.

D'autres maladies graves, transmissibles et importables, notamment le typhus et la variole, peuvent être exceptionnellement l'objet de précautions spéciales.

Art. 2. — Des mesures de précaution peuvent toujours être prises contre un navire dont les conditions hygiéniques sont jugées dangereuses par l'autorité sanitaire.

TITRE II.

PATENTE DE SANTÉ.

Art. 3. — La patente de santé est un document qui a pour objet de mentionner l'état sanitaire du pays de provenance et particulièrement l'existence ou la non existence des maladies visées à l'article premier. La patente de santé indique, en outre, le nom du navire, celui du capitaine, la nature de la cargaison, l'effectif de l'équipage et le nombre de passagers, ainsi que l'état sanitaire du bord au moment du départ.

La patente de santé est datée; elle n'est valable que si elle a été délivrée dans les quarante-huit heures qui ont précédé le départ du navire.

Art. 4. — Un navire ne doit avoir qu'une patente de santé.

Art. 5. — La patente de santé est *nette* ou *brute*. Elle est nette quand elle constate l'absence de toute maladie pestilentielle dans la ou les circonscriptions d'où vient le navire; elle est brute quand la présence d'une maladie de cette nature y est signalée.

Le caractère de la patente est apprécié par l'autorité sanitaire du port d'arrivée.

Art. 6. — *En France et en Algérie,* la patente de santé est établie conformément à une formule arrêtée par le Ministre de l'Intérieur après avis du Comité de Direction des services de l'hygiène; elle est délivrée gratuitement par l'autorité sanitaire à tout capitaine qui en fait la demande.

Art. 7. — Lorsqu'une maladie pestilentielle vient à se manifester dans un port ou ses environs, l'autorité sanitaire de ce port avise immédiatement l'Administration supérieure et, une fois l'existence du foyer constatée, signale le fait sur la patente de santé qu'elle délivre.

L'épidémie est considérée comme éteinte lorsque cinq jours pleins se sont écoulés sans qu'il y ait eu ni décès, ni cas nouveau. La cessation complète de la maladie est alors immédiatement signalée à l'Administration supérieure, et si les mesures de désinfection ont été convenablement prises, elle est mentionnée sur la patente de santé avec la date de la cessation.

Art. 8. — *A l'étranger*, la patente de santé est délivrée aux navires français à destination de France ou d'Algérie par le consul français du port de départ ou, à défaut de consul, par l'autorité locale.

Pour les navires étrangers à destination de France ou d'Algérie, la patente peut être délivrée par l'autorité locale, mais, dans ce cas, elle doit être visée et annotée, s'il y a lieu, par le consul français.

Art. 9. — La patente de santé délivrée au port de départ est conservée jusqu'au port de destination.

Le capitaine ne doit en aucun cas s'en dessaisir.

Dans chaque port d'escale, elle est visée par le consul français ou, à son défaut, par l'autorité locale qui y relate l'état sanitaire du port et de ses environs.

Art. 10. — Les navires qui font un service régulier dans les mers d'Europe peuvent être dispensés par l'autorité sanitaire de l'obligation du *visa* de la patente à chaque escale.

Art. 11. — La présentation d'une patente de santé à l'arrivée dans un port de France ou d'Algérie est, en tout temps, obligatoire pour les navires provenant : 1º des pays situés hors d'Europe, l'Algérie et la Tunisie exceptées ; 2º du littoral de la mer Noire et des côtes de la Turquie d'Europe sur l'Archipel et la mer de Marmara.

Art. 12. — Pour les régions autres que celles désignées à l'article 11, la présentation d'une patente de santé est obligatoire pour les navires provenant d'une circonscription contaminée par une maladie pestilentielle.

La même obligation peut être étendue, par décision du Ministre de l'Intérieur, au pays se trouvant soit à proximité de la dite circonscription, soit en relations directes avec elle. Dans ce cas, l'obligation de la patente est immédiatement portée à la connaissance du public, notamment par la voie du *Journal officiel de la République française*.

Art. 13. — Les navires faisant le cabotage français (l'Algérie comprise) sont, à moins de prescription exceptionnelle, dispensés de se munir d'une patente de santé. La même dispense s'applique aux navires qui relient directement dans les mêmes conditions la France et la Tunisie.

Art. 14. — Le capitaine d'un navire dépourvu de patente de santé, alors qu'il devrait en être muni, ou ayant une patente irrégulière, est passible, à son arrivée dans un port français, des pénalités édictées par l'article 14 de la loi du 3 mars 1822, sans préjudice de l'isolement et des autres mesures auxquels le navire peut être assujetti par le fait de sa provenance, et des poursuites qui pourraient être exercées en cas de fraude.

TITRE III.

MÉDECINS SANITAIRES MARITIMES.

Art. 15. — Tout bâtiment à vapeur français affecté au service postal ou au transport d'au moins cent voyageurs qui fait un trajet dont la durée, escales comprises, dépasse quarante-huit heures est tenu d'avoir à bord un médecin sanitaire.

Ce médecin doit être Français et pourvu du diplôme de docteur en médecine; il prend le titre de « *Médecin sanitaire maritime* ».

Art. 16. — Les médecins sanitaires maritimes sont choisis sur un tableau dressé par le Ministre de l'Intérieur, après examen passé devant un jury qui est désigné par le Ministre, sur l'avis du Comité de Direction des services de l'hygiène.

L'examen porte sur l'épidémiologie, la prophylaxie et la réglementation sanitaires et leurs applications pratiques. Les conditions et les époques de l'examen sont arrêtées par le Ministre de l'Intérieur, sur la proposition du Comité de Direction des services de l'hygiène.

Il est délivré aux candidats agréés par le Ministre un certificat d'aptitude aux fonctions de médecin sanitaire maritime.

Art. 17. — Au cas où le nombre des médecins sanitaires maritimes portés sur la liste serait insuffisant, le Ministre de l'Intérieur pourvoit, sur la proposition du Comité de Direction des services de l'hygiène, aux nécessités du service médical.

Art. 18. — Un délai de trois mois est accordé, à partir de la date du présent décret, pour permettre aux médecins d'obtenir le certificat prévu par l'article 16 et aux compagnies de navigation et armateurs d'assurer l'embarquement de ces médecins.

Les médecins sanitaires antérieurement commissionnés auprès des compagnies maritimes peuvent être inscrits au tableau des médecins sanitaires maritimes sur leur demande transmise, avec avis motivé, par les directeurs de la santé de leurs ports d'attache et sur la proposition du Comité de Direction des services de l'hygiène.

Art. 19. — Le médecin sanitaire maritime a pour devoir d'user de tous les moyens que la science et l'expérience mettent à sa disposition :

a) Pour préserver le navire des maladies pestilentielles exotiques (choléra, fièvre jaune, peste) et des autres maladies contagieuses graves ;

b) Pour empêcher ces maladies, lorsqu'elles viennent faire apparition à bord, de se propager parmi le personnel confié à ses soins et dans les populations des divers points touchés par les navires.

Art. 20. — Le médecin sanitaire maritime s'oppose à l'introduction sur le navire des personnes ou des objets susceptibles de provoquer à bord une maladie contagieuse.

Art. 21. — Le médecin sanitaire maritime fait observer à bord les règles de l'hygiène ; il veille à la santé du personnel, passagers et équipage, et leur donne ses soins en cas de maladie.

Art. 22. — Le médecin sanitaire maritime se concerte avec le capitaine pour l'application des dispositions contenues dans les trois articles qui précèdent.

En cas d'invasion à bord d'une maladie pestilentielle ou suspecte, il prévient immédiatement le capitaine et assure, d'accord avec lui, les mesures de préservation nécessaires.

Art. 23. — Le médecin sanitaire maritime inscrit jour par jour sur un registre toutes les circonstances de nature à intéresser la santé du bord.

Il mentionne les dates d'invasion, de guérison ou de terminaison par la mort de tous les cas de maladies contagieuses avec indication des détails essentiels que comporte la nature de chaque cas.

A chaque escale ou relâche, il consigne sur son registre la date de l'arrivée et celle du départ, ainsi que les renseignements qu'il a pu recueillir sur l'état de la santé publique dans le port et ses environs.

Il inscrit sur le même registre les mesures prises pour l'isolement des malades, la désinfection des déjections, la destruction ou la purification des hardes, du linge et des objets de literie, la désinfection des logements ; il indique la nature, les doses, le mode d'emploi des substances désinfectantes et la date de chaque opération.

Art. 24. — Le médecin sanitaire maritime est tenu, à l'arrivée dans un port français, de communiquer son registre à l'autorité sanitaire, qui ne statue qu'après en avoir pris connaissance.

Il répond à l'interrogatoire de celle-ci et lui fournit de vive voix, ou par écrit si elle l'exige, tous les renseignements qu'elle demande.

Art. 25. — Les déclarations du médecin sanitaire maritime sont faites sous la foi du serment.

Le délit de fausse déclaration est poursuivi conformément aux lois.

Art. 26. — Le médecin sanitaire maritime fait parvenir au moins chaque année au Ministre de l'Intérieur un rapport relatant les observations de toute nature qu'il a pu recueillir au cours de ses voyages sur les questions intéressant le service sanitaire, l'étiologie et la prophylaxie des épidémies.

Les rapports des médecins sanitaires maritimes sont soumis au Comité consultatif d'hygiène publique de France. Ils peuvent donner lieu à l'attribution de récompenses honorifiques décernées par M. le Ministre de l'Intérieur, et publiées au *Journal officiel de la République française*.

Art. 27. — En cas d'infraction aux règlements sanitaires ou de non exécution des devoirs résultant de ses fonctions, une décision ministérielle, prise sur l'avis du Comité de direction des services de l'hygiène, l'intéressé entendu, peut rayer un médecin sanitaire, à titre temporaire ou définitif, du tableau dressé en vertu de l'article 16.

Art. 28. — Le capitaine d'un navire ne pouvant justifier de la présence à bord d'un médecin sanitaire régulièrement embarqué, ou d'un motif d'empêchement légitime, est passible, à son arrivée dans un port français, des pénalités édictées par l'article 14 de la loi du 3 mars 1822, sans préjudice des mesures sanitaires exceptionnelles auxquelles le navire peut être assujetti pour ce motif et des poursuites qui pourraient être exercées en cas de fraude.

Art. 29. — Sur les navires qui n'ont pas de médecin sanitaire, les renseignements relatifs à l'état sanitaire et aux communications en mer sont recueillis par le capitaine, et inscrits par lui sur son livre de bord.

TITRE IV.

MESURES SANITAIRES AU PORT DE DÉPART.

Art. 30. — Le capitaine d'un navire français ou étranger se trouvant dans un port de France ou d'Algérie et se disposant à quitter ce port est tenu d'en faire la déclaration à l'autorité sanitaire avant d'opérer son chargement ou d'embarquer ses passagers.

Art. 31. — Dans le cas où elle le juge nécessaire, l'autorité sanitaire a la faculté de procéder à la visite du navire avant le chargement, et d'exiger tous renseignements et justifications utiles concernant la propreté des vêtements de l'équipage, la qualité de l'eau potable embarquée et les moyens de la conserver, la nature des vivres et des boissons, l'état de la pharmacie, et, en général, les conditions hygiéniques du personnel et du matériel embarqués.

L'autorité sanitaire peut, dans le même cas, prescrire la désinfection du linge sale, soit à terre, soit à bord.

Le cas échéant, ces diverses opérations sont effectuées dans le plus court délai possible, de manière à éviter tout retard au navire.

Art. 32. — L'autorité sanitaire s'oppose à l'embarquement des personnes ou des objets susceptibles de propager des maladies pestilentielles.

Art. 33. — Les permis nécessaires, soit pour opérer le chargement, soit pour prendre la mer, ne sont délivrés par la douane que sur le vu d'une licence remise par l'autorité sanitaire.

Art. 34. — Les bateaux de pêche, et en général les navires qui s'écartent peu du port de départ sont dispensés, à moins de prescription exceptionnelle, de la déclaration prévue à l'article 30.

TITRE V.

MESURES SANITAIRES PENDANT LA TRAVERSÉE.

Art. 35. — Le linge de corps des passagers et de l'équipage, sali pendant la traversée, est lavé aussi souvent que possible.

Art. 36. — Les lieux d'aisances sont lavés et désinfectés deux fois par jour.

Dans les cabines dont les occupants ne se déplacent pas, il est déposé une certaine quantité de substances désinfectantes, et des instructions sont données pour leur emploi, qui est obligatoire.

Art. 37. — Dès qu'apparaissent les premiers signes d'une affection pestilentielle, les malades sont isolés, ainsi que les personnes spécialement désignées pour remplir les fonctions d'infirmier.

Art. 38. — Dans les cabines où se trouvent des malades, s'il y a des lits superposés, ceux du bas sont seuls occupés; les matelas, couvertures, etc., des lits non occupés sont enlevés de la cabine, dans laquelle on ne laisse que les objets strictement indispensables.

Art. 39. — Les déjections des malades sont immédiatement désinfectées.

Les vêtements, le linge, les serviettes, draps de lit, couvertures, etc., ayant servi aux malades, sont, avant de sortir du local isolé, plongés dans une solution désinfectante.

Les vêtements et le linge des infirmiers sont soumis au même traitement avant d'être lavés.

Les objets infectés ou suspectés, de peu de valeur, sont immédiatement jetés à la mer si le navire est au large. Dans le cas où le navire est dans un port, ils sont brûlés.

Le sol des locaux affectés à l'isolement des malades et des infirmeries est lavé deux fois par jour à l'aide de solutions désinfectantes.

Art. 40. — Ces locaux ne sont rendus au service courant qu'après lavage complet de toutes leurs parois à l'aide de solutions désinfectantes, réfection des peintures ou blanchiment à la chaux chlorurée et désinfection du mobilier. Ils ne reçoivent de nouveau passager en santé qu'après avoir été largement ouverts pendant plusieurs jours après ces désinfections.

Art. 41. — Lorsque la mort d'un malade isolé est dûment constatée, le cadavre est jeté à la mer; les objets de literie à l'usage du malade, au moment de son décès, sont également jetés à la mer, si le navire est au large, ou désinfectés.

TITRE VI.

MESURES SANITAIRES DANS LES PORTS D'ESCALES CONTAMINÉS.

Art. 42. — En arrivant en rade d'un port contaminé, le capitaine mouille à distance de la ville et des navires.

S'il est contraint d'entrer dans le port et de s'amarrer à quai, il doit éviter autant que possible le voisinage des bouches d'égout ou des ruisseaux par lesquels se déverseraient les eaux vannes.

Aucun débarquement n'est autorisé qu'en cas de nécessité absolue. Personne ne doit coucher à terre, ni autant que possible, sur le pont du navire.

Art. 43. — L'eau prise dans un port contaminé est dangereuse; s'il y a nécessité de renouveler la provision, l'eau est immédiatement bouillie ou stérilisée.

Art. 44. — Le lavage du pont est interdit si l'eau qui entoure le navire placé près de terre est souillée ou suspecte; le pont est alors frotté à sec.

Art. 45. — Le médecin sanitaire maritime, ou, à son défaut, le capitaine, s'oppose à l'embarquement des malades ou des personnes suspectes de maladie pestilentielle, ainsi que des convalescents de même maladie dont la guérison ne remonte pas à quinze jours au moins.

Le linge sale est refusé ou désinfecté.

Art. 46. — Seuls les compartiments de la cale dont l'ouverture est indispensable au chargement, au déchargement ou à des opérations d'assainissement sont ouverts.

Art. 47. — Si pendant le séjour dans le port une affection pestilentielle se montre à bord du navire, les malades chez lesquels les premiers symptômes ont été dûment constatés sont, chaque fois qu'il est possible, dirigés sur le lazaret ou, à son défaut, sur l'hôpital, et tous leurs effets, les objets de literie qui leur ont servi sont détruits ou désinfectés.

TITRE VII.

MESURES SANITAIRES A L'ARRIVÉE.

Art. 48. — Tout navire qui arrive dans un port de France et d'Algérie doit, avant toute communication, être *reconnu* par l'autorité sanitaire.

Cette opération obligatoire a pour objet de constater la provenance du navire et les conditions sanitaires dans lesquelles il se présente.

Elle consiste en un interrogatoire dont la formule est arrêtée par le Ministre de l'Intérieur après avis du Comité de direction des services de l'hygiène, et dans la présentation, s'il y a lieu, d'une patente de santé.

Réduite à un examen sommaire pour les navires notoirement exempts de suspicion, elle constitue la *reconnaissance proprement dite;* dans les cas qui exigent un examen plus approfondi, elle prend le nom *d'arraisonnement.*

L'arraisonnement peut avoir pour conséquence, lorsque l'autorité sanitaire le juge nécessaire, *l'inspection sanitaire*, comprenant, s'il y a lieu, la *visite médicale* des passagers et de l'équipage.

Art. 49. — Les opérations de reconnaissance et d'arraisonnement sont effectuées sans délai.

Elles sont pratiquées même de nuit toutes les fois que les circonstances le permettent. Cependant, s'il y a suspicion sur la provenance ou sur les conditions sanitaires du navire, l'arraisonnement et l'inspection sanitaire ne peuvent avoir lieu que le jour.

Art. 50. — Les résultats, soit de la reconnaissance, soit de l'arraisonnement, sont relevés par écrit et consignés simultanément sur le registre médical et le livre de bord, et sur un registre spécial tenu par l'autorité sanitaire du port.

Art. 51. — Les bateaux de la douane, les bateaux des ponts et chaussées affectés aux services des ports de commerce, des phares et balises, les bateaux-pilotes, les garde-pêche, les bateaux qui font la petite pêche sur le côtes de France ou d'Algérie, ou sur la partie des côtes de Tunisie qui s'étend du cap Nègre à la frontière algérienne, et, en général, tous ceux qu s'écartent peu du rivage et qui peuvent être reconnus au simple examen sont, à moins de circonstance exceptionnelle dont l'autorité sanitaire est juge, dispensés de la reconnaissance.

Art. 52. — Tout capitaine arrivant dans un port français est tenu de :

1° Empêcher toute communication, tout déchargement de son navire avant que celui-ci ait été reconnu et admis à la libre pratique ;

2° Produire aux autorités chargées de la police sanitaire tous les papiers du bord; répondre, après avoir prêté serment de dire la vérité, à l'interrogatoire sanitaire, et déclarer tous les faits, donner tous les renseignemens venus à sa connaissance et pouvant intéresser la santé publique ;

3° Se conformer aux règles de la police sanitaire ainsi qu'aux ordres qui lui sont donnés par lesdites autorités.

Art. 53. — Les gens de l'équipage et les passagers peuvent, lorsque l'autorité sanitaire le juge nécessaire, être soumis à de semblables interrogatoires et obligés, sous serment, à de semblables déclarations.

Art. 54. — Les navires dispensés de produire une patente de santé ou munis d'une patente de santé *nette* sont admis immédiatement à la libre pratique, après la reconnaissance ou l'arraisonnement, sauf dans les cas mentionnés ci-après :

a) Lorsque le navire a eu à bord, pendant la traversée, des accidents, certains ou suspects de choléra, de fièvre jaune ou de peste, ou d'une maladie grave, transmissible et importable;

b) Lorsque le navire a eu en mer des communications de nature suspecte;

c) Lorsqu'il présente, à l'arrivée, des conditions hygiéniques dangereuses;

d) Lorsque l'autorité sanitaire a des motifs légitimes de contester la sincérité de la teneur de la patente de santé;

e) Lorsque le navire provient d'un port qui entretient des relations libres avec une circonscription voisine contaminée;

f) Lorsque le navire provenant d'une circonscription où régnait peu auparavant une maladie pestilentielle a quitté cette circonscription avant qu'elle ait cessé d'être considérée comme contaminée.

Dans ces différents cas, le navire, bien que muni d'une patente nette, peut être assujetti aux mêmes mesures que s'il avait une patente brute.

Art. 55. — Tout navire arrivant avec patente brute est soumis au régime sanitaire ci-après.

Ce régime diffère selon que le navire est *indemne, suspect* ou *infecté*.

Art. 56. — Est considéré comme *indemne*, bien que venant d'une circonscription contaminée, le navire qui n'a eu ni décès ni cas de maladie pestilentielle à bord, soit avant le départ, soit pendant la traversée, soit au moment de l'arrivée.

Est considéré comme *suspect* le navire à bord duquel il y a eu un ou plusieurs cas, confirmés ou suspects, au moment du départ ou pendant la traversée, mais aucun cas nouveau de choléra depuis sept jours, de fièvre jaune depuis neuf jours, ou de peste depuis douze jours. (Délais portés de neuf à douze jours et de sept à dix jours par le décret du 15 juin 1899.)

Est considéré comme *infecté* le navire qui présente à bord un ou plusieurs cas, confirmés ou suspects, d'une maladie pestilentielle ou qui en a présenté pour le choléra depuis moins de sept jours, pour la fièvre jaune depuis moins de neuf jours, et pour la peste depuis moins de douze jours.

Art. 57. — Le navire *indemne* est soumis au régime suivant :

1° Visite médicale des passagers et de l'équipage;

2° Désinfection du linge sale, des effets à usage, des objets de literie, ainsi que de tous autres objets ou bagages que l'autorité sanitaire du port considère comme contaminés.

Si le navire a quitté la circonscription contaminée depuis plus de cinq jours en cas de choléra, depuis plus de sept jours en cas de fièvre jaune et de dix jours en cas de peste, les mesures ci-dessus sont immédiatement prises et le navire est admis à la libre pratique.

Si le navire a quitté depuis moins de cinq jours une circonscription contaminée de choléra, il est délivré à chaque passager un passeport sanitaire indiquant *la date du jour où le navire a quitté le port contaminé*, le nom du passager et celui de la commune dans laquelle il déclare se rendre. L'autorité sanitaire donne en même temps avis du départ du passager au maire de cette commune et appelle son attention sur la nécessité de surveiller ledit passager au point de vue sanitaire jusqu'à l'expiration des cinq jours à dater du départ du navire. (*Surveillance sanitaire.*)

L'équipage est soumis à la même surveillance sanitaire.

Si la circonscription quittée par le navire depuis moins de sept jours était contaminée de fièvre jaune ou depuis moins de dix jours était contaminée de peste, les mêmes précautions sont prises, sauf les modifications suivantes (Voir art. 56) :

1° Le délai de surveillance est porté à sept jours en cas de fièvre jaune ou à dix jours en cas de peste ;

2° Le déchargement des marchandises n'est commencé qu'après le débarquement de tous les passagers;

3° L'autorité sanitaire peut ordonner la désinfection de tout ou partie du navire; mais cette désinfection n'est faite qu'après le débarquement des passagers.

Dans tous les cas, l'eau potable du bord est renouvelée et les eaux de cale sont évacuées après désinfection.

Art. 58. — Le navire *suspect* est soumis au régime suivant :

1° Visite médicale des passagers et de l'équipage;

2° Désinfection du linge sale, des effets à usage, des objets de literie, ainsi que de tous autres objets ou bagages que l'autorité sanitaire du port considère comme contaminés.

Les passagers sont débarqués aussitôt après l'accomplissement de ces opérations. Il est délivré à chacun d'eux un passeport sanitaire indiquant la *date de l'arrivée du navire*, le nom du passager et celui de la commune dans laquelle il déclare se rendre. L'autorité sanitaire donne en même temps avis du départ du passager au maire de cette commune et appelle son attention sur la nécessité de surveiller ledit passager au point de vue sanitaire jusqu'à l'expiration d'un délai de cinq jours à partir de l'arrivée du navire.

L'équipage est soumis à la même surveillance sanitaire.

L'eau potable du bord est renouvelée et les eaux de cale sont évacuées après désinfection.

Si la maladie qui s'est manifestée à bord est le choléra et si la désinfection du navire ou de la partie du navire contaminée n'a pas été faite conformément aux prescriptions du titre V, ou si l'autorité sanitaire juge que la désinfection n'a pas été suffisante, il est procédé à cette opération aussitôt après le débarquement des passagers.

Si la maladie qui s'est manifestée à bord est la fièvre jaune ou la peste, le déchargement des marchandises n'est commencé qu'après le débarquement de tous les passagers; la désinfection du navire est obligatoire et n'a lieu qu'après le débarquement des passagers et le déchargement des marchandises.

Art. 59. — Le navire *infecté* est soumis au régime suivant :

1° Les malades sont immédiatement débarqués et isolés jusqu'à leur guérison;

2° Les autres personnes sont ensuite débarquées aussi rapidement que possible et soumises à une *observation* dont la durée varie selon l'état sanitaire du navire et selon la date du dernier cas. La durée de cette observation ne pourra dépasser *cinq* jours pour le choléra, *sept* jours pour la fièvre jaune et *dix* jours pour la peste après le débarquement (voir art. 56) ou après le dernier cas survenu parmi les personnes débarquées; celles-ci sont divisées par groupes aussi peu nombreux que possible, de façon que si des accidents se montraient dans un groupe, la durée de l'isolement ne fût pas augmentée pour tous les passagers;

3° Le linge sale, les effets à usage, les objets de literie, ainsi que tous autres objets ou bagages que l'autorité sanitaire du port considère comme contaminés sont désinfectés;

4° L'eau potable du bord est renouvelée, les eaux de cale sont évacuées après désinfection;

5° Il est procédé à la désinfection du navire ou de la partie du navire contaminée après le débarquement des passagers, et, s'il y a lieu, le déchargement des marchandises.

Si la maladie qui s'est manifestée à bord est la fièvre jaune ou la peste, le déchargement des marchandises n'est commencé qu'après le débarquement de tous les passagers, et la désinfection du navire n'est opérée qu'après le déchargement.

Art. 60. — Dans tous les cas, les personnes qui ont été chargées de la désinfection totale ou partielle du navire, qui ont procédé avant ou pendant la désinfection du navire au déchargement et à la désinfection des marchandises ou qui sont restées à bord pendant l'accomplissement de ces opérations sont isolées pendant un délai que fixe l'autorité sanitaire et qui ne peut dépasser, à partir de la fin desdites opérations, cinq jours pour les navires en patente brute de choléra, sept jours pour les navires en patente brute de fièvre jaune, ou dix jours pour les navires en patente brute de peste. (Voir article 56.)

Le navire est soumis à l'isolement jusqu'à ce que les opérations de déchargement et de désinfection pratiquées à bord soient terminées.

Art. 61. — En France, du 1er novembre au 20 février, si le navire provient d'une circonscription contaminée de fièvre jaune, qu'il soit indemne, suspect ou infecté, on se contentera de la visite médicale des passagers, de la désinfection du linge sale, des effets à usage, objets de literie et autres objets ou bagages suspects, et de la désinfection du navire ou de la partie du navire que l'autorité sanitaire jugerait contaminée.

S'il y a à bord des malades atteints de fièvre jaune, ils seront immédiatement débarqués et isolés jusqu'à leur guérison; les autres passagers et l'équipage sont soumis à la *surveillance sanitaire* (prévue par l'article 57) pendant sept jours.

Art. 62. — Les mesures concernant les navires soit indemnes, soit suspects, soit infectés, peuvent être atténuées par l'autorité sanitaire du port s'il y a à bord un médecin sanitaire maritime et une étuve à désinfection remplissant les conditions de sécurité et d'efficacité prescrites par le Comité consultatif d'hygiène publique de France, et si le médecin certifie que les mesures de désinfection et d'assainissement ont été convenablement pratiquées pendant la traversée.

Art. 63. — Les mesures prescrites par l'autorité sanitaire du port sont notifiées sans retard et par écrit au capitaine, sous réserve des modifications que des circonstances ultérieures pourraient rendre nécessaires.

Art. 64. — Tout navire soumis à l'isolement est tenu à l'écart dans un poste déterminé et surveillé par un nombre suffisant de gardes de santé.

Art. 65. — Un navire infecté qui ne fait qu'une simple escale sans prendre pratique ou qui ne veut pas se soumettre aux obligations imposées par l'autorité du port est libre de reprendre la mer. Dans ce cas, la patente de santé lui est rendue avec un *visa* mentionnant les conditions dans lesquelles il part. Il peut être autorisé à débarquer ses marchandises après que les précautions nécessaires ont été prises.

Il peut également être autorisé à débarquer les passagers qui en feraient la demande, à la condition que ceux-ci se soumettent aux mesures prescrites pour les navires infectés.

Art. 66. — Lorsqu'un navire infecté se présente dans un port sans lazaret, il est envoyé au lazaret le plus voisin. Toutefois, si le port possède une station sanitaire, ce navire peut y débarquer ses malades et ses suspects et y recevoir les secours dont il aurait besoin.

Il peut même être dispensé exceptionnellement de se rendre dans un lazaret si la station sanitaire dispose de moyens suffisants pour assurer l'isolement et la désinfection prescrits en pareille circonstance. Dans ce cas, l'autorité sanitaire avise immédiatement soit le Ministre de l'Intérieur, soit le Gouverneur général de l'Algérie, de la décision qu'il a prise.

Art. 67. — Un navire étranger, à destination étrangère, qui se présente en état de patente brute dans un port à lazaret pour y être soumis à l'isolement, peut, s'il doit en résulter un danger pour les autres personnes déjà isolées, ne pas être admis à débarquer ses passagers au lazaret et être invité à continuer sa route pour sa plus prochaine destination, après avoir reçu tous les secours nécessaires.

S'il y a des cas de maladie pestilentielle à bord, les malades sont, autant que possible, débarqués à l'infirmerie du lazaret.

Art. 68. — Les navires chargés d'émigrants, de pèlerins, de corps de troupes, et en général tous les navires jugés dangereux par une agglomération d'hommes dans de mauvaises conditions, peuvent, en tout temps, être l'objet de précautions spéciales que détermine l'autorité sanitaire du port d'arrivée, après avis du Conseil sanitaire s'il en existe, sauf à en référer sans délai soit au Ministre de l'Intérieur, soit au Gouverneur général de l'Algérie.

Art. 69. — Outre les diverses mesures spécifiées dans les articles qui précèdent, l'autorité sanitaire d'un port a le devoir, en présence d'un danger imminent et en dehors de toute prévision, de prescrire provisoirement telles mesures qu'elle juge indispensables pour garantir la santé publique, sauf à en référer dans le plus bref délai soit au Ministre de l'Intérieur, soit au Gouverneur général de l'Algérie.

TITRE VIII.

MARCHANDISES : IMPORTATION ; TRANSIT ; PROHIBITION ; DÉSINFECTION.

Art. 70. — Sauf les exceptions ci-après, les marchandises et objets de toute sorte arrivant par un navire qui a patente nette et qui n'est dans aucun des cas prévus par l'article 54 sont admis immédiatement à la libre pratique.

Art. 71. — Les peaux brutes, fraîches ou sèches, les crins bruts et en général tous les débris d'animaux peuvent, même en cas de patente nette, être l'objet des mesures de désinfection que détermine l'autorité sanitaire.

Lorsqu'il y a à bord des matières organiques susceptibles de transmettre des maladies contagieuses, s'il y a impossibilité de les désinfecter et danger de leur donner libre pratique, l'autorité sanitaire en ordonne la destruction, après avoir constaté par procès-verbal, conformément à l'article 5 de la loi du 3 mars 1822, la nécessité de la mesure et avoir consigné sur ledit procès-verbal les observations du propriétaire ou de son représentant.

Art. 72. — La désinfection est dans tous les cas obligatoire :

1° Pour les linges de corps, hardes et vêtements portés (effets à usage) et les objets de literie ayant servi, transportés comme marchandises ;

2° Pour les vieux tapis ;

3° Pour les chiffons et les drilles, à moins qu'ils ne rentrent dans les catégories suivantes qui sont admises en libre pratique :

a) Chiffons comprimés par la force hydraulique, transportés comme marchandises en gros, par ballots cerclés de fer, à moins que l'autorité sanitaire n'ait des raisons légitimes pour les considérer comme contaminés ;

b) Déchets neufs, provenant directement d'ateliers de filature, de tissage, de confection ou de blanchiment; laines artificielles et rognures de papier neuf.

Art. 73. — Les marchandises débarquées de navires munis de patente brute peuvent être considérées comme contaminées, et à ce titre l'autorité sanitaire peut en prescrire la désinfection soit au lazaret soit sur des allèges.

Art. 74. — Les marchandises en provenance de pays contaminés sont admises au transit sans désinfection si elles sont pourvues d'une enveloppe prévenant tout danger de transmission.

Art. 75. — Les lettres et correspondances, imprimés, livres, journaux, papiers d'affaires (non compris les colis postaux) ne sont soumis à aucune restriction ni désinfection.

Art. 76. — Les animaux vivants autres que les bestiaux ou ceux visés par la loi du 21 juillet 1881 sur la police sanitaire des animaux domestiques, peuvent être l'objet de mesures de désinfection.

Des certificats d'origine peuvent être exigés pour les animaux embarqués sur un navire provenant d'un port au voisinage duquel règne une épizootie. Des certificats analogues peuvent être délivrés pour des animaux débarqués en France ou en Algérie.

Lorsque des cuirs verts, des peaux ou des débris frais d'animaux sont expédiés de France ou d'Algérie à l'étranger, ils peuvent, à la demande de l'expéditeur, être l'objet de certificats d'origine délivrés d'après la déclaration d'un vétérinaire assermenté.

TITRE IX.

STATIONS SANITAIRES ET LAZARETS.

Art. 77. — Le service sanitaire comprend des *stations sanitaires* et des *lazarets* répartis dans les ports, après avis du Comité de Direction des services de l'hygiène, suivant décision soit du Ministre de l'Intérieur, soit du Gouverneur général de l'Algérie.

Art. 78. — La station sanitaire comporte :

1º Des locaux séparés (tentes ou bâtiments) destinés au traitement des malades et à l'isolement des suspects;

2º Une étuve à désinfection remplissant les conditions de sécurité et d'efficacité prescrites par le Comité consultatif d'hygiène publique de France;

3º Des appareils reconnus efficaces pour les désinfections qui ne peuvent être faites au moyen de l'étuve, notamment pour les tentes, et, à leur défaut, pour les bâtiments où est pratiqué l'isolement des malades et des suspects.

Le service sanitaire et l'administration hospitalière se concertent pour l'usage commun des locaux et des appareils et pour l'emploi commun du personnel de service.

Art. 79. — Le lazaret est un établissement permanent disposé de manière à permettre l'application de toutes les mesures commandées par le débarquement et l'isolement des passagers, la désinfection des marchandises et celle du navire.

Art. 80. — La distribution intérieure du lazaret est telle que les personnes et les choses appartenant à des isolements de dates différentes puissent être séparées.

Deux corps de bâtiments, isolés et à distance convenable, sont affectés l'un aux malades, l'autre aux suspects.

Art. 81. — Des parloirs sont disposés pour les visites avec les précautions nécessaires pour éviter la contamination.

Art. 82. — Des magasins distincts sont affectés, d'une part, aux marchandises et objets à purifier et, d'autre part, aux marchandises et objets purifiés.

Art. 83. — Le lazaret possède nécessairement une ou plusieurs étuves à désinfection remplissant les conditions de sécurité et d'efficacité prescrites par le Comité consultatif d'hygiène publique de France et les autres appareils reconnus efficaces pour les désinfections qui ne peuvent être faites au moyen de l'étuve.

Art. 84. — Le lazaret est pourvu :

1° D'eau saine à l'abri de toute souillure en quantité suffisante ;

2° D'un système d'évacuation sans stagnation possible des matières usées.

Si un tel système est impraticable, les évacuations sont faites au moyen de tinettes mobiles placées dans une fosse étanche. Ces tinettes renferment en tout temps une substance désinfectante. Elles sont vidées au loin le plus souvent possible et en tout cas après l'expiration de chaque période d'isolement.

Art. 85. — Un médecin est attaché au lazaret ; il est chargé notamment de visiter les personnes isolées, de les soigner le cas échéant et de constater leur état de santé à l'expiration de la durée de l'isolement.

Art. 86. — Les malades reçoivent dans le lazaret les secours religieux et les soins médicaux qu'ils trouveraient dans un établissement hospitalier ordinaire.

Les personnes venues du dehors pour les visiter ou leur donner des soins sont, en cas de compromission, isolées.

Chaque malade a la faculté, sous la même condition, de se faire traiter par un médecin de son choix et de se faire assister par des gardes-malades de l'extérieur.

Art. 87. — Les soins et les visites du médecin du lazaret sont gratuits.

Art. 88. — Les frais de traitement et de médicaments sont à la charge des personnes isolées, et le décompte en est fait suivant le tarif qui est approuvé annuellement, après avis du Comité de Direction des services de l'hygiène, soit par le Ministre de l'Intérieur, soit par le Gouverneur général de l'Algérie.

Art. 89. — Les frais de nourriture sont à la charge des personnes isolées et le décompte en est fait suivant un tarif approuvé annuellement par le Préfet du département.

Art. 90. — Pour les émigrants, les pèlerins, qui voyagent en vertu d'un contrat, les frais de traitement et de nourriture au lazaret sont à la charge de l'armement ; pour les militaires et les marins, ces frais incombent à l'autorité dont ils relèvent.

Art. 91. — Les indigents ne rentrant pas dans la catégorie définie à l'article 89, sont traités et nourris gratuitement.

Art. 92. — Les personnes isolées ont, en outre, à supporter les droits sanitaires définis au titre X.

Art. 93. — Les règlements locaux prévus par l'article 132 déterminent les limites de la station sanitaire, du lazaret et des autres lieux réservés dont il est fait mention dans les articles 17, 18 et 19 de la loi du 3 mars 1822.

Ils déterminent également la zone affectée à l'isolement des navires.

TITRE X.

DROITS SANITAIRES.

Art. 94. — Les droits sanitaires sont :

A) Droits de reconnaissance a l'arrivée, savoir :

Navires navigant au cabotage français (l'Algérie comprise) d'une mer
à l'autre, par tonneau... 0f 05
Navires navigant au cabotage international, par tonneau....... » 10
Navires navigant au long cours, par tonneau.................. » 15
Navires faisant un service régulier d'un port européen dans un
port de la Manche ou de l'Océan, par tonneau.............. » 05
Navires venant d'un port étranger dans un port français de la
Méditerranée si la durée habituelle et totale de la navigation
n'excède pas douze heures, par tonneau.................... » 05

Les navires appartenant à ces deux dernières catégories pourront contracter
des abonnements de six mois ou d'un an. L'abonnement sera calculé à raison
de o fr. 5o par tonneau et par an quel que soit le nombre des voyages.

Navires à vapeur faisant escale sur les côtes de France pour prendre ou
laisser des voyageurs.

S'ils viennent d'un port européen :

Par voyageur embarqué ou débarqué...................... 0f 5o
Par tonneau de marchandises débarquées jusqu'à concurrence
de trois tonneaux... » 10
S'ils viennent d'un port situé hors d'Europe :
Par voyageur embarqué ou débarqué...................... 1 »
Par tonneau de marchandises débarquées jusqu'à concurrence
de trois tonneaux... » 15

B) Droit de station payable par les navires soumis à l'isolement, par jour et
par tonneau... » 03

C) Droits de séjour dans les stations sanitaires et lazarets, par jour et
par personne :

1re classe... 2f »
2e classe... 1 »
3e classe... » 5o

D) Droit de désinfection.

1o *Désinfection du linge sale, des effets à usage, des objets de literie du
bord et de tous autres objets ou bagages considérés comme contaminés :*

Par voyageur débarqué. 1re classe........................ 1f »
Par voyageur débarqué, 2e classe........................ » 5o
Par voyageur débarqué, 3e classe........................ » 25
Par homme de l'équipage (état-major compris)............. » 25

2º *Désinfection des marchandises :*

> Désinfection pratiquée à bord des navires, par tonneau de jauge.   » 05
> Marchandises débarquées pour être désinfectées :
>> α. Marchandises emballées, par 100 kilogr...............   » 50
>> β. Cuirs, les cent pièces...........................   1 »
>> γ. Petites peaux non emballées, les cent pièces............   » 50

3º *Désinfection des chiffons et des drilles :*

> Par 100 kilogrammes...............................   0 50

4º *Désinfection du navire ou de la partie du navire contaminée :*

> Pour le navire entier : par tonneau de jauge.................   0 02

Si la désinfection ne porte que sur la partie du navire contaminée, le droit est réduit de moitié. Les droits de désinfection déterminés par les paragraphes 1, 2 et 4 ci-dessus peuvent être réduits de moitié pour le navire qui, ayant à bord un médecin sanitaire nommé ou agréé par le gouvernement du pays auquel appartient le navire et une étuve à désinfection dont la sécurité et l'efficacité ont été constatées, justifierait que toutes les mesures d'assainissement et de désinfection ont été régulièrement appliquées au cours de la traversée conformément aux prescriptions du titre V.

Tous les droits sanitaires sont à la charge de l'armement. Les frais résultant soit des manipulation, main d'œuvre et transport, soit de l'emploi des désinfectants chimiques, sont également à la charge de l'armement. S'il s'agit de chiffons et de drilles la dépense est, suivant l'usage, au compte de la marchandise.

Art. 95. — Les navires naviguant au cabotage français (l'Algérie comprise) dans la même mer sont exemptés du droit de reconnaissance.

Art. 96. — Les navires qui, au cours d'une même opération, entrent successivement dans plusieurs ports situés sur la même mer ne payent le droit de reconnaissance qu'une seule fois au port de première arrivée.

Art. 97. — Les militaires et marins, les enfants au-dessous de sept ans, les indigents embarqués aux frais du gouvernement ou d'office par les consuls sont dispensés des droits sanitaires.

Art. 98. — Les droits sanitaires applicables aux émigrants ou aux pélerins voyageant en vertu d'un contrat sont à la charge de l'armement.

Art. 99. — Sont exemptés de tous les droits sanitaires déterminés par les articles précédents :

1º Les bâtiments de guerre et les bateaux appartenant aux divers services de l'État;

2º Les bâtiments en relâche forcée, pourvu qu'ils ne donnent lieu à aucune opération sanitaire et qu'ils ne se livrent dans le port à aucune opération de commerce;

3º Les bateaux de pêche français ou étrangers, y compris les transports rapportant le poisson dans les ports français, pourvu que ces différents bateaux ne fassent pas d'opérations de commerce dans les ports de relâche;

4º Les bâtiments allant faire des essais en mer, sans se livrer à des opérations de commerce.

Art. 100. — La perception des droits sanitaires est confiée au service des douanes,

TITRE XI.

AUTORITÉS SANITAIRES.

Art. 101. — La police sanitaire du littoral est exercée par des agents relevant directement du Ministre de l'Intérieur pour la France, et du Gouvernement général pour l'Algérie.

Art. 102. — Le littoral est divisé en circonscriptions sanitaires.

Chaque circonscription est subdivisée en agences (agences principales et agences ordinaires).

Le nombre et l'étendue des circonscriptions et des agences sont déterminés par décision du Ministre de l'Intérieur après avis du Comité de direction des services de l'hygiène.

Pour l'Algérie, les circonscriptions sont déterminées, après avis du Comité de direction, par le Gouverneur général; la répartition des agences est faite par le Gouverneur.

Art. 103. — A la tête de chaque circonscription est placé un *Directeur de la santé*, nommé, après avis du Comité de direction des services de l'hygiène, en France par le Ministre de l'Intérieur, en Algérie par le Gouverneur général.

Le Directeur de la santé est docteur en médecine.

Il a sous ses ordres des agents principaux, des agents ordinaires et des sous-agents échelonnés sur le littoral.

Les agents principaux remplissent les fonctions de chefs de service dans les départements où ne réside pas de Directeur de la santé.

Une Direction de santé comporte, en outre, un personnel d'officiers, d'employés et de gardes dont les cadres sont fixés, suivant les besoins du service, soit par décision du Ministre de l'Intérieur, soit du Gouverneur général de l'Algérie : elle peut comprendre un ou plusieurs médecins, docteurs en médecine, qui prennent le titre de *médecins de la santé*.

Les médecins de la santé et les médecins attachés aux lazarets sont nommés, en France, par le Ministre, en Algérie par le Gouverneur général.

Art. 104. — Le Directeur de la santé est chargé d'assurer dans sa circonscription l'application des règlements et instructions sur la police sanitaire maritime.

Il délivre ou vise les patentes de santé pour le port de sa résidence.

Art. 105. — Le Directeur de la santé demande et reçoit directement les ordres soit du Ministre de l'Intérieur, soit du Gouverneur général de l'Algérie, pour toutes les questions qui intéressent la santé publique.

Art. 106. — Le Directeur de la santé doit se tenir constamment exactement renseigné sur l'état sanitaire de sa circonscription et des pays étrangers avec lesquels celle-ci est en relations.

Art. 107. — En cas de circonstance menaçante et imprévue, le Directeur de la santé peut prendre d'urgence telle mesure qu'il juge propre à garantir la santé publique, sous réserve d'en référer immédiatement soit au Ministre de l'Intérieur, soit au Gouverneur général de l'Algérie.

Art. 108. — Les Directeurs de la santé doivent se communiquer directement toutes les informations sanitaires qui peuvent intéresser leur service.

Art. 109. — Le Directeur de la santé adresse, chaque mois au moins, soit au Ministre de l'Intérieur, soit au Gouverneur général de l'Algérie, un rapport faisant connaître l'état sanitaire des ports de sa circonscription et résumant les diverses informations relatives à la santé publique dans les pays étrangers en relations avec ces ports, ainsi que les mesures sanitaires auxquelles auraient été soumises les provenances desdits pays. Ce rapport est accompagné d'un état des navires ayant motivé l'application de mesures spéciales. Pour les ports de l'Algérie, copie des rapports et états sont adressés au Ministre de l'Intérieur par le Gouverneur général.

Le Directeur de la santé avertit immédiatement soit le Ministre, soit le Gouverneur général de tout fait grave intéressant la santé publique de sa circonscription ou des pays étrangers en relations avec celle-ci.

Art. 110. — Les agents principaux et agents ordinaires, chacun pour la partie du littoral dont la surveillance lui est confiée, assurent, suivant les instructions et sous le contrôle des Directeurs de la santé, l'application des règlements sanitaires.

A cet effet, ils reconnaissent l'état sanitaire des provenances, et leur donnent la libre pratique, s'il y a lieu. Ils font exécuter les règlements ou décisions qui déterminent les mesures d'isolement et les précautions particulières auxquelles les navires infectés ou suspects sont soumis. Ils s'opposent, par tous les moyens en leur pouvoir, aux infractions aux règlements sanitaires et constatent les contraventions par procès-verbal. Dans les cas urgents et imprévus, ils pourvoient aux dispositions provisoires qu'exige la santé publique, sauf à en référer immédiatement et directement au Directeur de la santé de leur circonscription. Ils délivrent ou visent les patentes de santé pour les ports dans lesquels ils résident.

Art. 111. — En vertu des articles 12 et 13 de la loi du 3 mars 1822, les Directeurs de la santé et les agents principaux et ordinaires ont droit de requérir pour le service qui leur est confié le concours non seulement de la force publique, maisencore, dans les cas d'urgence, des officiers et employés de la marine, des employés des douanes et des contributions indirectes, des officiers et maîtres de ports, des gardes forestiers et, au besoin, de tout citoyen.

Ces réquisitions ne peuvent d'ailleurs enlever à leurs fonctions habituelles des individus chargés d'un service public, à moins que le danger ne soit assez pressant au point de vue sanitaire pour exiger momentanément le sacrifice de tout autre intérêt.

Art. 112. — Les agents ordinaires du service sanitaire sont choisis, autant que possible, parmi les agents du service des douanes; ils reçoivent une indemnité.

Le taux des indemnités est fixé par décision soit du Ministre de l'Intérieur, soit du Gouverneur général de l'Algérie.

Art. 113. — Les agents principaux, les capitaines de lazaret et les capitaines de la santé sont nommés soit par le Ministre de l'Intérieur, soit par le Gouverneur général de l'Algérie. Si les candidats appartiennent au service des douanes, leur nomination a lieu sur la désignation du Directeur général de cette administration.

Art. 114. — Les agents, sous-agents et autres employés du service sanitaire sont nommés par le Préfet, sur la présentation du Directeur de la santé ou de l'agent principal, et après entente avec le Directeur des douanes, si l'agent désigné appartient à ce service.

Ces nominations ne peuvent avoir lieu que sous réserve des dispositions législatives ou réglementaires concernant les emplois affectés aux sous-officiers rengagés ou aux anciens militaires gradés. A cet effet, aucune désignation n'est faite par les Préfets sans qu'il en ait été préalablement référé soit au Ministre de l'Intérieur, soit au Gouverneur général de l'Algérie.

TITRE XII.

CONSEILS SANITAIRES.

Art. 115. — Le Ministre de l'Intérieur pour la France, et le Gouverneur général pour l'Algérie, déterminent, après avis du Comité de Direction des services de l'hygiène, les ports dans lesquels est institué un Conseil sanitaire.

Il en existe au moins un par circonscription sanitaire.

Art. 116. — Le Conseil sanitaire est nécessairement consulté par l'administration :

Sur le règlement local du port où il est institué;

Sur l'organisation de la station sanitaire ou du lazaret existant dans ce port;

Sur les traités à passer, le cas échéant, avec les administrations hospitalières;

Sur les plans et devis des bâtiments à construire.

Il donne son avis sur toutes les questions qui lui sont soumises par l'administration ou sur lesquelles il croit devoir appeler son attention dans l'intérêt du port.

Art. 117. — Le Conseil sanitaire est composé de la manière suivante :

1° Le Préfet ou le Secrétaire général, le Sous-Préfet, ou à leur défaut, un Conseiller de préfecture délégué par le Préfet;

2° Le Directeur de la santé, l'agent principal ou l'agent ordinaire du service sanitaire en résidence dans le port;

3° Le Maire;

4° Le Professeur d'hygiène soit de la Faculté de médecine, soit de l'École de médecine de plein exercice, soit, à leur défaut, de l'École de médecine navale situées dans le département;

5° Le médecin des épidémies de l'arrondissement;

6° Le médecin militaire du grade le plus élevé ou le plus ancien dans le grade le plus élevé en résidence dans le port;

7° Dans les ports de commerce, le chef de service de la marine ou, à son défaut, le commissaire de l'inscription maritime, et, dans les ports militaires, le Préfet maritime ou son délégué et le médecin le plus élevé en grade du service de santé de la marine;

8° L'agent le plus élevé en grade du service des douanes;

9° L'Ingénieur en chef ou, à son défaut, l'ingénieur ordinaire attaché au service maritime du port;

10° Un membre du Conseil municipal élu par le Conseil;

11° Deux membres de la Chambre de commerce élus par la Chambre, ou, à défaut de Chambre de commerce, deux membres du Tribunal de commerce élus par le Tribunal, ou, à défaut de Chambre de commerce et de Tribunal de commerce, deux négociants élus par le Conseil municipal;

12° Un membre du Conseil d'hygiène publique et de salubrité de l'arrondissement élu par le Conseil.

Le Préfet ou le Sous-Préfet est président du Conseil sanitaire.

Le Conseil nomme un vice-président qui préside en l'absence du Préfet ou du Sous-Préfet.

Art. 118. — Les quatre membres élus du Conseil sanitaire sont nommés pour trois ans. Ils sont rééligibles.

Art. 119. — Les Préfets et les Sous-Préfets, présidents des Conseils sanitaires, peuvent convoquer aux séances du Conseil le consul du pays intéressé aux questions qui y sont mises en délibération.

Dans ce cas, le consul étranger participe aux travaux du Conseil avec voix consultative.

Art. 120. — Le Conseil sanitaire se réunit sur la convocation du Préfet ou du Sous-Préfet.

En cas d'urgence, la convocation peut être faite, à défaut du président, par le vice-président.

Art. 121. — Il est tenu procès-verbal des séances, dont le compte rendu est immédiatement et directement adressé, par les soins du président, soit au Ministre de l'Intérieur, soit au Gouverneur général de l'Algérie, ainsi qu'au Directeur de la santé de la circonscription s'il s'agit d'un port autre que celui où réside ce fonctionnaire.

TITRE XIII.

ATTRIBUTIONS DES AUTORITÉS SANITAIRES EN MATIÈRE DE POLICE JUDICIAIRE ET D'ÉTAT CIVIL.

Art. 122. — Les autorités sanitaires qui, en exécution des articles 17 et 18 de la loi du 3 mars 1822, peuvent être appelées à exercer les fonctions d'officiers de police judiciaire sont les directeurs de la santé, les agents principaux et ordinaires du service sanitaire, les capitaines de la santé et les capitaines de lazaret.

Art. 123. — A cet effet, ces divers agents prêtent serment, au moment de leur nomination, devant le Tribunal civil du port auquel ils sont attachés.

Art. 124. — Les mêmes autorités sanitaires exercent les fonctions d'officier de l'état civil, conformément à l'article 19 de la loi du 3 mars 1822.

Art. 125. — Au cas où il se produirait une infraction pour laquelle l'autorité sanitaire n'est pas exclusivement compétente, celle-ci procède suivant les articles 53 et 54 du Code d'Instruction criminelle.

TITRE XIV.

RECOUVREMENT DES AMENDES.

Art. 126. — En cas de contravention à la loi du 3 mars 1822 dans un port, rade ou mouillage de France ou d'Algérie, le navire est provisoirement retenu et le procès-verbal est immédiatement porté à la connaissance du capitaine du port ou de toute autre autorité en tenant lieu, qui ajourne la délivrance du billet de sortie jusqu'à ce qu'il ait été satisfait aux prescriptions mentionnées dans l'article suivant.

Art. 127. — L'agent verbalisateur arbitre provisoirement, conformément à un tarif arrêté par le Ministre de l'Intérieur, le montant de l'amende en principal et décimes, ainsi que les frais du procès-verbal; il en prescrit la consignation immédiate à la caisse de l'agent chargé de la perception des droits sanitaires, à moins qu'il ne soit présenté à ce comptable une caution solvable.

Celui-ci, en cas d'acquittement, remboursera à l'ayant-droit la somme consignée. Si, au contraire, il y a condamnation, il versera cette somme au percepteur (en Algérie, au receveur des contributions diverses), qui aura pris charge de l'extrait de jugement, ou il fera connaître à ce comptable les nom et domicile de la caution présentée.

Art. 128. — Le contrevenant est tenu d'élire domicile dans le département du lieu où la contravention a été constatée; à défaut par lui d'élection de domicile, toute notification lui est valablement faite à la mairie de la commune où la contravention a été commise.

TITRE XV.

DISPOSITIONS GÉNÉRALES.

Art. 129. — Des médecins sanitaires français sont établis en Orient : leur nombre, leur résidence et leurs émoluments sont fixés par le Ministre de l'Intérieur.

Ces médecins sont chargés de renseigner les agents du service consulaire français, l'administration supérieure et, en cas d'urgence, les directeurs de la santé, sur l'état sanitaire des pays où ils résident.

Art. 130. — Les agents de la France au dehors doivent se tenir exactement informés de l'état sanitaire du pays où ils résident et adresser au Département dont ils relèvent, pour être transmis au Ministre de l'Intérieur, les renseignements qui importent à la police sanitaire et à la santé publique de la France. S'il y a péril, ils doivent, en même temps, avertir l'autorité française la plus voisine ou la plus à portée des lieux qu'ils jugeraient menacés.

Art. 131. — Les Chambres de commerce, les capitaines ou patrons de navires arrivant de l'étranger, les dépositaires de l'autorité publique, soit au dehors, soit au dedans, et généralement toutes les personnes ayant des renseignements de nature à intéresser la santé publique, sont invités à les communiquer aux autorités sanitaires.

Art. 132. — Des règlements locaux, approuvés soit par le Ministre de l'Intérieur, soit par le Gouverneur général de l'Algérie, déterminent pour chaque port, s'il y a lieu, les conditions spéciales de police sanitaire qui lui sont applicables en vue d'assurer l'exécution des règlements généraux.

Art. 133. — Les dépenses du service sanitaire sont réglées annuellement, en prévision, par des budgets spéciaux préparés par les Directeurs de la santé pour chacun des départements de leur circonscription et approuvés, sur l'avis des préfets, soit par le Ministre de l'Intérieur, soit par le Gouverneur général de l'Algérie.

Aucune dépense ne peut être ni effectuée, ni engagée en dehors de ces budgets sans une autorisation expresse du Ministre ou du Gouverneur, à moins toutefois qu'il n'y ait urgence. Dans ce cas, il en est référé immédiatement au Ministre ou au Gouverneur pour faire régulariser la dépense effectuée ou engagée.

Aussitôt après la clôture de l'exercice financier, les Directeurs de la santé adressent au Ministre ou au Gouverneur, par l'intermédiaire des préfets, et indépendamment des pièces exigées par les règlements sur la comptabilité, un compte détaillé des dépenses ordinaires ou extraordinaires effectuées au cours de l'exercice dans chacun des départements de leur circonscription.

Art. 134. — Sont abrogés les décrets du 22 février 1876, 25 mai 1878, 15 avril 1879, 26 janvier 1882, 19 décembre 1883, 30 décembre 1884, 29 octobre 1885, 15 décembre 1888, 25 juillet et 19 octobre 1894, 20 et 22 juin 1895, et généralement toutes dispositions réglementaires antérieures qui seraient contraires au présent décret.

Art. 135. — Le Ministre de l'Intérieur et les Ministres de la Justice, des Affaires étrangères, des Finances, de la Guerre, de la Marine, des Travaux publics, du Commerce, de l'Industrie, des Postes et Télégraphes, de l'Agriculture, des Colonies et le Gouverneur général de l'Algérie, sont chargés, chacun en ce qui le concerne, de l'exécution du présent décret qui sera publié au *Journal officiel de la République française* et inséré au *Bulletin des lois*.

Fait à Paris, le 4 janvier 1896.

FÉLIX FAURE.

Par le Président de la République,

Le Président du Conseil, Ministre de l'Intérieur,
    Léon BOURGEOIS.

Le Ministre de la Justice,
L. RICARD.

Le Ministre des Affaires étrangères,
BERTHELOT.

Le Ministre des Finances,
    Paul DOUMER.

Le Ministre de la Guerre,
G. CAVAIGNAC.

Le Ministre de la Marine,
    Édouard LOCKROY.

Le Ministre des Travaux publics,
Ed. GUYOT-DESSAIGNE.

Le Ministre du Commerce, de l'Industrie,
    des Postes et Télégraphes,
    G. MESUREUR.

Le Ministre de l'Agriculture,
VIGER.

Le Ministre des Colonies,
    GUIEYSSE.

TABLEAU DES CIRCONSCRIPTIONS SANITAIRES

Indiquant le siège des Directions de la Santé, celui des Agences principales et ordinaires, ainsi que la Circonscription particulière de chaque Direction et Agence.

(Article 102 du Règlement).

NUMÉROS D'ORDRE	DÉPARTEMENTS	SIÈGE DES CIRCONSCRIPTIONS, AGENCES PRINCIPALES et AGENCES ORDINAIRES	RÉPARTITION DU LITTORAL
		1re Circonscription. — Direction de la santé de Dunkerque.	
1	Nord.	Dunkerque.........	De la frontière de la Belgique au village de Loon.
		Gravelines...........	Du village de Loon exclusivement au fort Philippe.
		AGENCE PRINCIPALE DE BOULOGNE	
2	Pas-de-Calais.	Calais..............	Du Chenal de Gravelines exclusivement à Sangatte exclusivement.
		Wissant.............	De Sangatte au Gris-Nez exclusivement.
		Ambleteuse..........	Du Gris-Nez à Wimereux exclusivement.
		Boulogne............	De Wimereux au Portel.
		Equihen.............	Du Portel exclusivement à Brônnes.
		Dannes..............	Du poste des douanes de Brônnes exclusivement à la rive droite de la baie de la Canche exclusivement.
		Etaples.............	Les deux rives de la baie de la Canche.
		Cucq................	De la baie de la Canche exclusivement au poste de l'Etang exclusivement.
		Berck...............	Du poste des douanes de l'Etang à la rive droite de la baie d'Authie.
		2me Circonscription. — Direction de la santé du Havre.	
		AGENCE PRINCIPALE DE SAINT-VALÉRY	
3	Somme.	Bouttriauville........	De Muret à Saint-Quentin exclusivement.
		Saint-Quentin........	De Saint-Quentin au Crotoy exclusivement.
		Crotoy..............	Le port du Crotoy.
		St-Valéry-sur-Somme .	Saint-Valéry-sur-Somme et le cap Hornu.
		Hourdel.............	Le port d'Hourdel.
		Cayeux.............	Du cap Hornu exclusivement à la Croix-au-Bailly.
		DIRECTION DU HAVRE	
4	Seine-Inférieure.	Tréport.............	Du Tréport à Belleville.
		Dieppe..............	De Puy à Saint-Aubin.
		Saint-Valéry-en-Caux..	De Sotteville à Claquedent.
		Fécamp.............	De Veulettes inclusivement à Vaucottes exclusivement.
		Le Havre...........	La partie du littoral comprise entre Vaucottes et le Hoc inclusivement.
		Harfleur............	Le port et le mouillage du Hoc.
		Villequier...........	Station d'arraisonnement depuis Harfleur.
		Duclair.............	Le port et les deux rives depuis Villequier.
		Rouen..............	Le port de Rouen.
		AGENCE PRINCIPALE DE QUILLEBEUF	
5	Eure.	Quillebeuf...........	De la limite du département de la Seine-Inférieure à Saint-Aubin exclusivement.
		La Rocque...........	De Saint-Aubin à Conteville.
		La Ruelle.	De Saint-Samson à Pont-Audemer.

NUMÉROS D'ORDRE	DÉPARTEMENTS	SIÈGE DES CIRCONSCRIPTIONS, AGENCES PRINCIPALES et AGENCES ORDINAIRES	RÉPARTITION DU LITTORAL
		AGENCE PRINCIPALE DE CAEN	
6	Calvados.	Honfleur	Depuis la rivière la Risle, près de Berville (Eure), jusqu'au pantières de Trouville.
		Trouville	Les pantières de Trouville et de Tourgues, la rade et le port de Trouville, et de Trouville à l'écluse de Blouville.
		Dives	De l'écluse de Blouville à l'embouchure de l'Orne.
		CAEN	Le port de Caen et les deux rives de l'Orne, jusqu'à son embouchure.
		Ouistreham	De l'embouchure de l'Orne à Colleville.
		Luc	D'Hermanville à Langrune.
		Courseulles	De Bernières à Ver.
		Port-en-Bessin	D'Arnelles à Vierville.
		Isigny	De Saint-Pierre exclusivement au Pont de Vey.
		AGENCE PRINCIPALE DE CHERBOURG	
7	Manche.	Carentan	Du Pont de Vey à la pêcherie d'Audouville.
		Saint-Vaast	De la pêcherie d'Audouville à Fouly.
		Barfleur	De Fouly au cap Lévy.
		CHERBOURG	Du cap Lévy à Oüi.
		Omonville	De Oüi au Frégret.
		Diélette	Du Frégret au fort de Sietel.
		Carteret	Du fort de Sietel à la route Bonvalet.
		Port-Bail	De la route Bonvalet au havre de Surville.
		Saint-Germain-sur-Ay	Du havre de Surville exclusivement au havre de Geffosses.
		Règneville	Du port d'Agon au sémaphore de Saint-Martin.
		Granville	Avranches et depuis le sémaphore de Saint-Martin.
		Pontorson	Le littoral entre Avranches et l'embouchure du Couesnon.

3me Circonscription. — Direction de la santé de Brest.

NUMÉROS D'ORDRE	DÉPARTEMENTS	SIÈGE DES CIRCONSCRIPTIONS, AGENCES PRINCIPALES et AGENCES ORDINAIRES	RÉPARTITION DU LITTORAL
		AGENCE PRINCIPALE DE SAINT-SERVAN	
8	Ille-et-Vilaine.	Le Vivier	Le port de Vivier et depuis les Verdières jusqu'aux Hautes-Mielles.
		La Houle	Le port de la Houle et depuis les Hautes-Mielles jusqu'à la pointe du Mingu.
		SAINT-SERVAN (St-Malo)	Le port et la rade de Saint-Malo, l'entrée de la Rance, et la partie du littoral depuis la pointe du Mingu.
		Dinard	Le port de Dinard et depuis l'entrée de la Rance jusqu'à la Fosse-aux-Veaux.
		Saint-Briac	Le port de Saint-Briac, et depuis la Fosse-aux-Veaux jusqu'à Rochegoule.
		AGENCE PRINCIPALE DE PORTRIEUX	
9	Côtes-du-Nord.	Les Ebihens	De Saint-Briac aux Ebihens.
		La Villenorme	Des Ebihens à Villenorme.
		Erguy	De la Villenorme à Erquy.
		Dahouet	D'Erquy à Dahouet.

NUMÉROS D'ORDRE	DÉPARTEMENTS	SIÈGE DES CIRCONSCRIPTIONS, AGENCES PRINCIPALES et AGENCES ORDINAIRES	RÉPARTITION DU LITTORAL
		AGENCE PRINCIPALE DE PORTRIEUX (*suite*).	
9	Côtes-du-Nord (*suite*).	Sous-la-Tour	De Dahouet à Sous-la-Tour.
		Binic	De Sous-la-Tour à Binic.
		PORTRIEUX	De Binic à Portrieux.
		Paimpol	De Portrieux à Paimpol.
		Porsdon	De Paimpol à Pordson.
		Bréhat	De Pordson à Bréhat.
		Loquivy	De Bréhat à Loquivy.
		La Rochejaune	De Loquivy à La Rochejaune.
		Port-Blanc	De La Rochejaune à Port-Blanc.
		Perros-Guirec	De la pointe du château de Trélevern à l'île de Biwic.
		Ile Grande	De l'île de Biwic à la pointe de Bihit.
		Guyaudet	De la pointe de Bihit à Saint-Michel.
		Toulenhery	De Guyaudet à Toulenhery.
		DIRECTION DE BREST	
10	Finistère.	Dourduff	De la pointe de Locquirec jusqu'au Dourduff.
		Locquénolé	Depuis le Dourduff jusqu'au Penzé.
		Paimpoul	Depuis le Penzé jusqu'au fort Bloscon.
		Roscoff	Du fort Bloscon aux Grands-Palus-en-Cléder.
		Ile de Batz	Les côtes et le mouillage de l'île de Batz.
		Plouescat	Des Grands-Palus-en-Cléder à l'embouchure de la rivière la Flèche.
		Pontusval	De l'embouchure de la rivière la Flèche, sur l'anse de Goulven à l'anse de Port-Malven.
		L'Aberwrach	De l'anse de Port-Malven-Plouguerneau à la rivière Laber-Benoît.
		Laber-Benoît	Depuis le passage de la rivière Laber-Benoît jusqu'à la limite de Lampaul.
		Portsall	Depuis la limite de Lampaul-Ploudalmèzau jusqu'à l'anse du Diable.
		Argenton	De l'anse du Diable à Landunvez, à l'île de Melon.
		Melon	De l'île de Melon à l'entrée de Laber-il-Dut.
		Laber-il-Dut	De l'entrée de Laber-il-Dut à l'entrée de Porsmoguer.
		Le Conquet	De l'anse de Porsmoguer à la baie de Bertheaume.
		Brest	Toute la rade, et depuis la baie de Bertheaume jusqu'à la pointe espagnole.
		Passage de Plougastel	Les deux rives de ce passage jusqu'à Landerneau.
		Landerneau	Port de Landerneau.
		Port-Launay	Port Launay.
		Landévennec	Les deux rives de Landévennec jusqu'à Port-Launay.
		Roscanvel	Depuis la côte de Lanvioc jusqu'à la pointe espagnole.
		Camaret	De la pointe espagnole au cap de la Chèvre.
		Douarnenez	Du cap de la Chèvre à la pointe du Raz.
		Audierne	De la pointe du Raz à Plovan.

NUMÉROS D'ORDRE	DÉPARTEMENTS	SIÉGE DES CIRCONSCRIPTIONS, AGENCES PRINCIPALES et AGENCES ORDINAIRES	RÉPARTITION DU LITTORAL
		DIRECTION DE BREST (*suite*).	
10	Finistère (*suite*).	Penmarc'h..........	De Plovan à Penmarc'h.
		Guilvinec...........	De Kérity Penmarc'h à Lesconil.
		Ile Tudy...........	De Lesconil à l'entrée de l'Odet.
		Bénodet...........	De l'entrée de l'Odet à la baie de la Forêt.
		Concarneau........	De la baie de la Forêt à l'embouchure de l'Aven.
		Douélan...........	De l'embouchure de l'Aven à la limite du Morbihan.

4ᵐᵉ Circonscription. — Direction de la santé de Saint-Nazaire.

NUMÉROS D'ORDRE	DÉPARTEMENTS	SIÉGE	RÉPARTITION DU LITTORAL
		AGENCE PRINCIPALE DE LORIENT	
11	Morbihan.	LORIENT............	Le port et la rade de Lorient et la côte comprise entre le Finistère et la presqu'île de Gâvres.
		Port-Louis..........	Le port de Port-Louis et sa rade.
		Ile-de-Groix........	Toute l'île.
		Etel..............	Toute la partie de la côte située entre les presqu'îles de Gâvres et de Quiberon.
		Saint-Pierre-Quiberon. (Port d'Orange).	A gauche jusqu'à Pennerlet (anse du Pô), et à droite jusqu'au fort de Beg-Rochu.
		Portaliguen..........	La rade de Portaliguen.
		Belle-Ile : Le Palais...	Toute l'île.
		La Trinité..........	La rade et la rivière de la Trinité.
		Locmariaquer........	La partie droite de l'embouchure du Morbihan.
		Port-Navalo..........	La partie gauche de l'embouchure du Morbihan.
		Pénerf.............	Les eaux de Pénerf, Pènelan et Billiers.
		Tréguier...........	L'entrée de la Vilaine.
		DIRECTION DE SAINT-NAZAIRE	
12	Loire-Inférieure.	Kercabeleck........	de Kercabeleck à Piriac.
		La Turballe.........	De Piriac à la Turballe.
		Croisic............	De la Turballe à Batz.
		Pouliguen..........	De Batz à Chef-Moulin.
		Saint-Nazaire......	De Gavy à Donges.
		Couëron...........	De Laveau à Indre.
		Nantes............	De Indre au Migron.
		Ecluses du Carnet....	Canal maritime de la Loire.
		Paimbeuf..........	Du Migron à l'île Saint-Nicolas.
		Pornic............	Des Corniers à l'étier du Fresne.
		AGENCE PRINCIPALE DES SABLES-D'OLONNE	
13	Vendée.	La Cahouette.......	La partie du littoral comprise depuis le port de Fresne, au nord, jusqu'à le Peige, au sud, c'est-à-dire la partie embrassant les étiers du pont de Fresne, ceux de Brochets-des-Champs, la Cronière, la Cahouette et la Barre-du-Mont.
		Noirmoutiers.......	La partie Est et Sud de l'île.
		Ile-Dieu...........	Le port de Joinville et celui de la Meule.
		Saint-Gilles.........	De la Peige au havre de la Gachère.
		LES SABLES-D'OLONNE..	Du havre de la Gachère à la Tranche.
		L'Aiguillon.........	De la Tranche au chenal de la Rogue.
		Portes-du-Chapitre...	Le littoral de la pointe de l'Aiguillon et de l'entrée de la Rogue à Luçon.

NUMÉROS D'ORDRE	DÉPARTEMENTS	SIÈGE DES CIRCONSCRIPTIONS, AGENCES PRINCIPALES et AGENCES ORDINAIRES	RÉPARTITION DU LITTORAL
		5ᵐᵉ Circonscription. — Direction de la santé de Pauillac.	
		AGENCE PRINCIPALE DE ROCHEFORT	
14	**Charente-Inférieure.**	Ile-de-Ré. Le Fiers d'Ars.	De la pointe de Loix à celle de la Couarde par le nord de l'île.
		Ile-de-Ré. Saint-Martin.	De la pointe de Loix à La Flotte et, à l'ouest, de la pointe de la Couarde au Bois.
		Ile-de-Ré. La Flotte.	La rade de La Flotte et la côte par le sud jusqu'au Bois.
		Le Brault.	Depuis Marans jusqu'à l'anse formée par l'embouchure de la Sèvre.
		La Pallice.	Le port de La Pallice et la côte depuis l'embouchure de la Sèvre.
		La Rochelle.	Le port de La Rochelle, à droite depuis La Pallice et à gauche jusqu'à Fouras.
		Ile d'Aix.	L'île d'Aix et la grande rade à l'embouchure de la Charente.
		ROCHEFORT.	De la mer à droite et du Fort Lupin à gauche, à la Cabane-Carrée.
		Tonnay-Charente.	De la Cabane-Carrée à Tonnay-Charente.
		Ile d'Oléron (le Château)	Le littoral de l'île.
		Port des Barques.	Du Fort Lupin au chenal de Brouage.
		La Cayenne de Seudre.	Depuis le chenal de Brouage jusqu'à la Seudre.
		Royan.	Le port de Royan et toute la côte depuis Maumusson jusqu'à Meschers.
		Mortagne.	Le port de Mortagne et toute la côte comprise entre Meschers et la limite du département de la Gironde.
		DIRECTION DE PAUILLAC	
15	**Gironde.**	Blaye.	La rive droite de la Gironde, depuis la limite du département de la Charente-Inférieure, jusqu'au point de jonction des brigades de Bourg et de Laroque.
		Libourne.	La rive droite de la Dordogne, depuis le point de jonction des brigades de Bourg et de Laroque jusqu'à Libourne; la rive gauche depuis Libourne jusqu'au point de jonction des brigades du Bec-d'Ambès.
		Bordeaux.	Le port de Bordeaux.
		Pauillac.	Sur la rive droite (Gironde), depuis le point de jonction des brigades d'Ambès, en descendant la rive gauche de la Dordogne. Sur la rive gauche (Gironde), depuis Bordeaux jusqu'au phare de Richard.
		Le Verdon.	Sur la droite jusqu'au phare de Richard, sur la gauche jusqu'au point dit Truc-de-Taillebois, situé au delà de Montalivet, commune de Vensac.
		Les Genets.	Sur la rive droite, jusqu'au Truc-de-Taillebois; sur la gauche, jusqu'au Truc-du-Lion, à 7 kilomètres et demi au delà du poste de Huga, commune de Lacanau.

NUMÉROS D'ORDRE	DÉPARTEMENTS	SIÈGE DES CIRCONSCRIPTIONS, AGENCES PRINCIPALES et AGENCES ORDINAIRES	RÉPARTITION DU LITTORAL	NUMÉROS
		DIRECTION DE PAUILLAC (*suite*).		
15	Gironde (*suite*).	Arès.............	Sur la droite, jusqu'au Truc-du-Lion, à 7 kilomètres et demi au delà de Grépiet, commune du Porge; sur la gauche, jusqu'au Taussat, à 6 kilomètres au delà d'Arès, commune d'Andernos.	1
		La Teste...........	Sur la droite, jusqu'au Taussat, à 6 kilomètres au delà de Lanton; sur la gauche, jusqu'au Truc-du-Sablonnais, à 4 kilomètres et demi au delà du Pilat.	
		Cazaux............	Sur la droite, jusqu'au Truc-du-Sablonnais, à 4 kilomètres et demi au delà du sud, commune de la Teste; sur la gauche, jusqu'au Truc-de-Lesporier, à un myriamètre de Mimizan.	1
		AGENCE PRINCIPALE DE CAP-BRETON		
16	Landes.	Biscarrosse..........	S'étend depuis la limite du département de la Gironde, à 10 kilomètres à droite et à 7 kilomètres à gauche.	
		Mimizan.............	S'étend à 12 kilomètres à droite et à 8 kilomètres à gauche.	
		Lit.	Du Toron de l'Especier au cabanon du Pignada.	
		Vielle..............	Du cabanon du Pignada au courant d'Uchet.	
		Moliets.............	Du courant d'Uchet à la dune de Cout-Vieux.	2
		Vieux-Boucaud.......	De la dune de Cout-Vieux à la dune de Nouchicq.	
		Seignosse...........	De la dune de Nouchicq à la dune de Perrin.	
		CAP-BRETON..........	De la dune de Perrin au pont de Naves.	
		Ondres.............	En face du pont de Naves jusqu'au poste de douanes d'Ondres.	
		AGENCE PRINCIPALE DE BAYONNE		
17	Basses-Pyrénées.	Boucaud-Nord........	De la redoute de Saint-Bernard à la barre de Bayonne.	2
		BAYONNE............	Le port de Bayonne.	
		Boucaud-Sud.	Depuis la barre de Bayonne jusqu'au poteau n° 2.	
		Chambre-d'Amour....	Depuis le poteau n° 2 jusqu'au Cap Nord.	
		Biarritz............	Du Cap Nord au moulin de Larralde.	
		Bidart..............	Depuis le moulin de Larralde jusqu'à Loia.	
		Guéthary............	Depuis Loia jusqu'au Grand-Romardy.	
		Saint-Jean-de-Luz....	Du Grand-Romardy à Tarrapata.	
		Socoa..............	De Tarrapata au moulin de Haïzabéa.	
		Hendaye...........	Depuis le moulin de Haïzabéa jusqu'à l'embouchure de la Bidassoa.	2

6me Circonscription. — Direction de Marseille.

AGENCE PRINCIPALE DE PORT-VENDRES

NUMÉROS D'ORDRE	DÉPARTEMENTS		RÉPARTITION DU LITTORAL	NUMÉROS
18	Pyrénées-Orientales.	Banyuls-sur-Mer.....	Depuis les limites d'Espagne à la limite de Banyuls et de Port-Vendres.	
		PORT-VENDRES........	De la limite du territoire de Banyuls-sur-Mer à celle de la commune de Collioure.	

NUMÉROS D'ORDRE	DÉPARTEMENTS	SIÈGE DES CIRCONSCRIPTIONS, AGENCES PRINCIPALES et AGENCES ORDINAIRES	RÉPARTITION DU LITTORAL
		AGENCE PRINCIPALE DE PORT-VENDRES (*suite*).	
18	Pyrénées-Orientales (*suite*).	Collioure............	De la limite de la commune de Collioure à l'embouchure du Tech.
		Canet..............	Depuis l'embouchure du Tech jusqu'à celle de la Tet.
		Barcarès...........	Depuis l'embouchure de la Tet jusqu'à la limite du département de l'Aude et du territoire de Leucate.
		AGENCE PRINCIPALE DE LA NOUVELLE	
19	Aude.	Leucate.............	De la limite du département des Pyrénées-Orientales jusqu'à celle de la commune de Lapalme.
		La Nouvelle........	De la limite de la commune de Lapalme au grau de La Vieille-Nouvelle.
		Gruissant...........	Du grau de La Vieille-Nouvelle à la rivière de l'Aude.
		AGENCE PRINCIPALE DE CETTE	
20	Hérault.	Valris..............	De l'embouchure de l'Orb jusqu'à celle de l'Aude.
		Grau d'Agde........	De l'embouchure de l'Orb à celle de l'Hérault.
		Agde..............	De l'embouchure de l'Hérault au port d'Agde.
		Le Môle............	Depuis le poste des douanes de Rochelongue jusqu'à l'étang d'Embonnes.
		Quinzième..........	Depuis l'étang d'Embonnes jusqu'aux abords ouest du port de Cette.
		Cette..............	Le port de Cette et ses abords.
		Palavas............	Depuis le port de Cette jusqu'à la limite du département du Gard.
		AGENCE PRINCIPALE DU GRAU-DU-ROI	
21	Gard.	Grau-du-Roi........	Depuis le point dit le Canalet jusqu'au Rhône-Mort, limite du département des Bouches-du-Rhône.
		DIRECTION DE MARSEILLE	
22	Bouches-du-Rhône.	Grau d'Orgon.......	Depuis le Rhône-Mort jusqu'à la rive gauche (est) du Petit-Rhône.
		Saintes-Maries......	Depuis la rive gauche (est) du Petit-Rhône jusqu'à Galabert exclusivement.
		La Vignolle.........	Depuis Galabert jusqu'au grau de Giraud exclusivement.
		Arles..............	La navigation sur le Rhône et l'enceinte du port d'Arles.
		La Tour-Saint-Louis..	Depuis le grau de Giraud jusqu'à l'étang de Gloria exclusivement.
		Bouc..............	Depuis l'étang de Gloria jusqu'à l'anse d'Anguette exclusivement.
		Carro..............	Depuis l'anse d'Anguette jusqu'au Grand-Vala.
		Carri..............	Depuis le Grand-Vala jusqu'à Niolon exclusivement.
		Marseille...........	Depuis Niolon (Rosquiadou) jusqu'au Mauvais-Pas exclusivement.

NUMÉROS D'ORDRE	DÉPARTEMENTS	SIÈGE DES CIRCONSCRIPTIONS, AGENCES PRINCIPALES et AGENCES ORDINAIRES	RÉPARTITION DU LITTORAL	NUMÉROS
		DIRECTION DE MARSEILLE (*suite*).		
22	Bouches-du-Rhône (*suite*).	Sormiou	Depuis le Mauvais-Pas jusqu'à l'Eysadon exclusivement.	2
		Cassis	Depuis le lieu dit l'*Eysadon* jusqu'à l'anse du Capucin exclusivement.	
		La Ciotat	Depuis l'anse du Capucin jusqu'au point dit *Bivouac*.	
		AGENCE PRINCIPALE DE TOULON		
23	Var.	Les Lecques	De la limite du département des Bouches-du-Rhône à Cabaret.	2
		Bandol	De Cabaret à Beaucours.	
		Saint-Nazaire	De Beaucours à la Condolière.	
		Ile des Ambiers	De la Condolière à la Fosse et toute l'Ile des Ambiers.	
		Gros-Saint-Georges	De la Fosse au fort Saint-Elme.	
		Saint-Elme	Du fort Saint-Elme à l'isthme des Sablettes pour l'extérieur et du Môle-Caire au lazaret pour l'intérieur de la rade.	
		La Seyne	Du Môle-Caire à Brégaillon.	
		Castigneaux	De Brégaillon jusqu'à la porte Nord de l'Arsenal de ce nom.	
		TOULON	Le port de Toulon.	
		Mourillon	De la Rade au Ravin.	
		Cap-Brun	Du Ravin à la Garonne.	
		Carqueranne	L'espace situé entre Saint-Sauveur et la Garonne.	
		Giens	Tout l'isthme de Giens.	
		Les Peschiers	De l'Almanarre au canal de Ceinturon.	
		Salins d'Hyères (port)	Du canal des Peschiers à la Grand'-Lône.	
		Salins d'Hyères (enceinte)	Le littoral entre le torrent de Maravaine à l'est et le canal de Ceinturon à l'ouest.	
		Léoubes	De Maravaine à l'Estagnolle.	
		Ile de Porquerolles	Toute l'île.	
		Ile de Port-Gros	Toute l'île.	
		Cavalarat	De l'Estagnolle à Latrippe.	
		Lavandon	De Latrippe à Malpagne.	
		Cavalaire	De Malpagne au Poivrier.	
		Cannebiers	Du Poivrier à Granier.	
		Saint-Tropez	De Granier à la Grand'Foux.	
		Sainte-Maxime	De la Grand'Foux à la Gaillarde.	
		Saint-Raphaël	Du point dit *la Gaillarde* au poste de Boulouris.	
		Agay	Du poste de Boulouris au poste d'Aurelle.	
		AGENCE PRINCIPALE DE NICE		
24	Alpes-Maritimes.	Théoules	Depuis le poste d'Aurelle jusqu'au poste de la Bocca.	2
		Cannes	Depuis le poste de la Bocca jusqu'à la Croisette.	
		Golfe Jouan	Depuis la Croisette jusqu'à la pointe des Graillons.	
		Antibes	Depuis la pointe des Graillons jusqu'à la caserne du Loup.	
		Gros-de-Cagne	Depuis la caserne des douanes du Loup jusqu'à l'embouchure du Var.	

NUMÉROS D'ORDRE	DÉPARTEMENTS	SIÈGE DES CIRCONSCRIPTIONS, AGENCES PRINCIPALES et AGENCES ORDINAIRES	RÉPARTITION DU LITTORAL
		AGENCE PRINCIPALE DE NICE (*suite*).	
24	Alpes-Maritimes (*suite*).	Nice...............	Depuis l'embouchure du Var (rive gauche) jusqu'à la pointe du château de l'Anglais.
		Villefranche.........	Depuis la pointe du château de l'Anglais jusqu'à la pointe Est du phare de Villefranche.
		Saint-Ospice.........	Depuis la pointe Est du phare de Villefranche jusqu'à la principauté de Monaco.
		Menton.............	Depuis la frontière est de la principauté de Monaco jusqu'à la limite du territoire français, sous Garavan.

7me Circonscription. — Direction de la santé d'Ajaccio.

NUMÉROS D'ORDRE	DÉPARTEMENTS	AGENCES	RÉPARTITION DU LITTORAL
25	Corse.	Centuri.............	Depuis Grotta Piana jusqu'à Capo-Cerbo.
		Pino................	Depuis Capo-Cerbo jusqu'à Catarelli.
		Canari.............	Depuis Catarelli jusqu'à Punta-Bianca.
		Nouza.............	Depuis Punta-Bianca jusqu'à Farinole.
		Saint-Florent........	Depuis Farinole jusqu'à Perallo.
		Ile Rousse..........	Depuis Perallo jusqu'à Saint-Damien.
		Calvi..............	Depuis Saint-Damien jusqu'à la Scopa.
		Piana..............	Depuis la Scopa jusqu'à Capo-Rosso.
		Cargèse............	Depuis Capo-Rosso jusqu'à Stagninoli.
		Sagone.............	Depuis Stagninoli jusqu'à Capo-di-Fieno.
		Ajaccio..............	Depuis Capo-di-Fieno jusqu'à Capo-di-Muro.
		Propriano...,.......	Depuis Capo-di-Muro jusqu'à Tizzano.
		Bonifacio...........	De Tizzano à la Rondinara.
		Porto-Vecchio et Saint-Cyprien..	De la Rondinara à la Fautea.
		Salenzara..........	De la Fautea à l'étang d'Urbino.
		Aléria.............	Depuis l'étang d'Urbino jusqu'à Bravone.
		Prunete............	Depuis Bravone jusqu'à Paludella.
		San Pellegrino.......	Depuis Paludella jusqu'à l'embouchure du Golo.
		Bastia.............	Depuis l'embouchure du Golo jusqu'au Miamo.
		Erbalunga..........	Depuis Miamo jusqu'à Cotone.
		Santa Severa........	Depuis Cotone jusqu'à Caraco.
		Maccinaggio........	Depuis Caraco jusqu'à Capannola.
		Barcaggio..........	Depuis Capannola jusqu'à Grotta-Piana.

ALGÉRIE

1re Circonscription. — Direction de la Santé d'Oran.

NUMÉROS D'ORDRE	DÉPARTEMENTS	AGENCES	RÉPARTITION DU LITTORAL
1	Oran.	Nemours...........	De la frontière du Maroc au cap Noé.
		Beni-Saff...........	Du cap Noé au cap Figalo.
		Oran (Mers-el-Kébir).	Du cap Figalo à la pointe de l'Aiguille.
		Arzew.............	De la pointe de l'Aiguille à la Macta.
		Mostaganem........	De la Macta au cap Kramis.

2me Circonscription. — Direction de la santé d'Alger.

NUMÉROS D'ORDRE	DÉPARTEMENTS	AGENCES	RÉPARTITION DU LITTORAL
2	Alger.	Tenez..............	Du cap Kramis à l'Oued Damous.
		Cherchell...........	De Oued Damous au Tombeau de la Reine.
		Alger..............	Du Tombeau de la Reine à l'Oued Isser.
		Dellys.............	De l'Oued Isser à l'Oued Beharisen.

NUMÉROS D'ORDRE	DÉPARTEMENTS	SIÈGE DES CIRCONSCRIPTIONS, AGENCES PRINCIPALES et AGENCES ORDINAIRES	RÉPARTITION DU LITTORAL
		3me Circonscription. — Direction de la santé de Bône.	
3	Constantine.	Bougie............	De l'Oued Beharizen à la pointe Ziamia.
		Djidjelli...........	De la pointe Ziama à l'Oued-el-Kébir.
		Collo............	De l'Oued-el-Kébir à la pointe Rasbili.
		Philippeville (Stora)...	De la pointe Rasbili au cap de Fer.
		Herbillon...........	Du cap de Fer au cap de Garde.
		Bône.............	Du cap de Garde au cap Rosa.
		La Calle............	Du cap Rosa à la frontière tunisienne.

TABLEAU INDIQUANT LE MONTANT DES SOMMES A CONSIGNER

Par les capitaines marins en cas de contravention aux Règlements de Police sanitaire maritime. (Art. 127 du Règlement).

RÈGLEMENT APPLICABLE	SOMMES A CONSIGNER				OBSERVATIONS
	AMENDES	DÉCIMES	FRAIS	TOTAUX	
Loi du 6 Mars 1822 (Art. 14).	de 5 francs à 5o francs.	de 1 fr. 25 à 12 fr. 5o.	4 fr. 95.	de 11 fr. 20 à 67 fr. 45.	

DÉCRET DU 23 SEPTEMBRE 1900

Relatif aux provenances des pays contaminés de peste

Le Président de la République française,

Sur le rapport du Président du Conseil, Ministre de l'Intérieur et des Cultes, et du Ministre des Finances ;

Vu l'article 1er de la loi du 3 mars 1822 sur police sanitaire ;

Vu le décret du 4 janvier 1896, portant règlement de police sanitaire maritime ;

Vu les décrets des 15 avril 1897 et 15 juin 1899, relatifs aux provenances des ports contaminés de peste,

Décrète :

Article premier. — Les navires provenant des localités reconnues contaminées de peste ou portant des objets énumérés à l'article 3 du décret du 15 avril 1897 ne peuvent pénétrer en France ou en Algérie que par les ports de Dunkerque, Le Havre, Saint-Nazaire, Pauillac, Marseille et Alger.

Le Ministre de l'Intérieur déterminera les autres ports qui pourraient également être ouverts à ces provenances, par exception ou sous réserve de conditions spéciales résultant de l'état sanitaire des navires à leur arrivée ou de la nature de leur chargement.

Art. 2. — L'article 4 du décret du 15 avril 1897 et l'article 1er du décret du 15 juin 1899 sont abrogés.

Art. 3. — Le Président du Conseil, Ministre de l'Intérieur et des Cultes, et le Ministre des Finances sont chargés, chacun en ce qui le concerne, de l'exécution du présent décret, qui sera publié au *Journal officiel* et inséré au *Bulletin des lois*.

Fait à Paris, le 23 septembre 1900.

Émile LOUBET.

Par le Président de la République :

Le Président du Conseil,
Ministre de l'Intérieur et des Cultes,

WALDECK-ROUSSEAU.

Le Ministre des Finances,

J. CAILLAUX.

INSTRUCTION DU 1ᴿᴿ OCTOBRE 1900

Pour l'application des mesures édictées par les décrets des 4 janvier 1896, 15 avril 1897, 14 juin 1899 et 23 septembre 1900, à l'arrivée des navires, indemnes ou suspects, provenant des pays contaminés ou assimilés.

Ces mesures comprennent :

I. — Examen de la patente de santé et des papiers de bord au point de vue de la provenance du navire, des passagers et des marchandises, de la nature de ces marchandises, des escales effectuées, des incidents de la traversée, des communications possibles en mer, etc.

II. — Visite médicale de tous les passagers et du personnel de l'équipage, en commençant par les bien portants, en finissant par les indisposés, les suspects ou les malades.

Cette visite, lorsqu'il s'agit de grands navires, doit être faite simultanément par PLUSIEURS médecins qui opèrent séparément et signent ensuite collectivement le certificat de visite.

III. — Inspection sanitaire rigoureuse du navire faite dans toutes les parties accessibles par les médecins accompagnés d'un ou plusieurs gardes sanitaires expérimentés (anciens marins).

Cette inspection doit avoir pour objet de découvrir autant que possible la présence des rats vivants, malades ou morts, l'existence de linge sale, de marchandises ou d'objets dangereux devant être détruits ou désinfectés, de préciser les locaux sur lesquels devrait porter la désinfection immédiate.

IV. — Désinfection soit à bord, soit par les moyens du service sanitaire, de tout le linge sale des passagers et de l'équipage, des effets à usage, objets de literie et tous autres objets ou bagages que l'autorité sanitaire considérerait comme susceptibles de contenir des germes de contamination.

Pour faciliter et activer les opérations de la désinfection du linge sale, il serait désirable : 1º qu'aucune malle ou bagage ne contînt de linge sale non désinfecté ; 2º que le linge fût placé à l'avance dans des sacs spéciaux (un par passager ou par cabine) pour être désinfecté ; 3º que l'ouverture et la visite des malles et bagages par le service de la douane fussent faits concurremment par les agents des douanes et par les agents du service sanitaire, toutes les fois que l'autorité sanitaire le jugera possible soit à bord, soit à quai.

V. — Admission des passagers en libre pratique, et délivrance, s'il y a lieu, de passeports et cartes d'avis sanitaires dans les conditions prévues par les articles 57 et 58 du décret du 4 janvier 1896, modifié par le décret du 15 juin 1899 (*surveillance sanitaire*).

Si le navire est suspect, le point de départ de la surveillance est la *date de l'arrivée* du navire ; le délai de surveillance est de *cinq jours* [1].

Si le navire est indemne, le point de départ de la surveillance est la *date du jour où le navire a quitté le port contaminé*. Le délai de surveillance est de cinq jours pour le choléra, sept jours pour la fièvre jaune, dix jours pour la peste.

VI. — Déchargement du navire : ce déchargement n'est commencé qu'après le débarquement de tous les passagers.

Le navire est placé en isolement aussi complet que possible sur un quai spécial et hors du contact immédiat des autres bâtiments. Toutes les mesures sont prises pour empêcher la sortie *nocturne* des rats en garnissant, notamment, les amarres de buissons métalliques.

VII. — Le personnel du bord est employé autant que possible aux opérations du déchargement ; s'il y a lieu de recourir à un personnel auxiliaire, celui-ci est assimilé, pour la durée des opérations, au personnel du bord ; l'un et l'autre figurent sur un état nominatif remis à l'autorité sanitaire et contrôlé par elle au moyen de visites ou appels journaliers. Ce point est capital : il importe que l'autorité sanitaire soit en mesure d'exercer un contrôle permanent sur le personnel de déchargement et que celui-ci soit composé, en conséquence, d'hommes choisis parmi les moins irréguliers, ayant en ville un domicile connu.

Si quelque personne autre que celles qui figurent à l'état nominatif se trouve obligée de monter à bord, même momentanément, elle est ajoutée à la liste et astreinte à la même surveillance pendant le délai fixé par l'autorité sanitaire. Les allées et venues entre le quai et le bord doivent ainsi être réduites au strict minimum.

Une carte spéciale équivalant au passeport sanitaire pourrait être remise à toutes les personnes visées par le présent article, et leur rappellerait d'une manière précise les obligations auxquelles elles sont soumises.

VIII. — Le déchargement des marchandises est effectué conformément aux instructions de l'autorité sanitaire et dans l'ordre indiqué par elle.

Les marchandises qui devraient être désinfectées sont mises à part et isolées jusqu'à ce que l'opération soit effectuée. Les agents qui, dans ce cas, doivent procéder à la manipulation et à la désinfection desdites marchandises, sont pourvus de vêtements spéciaux et astreints à toutes les mesures de précaution qu'elles comportent.

IX. — La surveillance sanitaire du déchargement, telle qu'elle résulte des dispositions qui précèdent, est exercée, sans aucune interruption, depuis la mise à quai jusqu'à l'achèvement complet des opérations, par un ou plusieurs agents du service sanitaire responsable. Ces agents sont chargés de tenir la liste nominative du personnel, de s'assurer que le déchargement effectué ne présente rien d'insolite au point de vue sanitaire, de veiller à l'exécution de toutes les mesures ayant pour but d'empêcher la sortie des rats, de signaler au

---

1. Ce délai vient s'ajouter au nombre de jours écoulés *depuis la date du dernier cas suspect ou confirmé*, soit :

Pour le choléra	$7 + 5 = 12$ jours.
Pour la fièvre jaune	$9 + 5 = 14$ —
Pour la peste	$12 + 5 = 17$ —

chef de service la présence de cadavres de rats ainsi que les marchandises qui auraient pu être souillées par ces animaux, de faire suspendre, s'il y a lieu, le déchargement jusqu'à la décision du chef de service, de rédiger et signer, de concert avec ce dernier, lorsque toutes les opérations sont terminées, un procès-verbal établi suivant une formule spéciale annexée à la présente instruction.

X. — Toute absence qui se produirait dans le personnel au cours du déchargement devrait être immédiatement signalée et motivée ; si elle était due à une indisposition, même légère, l'homme devrait être l'objet, sans retard, d'une visite médicale, mis en observation et isolé, s'il y a lieu, dans les mêmes conditions que le serait, le cas échéant, un voyageur muni du passeport sanitaire.

Si, au cours du déchargement, il était découvert des rats morts ou malades, ils devraient être recueillis et envoyés, *avec toutes les précautions convenables*, au directeur du laboratoire bactériologique de la circonscription, qui procéderait d'urgence à leur examen et informerait le service sanitaire du résultat. Toute opération devrait être suspendue dans la partie du navire correspondant jusqu'à la connaissance de ce résultat.

Dans le cas où un homme serait reconnu atteint d'affection suspecte, le personnel du bord serait immédiatement consigné et le navire placé en isolement aussi absolu que possible ; si la maladie était confirmée, le bâtiment serait renvoyé aussitôt, sous pavillon de quarantaine, au lazaret le plus proche. Les mêmes mesures seraient prises s'il était constaté qu'il existe à bord des rats pesteux.

En dehors des mesures ci-dessus qui sont particulièrement applicables aux navires, suspects ou indemnes, provenant des pays reconnus contaminés, il peut y avoir lieu d'exercer, sur des provenances de localités voisines de ces derniers ou de toutes autres pouvant être considérées comme douteuses, *une surveillance spéciale*.

Cette surveillance consiste dans un arraisonnement rigoureux du navire pouvant entraîner, comme le prévoit l'article 48 du Règlement, une inspection sanitaire, et, s'il y a lieu, une visite médicale des passagers et de l'équipage. Les précautions précédemment indiquées pour le déchargement peuvent également être appliquées à ces navires à titre exceptionnel et dans la mesure que l'autorité sanitaire jugera nécessaire.

DÉCRET DU 9 NOVEMBRE 1901

**Publié au « Journal officiel de la République française »
le 28 novembre 1901.**

Le Président de la République française,

Sur le rapport du Président du Conseil, Ministre de l'Intérieur et des Cultes,

Vu la loi du 3 mars 1822 sur la police sanitaire ;

Vu le décret du 4 janvier 1896 portant règlement de police sanitaire maritime,

Décrète :

Article premier. — Les directeurs de la santé, les médecins de la santé ou de lazarets et les agents principaux ou ordinaires, docteurs en médecine, sont nommés en France par le Ministre de l'Intérieur, sur l'avis d'un jury spécia institué conformément à l'article 3 ci-dessous, et qui a pour mission d'apprécier les titres des candidats.

Art. 2. — Lorsqu'il y a lieu de pourvoir à l'une des fonctions ci-dessus énumérées, cette vacance est portée à la connaissance des intéressés par un avis publié au *Journal officiel* et affiché dans les principaux ports. Les candidats sont invités à produire dans le délai de quinze jours leur demande accompagnée de l'exposé de leurs titres et de toutes les justifications utiles.

Les candidats doivent faire valoir notamment leurs connaissances spéciales touchant : l'épidémiologie des maladies toxiques, la bactériologie, la pratique des services sanitaires qu'ils auraient acquise en France, aux colonies, dans la marine ou dans l'armée, particulièrement en ce qui concerne la désinfection, l'application des règlements en vigueur et l'aptitude administrative que comporte la direction de ces services.

Art. 3. — Le jury chargé d'apprécier les titres des candidats est composé de sept membres ainsi désignés :

Le Président ou, à son défaut, le Vice-Président du Comité consultatif d'hygiène publique de France, qui remplit les fonctions de *Président du jury* ;

Le Directeur de l'Assistance et de l'Hygiène publiques au Ministère de l'Intérieur ou, à son défaut, le chef du bureau de l'Hygiène publique ;

L'Inspecteur général ou, à son défaut, l'Inspecteur général adjoint des services sanitaires ;

Deux membres du Comité consultatif d'hygiène publique désignés par le Ministre ;

Deux Inspecteurs généraux des services administratifs désignés par le Ministre ;

Le chef de bureau de l'hygiène ou, à son défaut, le sous-chef de bureau assiste aux séances avec voix consultative;

L'Inspecteur des services de la santé dans les ports remplit les fonctions de *secrétaire*.

Art. 4. — Le jury se réunit sur la convocation du Ministre.

L'Inspecteur général des services sanitaires ou, à son défaut, l'Inspecteur général adjoint est chargé de présenter un rapport sur les diverses candidatures.

Le jury est appelé à donner son avis au double point de vue de l'aptitude technique et administrative sur chacun des candidats, ainsi que sur les titres et garanties spéciales qu'il peut présenter à l'obtention des fonctions sollicitées.

Art. 5. — Le jury peut être appelé à donner son avis sur les fautes professionnelles commises par les médecins en fonctions, sur leur mise en disponibilité ou leur remplacement.

Art. 6. — Le Ministre de l'Intérieur et des Cultes est chargé de l'exécution du présent décret, qui sera publié au *Journal officiel de la République française* et inséré au *Bulletin des lois*.

Fait à Paris, le 9 novembre 1901.

Émile LOUBET.

Par le Président de la République :

Le Président du Conseil,
Ministre de l'Intérieur et des Cultes,

WALDECK-ROUSSEAU.

DÉCRET DU 13 DÉCEMBRE 1901

Publié au « Journal officiel de la République française » le 28 décembre 1901.

Sur le rapport du Président du Conseil, Ministre de l'Intérieur et des Cultes,
Vu la loi du 3 mars 1822 sur la police sanitaire ;
Vu les décrets des 4 janvier 1896, 15 février 1900 et 9 novembre 1901,
Vu l'avis de l'inspection générale des services sanitaires,

Décrète :

Article premier. — Il est procédé chaque année, dans le courant du mois d e janvier à la revision du tableau institué par l'article 16 du décret du 4 janvier 1896 susvisé.

Sont seuls portés en tête de ce tableau, pour former une catégorie distincte, les médecins qui ont fait à bord des navires un séjour représentant une moyenne d'au moins un mois de navigation par an depuis leur inscription.

Cette liste est publiée et affichée d'une manière permanente au siège de chaque circonscription sanitaire maritime.

Le titre de médecin sanitaire maritime est essentiellement lié à l'exercice des fonctions sanitaires sur les navires et ne peut être porté par les inscrits qu'autant qu'ils remplissent effectivement ces fonctions ou qu'ils figurent sur la liste spécifiée ci-dessus.

Art. 2. — En vue de l'établissement du tableau annuel, il est tenu, au siège de chacune des circonscriptions sanitaires maritimes, un registre spécial indiquant les noms et prénoms des médecins, la date exacte de leur embarquement, les noms des navires et la nature des voyages effectués.

Les médecins sanitaires maritimes doivent se présenter, tant au départ qu'à l'arrivée, aux directeurs des circonscriptions sanitaires maritimes et apposer leur signature sur le registre ci-dessus prescrit, en regard des renseignements concernant leur voyage.

Art. 3. — Un extrait récapitulatif de ce registre est adressé au Ministre dans les premiers jours du mois de janvier, faisant connaître pour chaque médecin la date de la décision ministérielle qui a autorisé son inscription au tableau et le nombre total des mois de navigation accomplis depuis lors. Dans ce nombre peuvent être compris tous les voyages effectués, alors même qu'ils l'auraient été en dehors des dispositions prévues par l'article 15 du décret du 4 janvier 1896.

Cet envoi est accompagné, s'il y a lieu, du rapport annuel prescrit par l'article 26 du décret de 1896, ainsi que des observations ou propositions des directeurs des circonscriptions sanitaires maritimes.

Art. 4. — Le jury institué par le décret du 9 novembre 1901 pour l'examen des candidatures aux fonctions médicales du service sanitaire maritime est également appelé à formuler son avis dans les cas où, en vertu de l'article 27 du décret du 4 janvier 1896, un médecin sanitaire maritime serait susceptible d'être rayé du tableau à titre temporaire ou définitif.

Art. 5. — Sont modifiées les dispositions du décret du 4 janvier 1896 qui seraient contraires au présent décret.

Fait à Paris, le 13 décembre 1901.

ÉMILE LOUBET.

Par le Président de la République :

Le Président du Conseil,
Ministre de l'Intérieur et des Cultes,

WALDECK-ROUSSEAU.

LOI DU 15 FÉVRIER 1902

RELATIVE A LA PROTECTION DE LA SANTÉ PUBLIQUE[1].

TITRE I.

DES MESURES SANITAIRES GÉNÉRALES.

CHAPITRE 1.

MESURES SANITAIRES GÉNÉRALES.

Article premier. — Dans toute commune, le maire est tenu, afin de protéger la santé publique, de déterminer, après avis du Conseil municipal et sous forme d'arrêtés municipaux portant règlement sanitaire :

1° Les précautions à prendre, en exécution de l'article 97 de la loi du 5 avril 1884[2], pour prévenir ou faire cesser les maladies transmissibles visées à l'article 4 de la présente loi, spécialement les mesures de désinfection ou même de destruction des objets à l'usage des malades ou qui ont été souillés par eux, et généralement des objets quelconques pouvant servir de véhicule à la contagion.

2° Les prescriptions destinées à assurer la salubrité des maisons et de leurs dépendances, des voies privées, closes ou non à leurs extrémités, des logements loués en garni et des autres agglomérations, qu'elle qu'en soit la nature, notamment les prescriptions relatives à l'alimentation en eau potable ou à l'évacuation des matières usées.

Art. 2. — Les règlements sanitaires communaux ne font pas obstacle aux droits conférés au préfet, par l'article 99 de la loi du 5 avril 1884[3].

---

1. Promulguée au *Journal officiel* du 19 février 1902.
2. Loi du 5 avril 1884, sur l'organisation municipale :

. . . .

Art. 97. — La police municipale a pour objet d'assurer le bon ordre, la sûreté et la salubrité publiques.

Elle comprend notamment :

. . . .

6° Le soin de prévenir, par des précautions convenables, et celui de faire cesser, par la distribution des secours nécessaires, les accidents et les fléaux calamiteux, tels que les incendies, les inondations, les maladies épidémiques ou contagieuses, les épizooties, en provoquant, s'il y a lieu, l'intervention de l'Administration supérieure.

3. Loi du 5 avril 1884 :

Art. 99. — Les pouvoirs qui appartiennent au maire, en vertu de l'article 91, ne font pas obstacle

Ils sont approuvés par le préfet, après avis du Conseil départemental d'hygiène.

Si, dans le délai d'un an à partir de la promulgation de la présente loi, une commune n'a pas de règlement sanitaire, il lui en sera imposé un, d'office, par un arrêté du préfet, le Conseil départemental d'hygiène entendu.

Dans le cas où plusieurs communes auraient fait connaître leur volonté de s'associer, conformément à la loi du 22 mars 1890[1], pour l'exécution des me-

---

au droit du Préfet de prendre, pour toutes les communes du département ou plusieurs d'entre elles, et dans tous les cas où il n'y aurait pas été pourvu par les autorités municipales, toutes mesures relatives au maintien de la salubrité, de la sûreté et de la tranquillité publiques.

Ce droit ne pourra être exercé par le Préfet à l'égard d'une seule commune qu'après une mise en demeure au maire restée sans résultat.

1. Loi du 22 mars 1890, sur les Syndicats de communes :

Article unique. — Il est ajouté à la loi du 5 avril 1884 un titre ainsi conçu :

TITRE VIII. — *Des Syndicats de Communes.*

Art. 169. — Lorsque les Conseils municipaux de deux ou de plusieurs communes d'un même département ou de départements limitrophes ont fait connaître, par des délibérations concordantes, leur volonté d'associer les communes qu'ils représentent en vue d'une œuvre d'utilité intercommunale et qu'ils ont décidé de consacrer à cette œuvre des ressources suffisantes, les délibérations prises sont transmises par le préfet au Ministre de l'Intérieur, et, s'il y a lieu, un décret rendu en Conseil d'État autorise la création de l'association, qui prend le nom de Syndicats de communes.

D'autres communes que celles primitivement associées peuvent être admises, avec le consentement de celles-ci, à faire partie de l'association.

Les délibérations prises à cet effet par les Conseils municipaux de ces communes et des communes déjà syndiquées sont approuvées par décret simple.

Art. 170. — Les Syndicats de communes sont des établissements publics investis de la personnalité civile.

Les lois et règlements concernant la tutelle des communes leur sont applicables.

Dans le cas où les communes syndiquées font partie de plusieurs départements, le Syndicat ressortit à la préfecture du département auquel appartient la commune, siège de l'association.

Art. 171. — Le Syndicat est administré par un comité. . . . .
. . . .
Art. 172. — La commune siège du Syndicat est fixée par le décret d'institution, sur la proposition des communes syndiquées.

Les règles de la comptabilité des communes s'appliquent à la comptabilité des syndicats. . . . .
. . . .
Art. 177. — Le budget du Syndicat pourvoit aux dépenses de création et d'entretien des établissements ou services pour lesquels le Syndicat est constitué.

Les recettes de ce budget comprennent :

1o La contribution des communes associées. Cette contribution est obligatoire pour lesdites communes pendant la durée de l'association et dans la limite des nécessités du service telle que les délibérations initiales des Conseils municipaux l'ont déterminée. Les communes associées pourront affecter à cette dépense leurs ressources ordinaires ou extraordinaires disponibles. Elles sont, en outre, autorisées à voter, à cet effet, cinq centimes spéciaux ;

2o Le revenu des biens, meubles ou immeubles, de l'association ;

3o Les sommes qu'elle reçoit des administrations publiques, des associations, des particuliers, en échange d'un service rendu ;

4o Les subventions de l'État, du département et des communes ;

5o Les produits des dons ou legs.

Copie de ce budget et des comptes du Syndicat sera adressée chaque année aux Conseils municipaux des communes syndiquées.

Les conseillers municipaux de ces communes pourront prendre communication des procès-verbaux des délibérations du Comité et de la Commission de surveillance.

Art. 178. — Le Syndicat peut organiser des services intercommunaux autres que ceux prévus au décret d'institution, lorsque les conseils municipaux des communes associées se sont mis d'accord pour ajouter ces services aux objets de l'association primitive. L'extension des attributions du Syndicat doit être autorisée par décret rendu dans la même forme que le décret d'institution. . . . . . .
. . . .
Art. 179. — Le Syndicat est formé soit à perpétuité, soit pour une durée déterminée par le décret d'institution. . . . .
. . . .

sures sanitaires, elles pourront adopter les mêmes règlements, qui leur seront rendus applicables suivant les formes prévues par ladite loi.

Art. 3. — En cas d'urgence, c'est-à-dire en cas d'épidémie ou d'un autre danger imminent pour la santé publique, le préfet peut ordonner l'exécution immédiate, tous droits réservés, des mesures prescrites par les règlements sanitaires prévus par l'article premier. L'urgence doit être constatée par un arrêté du maire et, à son défaut, par un arrêté du préfet, que cet arrêté spécial s'applique à une ou plusieurs personnes ou qu'il s'applique à tous les habitants de la commune.

Art. 4. — La liste des maladies auxquelles sont applicables les dispositions de la présente loi sera dressée, dans les six mois qui en suivront la promulgation, par un décret du Président de la République, rendu sur le rapport du Ministre de l'Intérieur, après avis de l'Académie de médecine et du Comité consultatif d'hygiène publique de France. Elle pourra être revisée dans la même forme.

Art. 5. — La déclaration à l'autorité publique de tout cas de l'une des maladies visées à l'article 4 est obligatoire pour tout docteur en médecine, officier de santé ou sage-femme qui en constate l'existence. Un arrêté du Ministre de l'Intérieur, après un avis de l'Académie de médecine et du Comité consultatif d'hygiène publique de France, fixe le mode de la déclaration.

Art. 6. — La vaccination antivariolique est obligatoire au cours de la première année de la vie, ainsi que la revaccination au cours de la onzième et de la vingt et unième année.

Les parents ou tuteurs sont tenus personnellement de l'exécution de ladite mesure.

Un règlement d'administration publique, rendu après avis de l'Académie de médecine et du Comité consultatif d'hygiène publique de France, fixera les mesures nécessitées par l'application du présent article.

Art. 7. — La désinfection est obligatoire pour tous les cas des maladies prévues à l'article 4 ; les procédés de désinfection devront être approuvés par le Ministre de l'Intérieur, après avis du Comité consultatif d'hygiène publique de France.

Les mesures de désinfection sont mises à exécution, dans les villes de 20,000 habitants et au-dessus, par les soins de l'autorité municipale, suivant des arrêtés du maire, approuvés par le préfet, et, dans les communes de moins de 20,000 habitants, par les soins d'un service départemental.

Les dispositions de la loi du 21 juillet 1856, et les décrets et arrêtés ultérieurs, pris conformément aux dispositions de ladite loi, sont applicables aux appareils de désinfection.

Un règlement d'administration publique, rendu après avis du Comité consultatif d'hygiène publique de France, déterminera les conditions que ces appareils doivent remplir au point de vue de l'efficacité des opérations à y effectuer.

Art. 8. — Lorsqu'une épidémie menace tout ou partie du territoire de la République ou s'y développe, et que les moyens de défense locaux sont reconnus insuffisants, un décret du Président de la République détermine, après avis du Comité consultatif d'hygiène publique de France, les mesures propres à empêcher la propagation de cette épidémie.

Il règle les attributions, la composition et le ressort des autorités et administrations chargées de l'exécution de ces mesures, et leur délègue, pour un temps déterminé, le pouvoir de les exécuter. Les frais d'exécution de ces mesures, en personnel et en matériel, sont à la charge de l'État.

Les décrets et actes administratifs qui prescrivent l'application de ces mesures sont exécutoires dans les vingt-quatre heures, à partir de leur publication au *Journal officiel.*

Art. 9. — Lorsque, pendant trois années consécutives, le nombre des décès dans une commune a dépassé le chiffre de la mortalité moyenne de la France, le préfet est tenu de charger le Conseil départemental d'hygiène de procéder, soit par lui-même, soit par la Commission sanitaire de la circonscription, à une enquête sur les conditions sanitaires de la commune.

Si cette enquête établit que l'état sanitaire de la commune nécessite des travaux d'assainissement, notamment qu'elle n'est pas pourvue d'eau potable de bonne qualité, en quantité suffisante, ou bien que les eaux usées y restent stagnantes, le préfet, après une mise en demeure à la commune non suivie d'effet, invite le Conseil départemental d'hygiène à délibérer sur l'utilité et la nature des travaux jugés nécessaires. Le maire est mis en demeure de présenter ses observations devant le Conseil départemental d'hygiène.

En cas d'avis du Conseil départemental d'hygiène contraire à l'exécution des travaux ou de réclamation de la part de la commune, le préfet transmet la délibération du Conseil au Ministre de l'Intérieur, qui, s'il le juge à propos, soumet la question au Comité consultatif d'hygiène publique de France. Celui-ci procède à une enquête dont les résultats sont affichés dans la commune.

Sur les avis du Conseil départemental d'hygiène et du Comité consultatif d'hygiène publique, le préfet met la commune en demeure de dresser le projet et de procéder aux travaux.

Si, dans le mois qui suit cette mise en demeure, le Conseil municipal ne s'est pas engagé à y déférer, ou si, dans trois mois, il n'a pris aucune mesure en vue de l'exécution des travaux, un décret du Président de la République, rendu en Conseil d'État, ordonne ces travaux, dont il détermine les conditions d'exécution. La dépense ne pourra être mise à la charge de la commune que par une loi.

Le Conseil général statue, dans les conditions prévues par l'article 46 de la loi du 10 août 1871 [1], sur la participation du département aux dépenses des travaux ci-dessus spécifiés.

Art. 10. — Le décret déclarant d'utilité publique le captage d'une source pour le service d'une commune déterminera s'il y a lieu, en même temps que les terrains à acquérir en pleine propriété, un périmètre de protection contre la pollution de ladite source.

Il est interdit d'épandre sur les terrains compris dans ce périmètre des engrais humains et d'y forer des puits sans l'autorisation du préfet. L'indemnité qui pourra être due au propriétaire de ces terrains sera déterminée suivant les formes de la loi du 3 mai 1841 sur l'expropriation pour cause d'utilité publique, comme pour les héritages acquis en pleine propriété.

---

1. C'est-à-dire que cet objet est un de ceux sur lesquels le Conseil général statue définitivement. « Les délibérations par lesquelles le Conseil général statue définitivement sont exécutoires si, dans le délai de vingt jours à partir de la clôture de la session, le préfet n'en a pas demandé l'annulation pour excès de pouvoir ou pour violation d'une disposition de la loi ou d'un règlement d'administration publique. » (Art. 47 de la loi du 10 août 1871.)

Ces dispositions sont applicables aux puits ou galeries fournissant de l'eau potable empruntée à une nappe souterraine.

Le droit à l'usage d'une source d'eau potable implique, pour la commune qui le possède, le droit de curer cette source, de la couvrir et de la garantir contre toutes les causes de pollution, mais non celui d'en dévier le cours par des tuyaux ou rigoles.

Un règlement d'administration publique déterminera, s'il y a lieu, les conditions dans lesquelles le droit à l'usage pourra s'exercer.

L'acquisition de tout ou partie d'une source d'eau potable par la commune dans laquelle elle est située peut être déclarée d'utilité publique par arrêté préfectoral, quand le débit à acquérir ne dépasse pas deux litres par seconde.

Cet arrêté est pris sur la demande du Conseil municipal et l'avis du Conseil d'hygiène du département. Il doit être précédé de l'enquête prévue par l'ordonnance du 23 août 1835. L'indemnité d'expropriation est réglée dans les formes prescrites par l'article 16 de la loi du 21 mai 1836 [1].

CHAPITRE II.

Dans les agglomérations de 20,000 habitants et au-dessus, aucune habitation ne peut être construite sans un permis du maire constatant que, dans le projet qui lui a été soumis, les conditions de salubrité prescrites par le règlement sanitaire, prévu à l'article 1er, sont observées.

A défaut par le maire de statuer dans le délai de vingt jours, à partir du dépôt à la mairie de la demande de construire, dont il sera délivré récépissé, le propriétaire pourra se considérer comme autorisé à commencer les travaux.

L'autorisation de construire peut être donnée par le préfet en cas de refus du maire.

Si l'autorisation n'a pas été demandée ou si les prescriptions du règlement sanitaire n'ont pas été observées, il est dressé procès-verbal. En cas d'inexécution de ces prescriptions, il est procédé conformément aux dispositions de l'article suivant.

Art. 12. — Lorsqu'un immeuble, bâti ou non, attenant ou non à la voie publique, est dangereux pour la santé des occupants ou des voisins, le maire ou, à son défaut, le préfet, invite la Commission sanitaire prévue par l'article 20 de la présente loi à donner son avis :

1º Sur l'utilité et la nature des travaux ;

2º Sur l'interdiction d'habitation de tout ou partie de l'immeuble jusqu'à ce que les conditions d'insalubrité aient disparu.

Le rapport du maire est déposé au secrétariat de la mairie à la disposition des intéressés.

Les propriétaires, usufruitiers ou usagers sont avisés, au moins quinze jours d'avance, à la diligence du maire et par lettre recommandée, de la réunion de la Commission sanitaire, et ils produisent, dans ce délai, leurs observations.

Ils doivent, s'ils en font la demande, être entendus par la Commission, en

---

1. Il s'agit ici des formes très simplifiées adoptées en matière vicinale.

personne ou par mandataire, et ils sont appelés aux visites et constatations de lieux.

En cas d'avis contraire aux propositions du maire, cet avis est transmis au préfet, qui saisit, s'il y a lieu, le Conseil départemental d'hygiène.

Le préfet avise les intéressés, quinze jours au moins d'avance, par lettre recommandée, de la réunion du Conseil départemental d'hygiène et les invite à produire leurs observations dans ce délai. Ils peuvent prendre communication de l'avis de la Commission sanitaire, déposé à la préfecture, et se présenter, en personne ou par mandataire, devant le Conseil; ils sont appelés aux visites et constatations de lieux.

L'avis de la Commission sanitaire ou celui du Conseil d'hygiène fixe le délai dans lequel les travaux doivent être exécutés ou dans lequel l'immeuble cessera d'être habité en totalité ou en partie. Ce délai ne commence à courir qu'à partir de l'expiration du délai de recours ouvert aux intéressés par l'article 13 ci-après, ou de la notification de la décision définitive intervenue sur le recours.

Dans le cas où l'avis de la Commission n'a pas été contesté par le maire, ou, s'il a été contesté, après notification par le préfet de l'avis du Conseil départemental d'hygiène, le maire prend un arrêté ordonnant les travaux nécessaires ou portant interdiction d'habiter, et il met le propriétaire en demeure de s'y conformer dans le délai fixé.

L'arrêté portant interdiction d'habiter devra être revêtu de l'approbation du préfet.

Art. 13. — Un recours est ouvert aux intéressés contre l'arrêté du maire devant le Conseil de préfecture, dans le délai d'un mois à dater de la notification de l'arrêté. Ce recours est suspensif.

Art. 14. — A défaut de recours contre l'arrêté du maire ou si l'arrêté a été maintenu, les intéressés qui n'ont pas exécuté, dans le délai imparti, les travaux jugés nécessaires, sont traduits devant le tribunal de simple police, qui autorise le maire à faire exécuter les travaux d'office, à leurs frais, sans préjudice de l'application de l'article 471, § 15, du Code pénal[1].

En cas d'interdiction d'habitation, s'il n'y a pas été fait droit, les intéressés sont passibles d'une amende de 16 francs à 500 francs, et traduits devant le tribunal correctionnel, qui autorise le maire à faire expulser, à leurs frais, les occupants de l'immeuble.

Art. 15. — La dépense résultant de l'exécution des travaux est garantie par un privilège sur les revenus de l'immeuble, qui prend rang après les privilèges énoncés aux articles 2101 et 2103 du Code civil.

Art. 16. — Toutes ouvertures pratiquées pour l'exécution des mesures d'assainissement, prescrites en vertu de la présente loi, sont exemptes de la contribution des portes et fenêtres, pendant cinq années consécutives, à partir de l'achèvement des travaux.

Art. 17. — Lorsque, par suite de l'exécution de la présente loi, il y aura lieu

---

1. Code pénal, art. 471. — Seront punis d'amende, depuis 1 fr. jusqu'à 5 fr. inclusivement :

1° . . . .

15° Ceux qui auront contrevenu aux règlements légalement faits par l'autorité administrative, et ceux qui ne se seront pas conformés aux règlements ou arrêtés publiés par l'autorité municipale, en vertu des articles 3 et 4, titre XI de la loi du 16-24 août 1790 et de l'article 46, titre 1er de la loi du 19-22 juillet 1791.

à la résiliation des baux, cette résiliation n'emportera, en faveur des locataires, aucuns dommages et intérêts.

Art. 18. — Lorsque l'insalubrité est le résultat de causes extérieures et permanentes, ou lorsque les causes d'insalubrité ne peuvent être détruites que par des travaux d'ensemble, la commune peut acquérir, suivant les formes et après l'accomplissement des formalités prescrites par la loi du 3 mai 1841, la totalité des propriétés comprises dans le périmètre des travaux.

Les portions de ces propriétés qui, après assainissement opéré, resteraient en dehors des alignements arrêtés par les nouvelles constructions, pourront être revendues aux enchères publiques, sans que les anciens propriétaires ou leurs ayants droit puissent demander l'application des articles 60 et 61 de la loi du 3 mai 1841, si les parties restantes ne sont pas d'une étendue ou d'une forme qui permette d'y élever des constructions salubres.

TITRE II.

DE L'ADMINISTRATION SANITAIRE.

Art. 19. — Si le préfet, pour assurer l'exécution de la présente loi, estime qu'il y a lieu d'organiser un service de contrôle et d'inspection, il ne peut y être procédé qu'en suite d'une délibération du Conseil général réglementant les détails et le budget du service.

Dans les villes de 20,000 habitants et au-dessus, et dans les communes d'au moins 2,000 habitants, qui sont le siège d'un établissement thermal, il sera institué, sous le nom de bureau d'hygiène, un service municipal chargé, sous l'autorité du maire, de l'application des dispositions de la présente loi.

Art. 20. — Dans chaque département, le Conseil général, après avis du Conseil d'hygiène départemental, délibère, dans les conditions prévues par l'article 48, § 5, de la loi du 10 août 1871 sur l'organisation du service de l'hygiène publique dans le département, notamment sur la division du département en circonscriptions sanitaires et pourvues chacune d'une Commission sanitaire, sur la composition, le mode de fonctionnement, la publication des travaux et les dépenses du Conseil départemental et des Commissions sanitaires.

A défaut par le Conseil général de statuer, il y sera pourvu par un décret en forme de règlement d'administration publique.

Le Conseil d'hygiène départemental se composera de dix membres au moins et de quinze au plus. Il comprendra nécessairement deux conseillers généraux, élus par leurs collègues, trois médecins, dont un de l'armée de terre ou de mer, un pharmacien, l'ingénieur en chef, un architecte et un vétérinaire.

Le préfet présidera le Conseil, qui nommera dans son sein, pour deux ans, un vice-président et un secrétaire chargé de rédiger les délibérations du Conseil.

Chaque Commission sanitaire de circonscription sera composée de cinq membres au moins et de sept au plus, pris dans la circonscription. Elle comprendra nécessairement un conseiller général, élu par ses collègues, un médecin, un architecte ou tout autre homme de l'art et un vétérinaire.

Le sous-préfet présidera la Commission, qui nommera dans son sein, pour deux ans, un vice-président et un secrétaire chargé de rédiger les délibérations de la Commission.

Les membres des Conseils d'hygiène et ceux des Commissions sanitaires, à l'exception des conseillers généraux qui sont élus par leurs collègues, sont nommés par le préfet pour quatre ans et renouvelés par moitié tous les deux ans ; les membres sortants peuvent être renommés.

Les Conseils départementaux d'hygiène et les Commissions sanitaires ne peuvent donner leur avis sur les objets qui leur sont soumis en vertu de la présente loi que si les deux tiers au moins de leurs membres sont présents. Ils peuvent recourir à toutes mesures d'instruction qu'ils jugent convenables.

Art. 21. — Les Conseils d'hygiène départementaux et les Commissions sanitaires doivent être consultés sur les objets énumérés à l'article 9 du décret du 18 décembre 1848[1] sur l'alimentation en eau potable des agglomérations, sur la statistique démographique et la géographie médicale, sur les règlements sanitaires communaux et généralement sur toutes les questions intéressant la santé publique, dans les limites de leurs circonscriptions respectives.

Art. 22. (Loi du 7 avril 1903[2].) — Le préfet de la Seine a dans ses attributions, à Paris :

1º Tout ce qui concerne la salubrité des habitations et de leurs dépendances, sauf celle des logements loués en garni ;

2º La salubrité des voies privées closes ou non à leurs extrémités ;

3º Le captage et la distribution des eaux ;

4º La désinfection, la vaccination et le transport des malades.

---

1. Arrêté du Président du Conseil des Ministres, chargé du pouvoir exécutif, du 18 décembre 1848, sur l'organisation des Conseils d'hygiène publique et de salubrité.

Art. 9. — Les Conseils d'hygiène d'arrondissement sont chargés de l'examen des questions relatives à l'hygiène publique de l'arrondissement qui leur seront renvoyées par le Préfet ou le Sous-Préfet. Ils peuvent être spécialement consultés sur les objets suivants : .

1º L'assainissement des localités et des habitations ;

2º Les mesures à prendre pour prévenir et combattre les maladies endémiques, épidémiques et transmissibles ;

3º Les épizooties et les maladies des animaux ;

4º La propagation de la vaccine ;

5º L'organisation et la distribution des secours médicaux aux malades indigents ;

6º Les moyens d'améliorer les conditions sanitaires des populations industrielles et agricoles ;

7º La salubrité des ateliers, écoles, hôpitaux, maisons d'aliénés, établissements de bienfaisance, casernes, arsenaux, prisons, dépôts de mendicité, asiles, etc. ;

8º Les questions relatives aux enfants trouvés ;

9º La qualité des aliments, boissons, condiments et médicaments livrés au commerce ;

10º L'amélioration des établissements d'eaux minérales appartenant à l'Etat, aux départements, aux communes et aux particuliers, et les moyens d'en rendre l'usage accessible aux malades pauvres ;

11º Les demandes en autorisation, translation ou révocation des établissements dangereux, insalubres ou incommodes ;

12º Les grands travaux d'utilité publique, constructions d'édifices, écoles, prisons, casernes, ports, canaux, réservoirs, fontaines, halles, établissement des marchés, routoirs, égouts, cimetières ; la voirie, etc., sous le rapport de l'hygiène publique.

2. Loi du 7 avril 1903 (promulguée au *Journal officiel* du 9 avril).

Article unique. — Les articles 22, 23 et 24 de la loi du 15 février 1902 sont modifiés ainsi qu'il suit.

Les nouveaux articles sont substitués dans le texte ci-dessus à ceux qui figuraient dans la loi du 15 février 1902.

Pour la désinfection et le transport des malades, il donnera suite aux demandes qui lui seraient adressées par le préfet de police.

Il nomme une Commission des logements insalubres, composée de trente membres, dont quinze sur la désignation du Conseil municipal de Paris. La durée de leur mandat est de six ans avec renouvellement par tiers tous les deux ans. A chacun de ces renouvellements, le préfet nomme dix membres, dont cinq sur la désignation du Conseil municipal.

Cette Commission exerce, pour toute l'étendue de la ville de Paris et dans les limites des attributions conférées au préfet de la Seine, les pouvoirs donnés aux Commissions sanitaires de la circonscription par la présente loi ; elle est présidée par le préfet de la Seine ou son délégué.

Art. 23. (Loi du 7 avril 1903.) — Le préfet de police a dans ses attributions, à Paris :

1º La surveillance, au point de vue sanitaire, des logements loués en garni ;

2º Les précautions à prendre pour prévenir ou faire cesser les maladies transmissibles visées par l'article 4 de la loi, spécialement la réception des déclarations ;

3º Les contraventions relatives à l'obligation de la vaccination et de la revaccination. Il continuera à assurer la protection des enfants du premier âge, la police sanitaire des animaux, la police de la médecine et de la pharmacie, l'application des lois et règlements concernant la vente et la mise en vente de denrées alimentaires falsifiées ou corrompues, le fonctionnement du laboratoire municipal de chimie, la réglementation des établissements classés comme dangereux, insalubres ou incommodes, tant à Paris que dans les communes du département de la Seine.

Art. 24. (Loi du 7 avril 1903.) — Le préfet de la Seine et le préfet de police sont assistés, chacun dans la limite de ses attributions sanitaires et sous sa présidence, par le Conseil d'hygiène publique et de salubrité de la Seine, dont la composition est fixée comme il suit :

Le préfet de la Seine et le préfet de police, présidents ;

Deux vice-présidents, pris en dehors des membres de droit, nommés annuellement sur la présentation du Conseil d'hygiène, et deux secrétaires administratifs ;

Dix-neuf membres à raison de leurs fonctions : le doyen, le professeur d'hygiène et le professeur de médecine légale de la Faculté de médecine de Paris ; le directeur de l'École supérieure de pharmacie de Paris ; le président du Comité technique de santé des armées ; le directeur du Service de santé du gouvernement militaire de Paris ; le secrétaire général de la préfecture de la Seine ; l'inspecteur général de l'assainissement et de la salubrité de l'habitation chargé des services techniques du bureau d'hygiène de la ville de Paris ; le directeur des affaires départementales ; le directeur administratif des services municipaux d'architecture ; l'ingénieur en chef du service des eaux et de l'assainissement ; l'ingénieur en chef des ponts et chaussées chargé du service ordinaire du département ; le secrétaire général de la préfecture de police ; l'ingénieur en chef des mines chargé du service des appareils à vapeur de la Seine ; le chef de la 2me division de la préfecture de police ; l'architecte en chef de la préfecture de police ; le chef du service vétérinaire de la Seine ; le chef du bureau de l'hygiène de la préfecture de police ; l'inspecteur divisionnaire du travail ;

Vingt-quatre membres titulaires nommés par le Ministre de l'Intérieur, sur la présentation du Conseil d'hygiène ;

Trois membres du Conseil général de la Seine et trois membres du Conseil municipal de Paris, élus par leurs collègues ;

Six membres choisis par le Ministre de l'Intérieur, soit parmi les représentants de la Seine, dans les différentes assemblées électives, soit parmi les personnes qualifiées par leur compétence.

Le Conseil d'hygiène et de salubrité de la Seine remplira les attributions données aux Conseils départementaux d'hygiène par la présente loi.

Les Commissions d'hygiène des arrondissements de Paris continueront à exercer leurs fonctions sous l'autorité et dans les limites des attributions conférées par la présente loi au préfet de police.

Les Conseils ou Commissions d'hygiène, dans le département de la Seine, en dehors de Paris, exercent les pouvoirs donnés aux Commissions sanitaires de circonscription par la présente loi, sous l'autorité soit du préfet de la Seine, soit du préfet de police, suivant qu'elles ont à traiter d'affaires ressortissant à l'une ou à l'autre de leurs administrations.

Les maires des communes autres que Paris exercent les attributions sanitaires sous l'autorité soit du préfet de la Seine, soit du préfet de police, suivant les distinctions faites dans les deux articles précédents.

Le préfet de police continuera à appliquer, dans les communes du département de la Seine, autres que Paris, les attributions de police sanitaire dont il est actuellement investi.

Art. 25. — Le Comité consultatif d'hygiène publique de France délibère sur toutes les questions intéressant l'hygiène publique, l'exercice de la médecine et de la pharmacie, les conditions d'exploitation ou de vente des eaux minérales, sur lesquelles il est consulté par le Gouvernement.

Il est nécessairement consulté sur les travaux publics d'assainissement ou d'amenée d'eau d'alimentation des villes de plus de 5,ooo habitants, et sur le classement des établissements insalubres, dangereux ou incommodes.

Il est spécialement chargé du contrôle de la surveillance des eaux captées en dehors des limites de leur département respectif, pour l'alimentation des villes.

Le Comité consultatif d'hygiène publique de France est composé de quarante-cinq membres.

Sont membres de droit : le directeur de l'Assistance et de l'Hygiène publiques au ministère de l'Intérieur; l'inspecteur général des Services sanitaires; l'inspecteur général adjoint des Services sanitaires; l'architecte inspecteur des Services sanitaires ; le directeur de l'Administration départementale et communale au ministère de l'Intérieur; le directeur des Consulats et des Affaires commerciales au ministère des Affaires étrangères ; le directeur général des Douanes; le directeur des Chemins de fer au ministère des Travaux publics; le directeur du Travail au ministère du Commerce, des Postes et des Télégraphes ; le directeur de l'Enseignement primaire au ministère de l'Instruction publique ; le président du Comité technique de santé de l'armée ; le directeur du Service de santé de l'armée ; le président du Conseil supérieur de santé de la marine ; le président du Conseil supérieur de santé au ministère des Colonies ; le directeur des Domaines au ministère des Finances ; le doyen de la Faculté de médecine de Paris ; le directeur de l'École de pharmacie de Paris, le président de la Chambre de commerce de Paris ; le directeur de l'Administration générale de l'Assistance publique à Paris ; le vice-président du Conseil d'hygiène et de salubrité du département de la Seine ; l'inspecteur général du Service d'assainissement de l'habitation de la préfecture de la Seine ; le vice-président du Conseil de surveillance de l'Assistance publique de Paris ; l'inspecteur général des Écoles vétérinaires ; le directeur de la carte géologique de France.

Six membres seront nommés par le Ministre sur une triple liste de présentation dressée par l'Académie des sciences, l'Académie de médecine, le Conseil d'État, la Cour de cassation, le Conseil supérieur du Travail, le Conseil supérieur de l'Assistance publique de France.

Quinze membres seront désignés par le Ministre parmi les médecins, hygiénistes, ingénieurs, chimistes, légistes, etc...

Un décret d'Administration publique réglementera le fonctionnement du Comité consultatif d'hygiène publique en France, la nomination des auditeurs et la constitution d'une section permanente.

TITRE III.

DÉPENSES.

Art. 26. — Les dépenses rendues nécessaires par la présente loi, notamment celles causées par la destruction des objets mobiliers, sont obligatoires.

En cas de contestation sur leur nécessité, il est statué par décret rendu en Conseil d'État.

Ces dépenses seront réparties entre les communes, les départements et l'État, suivant les règles fixées par les articles 27, 28 et 29 de la loi du 15 juillet 1893 [1].

Toutefois, les dépenses d'organisation du service de la désinfection dans les villes de 20,000 habitants et au-dessus sont supportées par les villes et par l'État, dans les proportions établies au barème du tableau A annexé à la loi du 15 juillet 1893. Les dépenses d'organisation du service départemental de la désinfection sont supportées par les départements et par l'État, dans les proportions établies au barème du tableau B.

Des taxes seront établies par un règlement d'administration publique pour le remboursement des dépenses relatives à ce service.

À défaut, par les villes et les départements, d'organiser les services de la désinfection et les bureaux d'hygiène, et d'en assurer le fonctionnement dans l'année qui suivra la mise à exécution de la présente loi, il y sera pourvu par des décrets en forme de règlements d'administration publique.

---

1. Voir le texte de ces articles et les barèmes annexés à la loi du 15 juillet 1893, *Annexes*.

TITRE IV.

PÉNALITÉ.

Art. 27. — Sera puni des peines portées à l'article 471 du Code pénal[1], quiconque, en dehors des cas prévus par l'article 21 de la loi du 30 novembre 1892[2], aura commis une contravention aux prescriptions des règlements sanitaires prévus aux articles 1 et 2, ainsi qu'à celles des articles 5, 6, 7, 8 et 14.

Celui qui aura construit une habitation sans le permis du Maire sera puni d'une amende de 16 à 500 francs.

Art. 28. — Quiconque, par négligence ou incurie, dégradera des ouvrages publics ou communaux destinés à recevoir ou à conduire des eaux d'alimentation; quiconque, par négligence ou incurie, laissera introduire des matières excrémentitielles, ou toute autre matière susceptible de nuire à la salubrité, dans l'eau des sources, des fontaines, des puits, citernes, conduites, aqueducs, réservoirs d'eau servant à l'alimentation publique, sera puni des peines portées aux articles 479 et 480 du Code pénal[3].

Est interdit, sous les mêmes peines, l'abandon de cadavres d'animaux, de débris de boucherie, fumier, matières fécales, et en général de résidus animaux putrescibles dans les failles, gouffres, bétoires ou excavations de toute nature autres que les fosses nécessaires au fonctionnement d'établissements classés.

Tout acte volontaire de même nature sera puni des peines portées à l'article 257 du Code pénal[4].

Art. 29. — Seront punis d'une amende de 100 à 500 francs et, en cas de récidive, de 500 francs à 1,000 francs, tous ceux qui auront mis obstacle à l'accomplissement des devoirs des maires et des membres délégués des Commissions sanitaires en ce qui touche l'application de la présente loi.

Art. 30. — L'article 463 du Code pénal[5] est applicable dans tous les cas

1. Voir ci-dessus sous l'article 14.

2. Loi du 30 novembre 1892 sur l'exercice de la médecine.

. . . .

Art. 21. — Le docteur en médecine ou l'officier de santé qui n'aurait pas fait la déclaration prescrite par l'article 15 sera puni d'une amende de 50 à 200 francs.

3. Code pénal, article 479. — Seront punis d'une amende de 11 à 15 francs inclusivement : 1° ceux qui. . . . .

Article 480. — Pourra, selon les circonstances, être prononcée la peine de l'emprisonnement pendant cinq jours au plus :

1° Contre ceux qui. . . . .

4. Code pénal, article 257. — Quiconque aura détruit, abattu, mutilé ou dégradé des monuments, statues et autres objets destinés à l'utilité ou à la décoration publique, et élevés par l'autorité publique ou avec son autorisation, sera puni d'un emprisonnement d'un mois à deux ans et d'une amende de 100 à 500 francs.

5. Code pénal, article 463 :

Dans tous les cas où la peine de l'emprisonnement et celle de l'amende sont prononcées par le Code pénal, si les circonstances paraissent atténuantes, les tribunaux correctionnels sont autorisés, même en cas de récidive, à réduire l'emprisonnement même au-dessous de six jours et l'amende même au-dessous de 16 francs; ils pourront aussi prononcer séparément l'une ou l'autre de ces peines, et même prévus par la présente loi. Il est également applicable aux infractions punies des peines correctionnelles par la loi du 3 mars 1822.

TITRE V.

DISPOSITIONS DIVERSES.

Art. 31. — La loi du 13 avril 1850 est abrogée, ainsi que toutes les dispositions et lois antérieures contraires à la présente loi.

Les Conseils départementaux d'hygiène et les Conseils d'hygiène d'arrondissement actuellement existants continueront à fonctionner jusqu'à leur remplacement par les Conseils départementaux d'hygiène et les Commissions sanitaires de circonscriptions organisées en exécution de la présente loi.

Art. 32. — La présente loi n'est pas applicable aux ateliers et manufactures.

Art. 33. — Des règlements d'administration publique détermineront les conditions d'organisation et de fonctionnement des bureaux d'hygiène et du service de désinfection, ainsi que les conditions d'application de la présente loi à l'Algérie et aux colonies de la Martinique, de la Guadeloupe et de la Réunion.

Art. 34. — La présente loi ne sera exécutoire qu'un an après sa promulgation.

La présente loi, délibérée et adoptée par le Sénat et par la Chambre des députés, sera exécutée comme loi de l'État.

Fait à Paris, le 15 février 1902.

ÉMILE LOUBET.

Le Président du Conseil,
Ministre de l'Intérieur et des Cultes,

WALDECK-ROUSSEAU.

---

substituer l'amende à l'emprisonnement, sans qu'en aucun cas elle puisse être au-dessous des peines de simple police.

Dans le cas où l'amende est substituée à l'emprisonnement, si la peine de l'emprisonnement est seule prononcée par l'article dont il est fait application, le maximum de cette amende sera de 3,000 francs.

DÉCRET DU 10 FÉVRIER 1903

Publié au « Journal officiel » le 20 février 1903, portant désignation des maladies auxquelles sont applicables, en vertu de l'article 4, les dispositions de la loi du 15 février 1902.

Le Président de la République Française,

Sur le rapport du Président du Conseil, Ministre de l'Intérieur et des Cultes;

Vu la loi du 15 février 1902 relative à la protection de la santé publique, notamment l'article 4 déterminant les conditions dans lesquelles doit être établie la liste des maladies auxquelles sont applicables les dispositions de ladite loi, l'article 5 relatif à la déclaration de ces maladies et l'article 7 prescrivant la désinfection;

Vu les avis du Comité Consultatif d'hygiène publique de France et de l'Académie de médecine,

Décrète :

Article premier. — La liste des maladies auxquelles sont applicables les dispositions de la loi du 15 février 1902 est fixée ainsi qu'il suit, en vertu des articles 4, 5 et 7 de ladite loi.

Première partie : *Maladies pour lesquelles la déclaration et la désinfection sont obligatoires :*

1º La fièvre typhoïde;
2º Le typhus exanthématique;
3º La variole et la varioloïde;
4º La scarlatine;
5º La rougeole;
6º La diphtérie;
7º La suette miliaire;
8º Le choléra et les maladies cholériformes;
9º La peste;
10º La fièvre jaune;
11º La dysenterie;
12º Les infections puerpérales et l'ophtalmie des nouveau-nés, lorsque le secret de l'accouchement n'a pas été réclamé;
13º La méningite cérébro-spinale épidémique.

Deuxième partie : *Maladies pour lesquelles la déclaration
est facultative :*

14° La tuberculose pulmonaire ;
15° La coqueluche ;
16° La grippe ;
17° La pneumonie et la broncho-pneumonie.
18° L'érysipèle ;
19° Les oreillons ;
20° La lèpre ;
21° La teigne ;
22° La conjonctivite purulente et l'ophtalmie granuleuse.

Art. 2. — Pour les maladies mentionnées dans la deuxième partie de la liste ci-dessus, il est procédé à la désinfection après entente avec les intéressés, soit sur la déclaration des praticiens visés à l'article 5 de la loi du 15 février 1902, soit à la demande des familles, des chefs de collectivités publiques ou privées, des administrations hospitalières ou des bureaux d'assistance, sans préjudice de toutes autres mesures prophylactiques déterminées par le règlement sanitaire prévu à l'article 1er de ladite loi.

Art. 3. — Le Président du Conseil, Ministre de l'Intérieur et des Cultes, est chargé de l'exécution du présent décret.

Fait à Paris, le 10 février 1903.

Émile LOUBET.

Par le Président de la République :

*Le Président du Conseil,
Ministre de l'Intérieur et des Cultes,*

E. COMBES.

ARRÊTÉ MINISTÉRIEL DU 10 FÉVRIER 1903

Relatif au mode de déclaration des maladies visées par l'article 4 de la loi du 15 février 1902. Décret publié au « Journal officiel » le 20 février 1903.

Le Président du Conseil, Ministre de l'Intérieur et des Cultes,

Vu la loi du 15 février 1902 relative à la protection de la santé publique et notamment son article 5 ainsi conçu :

« La déclaration à l'autorité publique de tout cas de l'une des maladies visées « à l'article 4 est obligatoire pour tout docteur en médecine, officier de santé « ou sage-femme qui en constate l'existence. Un arrêté du Ministre de l'Inté-« rieur, après un avis de l'Académie de médecine et du Comité consultatif « d'hygiène publique de France, fixe le mode de la déclaration. »

Vu l'article 27 de la loi susvisée et l'article 21 de la loi du 30 novembre 1892;

Vu les avis de l'Académie de médecine et du Comité consultatif d'hygiène publique de France;

Sur la proposition du Conseiller d'État, Directeur de l'Assistance et de l'Hygiène publiques,

Arrête :

Article premier. — L'autorité publique, chargée aux termes de l'article 5 de la loi du 15 février 1902 de recevoir la déclaration des cas des maladies déterminées en vertu de l'article 4 de ladite loi, est représentée par le Maire et par le Préfet ou Sous-Préfet dans chaque arrondissement.

Les praticiens mentionnés dans l'article 5 précité sont tenus de faire simultanément leur déclaration à l'un et à l'autre dès qu'ils ont constaté l'existence de la maladie. A Paris, la déclaration est faite au Préfet de police.

Art. 2. — La déclaration se fait à l'aide de cartes-lettres détachées d'un carnet à souches, qui portent nécessairement la date de la déclaration, l'indication du malade et de l'habitation contaminée, la nature de la maladie désignée par un numéro d'ordre suivant la nomenclature inscrite à la première page du carnet.

Elles peuvent contenir en outre l'indication des mesures prophylactiques jugées utiles.

Les carnets sont mis gratuitement à la disposition de tous les docteurs en médecine, officiers de santé et sages-femmes.

Art. 3. — Il est tenu dans chaque arrondissement, par le Préfet ou le Sous-Préfet, un registre spécial où sont inscrits, par ordre chronologique, les cas de maladie, la date de la déclaration, la désignation des endroits où ils se sont produits et le nom du déclarant.

Ce registre est établi de telle sorte que chaque commune de l'arrondissement soit représentée par un ou plusieurs feuillets permettant de suivre le développement d'une épidémie et de se rendre compte à toute époque de l'état sanitaire d'une commune ou d'une ville.

A la fin de chaque mois, le registre est récapitulé sur un état transmis au Ministère de l'Intérieur.

Art. 4. — L'arrêté ministériel du 23 novembre 1893 est rapporté.

Art. 5. — Le Conseiller d'État, Directeur de l'Assistance et de l'Hygiène publiques, est chargé de l'exécution du présent arrêté.

Fait à Paris, le 10 février 1903.

E. COMBES.

DÉSINFECTION.

(ARTICLE 7 DE LA LOI DU 15 FÉVRIER 1902.)

I. — Décret du 7 mars 1903, publié au « Journal officiel » le 12 mars 1903, portant règlement d'administration publique, sur les appareils à désinfection.

Le Président de la République Française,

Sur le rapport du Président du Conseil, Ministre de l'Intérieur et des Cultes ;

Vu les deux derniers paragraphes de l'article 7 de la loi du 15 février 1902, ainsi conçus :

« Les dispositions de la loi du 21 juillet 1856 et des décrets et arrêtés ultérieurs, pris conformément aux dispositions de la dite loi, sont applicables aux appareils de désinfection.

« Un règlement d'administration publique, rendu après avis du Comité consultatif d'hygiène publique de France, déterminera les conditions que ces appareils doivent remplir au point de vue de l'efficacité des opérations à y effectuer. »

Vu l'avis du Comité consultatif d'hygiène publique de France,

Le Conseil d'Etat entendu,

Décrète :

Article 1er. — Les appareils destinés à la désinfection, déclarée obligatoire par le paragraphe premier de l'article 7 de la loi du 15 février 1902, sont soumis, au point de vue de la vérification de leur efficacité, aux dispositions du présent règlement.

Art. 2. — Aucun appareil ne peut être employé à cette désinfection avant d'avoir été l'objet d'un certificat de vérification délivré par le Ministre de l'Intérieur, après avis du Comité consultatif d'hygiène publique de France.

Les appareils conformes à un type déjà vérifié ne peuvent être mis en service qu'après délivrance par le préfet, sur le rapport de la commission sanitaire de la circonscription, d'un procès-verbal de conformité.

Ils doivent porter une lettre de série correspondant au type auquel ils appartiennent et un numéro d'ordre dans cette série.

Art. 3. — La demande de vérification est accompagnée des plans de l'appareil, de sa description et d'une notice détaillée faisant connaître sa destination et son mode de fonctionnement.

Le Ministre de l'Intérieur adresse la demande et les pièces annexées au Comité consultatif d'hygiène publique de France.

Art. 4. — La section compétente du Comité fait procéder, en présence du demandeur ou de son représentant, aux expériences nécessaires pour vérifier l'efficacité de l'appareil.

Si l'appareil se trouve hors de Paris, la section compétente peut désigner, pour procéder aux expériences, un ou plusieurs délégués choisis parmi les membres du conseil d'hygiène départemental ou des commissions sanitaires du département.

Les procès-verbaux des expériences sont communiqués aux intéressés ; ceux-ci ont un délai de quinze jours pour adresser leurs observations au Président du Comité.

Après l'expiration de ce délai, la section compétente émet son avis. Cet avis est transmis, avec les procès-verbaux des expériences, au Ministre de l'Intérieur, qui statue.

Art. 5. — La décision du Ministre est notifiée à l'intéressé, qui, si elle est défavorable, a un délai de deux mois à partir de cette notification pour réclamer une nouvelle vérification de son appareil.

Art. 6. — Il est procédé à cette nouvelle vérification par le Comité en assemblée générale. Le Président désigne un nouveau rapporteur, et, dans le cas du deuxième paragraphe de l'article 4, un ou plusieurs nouveaux délégués. La procédure est celle qui est prévue à l'article 4, la section compétente étant remplacée par l'assemblée générale du Comité.

La décision du Ministre est notifiée à l'intéressé.

Art. 7. — En cas de décision favorable, le certificat de vérification délivré par le Ministre de l'Intérieur est accompagné des pièces visées au paragraphe premier de l'article 3.

Art. 8. — Tout détenteur d'un appareil vérifié ou dont le type a été vérifié conformément aux prescriptions de l'article 2 doit adresser au Préfet une déclaration accompagnée de la copie du certificat de vérification et des pièces désignées au paragraphe premier de l'article 3, et indiquant, s'il y a lieu, la lettre de série et le numéro d'ordre de l'appareil. Cette déclaration est enregistrée à sa date. Il en est délivré récépissé. Elle est communiquée, sans délai, à la commission sanitaire de la circonscription.

S'il s'agit d'un appareil ayant fait lui-même l'objet d'un certificat de vérification, le Préfet, sur le rapport de la commission sanitaire, délivre au détenteur un certificat d'identité.

S'il s'agit d'un appareil conforme à un type déjà vérifié, le procès-verbal prévu par le paragraphe 1 de l'article 2 du présent décret constate cette conformité.

Art. 9. — Les attributions conférées au Préfet par l'article précédent sont exercées à Paris par le Préfet de la Seine.

Art. 10. — Les intéressés doivent fournir la main-d'œuvre et tous les objets nécessaires aux expériences de vérification et de contrôle.

Art. 11. — Le Ministre de l'Intérieur est chargé de l'exécution du présent décret, qui sera publié au *Journal officiel* et inséré au *Bulletin des Lois.*

Fait à Paris, le 7 mars 1903,

Le Président de la République Française,

Emile LOUBET.

Par le Président de la République,

Le Président du Conseil,
Ministre de l'Intérieur et des Cultes,

E. COMBES.

II. — Examen et autorisation des procédés et appareils de désinfection en exécution de l'article 7 de la Loi.

RAPPORT DE M. LE DOCTEUR A.-J. MARTIN AU COMITÉ CONSULTATIF D'HYGIÈNE PUBLIQUE DE FRANCE (6 AVRIL 1903).

L'article 7 de la loi du 15 février 1902 relative à la protection de la santé publique dispose que les procédés de désinfection devront être approuvés par le Ministre de l'Intérieur, après avis du Comité consultatif d'hygiène de France.

Il ajoute :

« Les mesures de désinfection sont mises à exécution, dans les villes de 20.000 habitants et au-dessus, par les soins de l'autorité municipale suivant les arrêtés du Maire, approuvés par le Préfet, et, dans les communes de moins de 20.000 habitants, par les soins d'un service départemental.

« Les dispositions de la loi du 21 juillet 1856 et des décrets et arrêtés ultérieurs, pris conformément aux dispositions de ladite loi, sont applicables aux appareils de désinfection.

« Un règlement d'administration publique, rendu après avis du Comité consultatif d'hygiène publique de France, déterminera les conditions que ces appareils doivent remplir au point de vue de l'efficacité des opérations à y effectuer.

« Pour assurer l'application de ces dispositions, M. le Ministre de l'Intérieur a informé le Comité qu'il lui paraît utile :

« 1º D'établir quels sont, dans l'état actuel de la science, les divers modes de désinfection susceptibles d'être mis en œuvre.

« 2º De répartir ces différents modes, suivant leur nature et leur destination, en un certain nombre de catégories.

« 3º De déterminer pour chaque catégorie les conditions spéciales d'efficacité ou d'application que devraient remplir les procédés s'y déférant.

« 4º D'arrêter le programme des justifications ou des expériences que nécessitera l'examen de ces conditions par le Comité consultatif d'hygiène publique de France.

« 5º De dresser en conséquence la liste des procédés qui sont actuellement en usage et qui répondent dès maintenant aux conditions requises.

« 6º D'examiner, en s'inspirant des règles précédemment tracées, les procédés nouveaux qui doivent être soumis à l'examen du Comité et à l'autorisation ministérielle. »

M. le Ministre soumet ces divers points à l'appréciation du Comité et lui demande « ses observations et avis sur les solutions qu'ils lui paraîtraient comporter ».

A la date du 20 octobre dernier, le Comité a, sur notre rapport, approuvé un projet de règlement d'administration publique qui visait spécialement les étuves, chaudières, récipients ou tous autres appareils dans lesquels de l'eau, chargée ou non de substances antiseptiques, est emmagasinée pour fournir un dégagement de vapeur ou de chaleur en vue de la désinfection.

Le Conseil d'Etat, auquel ce projet a été soumis, a estimé qu'il devait comprendre tous les appareils de désinfection, quels qu'ils soient et quel que soit le liquide ou le gaz mis en usage.

Un décret est intervenu, à la date du 7 mars 1903, précisant des procédures à instituer pour l'approbation, la vérification et le contrôle de ces appareils.

Voici ce décret :

LE PRÉSIDENT DE LA RÉPUBLIQUE FRANÇAISE,

Sur le rapport du Président du Conseil, Ministre de l'Intérieur et des Cultes ;

Vu les deux derniers paragraphes de l'article 7 de la loi du 15 février 1902, ainsi conçus :

« Les dispositions de la loi du 21 juillet 1856 et des décrets et arrêtés ultérieurs pris conformément aux dispositions de ladite loi, sont applicables aux appareils de désinfection.

« Un règlement d'administration publique, rendu après avis du Comité consultatif d'hygiène publique de France, déterminera les conditions que ces appareils doivent remplir au point de vue de l'efficacité des opérations à y effectuer. »

Vu l'avis du Comité consultatif d'hygiène publique de France ;

Le Conseil d'État entendu ;

DÉCRÈTE :

Article premier. — Les appareils destinés à la désinfection déclarée obligatoire par le paragraphe premier de l'article 7 de la loi du 15 février 1902 sont soumis, au point de vue de la vérification de leur efficacité, aux dispositions du présent règlement.

Art. 2. — Aucun appareil ne peut être employé à cette désinfection avant d'avoir été l'objet d'un certificat de vérification délivré par le Ministre de l'Intérieur, après avis du Comité consultatif d'hygiène publique de France.

Les appareils conformes à un type déjà vérifié ne peuvent être mis en service qu'après délivrance par le Préfet, sur le rapport de la Commission sanitaire de la circonscription, d'un procès-verbal de conformité.

Ils doivent porter une lettre de série correspondant au type auquel ils appartiennent, et un numéro d'ordre de cette série.

Art. 3. — La demande de vérification est accompagnée des plans de l'appareil, de sa description et d'une notice détaillée faisant connaître sa destination et son mode de fonctionnement.

Le Ministre de l'Intérieur adresse la demande et les pièces annexées au Comité consultatif d'hygiène publique de France.

Art. 4. — La section compétente du Comité fait procéder, en présence du demandeur ou de son représentant, aux expériences nécessaires pour vérifier l'efficacité de l'appareil.

Si l'appareil se trouve hors de Paris, la section compétente peut désigner, pour procéder aux expériences, un ou plusieurs délégués, choisis parmi les membres du Conseil d'hygiène départemental ou des Commissions sanitaires du département.

Les procès-verbaux des expériences sont communiqués aux intéressés ; ceux-ci ont un délai de quinze jours pour adresser leurs observations au Président du Comité.

Après l'expiration de ce délai, la section compétente émet son avis. Cet avis est transmis, avec les procès-verbaux des expériences, au Ministre de l'Intérieur qui statue.

Art. 5. — La décision du Ministre est notifiée à l'intéressé qui, si elle est défavorable, a un délai de deux mois, à partir de cette notification, pour réclamer une nouvelle vérification de son appareil.

Art. 6. — Il est procédé à cette nouvelle vérification par le Comité en assemblée générale.

Le Président désigne un nouveau rapporteur, et, dans le cas du deuxième paragraphe de l'article 4, un ou plusieurs nouveaux délégués. La procédure est celle qui est prévue à l'article 4, la section compétente étant remplacée par l'assemblée générale du Comité.

La décision du Ministre est notifiée à l'intéressé.

Art. 7. — En cas de décision favorable, le certificat de vérification délivré par le Ministre de l'Intérieur est accompagné des pièces visées au paragraphe 1er de l'article 3.

Art. 8. — Tout détenteur d'un appareil vérifié ou dont le type a été vérifié conformément aux prescriptions de l'article 2 doit adresser au préfet une déclaration accompagnée de la copie du certificat de vérification et des pièces désignées au paragraphe 1er de l'article 3 et indiquant, s'il y a lieu, la lettre de série et le numéro d'ordre de l'appareil. Cette déclaration est enregistrée à sa date. Il en est délivré récépissé. Elle est communiquée sans délai à la Commission sanitaire de la circonscription.

S'il s'agit d'un appareil ayant fait lui-même l'objet d'un certificat de vérification, le Préfet, sur la proposition de la Commission sanitaire, délivre au détenteur un certificat d'identité.

S'il s'agit d'un appareil conforme à un type déjà vérifié, le procès-verbal, prévu par le paragraphe 2 de l'article 2 du présent décret, constate cette conformité.

Art. 9. — Les attributions conférées aux préfets par l'article précédent sont exercées à Paris par le préfet de la Seine.

Art. 10. — Les intéressés doivent fournir la main-d'œuvre et tous les objets nécessaires aux expériences de vérification et de contrôle.

Art. 11. — Le Ministre de l'Intérieur est chargé de l'exécution du présent décret, qui sera publié au *Journal officiel* et inséré au *Bulletin des Lois*.

Fait à Paris, le 7 mars 1903.

Émile LOUBET.

Par le Président de la République :

Le Président du Conseil,
Ministre de l'Intérieur et des Cultes,

E. COMBES.

Afin d'appliquer l'article 4 de ce décret, le Comité doit se préoccuper de la réalisation des expériences nécessaires pour vérifier l'efficacité des appareils.

Or, le but que doivent remplir les procédés de désinfection est nettement indiqué dans les *Instructions générales pour empêcher la propagation des maladies transmissibles* qu'a rédigées le Comité :

« La désinfection, disent ces instructions, a pour but d'empêcher l'extension des maladies contagieuses, en détruisant les germes ou en les rendant inoffensifs. Et les procédés de désinfection doivent permettre d'assurer l'exécution des prescriptions spéciales que les maires doivent édicter dans les règlements sanitaires prévus par l'article 1er de la loi du 15 février 1902, et qui visent essentiellement les précautions à prendre pour prévenir ou faire cesser les maladies transmissibles. »

Les Instructions ajoutent que « les germes morbides seront détruits : 1º par l'exposition des objets dans une étuve à vapeur sous pression ; 2º par l'immersion dans l'eau bouillante ; 3º par l'action d'une solution désinfectante. Les désinfectants principalement recommandés sont : le sulfate de cuivre, le chlorure de chaux fraîchement préparé, le lait de chaux fraîchement préparé, le sublimé, le permanganate de potasse ».

Et, plus loin, les mêmes instructions disent encore : « La maladie terminée, on fera porter à l'établissement de désinfection les vêtements, les lits, oreillers, matelas et couvertures, les tapis, etc... S'il n'y a pas d'établissement de désinfection, les habits seront désinfectés par l'acide sulfureux. La chambre sera désinfecté par des fumigations de soufre ou de sublimé. »

Ces prescriptions se ressentent évidemment de l'époque, qui nous paraît déjà lointaine, à laquelle elles furent rédigées et approuvées par le Comité. Plus modernes déjà sont celles qui ont été rédigées contre la diphtérie et d'où nous croyons devoir, à titre d'exemple, extraire le passage suivant :

« Les produits dangereux sont ceux qui contiennent le bacille diphtérique, c'est-à-dire les fausses membranes, les matières de l'expectoration et de l'écoulement nasal. Ces substances sont projetées, pendant les accès de toux, sur le lit, les draps, les couvertures, les linges. Tous ces objets devront être désinfectés.

« Les cuillers, les tasses, les verres à l'usage du malade, seront toujours lavés à l'eau bouillante après qu'ils auront servi.

« Pour les mouchoirs, les serviettes, etc., le mieux est de les recueillir dans un chaudron contenant de l'eau alcalinisée avec un peu de carbonate de soude et de les faire bouillir. Les draps peuvent être traités de même. Ce moyen de désinfection très sûr peut être appliqué partout. Le chaudron reste dans la chambre du malade et chaque soir est transporté sur le feu.

« Ainsi, les linges souillés ne traînent pas d'un lieu à un autre en répandant des germes dangereux.

« On peut aussi faire la désinfection sur place en mettant des linges à tremper pendant vingt-quatre heures dans une solution alcaline de lysol ou crézyl à 4 p. 100. Ils sont ensuite envoyés à la lessive.

« Dans les villes où il existe des étuves à désinfection, on y enverra les matelas, les couvertures, les tentures et les tapis.

« Là où il n'y a pas d'étuve, on défera les matelas, les enveloppes seront mises à la lessive, et la laine avec les couvertures seront désinfectées à l'acide sulfureux.

« Les habits portés par l'enfant au moment où il est tombé malade seront également désinfectés.

« Les produits diphtériques desséchés sur le sol ou sur les murs restent longtemps dangereux. Il faut donc désinfecter les planchers et les murs en les lavant à la brosse en chiendent avec une solution antiseptique (chlorure de chaux au $^1/60^e$, solution de lysol à 3 p. 100). Lorsqu'on le pourra, on badigeonnera les murs au lait de chaux. Si la chambre est tapissée, on renouvellera le papier. »

Cette citation montre tout au moins que les procédés de désinfection se modifient avec les progrès de la science et de l'industrie, et qu'ils doivent être précisés avec soin soit pour l'ensemble des maladies transmissibles, soit — et il y a à cette manière d'agir de très grands avantages — pour chacune de celles-ci en particulier.

Elle montre aussi que les *Instructions* doivent être rédigées à nouveau, ne fût-ce que pour donner à celles de leurs parties qui concernent la désinfection une orientation plus conforme à ce que la pratique multipliée de celle-ci a établi, au cours de ces dernières années.

D'ailleurs, que veut la loi du 15 février 1902? Par son article 1er, elle enjoint aux maires de déterminer « spécialement les mesures de désinfection, ou même de destruction des objets à l'usage des malades ou qui ont été souillés par eux, et généralement des objets quelconques pouvant servir de véhicule à la contagion »; et, à l'article 7, elle spécifie que les procédés de désinfection doivent être approuvés par le Ministre de l'Intérieur, sur avis du Comité. D'où ressort la nécessité de déterminer dans le plus bref délai possible ces procédés, afin que les municipalités, comme les particuliers, puissent y trouver les garanties indispensables pour assurer la pratique régulière et efficace de la désinfection.

On admet généralement que les procédés de désinfection les plus habituellement mis en usage peuvent être rangés en trois catégories :

1º Ceux qui sont basés sur l'emploi des moyens mécaniques ;
2º Ceux qui s'adressent aux agents physiques ;
3º Ceux qui ont recours à l'emploi rationnel des substances toxiques.

Souvent, on facilite l'action d'un des moyens rentrant dans l'une de ces catégories par l'application d'un des agents d'une autre ; la chaleur, par exemple, exalte ordinairement le pouvoir bactéricide des corps chimiques. (Miquel et Cambier.)

Cette classification d'ordre scientifique conduit, dans la pratique, à envisager successivement les substances et les agents désinfectants à utiliser, les modes d'emploi et les appareils propres à cet usage.

On peut aussi les examiner suivant la fonction propre qu'ils sont appelés à remplir, désinfection des linges et objets à usage, désinfection des sécrétions et des excrétions, désinfection du corps, désinfection de la literie, des vêtements, désinfection des logements contaminés et de leur contenu.

Cette dernière classification nous paraît être celle qui répond le mieux à la réalité des choses, et c'est elle en tout cas qui permettrait le plus aisément au Comité de donner l'avis qui lui est demandé.

Éliminons tout d'abord les substances antiseptiques propres à assurer la désinfection des sécrétions et des excrétions, d'être employées pour détruire les germes pathogènes lorsqu'on s'en sert sans appareils spéciaux. Il est facile, dans les *Instructions* à élaborer, comme on l'a déjà fait pour celles contre la diphtérie et que nous avons rappelées tout à l'heure, d'indiquer celles de ces substances dont l'action bactéricide est bien établie, et d'en déterminer les conditions d'usage.

Dans cette catégorie, nous placerions :

1º Les sels métalliques, tels que le sublimé additionné de sel marin ou d'alcool, le biiodure de mercure, l'oxycyanure de mercure, les sulfates de cuivre, de zinc, de fer, l'hypochlorite de soude (eau de Javel), l'hypochlorite de chaux, le permanganate de potasse, le permanganate de chaux ;

2º Les alcalis et acides, tels que la chaux employée en lait de chaux, les lessives de ménage à la cendre de bois ou au carbonate de soude (1 p. 50); les savons, les acides sulfurique et chlorhydrique pour les fosses d'aisances en solution à 1 p. 100 ; les mélanges d'acide phénique impur du commerce et d'acide sulfurique du commerce à parties égales ;

3º Les composés de la série aromatique, tels que l'acide phénique, avec ou sans sel de soude ; les crésols ou phénols supérieurs ; le crésyl ou créoline (émulsion de crésol, dans un savon résineux, avec des carbures d'hydrogène), le solvéol, le solutol, le lysol, les solutions neutres ou alcalines de crésols ;

4º Enfin, le gaz acide sulfureux et l'aldéhyde formique en solution ou à l'état gazeux.

S'il s'agit d'expérimenter ces divers produits pour la pratique de la désinfection, il sera facile de faire choix de micro-organismes dont la destruction renseignera sur les conditions dans lesquelles ils peuvent et doivent être employés.

Plus complexes sont ces conditions pour la pratique de la désinfection des objets épais et des logements. Le succès de la désinfection dépend ici à la fois des substances stérilisantes employées, des appareils qu'on utilise à cet effet, et aussi de l'habileté et des soins des opérateurs.

En dehors des lavages et nettoyages, des lessivages que tous les particuliers peuvent pratiquer d'eux-mêmes avec des substances désinfectantes ou qui peuvent se faire dans des appareils usités par les blanchisseries, il faut ici, dans le plus grand nombre des cas, faire usage d'appareils spéciaux pour obtenir une désinfection efficace.

Ces appareils se subdivisent en trois catégories :

1º Les appareils à pulvériser des substances antiseptiques, maniés à la main ;

2º Les appareils producteurs et projecteurs de gaz ou de vapeurs antiseptiques ;

3º Les étuves à désinfection.

Les pulvérisateurs doivent pouvoir étaler uniformément et faire pénétrer sur les surfaces les substances bactéricides dont ils sont chargés. Il y a donc lieu de considérer leur efficacité au point de vue mécanique et les résultats de l'emploi de cette substance par leur intermédiaire.

Pour la production et la projection de gaz ou de vapeurs antiseptiques dans les logements, comme pour les appareils destinés à recevoir des objets épais, literie, vêtements, livres et même des linges lorsqu'il est nécessaire, les conditions à exiger se résument dans la destruction des germes pathogènes dans toutes les parties et à toutes les profondeurs que l'antiseptique doit atteindre.

En dehors des brûleurs à dégagement d'acide sulfureux, ces appareils de désinfection sont représentés, dans cette catégorie, par des étuves ou des autoclaves, et l'on n'y utilise actuellement que deux substances : l'eau chaude ou à l'état de vapeur, et l'aldéhyde formique, l'emploi de l'air chaud étant complètement abandonné.

Les étuves à désinfection par la vapeur avec ou sans pression doivent remplir les conditions que nous avons déjà signalées au Comité. Quelle que soit l'étuve employée, disions-nous au Congrès d'hygiène de Buda-Pesth en 1894, cet apppareil et son fonctionnement doivent être soumis à un contrôle et présenter certaines catégories qui puissent donner un minimum de sécurité au point de vue de la lutte contre les maladies contagieuses.

Les étuves doivent remplir les conditions suivantes :

1º La température ne variera pas ou ne variera que d'un degré centigrade au plus dans toutes les parties de l'appareil, ainsi que dans les objets qu'on y place;

2º Après la désinfection, la traction au dynamomètre des objets désinfectés ne doit pas témoigner d'une modification sensible dans le degré de résistance;

3º Les couleurs des étoffes ne doivent pas être altérées;

4º Les étuves seront munies d'appareils enregistreurs permettant de contrôler la régularité des opérations effectuées.

Depuis cette époque, nous avons montré toute l'importance de ces conditions; dans un précédent rapport, nous avons rappelé les nombreuses expériences qu'avec M. Walckenaer nous avons faites à cet effet. Il en ressort que l'approbation à donner à ces appareils doit tenir compte de toutes les particularités de leur fonctionnement, de la durée de l'opération, de la température nécessaire, du mode de chargement, etc., etc..., et qu'on est en droit d'exiger du constructeur de les faire connaître pour s'y conformer scrupuleusement dans la pratique si on en a reconnu l'efficacité.

Il n'en saurait être autrement des appareils qui utilisent l'aldéhyde formique.

Dans un rapport antérieur, nous avons proposé, et le Comité l'a approuvé, de dire que l'aldéhyde formique constituait surtout un désinfectant de surface, et qu'il y avait lieu de spécifier les doses et les temps nécessaires à son emploi.

Récemment encore, nous avons eu l'occasion de rappeler au Comité les nouveaux essais tentés pour faire entrer ce puissant antiseptique dans la pratique de la désinfection.

On tend à admettre aujourd'hui qu'en ce qui concerne les solutions d'aldéhyde formique, leur composition est extrêmement variable, notamment pour la solution commerciale; dans ces solutions, le titrage ou teneur d'aldéhyde formique n'implique pas la présence de l'aldéhyde à l'état libre. De plus, l'évaporation des solutions d'aldéhyde formique est très inconstante en vapeurs à cause de la composition complexe desdites solutions. D'où résulte l'impossibilité de doser l'aldéhyde formique dans son application à la désinfection. Ce qui expliquerait les résultats inconstants et apparemment contradictoires obtenus par les différents auteurs avec des solutions au même titre et les résultats divergents obtenus au point de vue bactéricide.

D'autre part, l'aldéhyde formique est un gaz de faible tension et dont la diffusion égale ne peut être faite que par un dispositif mécanique. Et la polymérisation de l'aldéhyde formique consécutive au refroidissement du gaz exige des dispositifs appropriés pour obtenir le maximum d'effet avant que cette éventualité vienne à se produire.

Quel que soit le procédé de désinfection employé, on voit que son efficacité dépend de conditions multiples qui tiennent, d'une part, au produit ou à l'appareil, et, d'autre part, au mode d'emploi.

Depuis longtemps, rappelons-le, le Comité de perfectionnement du service municipal de désinfection de la ville de Paris avait établi un programme des expériences auxquelles doivent satisfaire, en tout ou en partie suivant les cas, les procédés proposés à l'administration municipale. Récemment, ce programme a été modifié, et il est actuellement rédigé comme il suit :

Les divers objets infectés de micro-organismes seront placés au centre et aux coins des pièces, sur le sol et à différentes hauteurs, quand il s'agira d'expérimenter des procédés pour la désinfection des locaux; sous des épaisseurs diverses d'étoffes, à l'intérieur de matelas et en divers points des appareils, pour l'essai des étuves.

On fera à cet effet usage de :

Papiers stérilisés chargés de cultures peu résistantes et de cultures très résistantes, sporulées, exposées directement à l'action du désinfectant;

Etoffes chargées de diverses cultures placées dans les mêmes conditions;

Cultures sur papier exposées à nu et dans des enveloppes de papier;

Cultures sur étoffes exposées dans des enveloppes d'étoffes;

Expositions de blocs de bois à rainures profondes de 1 à 10 millimètres et à trous de diverses profondeurs, ayant reçu, après stérilisation, des poussières et des cultures diverses.

Les micro-organismes qui serviront pour ces expériences seront les suivants :

> Bacille sec de la tuberculose (crachats desséchés).
> Bacille de la diphtérie.
> Bacille typhique.
> Staphylocoque doré.
> Spores de charbon.
> Spores de subtilis.
> Germes des poussières et de la terre de jardin.

Ces conditions sont proposées aux auteurs de procédés de désinfection; ils doivent déclarer préalablement à toute expérience s'ils peuvent satisfaire à toutes ces conditions ou à quelques-unes d'entre elles.

On est ainsi renseigné sur l'efficacité du procédé au point de vue de la destruction des germes pathogènes. Il faut aussi l'être sur les quantités de l'antiseptique à employer, sur la durée de l'opération pour atteindre les objets dont on se propose la désinfection, dans toute leur épaisseur ou dans toute leur étendue, sur le degré d'altération que peuvent subir les objets à désinfecter suivant leur nature. Et ces diverses conditions ne sont pas moins indispensables les unes que les autres pour émettre un avis qui autorise l'emploi du procédé dans la pratique de la désinfection obligatoire.

Il convient, en effet, de ne pas oublier que si la loi nouvelle est de nature à donner une plus grande extension aux mesures de désinfection, elle crée aussi, pour les services publics, pour les entreprises de désinfection, comme pour les administrations, une responsabilité considérable. Le Comité se trouve ainsi engagé à ne donner son approbation aux procédés de désinfection qu'autant qu'il aura pu se rendre parfaitement compte, non seulement de leur efficacité, mais aussi de leurs conditions de fonctionnement et des conséquences de celui-ci.

Dans l'exposé sommaire qui précède, nous avons eu soin de ne désigner aucun appareil ni procédé de désinfection. M. le Ministre nous demandait cependant de dresser la liste des procédés actuellement en usage et qui répondent aux conditions requises. Nous ne saurions établir une pareille liste; car nous ne connaissons aucun procédé en usage depuis plus ou moins longtemps, pour lequel il ne soit indispensable de préciser les diverses conditions ci-dessus rappelées, conditions sans lesquelles il nous paraît difficile, sinon impossible, au Comité d'émettre un avis motivé et qui puisse avoir les conséquences qu'a spécifiées et voulues la loi du 15 février 1902.

Il appartiendra à la section spéciale du Comité et à son Laboratoire de déterminer cette liste après expériences nouvelles. Après quoi, les instructions pour la prophylaxie des maladies transmissibles tiendront compte des résultats obtenus et des avis émis en pleine connaissance de cause, de façon à ce que les maires puissent s'y conformer dans leurs arrêtés portant règlement sanitaire.

En résumé, les procédés de désinfection comportent l'emploi :

1º De substances et agents antiseptiques.

2º D'appareils propres à leur utilisation.

Les uns et les autres doivent assurer la destruction des germes des maladies transmissibles.

Les appareils de désinfection doivent, en outre, assurer cette destruction dans les objets où ils ont mission de faire pénétrer la substance désinfectante.

Le Comité, chargé par la loi du 15 février 1902 de donner son avis sur les procédés de désinfection, confiera cet examen à une section permanente, conformément au décret du 7 mars 1903, constitué par sa deuxième section.

Le laboratoire du Comité a spécialement mission de procéder aux expériences et constatations nécessaires.

L'avis proposé au Comité par la section de désinfection doit comporter, avec la description du procédé, les résultats des expériences faites dans le but d'apprécier son efficacité, ainsi que les conditions spéciales de son fonctionnement, telles que le constructeur les a définies.

Cet avis fera, en outre, connaître les règles à suivre pour que le procédé continue à présenter ces conditions, notamment la durée des opérations, le mode de chargement des objets ou de placement de ceux-ci dans l'enceinte à désinfecter, les modifications que ceux-ci peuvent subir suivant leur nature.

A cet effet, un questionnaire spécial, conforme aux indications qui précèdent, est remis aux intéressés, afin de permettre de leur faciliter l'exécution des prescriptions de l'article 3 du décret précité du 7 mars 1893, c'est-à-dire afin qu'ils puissent accompagner leur demande de l'exposé des conditions de fonctionnement des procédés et appareils à expérimenter.

Pour le surplus, application est faite, dans l'examen, la mise en service, la surveillance et le contrôle des procédés et appareils de désinfection, des dispositions générales du décret du 7 mars 1903.

Les procédés et appareils, employés à la désinfection obligatoire dans les villes de 20.000 habitants et au-dessus et dans les communes de 2.000 habitants, qui sont le siège d'un établissement thermal, seront soumis à une surveillance permanente exercée par le bureau d'hygiène.

Dans toutes les autres communes, leur contrôle sera organisé par arrêté préfectoral.

L'emploi de ces appareils sera suspendu, à titre temporaire ou définitif s'il est établi qu'ils ne fonctionnent plus dans les conditions prévues par le certificat de mise en service, ou que les détériorations constatées ne permettent plus leur fonctionnement normal.

(Conclusions approuvées par le Comité consultatif d'hygiène publique de France, en assemblée générale, le 6 avril 1903.)

III. — Notice relative à l'examen des procédés et appareils de désinfection par application de l'article 7 de la loi du 15 février 1902.

Les procédés de désinfection doivent être approuvés par le Ministre de l'Intérieur, après avis du Comité consultatif d'hygiène publique de France (loi du 15 février 1902, art. 7).

Aucun appareil ne peut être employé à la désinfection avant d'avoir été l'objet d'un certificat de vérification délivré par le Ministre de l'Intérieur, après avis du Comité consultatif d'hygiène publique de France, au point de vue de l'efficacité des opérations à y effectuer (décret du 7 mars 1903, art. 1er et 2).

En conformité de ces dispositions, les demandes d'approbation de procédés ou de vérification d'appareils doivent être adressées au Ministre de l'Intérieur accompagnées des indications, notices et pièces mentionnées ci-après.

Les expériences nécessaires sont effectuées par les soins du laboratoire du Comité consultatif d'hygiène publique de France, sous la direction et le contrôle de la section compétente de cette assemblée; le programme en a été arrêté de la manière suivante :

Les divers objets infectés de micro-organismes seront placés au centre et aux coins des pièces, sur le sol et à diverses hauteurs, quand il s'agira d'expérimenter des procédés pour la désinfection des locaux; sous des épaisseurs diverses d'étoffes, à l'intérieur de matelas et en divers points des appareils. pour l'essai des étuves.

On fera, à cet effet, usage de :

Papiers stérilisés chargés de cultures peu résistantes et de cultures très résistantes, sporulées, exposées directement à l'action du désinfectant.

Etoffes chargées de diverses cultures placées dans les mêmes conditions.

Cultures sur papier exposées à nu et dans des enveloppes de papier.

Cultures sur étoffes exposées dans des enveloppes d'étoffes.

Expositions de blocs de bois à rainures profondes de 1 à 10 millimètres et à trous de diverses profondeurs, ayant reçu, après stérilisation, des poussières et des cultures diverses;

Les micro-organismes qui serviront pour ces expériences seront les suivants :

Bacille sec de la tuberculose (crachats desséchés).

Bacille de la diphtérie.

Bacille typhique.

Staphylocoque doré.

Spores de charbon.

Spores de subtilis.

Germes des poussières et de la terre de jardin.

Les intéressés préciseront, en conséquence, à l'appui de leur demande et, selon le cas, pour chaque procédé ou appareil proposé :

a) Sa description et sa destination ;

b) Son mode d'application ou de fonctionnement, comportant notamment la nature et les quantités d'antiseptiques à employer, la durée nécessaire pour assurer la désinfection effective des objets, suivant leur nature, dans toute leur épaisseur ou leur étendue; le mode de changement ou de placement desdits objets; les précautions à prendre pour en prévenir l'altération; le degré et la constance de la température; les appareils enregistreurs permettant de contrôler la régularité des opérations pratiquées;

c) Les conditions dans lesquelles seraient applicables les expériences précitées.

Ces indications feront l'objet de notices détaillées et, s'il s'agit d'appareils, seront accompagnées de plans.   (*Décret du 7 mars 1903, art. 3.*)

RÈGLEMENTS SANITAIRES COMMUNAUX

(ARTICLES 1, 2 ET 3 DE LA LOI DU 15 FÉVRIER 1902.)

I. — CIRCULAIRE MINISTÉRIELLE DU 30 MAI 1903.

Monsieur le Préfet, la loi du 15 février 1902, relative à la protection de la santé publique, donne à notre pays les moyens de lutter avec efficacité contre les causes de mortalité ou de morbidité dont la science a démontré le caractère évitable.

Il vous appartient, Monsieur le Préfet, d'assurer à la nouvelle loi sanitaire le concours des bonnes volontés auquel est subordonné le succès de son exécution. Le mien vous est acquis. Je vous adresserai des instructions pour la mise en œuvre des nouvelles prescriptions légales, et, en outre, je vous prie de me demander tous les éclaircissements et les conseils dont vous pourriez avoir besoin.

La présente circulaire a particulièrement pour objet la réglementation sanitaire prévue par les articles 1, 2 et 3 de la loi.

OBLIGATION POUR LES MAIRES DE PRENDRE DES ARRÊTÉS PORTANT RÈGLEMENTS SANITAIRES.

Article premier. — Dans toute commune, le maire est tenu, afin de protéger la santé publique, de déterminer, après avis du Conseil municipal et sous forme d'arrêtés municipaux portant règlement sanitaire :

1º Les précautions à prendre, en exécution de l'article 97 de la loi du 5 avril 1884, pour prévenir ou faire cesser les maladies transmissibles visées à l'article 4 de la présente loi, spécialement les mesures de désinfection ou même de destruction des objets à l'usage des malades ou qui ont été souillés par eux, et généralement des objets quelconques pouvant servir de véhicule à la contagion ;

2º Les prescriptions destinées à assurer la salubrité des maisons et de leurs dépendances, des voies privées, closes ou non à leurs extrémités, des logements loués en garni et des autres agglomérations, quelle qu'en soit la nature, notamment les prescriptions relatives à l'alimentation en eau potable ou à l'évacuation des matières usées.

Cet article formule à nouveau le principe fondamental que la police sanitaire des communes appartient aux maires. Il prescrit obligatoirement à ces magistrats de prendre des dispositions réglementaires en vue d'assurer l'hygiène et la salubrité publiques dans la commune. Enfin, il consacre une extension notable des pouvoirs de police de l'autorité communale.

Déjà la loi municipale du 5 avril 1884, d'accord en cela avec la législation antérieure, rangeait dans la police municipale le soin « d'assurer la salubrité publique », et plus particulièrement celui « de prévenir, par des précautions convenables, et de faire cesser, par la distribution des secours nécessaires, les accidents et les fléaux calamiteux, tels que... les maladies épidémiques ou contagieuses » (Art. 97).

L'expérience a montré l'inefficacité de cette disposition. Lorsqu'il eût fallu protéger la santé publique par des actes ayant le caractère communal, le maire ne le faisait pas, ces actes devant entraîner des dépenses qui n'étaient pas obligatoires et qu'il ne tentait même pas de proposer au Conseil municipal. Quant aux mesures qu'il eût été utile d'imposer aux individus et à la propriété privée, elles se heurtaient à une jurisprudence si restrictive que la défense de l'intérêt général était impossible. L'article 97 créait donc au maire des obligations qu'il était dans l'impuissance d'exécuter.

Il était nécessaire que le législateur renouvelât et précisât l'expression de sa volonté. L'article 1er formule avec clarté les droits désormais incontestables de l'intérêt public, et les dispositions subséquentes de la loi ne font que confirmer sa portée juridique.

OBJET DU RÈGLEMENT SANITAIRE.

Quelles devront être les dispositions du règlement sanitaire ?

Il a été spécifié dans les travaux préparatoires de la loi que « des instructions ministérielles, déterminées sur l'avis du Comité consultatif d'hygiène publique de France », seraient adressées aux municipalités en vue de les diriger dans la rédaction de ces règlements. Mon administration a invité le Comité consultatif à en établir deux modèles destinés, le premier aux villes, le second aux communes rurales.

Les règlements sanitaires doivent, en effet, être différents, suivant qu'il s'agit des petites ou des grandes communes. M. Waldeck-Rousseau, Président du Conseil, s'exprimait ainsi à cet égard dans la séance du Sénat du 20 décembre 1900 : « J'ai hâte de dire que dans les communes de 500 à 1.000 habitants, où l'agglomération est souvent peu considérable par suite de la dispersion de la population, lorsqu'il s'agira de prescrire certaines mesures nécessitées surtout par l'agglomération des habitants, il est clair que ce seront des mesures en quelque sorte élémentaires... ». — Ce point de vue a été repris par M. le Professeur Cornil, dans un rapport au Comité consultatif d'hygiène publique : « Pour les communes purement rurales dont la population est disséminée dans des fermes ou métairies isolées, et où la population agglomérée n'est représentée que par quelques maisons bâties le long d'une route ou d'un chemin vicinal, un grand nombre des prescriptions indispensables à formuler dans les villes n'ont pas d'utilité. Si le Ministère de l'Intérieur adressait aux municipalités des petites communes, comme modèle unique de règlement sanitaire municipal, celui qui s'applique si bien aux grandes villes, le Maire et son Conseil pourraient être très embarrassés. C'est pour leur venir en aide, pour mettre en relief les prescriptions hygiéniques les plus simples et surtout celles qui s'adaptent le mieux à la vie des champs que nous avons proposé et présenté au Comité un projet de règlement sanitaire minimum. » Mon Administration est d'accord sur ce point avec l'honorable rapporteur : les prescriptions officielles doivent être proportionnées aux besoins réels des populations.

Ces règlements modèles ne constituent d'ailleurs, comme leur nom l'indique, que des moyens de travail mis à la disposition des administrations communales. La forme n'en est pas obligatoire. Chaque Municipalité adaptera aux circonstances locales les prescriptions qui y sont formulées. Elle pourra ainsi adopter le texte même du modèle. Aucune, d'ailleurs, n'oubliera que *l'objet* de certaines dispositions est essentiel et ne saurait être passé sous silence dans la réglementation à faire, sans que celle-ci cessât d'être conforme à la loi. Le texte de l'article 1er est, à cet égard, explicite. L'arrêté qui négligerait de donner satisfaction à une partie quelconque de ce texte exposerait la Municipalité à la sanction établie par l'article 2, lequel autorise le Préfet à imposer d'office à la commune une réglementation conforme à la loi.

Sous le bénéfice de ces observations, je vous transmets, en annexe à la présente circulaire, le texte des deux règlements modèles. Le modèle A est applicable aux villes, bourgs ou agglomérations urbaines, le modèle B aux communes ou parties de communes rurales.

MODÈLE DE RÈGLEMENT APPLICABLE AUX VILLES.

Le modèle A, adopté par le Comité consultatif, sur le rapport de M. le docteur A.-J. Martin, comprend quatre titres visant : 1° la salubrité; 2° la prophylaxie des maladies transmissibles; 3° des dispositions générales; 4° les pénalités.

Sous le titre I sont rangées tout d'abord les prescriptions relatives à la salubrité des habitations, notamment au point de vue de l'aération et de l'éclairage, et les règles particulières applicables aux pièces destinées à l'habitation, aux caves, aux sous-sols, aux rez-de-chaussée et étages, à la hauteur des maisons, aux cours et courettes, aux escaliers et au chauffage. Les dispositions relatives à l'alimentation en eau et à l'évacuation des matières usées viennent ensuite; elles sont des plus importantes pour l'assainissement général du territoire. Elles visent notamment la distribution des eaux de boisson ou de lavage, la surveillance des puits et des citernes, les précautions à prendre pour combattre les causes d'humidité, les règles à suivre pour assurer la bonne évacuation des résidus de la vie, l'étanchéité des fosses d'aisances, l'interdiction des puits et puisards absorbants. Enfin, l'un des derniers articles du titre I traite du permis de construction rendu obligatoire par l'article 2 de la loi pour les immeubles nouveaux, dans les villes de plus de 20.000 habitants.

Le titre II est relatif à la prophylaxie des maladies transmissibles. Il vise notamment l'isolement et le transport des malades, la désinfection des locaux, ainsi que celle des objets souillés et des déjections ou excrétions, la sortie des malades après guérison, les refuges et asiles, les procédés de désinfection, les précautions à prendre à l'égard des cadavres de personnes décédées de maladies contagieuses.

Le titre III réunit sous le titre de « Dispositions générales » des prescriptions relatives à la surveillance des eaux de boisson distribuées dans les cafés et restaurants, à l'installation des lavoirs, à l'utilisation des matières de vidange dans la culture, à l'application du règlement aux établissements collectifs et aux services ou édifices publics, ainsi qu'au délai accordé pour l'exécution de certaines des injonctions formulées.

Enfin, le titre IV rappelle par un article unique les pénalités qui constituent la sanction du règlement, conformément au titre IV de la loi.

MODÈLE DE RÈGLEMENT APPLICABLE AUX COMMUNES OU PARTIES DE COMMUNES RURALES.

Le modèle B, élaboré par le Comité consultatif sur le rapport de M. le professeur Cornil, est applicable aux communes ou parties de communes rurales. Ses dispositions sont sommaires.

Il présente d'abord un minimum de prescriptions essentielles visant notamment les habitations, en vue de leur assurer une aération convenable, un éclairage suffisant, une protection efficace contre l'humidité, etc...; les eaux d'alimentation, en vue de garantir les sources, puits ou citernes, contre toutes les causes de pollution; les écuries et étables, les celliers, pressoirs et cuvages, les fosses à fumier et à purin, les mares et routoirs, en vue d'en combattre l'insalubrité si fréquente; les vidanges et gadoues, les cabinets et fosses d'aisances, les animaux morts, en vue de rappeler les règles à défaut desquelles ils constitueraient un danger.

A l'égard des maladies transmissibles, ce règlement formule un ensemble de prescriptions concernant l'isolement des malades et la désinfection. Il devra être rapproché d'autres dispositions qui le complètent ou lui servent de base, telles que celles qui ont trait à la surveillance des garnis et celles du Code rural relatives à la police sanitaire, telles encore que celles existant ou à intervenir touchant l'hygiène scolaire, la police des inhumations et des cimetières, la vaccination et les procédés de désinfection, etc..., etc...

Vous voudrez bien, Monsieur le Préfet, transmettre à toutes les municipalités de votre département le texte de ces règlements, en les invitant soit à adopter l'un d'eux purement et simplement, soit à s'en inspirer comme il est expliqué ci-dessus.

Dans quelle forme les arrêtés sanitaires devront-ils être rendus? Quelle est la sanction de l'obligation imposée aux Maires? Quels sont en cette matière les droits du Préfet? C'est ce que précise l'article 2 de la loi dans les termes suivants :

« Art. 2. — Les règlements sanitaires communaux ne font pas obstacle aux droits conférés au Préfet par l'article 99 de la loi du 5 avril 1884.

« Ils sont approuvés par le Préfet, après avis du Conseil départemental d'hygiène. Si, dans le délai d'un an, à partir de la promulgation de la présente loi, une commune n'a pas de règlement sanitaire, il lui en sera imposé un, d'office, par un arrêté du Préfet, le Conseil départemental d'hygiène entendu.

« Dans le cas où plusieurs communes auraient fait connaître leur volonté de s'associer, conformément à la loi du 22 mars 1890, pour l'exécution des mesures sanitaires, elles pourront adopter les mêmes règlements, qui leur seront rendus applicables suivant les formes prévues par ladite loi. »

FORME DANS LAQUELLE DOIVENT ÊTRE RENDUS LES ARRÊTÉS PORTANT RÈGLEMENT SANITAIRE.

Contrairement aux arrêtés ordinaires qui sont pris par le Maire seul et ne peuvent qu'être annulés ou suspendus par le Préfet (art. 95 de la loi du 5 avril 1884), les arrêtés sanitaires doivent être pris après avis du Conseil municipal (art. 1er) et sont ensuite subordonnés à l'approbation du Préfet sur l'avis du Conseil départemental d'hygiène.

Dans la pratique, les Maires devront donc, après avoir dressé leur projet de règlement sanitaire, le soumettre à l'examen du Conseil municipal, qui pourra soit l'approuver, soit le désapprouver, soit y demander diverses modifications. L'avis défavorable émis ou les modifications demandées par le Conseil munici- pal ne sont d'ailleurs pas obligatoires pour le Maire, qui reste libre de mainte- nir son texte primitif ou de ne le modifier que dans la mesure qu'il juge utile, la loi exigeant à cet égard l'avis, et non l'approbation, du Conseil. La délibé- ration prise par l'assemblée communale devra être transmise au Sous-Préfet ou au Préfet en même temps que l'arrêté lui-même, et pourra être prise en consi- dération dans la suite de l'instruction.

La loi donne mandat au Conseil départemental d'hygiène de formuler un avis touchant l'approbation de l'arrêté du Maire. Faut-il en conclure que cette assemblée doit être saisie directement de tous les règlements émanant des diverses communes du département? Cette manière de procéder aurait le grave inconvénient de créer un encombrement aussi contraire à la bonne expédition des affaires qu'à leur sérieux examen.

D'autre part, il y aurait grand intérêt à ce que les Commissions sanitaires fussent associées à ce travail. Il conviendra donc de faire préalablement exami- ner par chacune de ces Commissions les arrêtés pris dans les communes de sa circonscription.

MM. les Sous-Préfets centraliseront les arrêtés, en dirigeront l'examen par les Commissions sanitaires qu'ils président, et vous les transmettront avec leurs propositions. Vous recevrez ainsi des dossiers régulièrement constitués, déjà examinés, et classés comme suit : 1re catégorie, arrêtés à adopter; 2e caté- gorie, arrêtés à modifier; 3e catégorie, arrêtés à rejeter. Dès lors, le Conseil départemental pourra formuler rapidement son opinion sur chacun des cas.

Les avis du Conseil départemental seront : ou favorables à l'approbation, ou favorables sous réserves, ou défavorables. Dans ces deux derniers cas, vous userez de votre influence auprès des Maires pour les amener à vous présenter un nouveau texte, qui sera soumis à la même procédure que le premier, mais dont l'examen sera, sans doute, beaucoup plus rapide.

SANCTION DE L'OBLIGATION IMPOSÉE AUX MAIRES DE PRENDRE DES ARRÊTÉS PORTANT RÈGLEMENT SANITAIRE.

C'est seulement au cas où vous rencontreriez de la part d'un magistrat mu- nicipal une résistance ou un mauvais vouloir évidents que vous feriez usage du droit qui vous est reconnu par le § 2 de l'article 2, *in fine*, et qui, au cas où une commune n'aurait pas de règlement sanitaire dans le délai d'un an à partir de la promulgation de la loi, vous permet de lui en imposer un d'office, le Conseil départemental entendu.

Bien que l'article 2 de la loi du 15 février 1902 ne le rappelle pas expressément, votre intervention pour imposer d'office à une commune un règlement sanitaire devra être précédée, comme le prévoit la loi municipale dans son article 99, d'une mise en demeure préalable. Il n'y a pas lieu de se montrer rigoureux dans l'application du délai « d'un an à partir de la promulgation de la loi ».

Le point de départ de ce délai doit être considéré comme prorogé jusqu'au jour où les municipalités, dûment éclairées par vos instructions, auront pu manifester, soit leur intention d'appliquer la loi, soit un mauvais vouloir ou une indifférence dont il sera nécessaire d'avoir raison.

DROIT DU PRÉFET DE PRENDRE DES RÈGLEMENTS SANITAIRES POUR L'ENSEMBLE DU DÉPARTEMENT OU POUR PLUSIEURS COMMUNES.

Le premier paragraphe de l'article 2 stipule que « les règlements sanitaires, communaux ne font pas obstacle aux droits conférés au préfet par l'article 99 de la loi du 5 avril 1884. »

Ce dernier texte est comme suit : « Les pouvoirs qui appartiennent au maire en vertu de l'article 91 ne font pas obstacle au droit du préfet de prendre pour toutes les communes du département ou pour plusieurs d'entre elles, et dans tous les cas où il n'y aurait pas été pourvu par les autorités municipales, toutes mesures relatives au maintien *de la salubrité*, de la sûreté et de la tranquillité publiques. Ce droit ne pourra être exercé à l'égard d'une seule commune qu'après une mise en demeure au maire restée sans résultat »

Les dispositions combinées de ces deux articles confirment votre droit de prendre en tout état de cause des arrêtés de salubrité, visant soit plusieurs communes de votre département, soit toutes les communes, et ce procédé pourra être employé notamment lorsqu'il sera reconnu nécessaire, pour combattre une cause d'insalubrité commune à toute une région, de formuler, pour cette partie du territoire, une réglementation uniforme.

CONSTITUTION DE SYNDICATS DE COMMUNES POUR L'EXÉCUTION DES MESURES SANITAIRES.

Le dernier paragraphe de l'article 2 prévoit toutefois, pour la même hypothèse, une autre solution.

Dans le cas où plusieurs communes auraient fait connaître leur volonté de s'associer conformément à la loi du 22 mars 1890 pour l'exécution des mesures sanitaires, elles pourront adopter les mêmes règlements qui leur seront rendus applicables suivant les formes prévues par ladite loi. La mise en œuvre de la nouvelle législation sanitaire fournira aux municipalités l'occasion de faire usage de la loi de 1890, notamment en matière de travaux d'assainissement tels qu'adduction d'eau, construction de réseaux d'égouts, etc., travaux que la réunion des communes en syndicats permettra souvent de réaliser à moindres frais et dans de meilleures conditions. Vous dirigerez dans cette voie les muni-cipalités qui manifesteraient le désir de la suivre, ou signalerez à celles qui seraient à même d'en profiter les avantages qu'elles pourraient en retirer.

DROIT RECONNU AUX PRÉFETS D'ORDONNER EN CAS D'URGENCE L'EXÉCUTION DES MESURES PRESCRITES PAR LE RÈGLEMENT SANI-TAIRE.

« Art. 3. — En cas d'urgence, c'est-à-dire en cas d'épidémie ou d'un autre danger imminent pour la santé publique, le préfet peut ordonner l'exécution immédiate, tous droits réservés, des mesures prescrites par les règlements sanitaires prévus par l'article 1er. L'urgence doit être constatée par un arrêté du maire, et, à son défaut, par un arrêté du préfet, que cet arrêté spécial s'applique à une ou plusieurs personnes, ou qu'il s'applique à tous les habitants de la commune. »

Il peut y avoir un grand intérêt à réaliser sans aucun retard l'assainissement d'un immeuble, ou à prendre d'urgence certaines mesures prophylactiques. C'est en vue de telles hypothèses que le préfet est autorisé par l'article 3 à ordonner « l'exécution immédiate des mesures prescrites par les règlements sanitaires». Cet article vous permettra, par exemple, d'ordonner l'interdiction d'un puits suspect, la suppression d'un puisard, la vidange de fosses d'aisances non étan-ches, etc.

L'intervention préfectorale doit être basée sur l'urgence, et celle-ci doit être constatée par un arrêté du maire ou, à son défaut, du préfet. « Le caractère de l'urgence, disait dans son rapport M. le professeur Cornil, est indiqué par l'éclosion d'une épidémie d'une gravité inusitée, par un danger imminent pour la santé publique, par certains cas où le pouvoir du maire est insuffisant pour parer à la gravité de la situation, lorsqu'il s'agit de mettre à exécution des mesures qui, suivant la procédure ordinaire, exigent de longs délais. »

Il n'est, d'ailleurs, nullement nécessaire d'attendre que le danger envisagé ait pris une extension considérable ; l'article 3 prévoit des mesures applicables à une seule personne. La gravité ou la puissance de propagation de telle ou telle maladie constitueront les éléments de décision.

Les droits des particuliers sont expressément réservés par l'article 3 pour le cas où les mesures prises devraient donner lieu à des indemnités ou occasion-ner des dépenses à la charge des propriétaires d'immeubles. Vous ne perdrez pas de vue cette disposition, y trouvant à la fois un encouragement à agir en cas de nécessité, et un motif de n'agir qu'en cas de nécessité démontrée.

Telles sont, Monsieur le Préfet, sous une forme très abrégée, les observa-tions que m'ont paru motiver les articles 1, 2 et 3 de la loi du 15 février 1902.

Je vous prie d'adresser sans retard aux municipalités, avec le texte des règlements modèles, les instructions propres à leur faciliter l'accomplissement de la mission qui leur incombe, et de les inviter à prendre dans le plus bref délai possible les arrêtés sanitaires prévus par l'article 1er de la loi.

Vous voudrez bien m'accuser réception de la présente circulaire dont je vous envoie plusieurs exemplaires; un de ces exemplaires est destiné à chaque sous-préfecture.

Pour le Président du Conseil,
Ministre de l'Intérieur et des Cultes :

Le Conseiller d'État,
Directeur de l'Assistance et de l'Hygiène publiques,

Henri MONOD.

II. — RÈGLEMENT SANITAIRE MUNICIPAL

APPLICABLE AUX VILLES, BOURGS OU AGGLOMÉRATIONS.

. . . .

TITRE II.

PROPHYLAXIE DES MALADIES TRANSMISSIBLES.

Maladies transmissibles.

Art. 53. — En vertu de l'article 4 de la loi du 15 février 1902 et conformément à l'article 1er du décret du 10 février 1903, les précautions à prendre pour prévenir ou faire cesser les maladies transmissibles dont la déclaration est obligatoire sont déterminées, notamment en ce qui concerne l'isolement du malade et la désinfection, dans les conditions ci-après.

Art. 54. — Les mêmes mesures sont applicables en cas de l'une des maladies énumérées dans la deuxième partie de l'article 1er du décret précité du 10 février 1903, sur la demande des familles, des chefs de collectivités publiques ou privées, des administrations hospitalières ou des bureaux d'assistance, après entente avec les intéressés.

Isolement.

Art. 55. — Tout individu atteint d'une des maladies prévues aux articles qui précèdent sera isolé de telle sorte qu'il ne puisse propager cette maladie par lui-même ou par ceux qui sont appelés à le soigner.

L'isolement sera pratiqué soit à domicile, soit dans un local spécialement aménagé à cet effet, soit à l'hôpital.

Art. 56. — Jusqu'à la disparition complète de tout danger de transmission, on ne laissera approcher du malade que les personnes appelées à le soigner. Celles-ci prendront des précautions convenables pour éviter la propagation du mal.

Transport des malades.

Art. 57. — Le transport du malade sera, autant que possible, effectué par une voiture spéciale désinfectée après le voyage.

Dans le cas où, à défaut de voiture spéciale, il serait fait usage d'une voiture publique ou privée, ce véhicule devra être désinfecté immédiatement après le transport, sous la responsabilité de ses propriétaire et conducteur, qui pourront exiger un certificat de désinfection.

Art. 58. — Il est interdit à toute personne atteinte d'une des maladies transmissibles visées aux articles 53 et 54 de pénétrer dans une voiture affectée au transport en commun.

S'il s'agit de transport par chemin de fer, le chef de gare devra être prévenu à l'avance pour permettre l'application de l'article 60 du règlement sur la police des chemins de fer, modifié par décret du 1er mars 1901.

Désinfection.

Art. 59. — Il est interdit de déverser aucune déjection ou excrétion (crachats, matières fécales, etc.) provenant d'un malade atteint d'une affection transmissible sur les voies publiques ou privées, dans les cours, dans les jardins ou sur les fumiers. Ces déjections ou excrétions seront recueillies dans des vases spéciaux ; elles seront désinfectées et exclusivement projetées dans les cabinets d'aisances.

Art. 60. — Pendant toute la durée d'une maladie transmissible, les objets à usage personnel ou domestique du malade et des personnes qui l'assistent, de même que les objets contaminés ou souillés, seront désinfectés.

Art. 61. — Il est interdit, sans désinfection préalable, de jeter, secouer ou exposer aux fenêtres aucun linge, vêtement, objet de literie, tapis ou tenture ayant servi au malade ou provenant des locaux occupés par lui.

Art. 62. — Le nettoyage de la pièce et des objets qui la garnissent se fera exclusivement, pendant toute la durée de la maladie, à l'aide de linges, étoffes, tissus ou substances imprégnés de liquides antiseptiques.

Art. 63. — Il est interdit d'envoyer, sans désinfection préalable, aux lavoirs publics ou privés ou aux blanchisseuses, des linges et effets à usage, contaminés ou souillés.

Dans le cas où le lavage de ces objets y aurait été néanmoins pratiqué, le propriétaire du lavoir ou de la blanchisserie tiendra l'établissement fermé jusqu'à ce que l'assainissement et la désinfection prescrits par l'autorité sanitaire aient été effectués.

Il est également interdit d'envoyer, sans désinfection préalable, aux établissements industriels qui pratiquent le cardage ou l'épuration proprement dite, des matelas, literies et couvertures ayant servi à des malades atteints de maladies transmissibles.

Art. 64. — Les locaux occupés par le malade seront désinfectés aussitôt après son transport en dehors de son domicile, sa guérison ou son décès. L'exécution de cette prescription pourra être constatée par un certificat délivré aux intéressés sur leur demande. Ce certificat ne mentionnera ni le nom du malade, ni la nature de la maladie ; il désignera les locaux désinfectés.

Sortie des malades.

Art. 65. — Après guérison, le malade ne sortira qu'après avoir pris les précautions convenables de propreté et de désinfection.

Dans le cas où le malade soigné dans un établissement hospitalier sortirait de cet établissement, pour quelque motif que ce soit, avant que tout danger de contamination ait disparu pour les personnes avec lesquelles il pourrait se trouver en contact, l'avis doit en être immédiatement donné au Maire par le médecin traitant ou le chef de service responsable. Cet avis, formulé dans les mêmes conditions que la déclaration de maladie, doit indiquer le domicile ou le lieu auquel le malade sortant a déclaré se rendre.

Art. 66. — Les enfants ne pourront être réadmis à l'école, soit publique, soit privée, qu'après un avis favorable du médecin traitant et l'autorisation du médecin inspecteur de l'école.

Refuges et Asiles.

Art. 67. — Dans les établissements publics ou privés recueillant, à titre temporaire ou permanent, des personnes sans asile, les vêtements et effets à usage de celles-ci seront aussitôt désinfectés.

La désinfection du matériel et des locaux de ces établissements sera pratiquée chaque jour, pour toute la partie du matériel ayant servi aux réfugiés et des locaux qu'ils ont occupés.

Procédés de désinfection.

Art. 68. — La désinfection sera pratiquée soit par les services publics, soit par les particuliers, dans les conditions prescrites par l'article 7 de la loi du 15 février 1902, notamment en ce qui concerne l'approbation préalable des procédés par le Ministre de l'Intérieur.

Art. 69. — Les appareils de désinfection employés dans la commune à la désinfection obligatoire sont soumis à une surveillance permanente exercée par le Bureau d'hygiène[1].

L'emploi de ces appareils sera suspendu, à titre temporaire ou définitif, s'il est établi qu'ils ne fonctionnent plus dans les conditions prévues par le certificat de mise en service, ou que les détériorations constatées ne permettent plus leur fonctionnement normal.

Cadavres.

Art. 70. — Les cadavres des personnes mortes de maladies transmissibles seront isolés le plus promptement possible.

Les dispositions nécessaires seront immédiatement prises pour assurer la mise en bière et l'inhumation, en exécution du décret du 27 avril 1889.

---

1. Cet article ne devra être inséré au Règlement que dans les communes ayant 20.000 habitants, et, conséquemment, possédant un Bureau d'hygiène. Dans les autres communes, le contrôle devra être organisé par l'arrêté départemental.

TITRE IV.

PÉNALITÉS.

Art. 77. — Les contraventions aux dispositions du présent règlement seront poursuivies conformément à l'article 27 de la loi du 15 février 1902 et passibles des pénalités prévues tant par cet article que par l'article 471 du Code pénal, sans préjudice de l'application des articles 28, 29, 30, ainsi que des contraventions dites de grande voirie, qui leur seraient applicables.

III. — RÈGLEMENT SANITAIRE MUNICIPAL

APPLICABLE AUX COMMUNES OU PARTIES DE COMMUNES RURALES.

Maladies transmissibles. — Déclaration.

Art. 20. — Indépendamment de la déclaration imposée aux médecins par l'article 5 de la loi du 15 février 1902 pour les maladies transmissibles ou épidémiques, les hôteliers et logeurs sont tenus de signaler immédiatement à la Mairie tout cas de maladie qui se produirait dans leur établissement, ainsi que le nom du médecin qui aurait été appelé pour le soigner.

Isolement.

Art. 21. — Tout malade atteint d'une affection transmissible sera isolé autant que possible, de telle sorte qu'il ne puisse la propager par lui-même ou par les personnes appelées à le soigner.

Jusqu'à la disparition complète de tout danger de contagion, on ne laissera approcher du malade que les personnes qui le soignent. Celles-ci prendront toutes les précautions pour empêcher la propagation du mal.

Désinfection.

Art. 22. — Il est interdit de déverser aucune déjection (crachats, matières fécales, matières vomies, etc...) provenant d'un malade atteint de maladie transmissible, sur le sol des voies publiques ou privées, des cours, des jardins, sur les fumiers et dans les cours d'eau.

Ces déjections, recueillies dans des vases spéciaux, seront enterrées profondément, mais seulement après avoir été désinfectées à la chaux vive.

Art. 23. — Pendant toute la durée d'une maladie transmissible, les objets à usage personnel du malade et des personnes qui l'assistent, de même que tous objets contaminés ou souillés, seront désinfectés.

Les linges et effets à usage contaminés ou souillés seront désinfectés avant d'être lavés ou blanchis. L'immersion, pendant un quart d'heure, des linges dans l'eau en ébullition constitue un bon procédé de désinfection.

Art. 24. — Les locaux occupés par le malade seront désinfectés[1] après sa guérison ou son décès.

Art. 25. — Lorsque le malade sera guéri, il ne sortira qu'après avoir pris les précautions convenables de propreté et de désinfection. Les enfants ne pourront être réadmis à l'école qu'après un avis favorable du médecin traitant ou du médecin inspecteur de l'Ecole.

---

1. La désinfection sera faite soit par le service départemental, soit par la commune ou l'hôpital plus voisin, possédant un service de désinfection, soit par l'industrie privée.

RÉPARTITION DES DÉPENSES SANITAIRES

SUIVANT LES BARÊMES ANNEXÉS A LA LOI DU 15 JUILLET 1893.

Extrait de la loi du 15 juillet 1893 sur l'Assistance médicale gratuite.

Art. 27. — Les communes dont les ressources spéciales de l'assistance médicale et les ressources ordinaires inscrites à leur budget seront insuffisantes pour couvrir les frais de ce service sont autorisées à voter des centimes additionnels aux quatre contributions directes ou des taxes d'octroi pour se procurer le complément des ressources.

Les taxes d'octroi votées en vertu du paragraphe précédent seront soumises à l'approbation de l'autorité compétente, conformément aux dispositions de l'article 137 de la loi du 5 avril 1884.

La part que les communes seront obligées de demander aux centimes additionnels ou aux taxes d'octroi ne pourra être moindre de 20 %, ni supérieure à 90 % de la dépense à couvrir, conformément au tableau A ci-annexé.

Art. 28. — Les départements, outre les frais qui leur incombent de par les articles précédents, sont tenus d'accorder aux communes qui auront été obligées de recourir à des centimes additionnels ou à des taxes d'octroi, des subventions d'autant plus fortes que leur centime sera plus faible, mais qui ne pourront dépasser 80 %, ni être inférieures à 10 % du produit de ces centimes additionnels ou taxes d'octroi, conformément au tableau A précité.

En cas d'insuffisance des ressources spéciales de l'assistance médicale et des ressources ordinaires de leur budget, ils sont autorisés à voter des centimes additionnels aux quatre contributions directes dans la mesure nécessitée par la présente loi.

Art. 29. — L'État concourt aux dépenses départementales de l'assistance médicale par des subventions aux départements dans une proportion qui variera de 10 à 70 % du total de ces dépenses couvertes par des centimes additionnels, et qui sera calculée en raison inverse de la valeur du centime départemental par kilomètre carré, conformément au tableau B ci-annexé.

L'État est en outre chargé :

1º Des dépenses occasionnées par le traitement des malades n'ayant aucun domicile de secours;

2º Des frais d'administration relatifs à l'exécution de la présente loi.

. . . .

BARÊMES ANNEXÉS A LA LOI DU 15 JUILLET 1893.

TABLEAU A

Servant à déterminer la part de dépense à couvrir par les communes au moyen des ressources extraordinaires (centimes additionnels et taxes d'octroi) et le montant de la subvention qui doit leur être allouée, pour l'assistance médicale gratuite, eu égard à la valeur du centime additionnel.

VALEUR du CENTIME COMMUNAL	PORTION DE LA DÉPENSE A COUVRIR	
	PAR LES COMMUNES au moyen des ressources extraordinaires [1].	PAR LE DÉPARTEMENT au moyen de ses subventions et de celles de l'État.
Au-dessous de 20 francs.........	20 pour 100	80 pour 100
De 20 fr. 01 à 40 francs.........	25 —	75 —
De 40 fr. 01 à 60 francs.........	30 —	70 —
De 60 fr. 01 à 80 francs.........	35 —	65 —
De 80 fr. 01 à 100 francs.......	40 —	60 —
De 100 fr. 01 à 200 francs......	50 —	50 —
De 200 fr. 01 à 300 francs......	60 —	40 —
De 300 fr. 01 à 600 francs......	70 —	30 —
De 600 fr. 01 à 900 francs......	80 —	20 —
De 900 fr. 01 et au-dessus.....	90 —	10 —

1. A interpréter ainsi : « Ressources provenant de l'impôt. »

Tableau B

Servant à déterminer le montant de la subvention qui doit être allouée par l'Etat aux départements pour leur part dans les frais de l'assistance médicale, eu égard à la valeur du centime départemental par kilomètre carré.

VALEUR DU CENTIME DÉPARTEMENTAL par kilomètre carré.	COEFFICIENT de subvention DE L'ÉTAT	DÉPENSE à couvrir PAR LE DÉPARTEMENT
Au-dessous de 2 francs.........	70 pour 100	30 pour 100
De 2 fr. 01 à 2 fr. 50..........	65 —	35 —
De 2 fr. 51 à 3 francs.........	60 —	40 —
De 3 fr. 01 à 3 fr. 50......:...	55 —	45 —
De 3 fr. 51 à 4 fr.............	50 —	50 —
De 4 fr. 01 à 4 fr. 75.........	45 —	55 —
De 4 fr. 76 à 6 francs.........	40 —	60 —
De 6 fr. 01 à 9 francs.........	30 —	70 —
De 9 fr. 01 à 15 francs........	20 —	80 —
Au-dessus de 15 francs........	10 —	90 —

INSTRUCTIONS

DU

COMITÉ CONSULTATIF D'HYGIÈNE PUBLIQUE DE FRANCE

POUR EMPÊCHER LA PROPAGATION DES MALADIES TRANSMISSIBLES.

A

INSTRUCTIONS GÉNÉRALES.

I.

Les maladies transmissibles contre lesquelles il y a lieu de prendre des mesures pour en empêcher la transmission sont :

1º Le Choléra ;
2º La Fièvre thyphoïde ;
3º La Dysenterie épidémique ;
4º La Diphtérie ;
5º La Variole et la Varioloïde.
6º La Scarlatine ;
7º La Rougeole ;
8º La Suette miliaire ;
9º La Coqueluche ;
10º La Tuberculose.

II.

Les moyens de transmission des maladies contagieuses sont :

1º Le malade, ses déjections et ses produits de sécrétion ;
2º L'eau et les aliments ;
3º Les personnes qui sont ou ont été en rapport avec le malade ;
4º Les objets ayant servi au malade (vêtements, linge, meubles, etc...) ;
5º Les pièces occupées par le malade ;
6º Les cadavres.

. . . .

C.

INSTRUCTIONS SUR LA PESTE.

I.

La peste est une maladie infectieuse causée par un bacille spécifique découvert par M. Yersin.

Les formes de la peste sont : *la peste avec bubons apparents,* — peste bubonique, — et *la peste sans bubons apparents,* — peste septicémique, — peste typhoïde, — pneumonie pesteuse, — peste intestinale, qui est plus rare.

A) PESTE BUBONIQUE.

La *peste bubonique* débute par de la fièvre, des nausées, des douleurs dans la tête et les membres. Le gonflement des ganglions des aines, des aisselles ou du cou se montre bientôt. Cet engorgement est très douloureux ; s'il reste diffus, l'état général devient de plus en plus mauvais, avec délire et affaiblissement progressif du cœur. La mort survient rapidement, parce que le bacille pesteux a passé dans le sang ; la peste est devenue *septicémique.* Dans les cas moins graves, la tuméfaction se précise et il se forme un abcès. La suppuration des ganglions est, d'ordinaire, suivie d'une amélioration notable, et les malades dont les ganglions suppurent peuvent guérir.

Cependant, il arrive que les abcès pesteux soient le point de départ d'infections secondaires avec suppurations prolongées et multiples qui amènent la cachexie.

L'apparition des bubons peut être précédée de celle de pustules qui indiquent la porte d'entrée du virus. Des pustules secondaires apparaissent parfois sur les parties œdématiées et sur les trajets lymphatiques. Autour d'elles, la peau violacée se nécrose (*charbon,* — *ulcères pesteux*).

Certains malades présentent des tuméfactions et des suppurations ganglionnaires sans symptômes généraux graves, et qui sont pourtant de nature pesteuse. Cette forme bénigne de peste doit être signalée ; elle est souvent méconnue, et les personnes qui en sont atteintes peuvent facilement propager le fléau. C'est la forme dite *ambulatoire.*

La sérosité des ganglions tuméfiés, celle des pustules, renferment le bacille pesteux, et l'examen bactériologique seul permet un diagnostic rapide et précis. Il faut donc toujours recueillir de ces humeurs pour l'examen. Dans les bubons suppurés, le bacille pesteux n'existe plus ou est très rare ; pour le mettre en évidence, il faut avoir recours aux cultures et aux inoculations.

B) PESTE SANS BUBONS APPARENTS.

Quelquefois on n'observe aucun bubon local ; les divers ganglions lymphatiques paraissent légèrement augmentés de volume, malgré que la fièvre, le délire et les autres symptômes de l'empoisonnement pesteux soient intenses. La peste est alors *septicémique* et tue le patient en quelques heures. Une autre forme de peste sans bubons est la peste typhoïde, qui dure plusieurs jours et dont la terminaison est presque toujours fatale.

C) PNEUMONIE PESTEUSE.

La *pneumonie pesteuse primitive* débute le plus souvent par un frisson avec vertige, nausées et douleurs dans la tête et les membres. La température est élevée. Les symptômes généraux précèdent les signes pulmonaires, qui ne se montrent quelquefois que deux ou trois jours après le début de la maladie.

Symptômes pulmonaires. — Douleur à la poitrine, matité plus ou moins accentuée, râles crépitants et sous-crépitants, toux fréquente, bientôt incessante. Les crachats, suivant les cas, sont : ou abondants, fluides, séreux, souvent spumeux et teintés en rose par du sang ; ou visqueux et coulenr jus de pruneau. Il peut survenir de véritables crachements de sang.

Marche de la maladie. — Le vertige du début peut disparaître et la conscience est conservée, — température élevée, — pouls rapide, — langue d'abord humide, puis sèche et couverte d'un enduit, — toux et expectoration incessantes, — dyspnée, — délire, — pétéchies et hémorragies des muqueuses — affaiblissement du cœur, — cyanose, — mort du quatrième au huitième jour, rarement après un temps plus long.

Diagnostic différentiel. — La pneumonie pesteuse se distingue de la pneumonie ordinaire par le désaccord qui existe au début entre la gravité de l'état général et l'état du poumon.

On pourrait confondre la pneumonie pesteuse avec la broncho-pneumonie à marche rapide de l'influenza.

Il n'y a qu'un moyen de faire un diagnostic précis, c'est de pratiquer l'examen bactériologique des crachats, qui contiennent de nombreux bacilles pesteux. Le médecin devra donc toujours avoir recours à la bactériologie.

Pneumonie pesteuse secondaire. — Elle est consécutive à la peste bubonique et survient surtout dans les cas où les bubons siègent au cou et aux aisselles. La propagation au poumon se fait par les voies lymphatiques.

Dans les pays qui sont menacés de la peste, il faut soumettre à l'examen bactériologique non seulement tous les malades fébricitants qui ont des engorgements ou des suppurations ganglionnaires, mais aussi tous ceux qui présentent des troubles pulmonaires aigus avec symptômes généraux graves.

Dans tous les cas de peste rapidement mortels on trouve le cocco-bacille spécifique dans le sang et dans les organes.

II. — Transmission de la peste.

Le germe de la peste est abondant dans la sérosité des bubons, des pustules, et dans les produits de l'expectoration des malades atteints de peste pulmonaire. Il est plus rare dans le pus des abcès et des plaies ; on l'a signalé dans les urines. On le trouve dans le sang des pestiférés gravement atteints.

Le microbe pesteux pénètre surtout par les plaies, les excoriations, crevasses et petites lésions de la peau qui passent souvent inaperçues.

Il peut être transporté de personne à personne par les parasites, les puces, punaises, etc.

La transmission peut se faire par la respiration de poussières auxquelles est mêlé le germe de la peste. Dans la forme pulmonaire, la transmission s'opère habituellement de personne à personne par le crachat renfermant le bacille.

Le germe de la peste peut se conserver dans les objets les plus divers, tels que : vêtements, linges de corps, objets de literie, chiffons, laines, tapis.

La transmission peut également se faire à distance par les intermédiaires déjà cités (vêtements, linges de corps, objets de literie, etc...), par les convalescents, les malades, surtout par ceux légèrement atteints (forme ambulatoire).

Les rats sont souvent malades avant les hommes, et, dans certaines épidémies, une grande mortalité parmi les rats a précédé les premiers cas observés chez l'homme.

Les rats propagent la peste en se répandant de proche en proche dans le pays. Les puces qui vivent sur les rats pestiférés sont capables de piquer l'homme, d'où le danger de manier le cadavre d'un rat qui vient de succomber à la peste.

Les rats pestiférés sont parfois transportés par les bateaux à de très grandes distances.

III. — Conduite à tenir dans le cas d'un individu atteint de peste ou suspect de peste.

Dès qu'un cas de peste est reconnu, le médecin doit le déclarer immédiatement à l'autorité, et appliquer les instructions sur la peste indiquées ci-dessus (isolement, désinfection, sérothérapie).

En présence d'un cas suspect, le médecin doit avertir télégraphiquement le directeur du laboratoire de bactériologie de la circonscription.

Dans les villes en relation avec des pays pestiférés, les médecins de l'état civil chargés de la constation des décès devront rechercher avec soin si les corps soumis à leur examen présentent des tuméfactions ou des abcès ganglionnaires. S'ils trouvent des ganglions engorgés, ils préviennent le laboratoire de bactériologie et ne délivrent le permis d'inhumer qu'après le prélèvement des produits nécessaires pour l'examen bactériologique.

Ils préviendront de même le bactériologiste avant de donner le permis d'inhumer, dans tous les cas où la mort est attribuée à une affection pulmonaire à marche rapide (pneumonie, influenza, broncho-pneumonie, congestion pulmonaire, etc...).

Là où il n'y a pas de laboratoire de bactériologie, on prélèvera, avec les précautions nécessaires, dans tous les cas énumérés plus haut, un ganglion lymphatique de l'aine ou de l'aisselle et on avertira télégraphiquement le laboratoire de bactériologie de la circonscription.

Le ganglion prélevé sera mis dans un tube à essai qui sera lui-même conservé dans la glace.

Tout cas de peste doit être aussitôt déclaré, à la Mairie, à la Préfecture ou à la Sous-Préfecture. Les cas suspects sont déclarés comme les cas confirmés.

IV. — Isolement et désinfection.

A) Isolement des malades.

Les malades atteints de peste doivent être isolés dans un local spécialement aménagé par les autorités sanitaires.

Les habits des pestiférés sont désinfectés à l'étuve ou brûlés. Les linges employés pendant le traitement du malade seront brûlés ou réunis dans une boîte métallique étanche contenant une solution de lysol à 4 pour 100. Cette boîte reste dans la chambre du malade. Après vingt-quatre heures de contact avec la solution désinfectante, la boîte et son contenu sont portés au poste de désinfection ou à la buanderie.

Les selles seront traitées par le chlorure de chaux dans le vase même où elles ont été recueillies.

Les personnes appelées à leur donner des soins pénètrent seules près des pestiférés. Elles seront immunisées au moyen d'une injection de 10 centimètres cubes de sérum antipesteux, renouvelée tous les quinze jours.

Elles s'astreignent aux règles suivantes :

Ne prendre aucune boisson ni aucune nourriture dans la chambre du malade.

Après avoir touché le malade, se laver les mains avec du savon et une solution désinfectante.

Se laver fréquemment la figure avec une solution désinfectante.

La chambre aérée plusieurs fois par jour.

B) Isolement des personnes habitant la maison où s'est produit le cas de peste.

Toutes ces personnes seront mises en surveillance et isolées dans un local spécial sous la surveillance d'un médecin. Elles recevront, si elles y consentent, une injection de sérum antipesteux. Leurs effets seront passés à l'étuve à désinfection. Après cinq jours de surveillance on pourra leur rendre la liberté, si aucun cas de peste n'est survenu parmi elles.

V. — Désinfection des maisons.

Lorsqu'un cas de peste éclate dans une maison, celle-ci est évacuée comme cela est dit au paragraphe IV.

La désinfection des maisons, des objets mobiliers, de la literie, du linge, etc., sera pratiquée par les soins de l'autorité.

Les trous des caves et des sous-sols qui peuvent laisser passer les rats seront soigneusement bouchés.

La maison sera ensuite fermée et ne sera pas réoccupée avant deux mois.

Il est du devoir de l'Administration d'assurer un abri aux habitants des logements infectés.

Voitures. — Les voitures dans lesquelles ont été transportés des malades atteints de peste doivent être désinfectées aux vapeurs de formol.

Cadavres. — Les cadavres sont le plus promptement possible placés dans un cercueil étanche, c'est-à-dire joint et bien clos, et contenant une épaisseur de 5 à 6 centimètres de sciure de bois, de façon à empêcher la filtration des liquides.

Ils seront immédiatement enterrés.

Le cadavre d'un rat ou d'un autre animal pestiféré ne doit jamais être déplacé sans avoir été inondé d'eau bouillante.

Il est extrêmement important que les personnes chargées de la désinfection soient munis de vêtements spéciaux, y compris les pantalons et les chaussures ; ces vêtements seront désinfectés et ne devront avoir aucun contact avec les habits ordinaires des désinfecteurs.

VI. — Hygiène publique.

Toutes les causes d'insalubrité qui préparent le terrain à l'invasion des épidémies doivent être écartées lorsqu'il s'agit de peste.

Ainsi, les règles d'hygiène générale, applicables en tout temps, seront plus rigoureusement observées en temps de peste, surtout en ce qui concerne :

La destruction des rats et des souris ;

L'enlèvement régulier des immondices qui attirent les rongeurs ;

La surveillance des locaux qui contiennent des grains, des farines et toutes autres substances capables d'attirer les rats et les souris ;

Le nettoyage des égouts, qui seront autant que possible débarrassés des rongeurs.

Dans les ports de mer, à l'arrivée des navires venant des pays contaminés et n'ayant pas de malades à bord, demander s'il n'y a pas eu, pendant la traversée, une mortalité exceptionnelle des rats. Prendre toutes les précautions pour empêcher les rongeurs de descendre à terre.

Les cadavres de rats, trouvés sur la voie publique, dans les navires et dans les divers locaux, seront soumis à l'examen bactériologique.

La sollicitude de l'Administration doit surtout porter sur la salubrité des quartiers et des habitations notoirement insalubres.

VII. — Surveillance médicale.

Lorsqu'un cas de peste a été constaté, les habitants des maisons voisines de celle où ce cas s'est produit, et même les habitants de la rue et du quartier, seront soumis à une surveillance journalière.

Des personnes compétentes se rendront chaque jour dans ces maisons ; elles s'informeront des personnes qui les habitent et s'assureront qu'elles sont en bonne santé. Ces enquêtes sont très importantes, elles permettent d'isoler aussitôt les pestiférés et de prendre rapidement les mesures nécessaires. Aussi choisira-t-on, pour les faire des hommes avisés, jouissant de la confiance de la population.

VIII. — Injections préventives de sérum antipesteux.

L'injection sous-cutanée de sérum antipesteux (10 cc.) donne, aux personnes qui la reçoivent, l'immunité contre la peste pour une dizaine de jours. Il est donc utile d'immuniser, par une injection de sérum, les personnes provenant de milieux pestiférés (passagers débarqués d'un bateau contaminé, habitants d'une maison où il y a eu un cas de peste).

La séro-vaccination est surtout indiquée pour ceux qui approchent les pestiférés et qui pratiquent les désinfections. Elle devra être renouvelée tous les dix jours chez les personnes qui restent exposées à la contagion.

L'injection du sérum antipesteux, comme celle de tous les sérums, provoque chez certains individus des éruptions, et parfois des douleurs articulaires, passagères et sans gravité.

IX. — Traitement de la peste par le sérum antipesteux.

Le seul remède efficace contre la peste est le sérum antipesteux.

Il agit d'autant mieux qu'il est injecté plus tôt. La meilleure façon d'employer le sérum antipesteux, c'est de l'injecter dans une veine, après l'avoir fait tiédir. Les veines superficielles de la main et du poignet sont bien disposées pour y pratiquer l'injection. Cette petite opération, bien faite, est tout à fait inoffensive. Elle nécessite une seringue de 20 centimètres cubes, une aiguille de Pravaz bien piquante et un ajutage en caoutchouc pour relier la seringue à l'aiguille. Seringue, caoutchouc, aiguille, sont stérilisés par l'ébullition dans l'eau, pendant un quart d'heure. On retire la seringue de l'eau bouillante, on ajuste le tube de caoutchouc, et quand la seringue est refroidie on aspire le sérum antipesteux. Celui-ci doit être parfaitement limpide ; si un dépôt existait sur le fond du flacon, on décanterait le sérum dans un verre stérilisé. La seringue remplie, on s'assure qu'elle ne contient pas de bulle d'air, non plus que le tube de caoutchouc. Alors l'aiguille est introduite dans la veine qu'on a rendue saillante en la comprimant ; si elle est bien dans la veine, le sang sort par la douille. On en prélève un peu pour l'examen bactériologique, puis on adapte le tube de caoutchouc sur l'aiguille et on pousse lentement le piston en surveillant le malade. Si la respiration devenait anxieuse, on cesserait de presser sur le piston jusqu'à ce qu'elle soit régularisée. On injecte les 20 centimètres cubes en cinq ou dix minutes.

Six à douze heures après l'injection, si l'amélioration ne se montre pas, on recommence une nouvelle injection de 20 centimètres cubes.

On peut avoir recours à une troisième et même à une quatrième.

L'injection intra-veineuse a été pratiquée sur un très grand nombre de malades par MM. Calmette et Salimbéni, lors de la dernière épidémie d'Oporto ; ils l'ont trouvée beaucoup plus efficace que l'injection sous-cutanée, aussi ils la recommandent dans tous les cas de peste, même lorsque la maladie s'annonce comme bénigne. Souvent, en effet, des pestiférés qui paraissent légèrement atteints sont pris d'accidents pulmonaires contre lesquels l'injection sous-cutanée est inefficace. MM. Calmette et Salimbéni préconisent l'injection intra-veineuse. Dans tous les cas, l'injection sous-cutanée n'est pour eux qu'un adjuvant de l'injection intra-veineuse. Quand ils ont pratiqué celle-ci, ils introduisent ensuite sous la peau 30 à 40 centimètres d'un seul coup.

Lorsque la convalescence est déclarée, on pratiquera encore une ou deux injections sous-cutanées de 20 centimètres cubes pour prévenir les rechutes. Si on réfléchit que la peste est une maladie septicémique dans laquelle le cocco-bacille spécifique envahit les organes et le sang, on comprendra qu'une grande quantité de sérum soit nécessaire pour vaincre une infection aussi redoutable.

TABLE DES MATIÈRES

TROISIÈME PARTIE.

ANNEXES

<hr>

ERRATA

P. 34. — *Au lieu de* : Défense de l'Europe centrale contre la Peste, *lisez* :
Défense de l'Europe contre la Peste.

P. 308. — *Au lieu de* : Art. 99, *lisez* : Art. 99 (Loi du 5 avril 1884).

P. 309. — *Au lieu de* : responsabilité *solidaire*, *lisez* : responsabilité *collective*.

MICROBES ET STEGOMYA

COCCOBACILLE PESTEUX.
Culture sur gélose.
(D'après Brault.)

BACILLE DU CHOLÉRA.
Selles cholériques.
(D'après Thoinot et Masselin.)

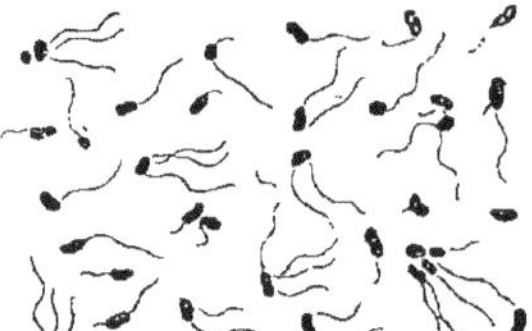

BACILLE VIRGULE DU CHOLÉRA; FORMES DE CULTURES CILIÉES
ET NON CILIÉES.
(D'après Brault, Thoinot et Masselin.)

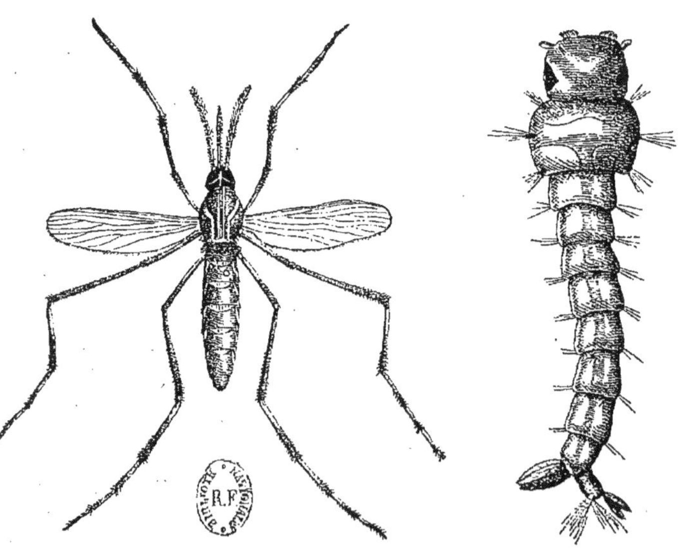

Femelle adulte. STEGOMYA FASCIATA. Larve.

CARTE I. — RÉPARTITION GÉOGRAPHIQUE DES MALADIES PESTILENTIELLES

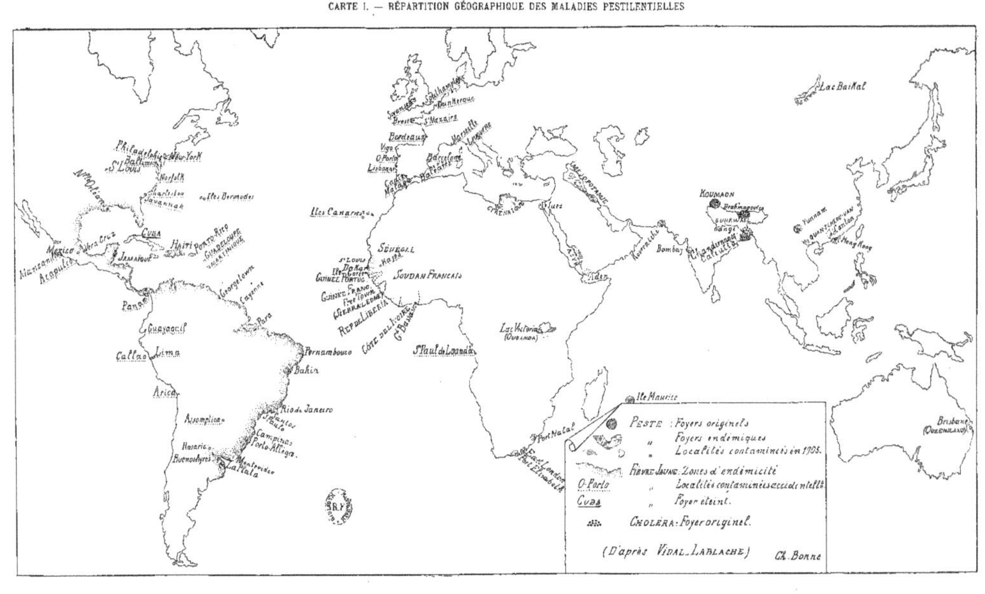

PESTE : Foyers originels
" Foyers endémiques
" Localités contaminées en 1905.
FIÈVRE JAUNE : Zones d'endémicité
" Localités contaminées accidentelles
" Foyer éteint.
CHOLÉRA : Foyer originel.
(D'après VIDAL_LABLACHE)   Ch. Bonne

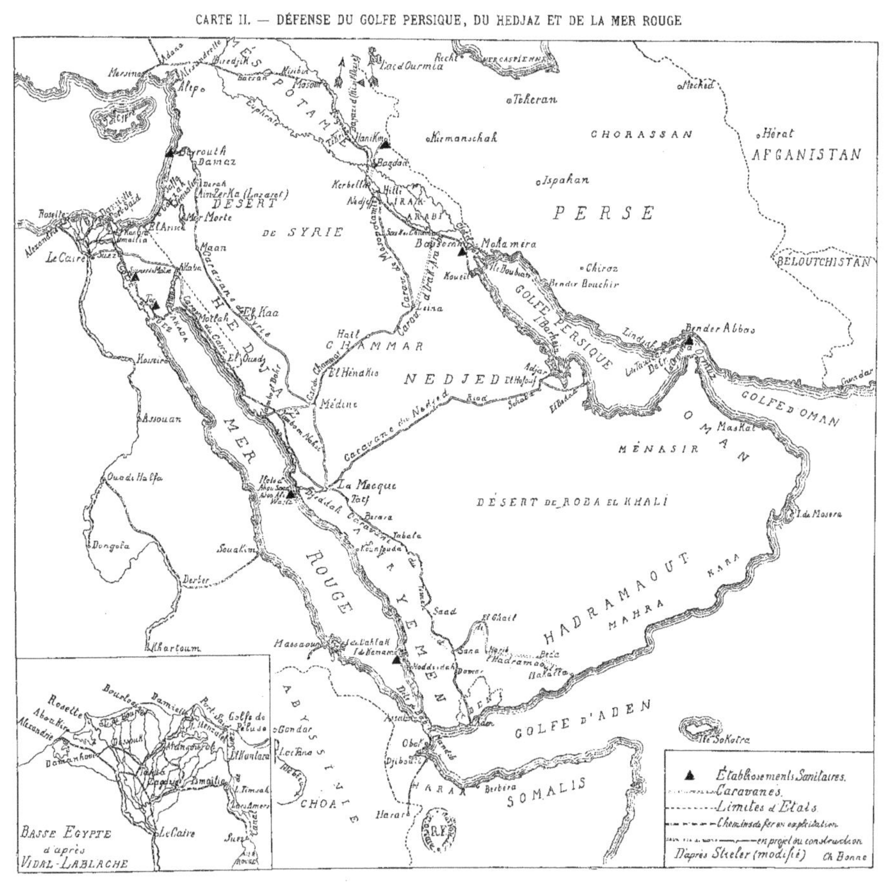

MER CASPIENNE
Lac d'Ourmia
Recht
Techeran
Mechied
CHORASSAN
Hérat
AFGANISTAN
PERSE
Kirmanschah
Ispahan
BELOUTCHISTAN
MÉSOPOTAMIE
Bagdad
Kerbella
Hilli
IRAK
Nedjef
ARABI
Mohamera
Chiraz
Bender Bouchir
GOLFE PERSIQUE
Koueit
DESERT DE SYRIE
Beyrouth
Damaz
Mer Morte
Maan
Akaba
HEDJAZ
DESERT
Bender Abbas
GOLFE D'OMAN
Sondar
OMAN
Maskat
MÉNASIR
El Kaa
CHAMMAR
Hail
El Hénakie
NEDJED
Médine
Caravane du Nedjed
DÉSERT DE ROBA EL KHALI
I. de Mosira
HADRAMAOUT
KARA
MAHRA
MER ROUGE
YEMEN
La Mecque
Tatf
Djeddah
Assouan
Ouadi Halfa
Dongola
Derber
Souakim
El Khartoum
Massaoua
El Ghail
Saad
Sana
Béda
ABYSSINIE
Gondar
Lechma
CHOA
HARAR
Harar
Obok
Djibouti
Berbéra
SOMALIS
GOLFE D'ADEN
Ile Sokotra
Alexandrie
Rosette
Le Caire
Suez
Mersina
Alep
Étaklissements Sanitaires.
Caravanes.
Limites d'États.
Chemins de fer en exploitation.
en projet ou construction.
D'après Stieler (modifié)
Ch. Bonne

BASSE ÉGYPTE
d'après
VIDAL-LABLACHE
Rodette
Abou Kir
Bourlos
Damiette
Port S.
Golfe de
Peluse
Alexandrie
Damanhour
Mansourah
El Mantara
Suez
Ismailia
Le Caire
L. Timsah